教育部 财政部职业院校教师素质提高计划职教师资培养资源开发项目

电子信息科学与技术专业职教师资培养资源开发（VTNE029）

U0182766

*Kongzhi Gongcheng*
*Gongzuofang Jiaocheng*

# 控制工程
# 工作坊教程

李久胜　编著

ZHEJIANG UNIVERSITY PRESS
浙江大学出版社

图书在版编目（CIP）数据

控制工程工作坊教程 / 李久胜编著. —杭州：浙江
大学出版社，2020.7
ISBN 978-7-308-20293-0

Ⅰ．①控… Ⅱ．①李… Ⅲ．①自动控制理论－教材
Ⅳ．①TP13

中国版本图书馆 CIP 数据核字（2020）第 104165 号

**控制工程工作坊教程**

李久胜　编著

| | | |
|---|---|---|
| **责任编辑** | 王　波 | |
| **责任校对** | 汪荣丽 | |
| **封面设计** | 春天书装 | |
| **出版发行** | 浙江大学出版社 | |
| | （杭州市天目山路 148 号　邮政编码 310007） | |
| | （网址：http://www.zjupress.com） | |
| **排　　版** | 杭州好友排版工作室 | |
| **印　　刷** | 杭州高腾印务有限公司 | |
| **开　　本** | 787mm×1092mm　1/16 | |
| **印　　张** | 22.5 | |
| **字　　数** | 562 千 | |
| **版 印 次** | 2020 年 7 月第 1 版　2020 年 7 月第 1 次印刷 | |
| **书　　号** | ISBN 978-7-308-20293-0 | |
| **定　　价** | 68.00 元 | |

# 项目专家指导委员会

# 电子信息科学与技术专业（VTNE029）丛书编委会

**总主编**　胡斌武

**编　委**（按姓氏笔画为序）

王永固　孔德彭　田立武　刘　晓　刘　辉

杜学文　李久胜　李　敏　吴　杰　赵立影

胡斌武　姚志恩

# 出版说明

自《国家中长期教育改革和发展规划纲要(2010—2020 年)》颁布实施以来,我国职业教育进入加快构建现代职业教育体系、全面提高技能型人才培养质量的新阶段。加快发展现代职业教育,实现职业教育改革发展新跨越,对职业学校"双师型"教师队伍建设提出了更高的要求。为此,教育部明确提出,要以推动教师专业化为引领,以加强"双师型"教师队伍建设为重点,以创新制度和机制为动力,以完善培养培训体系为保障,以实施素质提高计划为抓手,统筹规划,突出重点,改革创新,狠抓落实,切实提升职业院校教师队伍整体素质和建设水平,加快建成一支师德高尚、素质优良、技艺精湛、结构合理、专兼结合的高素质专业化的"双师型"教师队伍,为建设具有中国特色、世界水平的现代职业教育体系提供强有力的师资保障。

目前,我国共有 60 余所高校正在开展职教师资培养,但由于教师培养标准的缺失和培养课程资源的匮乏,制约了"双师型"教师培养质量的提高。为完善教师培养标准和课程体系,教育部、财政部在"职业院校教师素质提高计划"框架内专门设置了职教师资培养资源开发项目,中央财政划拨 1.5 亿元,系统开发用于本科专业职教师资培养标准、培养方案、核心课程和特色教材等系列资源。其中,包括 88 个专业项目、12 个资格考试制度开发等公共项目。该项目由 42 家开设职业技术师范专业的高等学校牵头,组织近千家科研院所、职业学校、行业企业共同研发,一大批专家学者、优秀校长、一线教师、企业工程技术人员参与其中。

经过三年的努力,培养资源开发项目取得了丰硕成果。一是开发了中等职业学校 88 个专业(类)职教师资本科培养资源项目,内容包括专业教师标准、专业教师培养标准、评价方案,以及一系列专业课程大纲、主干课程教材及数字化资源;二是取得了 6 项公共基础研究成果,内容包括职教师资培养模式、国际职教师资培养、教育理论课程、质量保障体系、教学资源中心建设和学习平台开发等;三是完成了 18 个专业大类职教师资资格标准及认证考试标准开发。上述成果,共计 800 多本正式出版物。总体来说,培养资源开发项目实现了高效益:形成了一大批资源,填补了相关标准和资源的空白;凝聚了一支研发队伍,强化了教师培养的"校—企—校"协同;引领了一批高校的教学改革,带动了"双师型"教师的专业化培养。职教师资培养资源开发项目是支撑专业化培养的一项系统化、基础性工程,是加强职教教师培养培训一体化建设的关键环节,也是对职教师资培养培训基地教师专业化培养实践、教师教育研究能力的系统检阅。

自 2013 年项目立项开题以来,各项目承担单位、项目负责人及全体开发人员做了大量深入细致的工作,结合职教教师培养实践,研发出很多填补空白、体现科学性和前瞻性的成果,有力推进了"双师型"教师专门化培养向更深层次发展。同时,专家指导委员会的各位专家以及项目管理办公室的各位同志,克服了许多困难,按照两部对项目开发工作的总体要求,为实施项目管理、研发、检查等投入了大量时间和心血,也为各个项目提供了专业的咨询和指导,有力地保障了项目实施和成果质量。在此,我们一并表示衷心的感谢。

编写委员会

2016 年 3 月

# 序

　　根据《教育部 财政部关于实施职业院校教师素质提高计划的意见》（教职成〔2011〕14号）文件精神，在专家评审基础上，2013年，浙江工业大学获得"电子信息科学与技术专业职教师资培养标准、培养方案、核心课程和特色教材开发（VTNE029）"项目，主持人胡斌武教授。项目任务是：通过研发，制定电子信息科学与技术专业职教教师专业标准、教师培养标准，研制培养方案、核心课程大纲，编写核心课程教材，建设教学资源库，制定培养质量评价标准等。项目研发的核心成员有：浙江工业大学教科学院王永固、孔德彭、赵立影、杜学文、吴杰、刘晓、李敏、刘辉、李久胜等，嘉兴职业技术学院田立武、湖州技师学院姚志恩等。

　　电子信息科学与技术专业培养的教师可担任高职院校电子工艺与管理、电子信息工程技术或电子测量技术与仪器、应用电子技术或电子声像技术专业师资，还可担任中等职业学校两个专业大类的师资。一是加工制造类，主要是电子材料与元器件制造专业，包括电光源技术、电子器件制造技术、电子元件制造技术等专业方向。二是信息技术类，主要是电子与信息技术专业，包括电子测量技术、安防与监控技术、汽车电子技术、飞行器电子设备维护、船舶电子设备操作与维护等专业方向；以及电子技术应用专业，包括数字化视听设备应用与维修、电子产品营销、电子产品制造技术、光电产品应用与维护等专业方向。围绕职教师资的培养方向与培养要求，我们开发了系列成果：电子信息科学与技术专业人才培养调研报告、教师专业标准、专业教师培养标准与培养方案、主干课程大纲、培养质量评价标准，以及核心课课程资源（包括课程大纲、电子教案、教学案例、教学课件、实训项目、试题库、课程视频等）。

　　为加强项目管理，教育部依托同济大学设立了项目管理办公室。为提高项目研发质量与水平，教育部选派了天津职业技术师范大学书记孟庆国教授、天津市科学技术协会副主席卢双盈教授、教育部职业教育中心研究所邓泽民研究员、河北师范大学职教学院院长刁哲军教授、天津职业技术师范大学自动化与电气工程学院院长崔世钢教授、天津大学职业教育学院副院长米靖教授作为项目指导专家，同济大学职业教育学院谢莉花博士担任秘书。在项目研发过程中，在上海、昆明、杭州、北京、石家庄、苏州等历次项目推进会中，本项目还得到了以下专家的大力支持与指导：教育部发展规划司副司长郭春鸣、教育部职业教育中心研究所研究员姜大源、教育部职业教育中心研究所研究员吴全全、教师工作司教师发展处王克杰、浙江农林大学副校长沈希教授、青岛科技大学常务副校长张元利教授、广东顺德梁球琚职业学校副校长韩亚兰等。2015年12月，项目组研发的系列成果以91分的优异成绩通过了教育部、财政部组织的专家验收，验收结论为："整个课题子课题分工合理。子项目之间分工明确。研发团队的结构合理。项目研究有完整的研究计划，按时提交了相应的研究成果并且阶段验收合格。研究方法科学，研发过程科学规范。项目各成果之间逻辑关系清晰，各阶段成果之间的相互依存和支撑关系明确,研发成果紧紧围绕项目的立项目标,现代职业教育思想和理论在研究中得到全面体现。调研对象广泛,调研工作扎实开展,调研过程形成的资料齐全,调研报告形式完整,格式符合要求。专业教师标准整体框架繁简得当,指标体系的主次分明,重点突出。理论依据与调研基础上的现实依据充分;对培养方案、核心课程教材开发和资源建设等后续项目的开发工作很有指导作用。培养标准中培养目标明确;课程结构比较合理,正确处理教师教育类课程与专业课程、理论课程与实践课程、通识教育课程与核心课程等之间的关系,系统一体化设计思想得到体现、课程体系的逻辑性强;培养方案完整、规范。教材、数字化资源可再精加工。"借此,特向各位专家对研发团队的包容、宽容、激励、支持,对项目研发的耐心、细致、精准、高超的指导表示衷心的感谢!

职教师资本科电子信息科学与技术专业核心课程经过数次市场调研、学校调研、专家论证后确定,研发的系列教材包括:《电子信息科学与技术专业教学论》(胡斌武等)、《控制工程工作坊教程》(李久胜)、《基于 proteus 的单片机系统设计与应用》(孔德彭)、《现代通信原理》(田立武)、《数字信号与处理》(姚志恩),教材文责自负。借此付梓之际,向编著者的辛勤劳动、协同创新表示由衷的感谢!也请广大读者、研究者提出宝贵意见和建议,以便进一步修改,努力培养出高素质、专业化职教师资队伍。

胡斌武

2016 年夏

# 内容简介

　　本书为教育部职教师资培养资源开发项目的建设成果，是为职教师资电子信息科学与技术专业"控制工程基础"课程编写的一本工作坊教程。工作坊教程与传统的教材不同，它由大量的学习活动组成，引导学生通过"做中学"的方式完成学习任务。此外，本教程不是按照抽象的学科体系来编写的，而是围绕电机调速系统和车速控制系统的设计过程，按照建模、分析、设计和仿真等实际工作过程来组织学习内容。本教程通过工作坊的形式将抽象的控制理论与具体的工程设计问题紧密结合，在注重核心概念的理解和工作能力培养的同时，有效地化解了传统的学科型教材知识体系烦琐、数学内容高深等所导致的教师难教、学生难学的困难。

　　本教程以培养学生掌握控制系统分析和设计的基础知识和基本技能为主要目标，涵盖了经典控制理论中建立传递函数模型、分析典型系统特性、采用根轨迹法和频率特性法进行系统校正等核心内容。为了便于教学，本教程分为 25 个专题（每个专题可用 2 学时来完成），每个专题由若干个学习活动组成，其目标是完成一个较完整的工作任务。每个专题的开始部分为教学目标和教学内容的概述，结束部分为专题小结和测验。为了便于学习，本教程配套有单独的习题集，并提供仿真报告模板等学习资源。本教程适合作为职教师资本科电子、电气、机电等专业的特色教材，也可作为普通应用型本科相关专业的教材或教学参考书。

# 控制工程基础
# 课程学习指南

## 1  课程的主要内容

"控制工程基础"是机械工程、电子信息等专业的专业基础课,是研究控制论在机械工程中应用的科学。这是一门跨控制论与机械工程技术的边缘学科,是解决机械工程中系统分析和设计的方法论,在机械工程领域中有举足轻重的作用。该课程的特点是理论性强,涉及多方面的数理知识,并且比较抽象,具有一定的深度和难度。

从应用的角度来看,控制论的主要作用是指导实际控制系统的分析和设计。实际控制系统的设计过程一般由建模、分析和设计三个主要步骤组成。

1)为了对控制系统进行深入的定量研究,首先需要建立被控对象的数学模型。可以用机理建模法,即根据过程的物理规律建立微分方程,进而得到传递函数;也可采用实验建模法,如通过测试系统的频率响应,得到其频率特性,从频率特性也可辨识出系统的传递函数。

2)系统分析就是在已知给定系统的结构、参数和工作条件下,对它的数学模型进行分析。包括稳定性和动态、稳态性能分析,分析的目的是判断控制系统是否满足设计要求,以及分析某些参数变化对上述系统的影响。

3)经过分析后,发现系统不能满足要求时,需要找到如何改善系统性能的方法,这就是校正或设计。反馈系统的配置以及校正装置的设计是控制系统设计的主要内容。初步的设计完成后,往往需要通过系统实验或仿真来检验设计的有效性,如果未达到要求,需要对设计方案进行修改和完善。

本书是为"控制工程基础"课程编写的一本工作坊教程。本教程设置了 25 个专题来介绍控制系统分析和设计中的基础知识和基本技能,其主要内容如表 1 所示。

1)专题 1~4 是课程的绪论。主要介绍两种基本控制方式,即顺序控制和反馈控制。通过比较帮助学生了解各种控制方式的特点及其在控制系统中的不同作用,更好地理解反馈控制的特点。

2)专题 5~8 将介绍动态系统建模的方法。主要介绍通过机理和结构分析,建立各环节传递函数和系统方框图的方法。这一部分最重要的数学方法是拉普拉斯变换及其逆变换,以及传递函数方框图的代数运算和化简法则。传递函数和方框图是控制系统分析和设计的重要数学基础。

3)专题 9~16 将介绍典型环节的特性。主要介绍两个最简单、最典型的动态系统,即一阶系统和二阶系统的分析方法和反馈控制系统的基本设计方法。这两种系统比较简单,以它们为对象比较容易定量研究反馈的作用以及控制系统结构和动、静态指标的关系,这是反馈控制系统分析和设计的理论基础。高阶系统往往可以简化为具有欠阻尼的典型二阶系统,并近似地以典型二阶系统为参照进行分析和设计。

4)专题 17～25 将介绍反馈控制系统的两种主要工程设计(或校正)方法:根轨迹法和频率特性法。根轨迹法是一种基于开环传递函数的时域校正方法,一般要借助系统仿真工具画出闭环极点的根轨迹图,利用根轨迹图来合理配置闭环极点。频率特性法是一种基于开环频率特性函数的频域校正方法,一般要借助系统仿真工具画出开环频率特性伯德图,通过校正使开环频率特性满足期望频域指标的要求。

表 1 《控制工程工作坊教程》的主要内容

| 教学模块 | 建模 | 分析 | 设计 |
|---|---|---|---|
| 控制系统的数学模型<br>(专题 1～8) | 微分方程<br>拉普拉斯变换<br>传递函数方框图 | 拉氏逆变换求动态响应,终值定理求稳态响应 | 方框图化简<br>计算系统输出 |
| 典型环节的特性<br>(专题 9～16) | 典型一阶环节<br>典型二阶环节 | 动态指标<br>稳态指标 | 根据特征参数和性能<br>指标的关系<br>确定控制参数 |
| 时域分析和设计<br>(专题 17～20) | 开环传递函数 | 高阶系统特点,稳定性分析,图解法分析参数对闭环特征根轨迹的影响 | 利用根轨迹法<br>配置闭环极点<br>确定控制参数 |
| 频域分析和设计<br>(专题 21～25) | 开环频率特性 | 典型环节的频率特性,用伯德图分析系统相对稳定性和带宽等特征 | 利用开环伯德图校正<br>系统频率特性<br>确定控制参数 |

## 2 教程的主要特点

本课程采用工作坊教学模式,这是一种以"做中学"为本质特征,具有行动导向、建构主义和体验学习等特征,注重动手能力、认知能力培养的新型教学模式。《控制工程工作坊教程》是为工作坊教学模式开发的配套教程,是工作坊式教学模式的必要载体。本教程与传统的按照学科体系编写的教材的主要区别如下:

1)本教程不同于普通的教材,它不是一本典型的教科书,它主要由大量活动组成,通过这些精心设计的活动引导学生自己发现基本概念。教程中只提示了必要基础知识和基本方法,围绕学习重点设计了大量的讨论题和仿真题,要求学生通过研讨和仿真自己找到答案,在行动中提炼和掌握相关的知识和技能。

2)本教程不是按照抽象的学科体系来编写的,而是围绕电机调速系统和车速控制系统的设计过程,按照建模、分析、设计等实际工作过程来组织学习内容。本教程通过工作坊的形式将抽象的控制理论与具体的工程设计问题紧密结合,在注重核心概念的理解和工作能力培养的同时,有效地化解了传统的学科型教材知识体系烦琐、数学内容高深等所导致的教师难教、学生难学的困难。

《控制工程工作坊教程》的基本结构如下:

1)在教学顺序上,本教程将传统的学科体系解构后,按照实际工作过程重新排序。本教程中教学内容(25 个专题)与学习单元、学科体系之间的关系如表 2 所示。

表 2  《控制工程工作坊教程》的学习内容和工作任务

| 学习单元 | 学科体系/设计过程 | | | | | | 单元工作任务 | 单元总结 |
| | 建模 | 时域/频域分析 | | 设计（校正） | | | | |
| | 顺序控制反馈控制 | 一阶系统 | 二阶系统 | 典型系统法 | 根轨迹法 | 频率特性法 | | |
| U1 自动控制的类型 | 1～2 电梯选层控制 3～4 电梯速度控制 | | | | | | T1 电梯控制系统仿真 | |
| U2 反馈控制系统的数学模型 | 5～6 传递函数模型 7～8 控制系统仿真 | | | | | | T2 电梯速度控制系统建模 | |
| U3 一阶反馈控制系统设计 | 9 直流电机调速系统结构 | 10 开环系统设计 11 闭环系统设计 | | 10 开环系统设计 11 闭环系统设计 | | | T3 采用 P 控制器设计调速系统 | 12 一阶系统综合分析设计 |
| U4 二阶反馈控制系统设计 | √ | | 13 二阶系统阶跃响应 | 14 二阶系统仿真 15 特性理论分析 | | | T4 采用 I 控制器设计调速系统 | 16 二阶系统综合分析设计 |
| U5 控制系统时域分析和设计 | √ | 17 高阶系统简化分析方法 | | | 18 根轨迹法 19 设计 PI 控制器 | | T5 采用根轨迹法设计调速系统 | 20 时域分析总结 |
| U6 控制系统频域分析和设计 | 21 线性系统的频率响应 | 22 典型环节的频率特性伯德图 23 频域性能指标及稳定性分析 | | | | 24 频域设计方法 25 设计 PI 控制器 | T6 采用频域法设计调速系统 | |

传统的控制理论课程一般采用学科体系的教学顺序,通常是将表 2 中的内容按照纵向排列。先从左起第 2 列开始,首先学习与建模有关的所有专题;再进入 3～4 列,继续学习与分析有关的所有专题;最后进入 5～7 列,学习与设计有关的所有专题。

为了将复杂的知识体系分解为较简单的模块,以利于学生理解,本教程首先将上述学科体系解构,然后将知识点按照若干个典型工作过程重构后,形成了按照工作过程排序的教学顺序。这样排序符合实际工作规律,使理论与实践紧密结合,在实际的工作情境下有利于学生理解相关的学科理论知识,并掌握有关工作过程的知识。表 2 中,本教程将所有教学内容

(25个专题)分解为6个学习单元,每个学习单元对应一个典型的工作过程,按照工作过程的顺序,从左到右排列各教学专题。

2)本教程由6个典型工作过程组成,这些工作过程按照由简单到复杂的顺序排列,每个工作过程对应一个学习单元。每个学习单元由若干个专题组成,以便于教学实施。每个专题由几个学习活动组成,一般情况下每次课(2学时)可完成一个专题。各个专题既相互联系又相对独立,具有模块化的特点,便于改进和组合,同时有利于及时复习和反馈。

3)每个学习单元都对应一个工作任务(见表2中右起第2列),在教学过程中,学习和工作是交替进行的,体现了工学结合的教学思想。每个学习单元结束前,通过单元总结环节(见表2中右起第1列)将该工作过程中积累的知识点提炼出来,加以系统化和拓展,帮助学生建立自己的学科体系。

## 3 教程的使用方法

本教程以学材的形式呈现,它不是一本典型的教科书,而是学习手册。本教程采用专题的形式编排,各专题围绕所在单元的工作任务,以任务驱动的形式循序渐进地展开教学内容。每个专题包括若干学习活动,学习活动中首先介绍完成学习任务所需要的基础知识,然后通过例题引导学生共同探索学习主题。

以单元U1中的专题3为例,图1为专题3的知识导图。单元U1的工作任务之一是电梯速度控制系统中反馈控制环路的设计与仿真,为完成此任务则需在专题3中学习反馈控

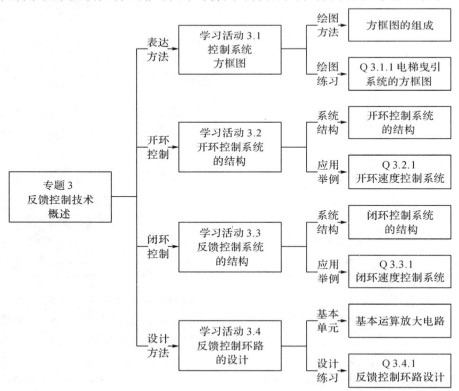

**图1 专题3的知识导图**

制技术。专题 3 包括 4 个学习活动，循序渐进地引导学生了解反馈控制系统的结构和设计方法。以学习活动 3.2 为例，学习活动中首先介绍开环控制系统的结构，然后通过例题 Q3.2.1 考查学生对所学知识的理解。

在课堂教学过程中，学生应在教师的引导下，以小组合作学习的形式，完成各个学习活动中的例题，并填写教程中预留的空白。以例题 Q3.2.1 为例，例题用方框（加灰底色）标识，需要学生填写的空白部分用下划线或虚线框标识，填空要求的关键词用下划线突出表示。本例题中，要求学生在下划线上方的空白处，填写各要素的具体名称。

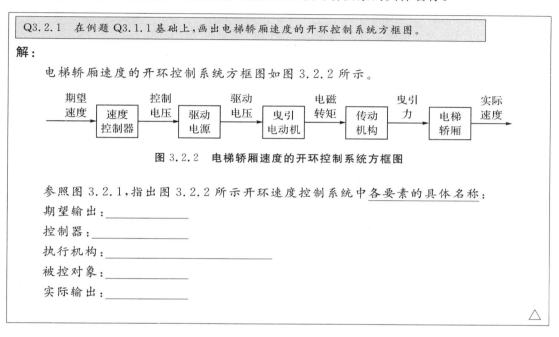

图 2　例题 Q3.2.1

为了便于教学，本教程在体例方面也进行了合理的设计。

1）每个单元之前为单元学习指南，概述了本单元的主要学习目标以及其中各专题的相互关系。部分单元的最后一个专题（例如专题 12）是对该单元知识的重新梳理和提炼，帮助学生在行动体系的学习过程结束后，重构学科知识体系，实现两个体系的统一。每个专题中，将以知识卡的形式突出核心的知识点（参见图 3），便于学生查阅。

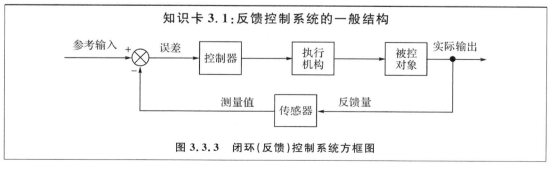

图 3　知识卡 3.1

2)每个专题的引言部分,通过承上启下、学习目标、知识导图、基础知识和基本技能以及工作任务 6 个栏目,使学生明确学习目标以及重点难点。每个专题的结尾部分为专题小结和测验,专题小结将归纳该专题的主要知识点,专题测验将通过填空、选择等题目检测学生对该专题的基本知识的掌握情况,提供及时的教学反馈。

3)本教程配套有单独的习题集,习题集上预留了解题的空白,学生可直接在习题上完成各专题的课后作业。多数专题的习题中都包含仿真报告,本教程将提供仿真报告的 Word 模板,供学生在此基础上编写仿真报告。多数专题中还包含若干课后思考题(参见图 4),设置课后思考题的目的之一是将部分学习内容放在课后完成,以节省课堂教学时间;另一个目的是为学有余力的学生提供一些拓展学习的课题。

☒课后思考题 AQ3.1:根据本例的设计要求,在图 3.4.6 的方框中,填入适当的运算放大电路,并完成每个方框上方的信号关系表达式,以及下方总的信号关系表达式。

**图 4    专题 3 的课后思考题**

4)教程的附录中包括控制系统分析的基础知识(附录 1~2)、重要术语解释(附录 3)、仿真软件中元件或指令说明(附录 4~5)、知识卡索引(附录 6)、贯穿课程的设计实例索引(附录 7)、重要主题比较表(附录 8)等内容,以帮助课程学习。

本课程教学过程中,将充分利用计算机仿真工具帮助学习。使用计算机仿真软件可以构建实际系统的仿真模型,便于更加直观地分析问题,并极大地提高解题效率。本教程中仿真工具是实现工作坊式教学的重要手段,将使用以下两种计算机仿真软件。

MATLAB 是最广泛使用的工程计算软件,利用其中的控制系统工具箱,可以构建基于传递函数的控制系统模型,并提供了根轨迹、频率特性等有效的分析工具。本教程中使用的版本为 7.0。

PSIM 是一款好学易用的电路仿真软件,入门很容易,本教程利用该软件研究基于电路的控制回路设计。本教程中使用的版本为 6.0(学生版)。

# 目　　录

1

# 单元 U1　自动控制的类型

● 学习目标

了解顺序控制和反馈控制的联系和区别。

掌握利用 PSIM 进行控制系统仿真的基本方法。

● 知识导图

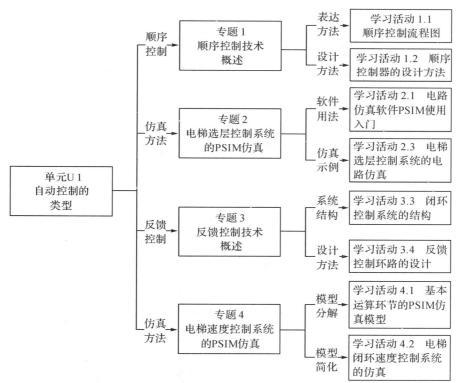

● 基础知识和基本技能

顺序控制的特点、表达和设计方法。

反馈控制的特点、表达和设计方法。

电路仿真软件 PSIM 的基本使用方法。

● 工作任务

电梯选层控制系统中顺序控制电路的设计与仿真。

电梯速度控制系统中反馈控制环路的设计与仿真。

# 单元 U1 学习指南

自动化是人类文明进步和现代化的标志,控制、信息、系统为其主要的学科基础。自动控制技术是自动化的核心技术之一。

自动控制是指在没有人直接参与的情况下,利用外加的设备或装置(即控制装置或控制器),使机器、设备或生产过程(即被控对象)的某个状态或参数(即被控量)自动地按照预定的规律(控制目标)运行。在现代科学技术的众多领域中,自动控制技术起着越来越重要的作用。

在上述定义中,控制器、被控对象、被控量和控制目标是自动控制的四个关键要素。

下面以图 U1.1 所示四层电梯的教学用简化控制模型为例,来说明自动控制的特点。

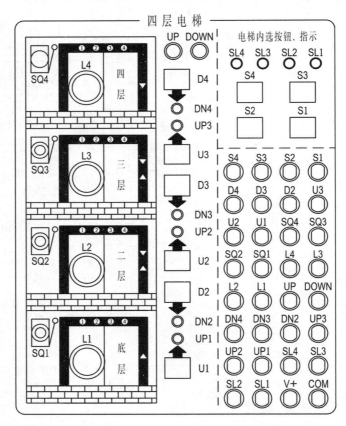

**图 U1.1 四层电梯的教学用简化控制模型**

该电梯控制模型由各楼层电梯口的上升下降呼叫按钮(U1~U3、D2~D4 等)、电梯轿厢内楼层选择按钮(S1~S4)、上升下降指示(UP、DOWN)、各楼层到位行程开关(SQ1~SQ4)组成。电梯的自动控制系统应具有自动响应各楼层的呼叫信号、驱动曳引电机以控制轿厢自动运行的功能。

　　电梯控制系统中存在多种控制功能,表 U1.1 中列出了其中 4 种典型的控制功能。试分析这 4 种自动控制功能中包含的控制要素,填入表 U1.1,并比较各种控制方式的联系和区别。

表 U1.1　电梯控制系统的典型控制功能

| 控制功能 | 控制器 | 被控对象 | 被控量 | 控制目标 |
|---|---|---|---|---|
| 轿厢位置控制 | | | | |
| 轿厢速度控制 | | | | |
| 选层控制 | | | | |
| 轿厢门的开闭控制 | | | | |

　　分析上表可知,电梯的控制从性质上可以分为两大类:

　　1)传动系统的控制(运动/伺服控制)。它是以速度给定曲线为依据,针对曳引电机的不同调速方式构成闭环或开环的速度控制系统,从而实现电机运动状态的控制。从控制的目的上分析,运动控制要使输出与设定值一致,也称伺服控制。伺服控制一般要通过反馈手段来实现,所以也称反馈控制。

　　2)操纵系统的控制(逻辑/顺序控制)。接受呼叫和位置等信号,按照一定的逻辑关系进行综合处理,并将其处理结果反映到传动系统中控制电机的启停。从控制的目的上分析,逻辑控制的目的是使控制动作按照一定的顺序进行,也称顺序控制。

　　这两种控制方式有着截然不同的控制特征、表达方式和实现手段。因此,从实现自动控制的原理或方法上区分,控制技术可分为反馈控制和顺序控制两大类。两者的定义如下:

　　1)反馈控制。控制装置获取被控量的反馈信息,用来不断修正被控量与设定量之间的偏差,从而使被控量与设定量保持一致的控制形式。

　　2)顺序控制。按预先设定好的顺序使控制动作逐次进行的控制形式。

　　"控制工程基础"课程主要研究线性系统的反馈控制技术。

　　作为课程的引论,本单元以电梯控制为例,分析这两大类控制方式的联系和区别,以便使学生对自动控制技术的全貌得以了解。

　　在学习和研究自动控制系统时,各种计算机仿真软件是非常有用的工具。学生可方便地利用这些软件建立系统模型、仿真控制系统的运行状态,既提高了学习效率,又可加深对系统的理解。为了形象地展示控制系统的实现方式,本单元还介绍一种简单易学的电路仿真软件 PSIM,并说明如何实现对电梯控制系统的电路仿真。

　　课程单元 U1 由 4 个专题组成,各专题的基本内容详见知识导图。

# 专题 1　顺序控制技术概述

● **承上启下**

专题 1 和专题 2 将以电梯控制为例,介绍顺序控制的特点。专题 1 首先介绍顺序控制技术的表达方式和实现方法,专题 2 将介绍顺序控制系统的电路仿真方法。

● **学习目标**

了解顺序控制的表达方式。

了解顺序控制器的实现方法。

● **知识导图**

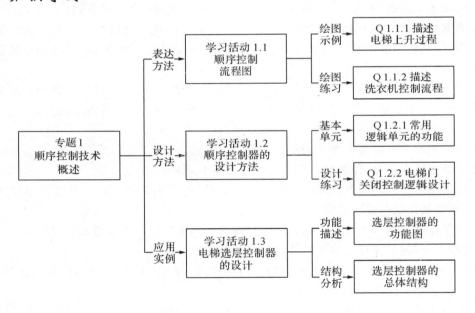

● **基础知识和基本技能**

顺序控制流程图。

基本的逻辑运算单元:与、或、非,延时。

● **工作任务**

电梯选层控制器的设计。

# 学习活动 1.1　顺序控制流程图

顺序控制可以用一些直观的图形方式来表达,其中顺序流程图(SFC)是一种常用的描述语言。SFC 是通过步骤、迁移、连接等要素来表示的,与软件设计时常采用的程序流程图有很多相似之处,下面以电梯的逻辑控制为例简要说明顺序流程图的绘制方法。

> **Q1.1.1**　对于图 U1.1 所示的电梯控制模型,试用 SFC 语言描述如下运行过程。
> 　1)假设运行开始时电梯停靠在 1 层,当收到 3 层的呼叫后,电梯开始上升。
> 　2)上升过程中经过 2 层时,如果有 2 层的呼叫,那么电梯将在 2 层停靠 5s,否则直接通过。
> 　3)到达 3 层后,电梯停止。运行过程结束。

**解:**

1)描述电梯从 1 层到 3 层运行过程的顺序流程图。

该流程由从上到下的四个步骤(用方框来表示)组成,如图 1.1.1 所示。各步骤之间用线段连接,步骤之间的迁移条件用短横线标注在连接线段上。在当前步骤下,当迁移条件成立时,则自动转移到下一个步骤。例如:步骤 1 时(电梯上升),当到达 2 层且 2 层有呼叫时,流程将转移至步骤 2(停靠 5s);如果到达 2 层但 2 层无呼叫,将保持步骤 1 的状态,继续上升;当到达 3 层时,转移到步骤 4,运行过程结束。

2)分析顺序流程图与程序流程图的主要区别。

- 顺序流程图用迁移元素代替了程序流程图中的判断和分支元素。
- 顺序流程图的默认顺序为从上到下,所以在表示步骤之间转移关系的连接线段上,可以不画表示转移方向的箭头。

△

> **Q1.1.2**　试用 SFC 语言来描述全自动洗衣机的简化控制流程,即启动后根据预先设定的水位和时间,完成包括注水、清洗、漂洗和脱水四个步骤的洗涤过程。

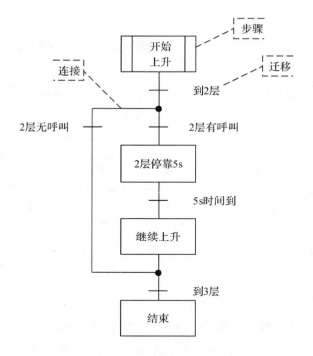

**图 1.1.1　电梯上升时的顺序流程图**

# 学习活动 1.2　顺序控制器的设计方法

　　SFC 是一种工业控制器的通用图形化编程语言,可直接转化为控制代码在控制器上执行。此外,其描述的控制关系也可以用基本的数字电子电路来实现。

　　数字电路利用各种逻辑运算单元(门电路)实现各种逻辑以及时序关系,逻辑信号只有 2 种状态:0(False)和 1(True),常用的逻辑运算单元如表 1.2.1 所示。

Q1.2.1　根据表 1.2.1 中各逻辑单元的功能,填写右侧的逻辑运算结果。

**表 1.2.1　常用逻辑运算单元**

| 逻辑运算 | 图形符号 | 运算关系 | $X1$ | $X2$ | $X3$ | $Y$ |
|---|---|---|---|---|---|---|
| 非 NOT | $X1 \multimap \!\!\!\triangleright\!\!\!\circ\, Y$ | $Y = \overline{X1}$ | 0 | × | × | |
| | | | 1 | × | × | |
| 或 OR | $X1$<br>$X2$<br>$X3$ $\multimap\!\!\!)\!\!\!\circ\, Y$ | $Y = X1 \cup X2 \cup X3$ | 0 | 0 | 0 | |
| | | | 1 | 0 | 1 | |
| | | | 1 | 1 | 1 | |

续表

| 逻辑运算 | 图形符号 | 运算关系 | X1 | X2 | X3 | Y |
|---|---|---|---|---|---|---|
| 与 AND | 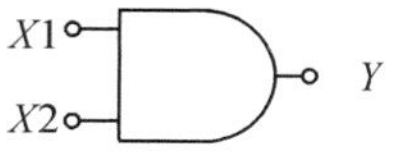 X1 ─⊐ Y<br>X2 ─ | $Y = X1 \cap X2$ | 0 | 1 | × | |
| | | | 1 | 1 | × | |
| 延时 TD | 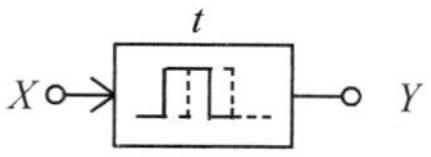 X →▯▯ ○ Y | $Y$ 比 $X$ 滞后 $t$ 秒 | 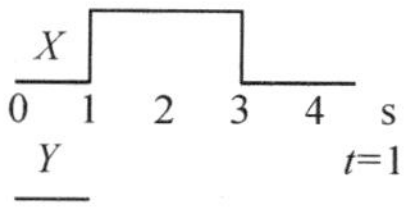 | $X$ ⎍<br>0 1 2 3 4 s<br>$Y$ ___ $t=1$ | | |

△

下面运用上述基本逻辑运算单元,实现电梯门关闭的控制逻辑。

Q1.2.2　在电梯控制系统中,电梯门关闭的控制逻辑为:在无阻挡($X1=1$)的情况下,当有关门指令($X2=1$)或开门到位($X3=1$)5s 以后,电梯门自动关闭($Y=0$)。

　　针对上述控制要求,解答下列问题。

**解:**

1)利用表 1.2.1 中的逻辑单元,在图 1.2.1 中设计电路,实现电梯门关闭的控制逻辑。

逻辑运算电路

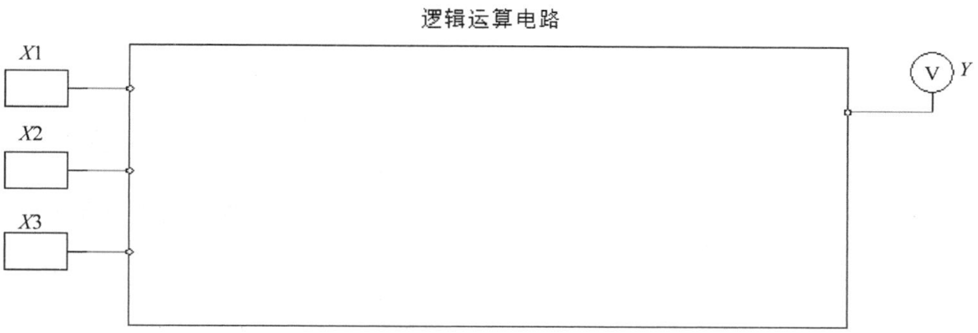

**图 1.2.1　电梯门自动关闭的控制电路**

2)简述图 1.2.1 中逻辑电路的工作原理。

开门到位信号 $X3$ 之后连接＿＿＿＿＿＿＿＿,使开门到位($X3=1$)后产生 5s 延时;

延时器输出与关门指令 $X2$ 进行＿＿＿＿运算,表示 2 个条件有一个成立则输出 1;

上述运算的结果与无阻挡信号 $X1$ 进行＿＿＿＿运算,表示 2 个条件均成立才输出 1;

上述运算的结果,经过＿＿＿＿运算后输出,作为电梯门自动关闭信号 $Y$。

△

# 学习活动 1.3　电梯选层控制器的设计

电梯在上升或下降过程中,根据呼叫信号停靠到相关楼层的控制功能,一般称之为选层控制。电梯选层控制是顺序控制的一个典型应用,下面试利用基本逻辑运算单元,设计一个简化的电梯选层控制器。

**Q1.3.1** 设计一个简化的选层控制器,实现电梯上升过程中在2、3层的停靠控制。

**解:**

1)画出电梯上升过程中的选层控制器的功能图。

选层控制器的作用是根据楼层呼叫信号和到达信号,确定电机的运行状态。在电梯上升过程中,电机运行状态的变化以及与楼层信号的关系,可用图1.3.1中的功能图来描述。

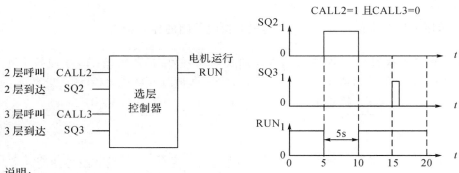

说明:

1)CALL2和CALL3为2层和3层的呼叫信号,1表示有呼叫,0表示无呼叫。

2)SQ2和SQ3为楼层到达信号,1表示到达,0表示未到达。

3)RUN为曳引电机运行控制信号,为1时电机运行,0时电机停止。

4)仅在某楼层有呼叫时,到达后才停靠5s,5s后继续上升。无呼叫该楼层不停靠。

**图 1.3.1 选层控制器的功能(逻辑信号时序图)**

图 1.3.1 中利用逻辑信号的时序图,描述了仅 2 层有呼叫时选层控制器的功能:

$t=0$ 时,电梯从 1 层出发,向上运动,令上升控制信号 RUN=1。

$t=5$ 时,电梯到达 2 层,2 层到达信号 SQ2=1。由于 2 层有呼叫信号(CALL2=1),令上升控制信号 RUN=0,使电梯停靠在 2 层,并启动延时器。

$t=10$ 时,延时 5s 时间到,令上升控制信号 RUN=1,电梯继续上行。

$t=15$ 时,电梯到达 3 层,3 层到达信号 SQ3=1,由于 3 层无呼叫信号(CALL3=0),保持上升控制信号 RUN=1,电梯继续上行。

同理,也可以画出其他情况下控制信号的时序图。

2)确定选层控制器的总体结构。

响应 2 层和 3 层呼叫的电梯选层控制电路的总体结构,如图 1.3.2 所示。

· 两个方框内为相同的逻辑电路,右侧为三个输入信号(第三个输入是 SQ 延迟 5s 后的信号),左侧为一个输出信号。

· 方框内为停靠判断电路,作用是判断电梯是否应该在 2 层或 3 层停靠。

· 如果判断应该在某层停靠,则停靠判断电路输出为"0",否则输出为"1"。

· 最后用一个与门把两个判断电路的输出相与后,形成电机运行控制信号 RUN,"0"代表停止,"1"代表运行。

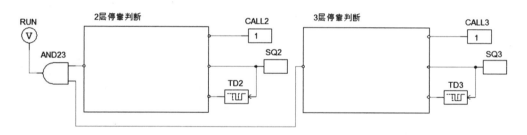

**图 1.3.2 选层控制电路的结构示意图**

⊠课后思考题 AQ1.1：利用基本逻辑单元设计选层控制电路，填入图 1.3.2 的方框中。提示：该控制电路可以设计出多种方案。

△

## 小 结

本专题以电梯控制为例，介绍了顺序控制的基本表达和实现方式。

1）顺序控制的常用描述语言为顺序流程图（SFC），它是通过步骤、迁移、连接等要素来表示控制过程。顺序流程图与程序流程图很相似，主要区别是用迁移元素代替了判断和分支元素。

2）顺序控制中描述的控制关系可以用基本的数字电子电路来实现，即顺序控制器可以采用数字电路的形式来实现。利用数字电路中基本的逻辑运算单元，如与、或、非等，以及延时器，可以实现顺序控制中的各种逻辑以及时序关系。

本专题的设计任务是：利用基本逻辑运算单元设计电梯的选层控制电路，以体会典型的顺序控制器的设计方法。下一专题中，将通过电路仿真检验选层控制电路的设计是否正确。

## 测 验

**R1.1** 自动控制是指在没有人直接参与的情况下，利用外加的设备或装置（　　），使机器、设备或生产过程（　　）的某个状态或参数（　　），自动地按照预定的规律（　　）运行。

　　A. 被控对象　　　　B. 被控量　　　　C. 控制器　　　　D. 控制目标

**R1.2** 在如下的电梯控制中，（　　）属于顺序控制，（　　）属于反馈控制。

　　A. 轿厢位置控制　　　　　　　　　　B. 电梯的选层控制

　　C. 轿厢速度控制　　　　　　　　　　D. 轿厢门的开闭控制

**R1.3** 从实现自动控制的原理或方法上区分，控制技术可分为两大类。

1）控制装置获取被控量的（　　）信息，用来不断修正被控量与输入量之间的偏差，从而实现对被控量进行控制的作用，此类控制称之为（　　）。

2）按预先设定好的（　　）使控制动作逐次进行，此类控制称之为（　　）。

　　A. 顺序控制　　　B. 反馈控制　　　C. 反馈　　　D. 顺序

**R1.4** 以数控钻床为例，判断其中各种控制的类型和特点：

1）对各个孔的加工顺序的控制属于（　　）；而要将钻头准确定位在待加工位置上，则属于（　　）。

2)顺序控制是对工艺过程的（　　　），反馈控制是对其中定位精度的（　　　），在数控加工过程中，两者是紧密结合的。

    A. 顺序控制　　　　　B. 宏观控制　　　　　C. 反馈控制　　　　　D. 微观控制

**R1.5**　SFC 是一种常用的描述顺序控制流程的语言，它是通过（　　　）等要素来表示。

    A. 步骤　　　　　　　B. 迁移　　　　　　　C. 判断　　　　　　　D. 连接

**R1.6**　如下控制要求中，选择输出与输入之间恰当的逻辑运算类型。

    1)当两个输入同时为"1"时，输出才为"1"，此时的控制关系为（　　　）。

    2)当两个输入有 1 个为"1"时，输出就为"1"，此时的控制关系为（　　　）。

    3)当输入为"0"时，输出为"1"，此时的控制关系为（　　　）。

    4)当输入变为"1"时，输出滞后一段时间才变为"1"，此时的控制关系为（　　　）。

    A. 与　　　　　　　　B. 或　　　　　　　　C. 非　　　　　　　　D. 延时

# 专题 2　电梯选层控制系统的 PSIM 仿真

● 承上启下

专题 1 介绍了顺序控制流程图,以及利用基本逻辑单元实现顺序控制的方法。本专题将利用 PSIM 仿真软件,对上一专题所设计的电梯选层控制系统进行仿真研究。

● 学习目标

了解电路仿真软件 PSIM 的使用方法。

掌握利用 PSIM 软件建立顺序控制系统仿真模型的方法。

● 知识导图

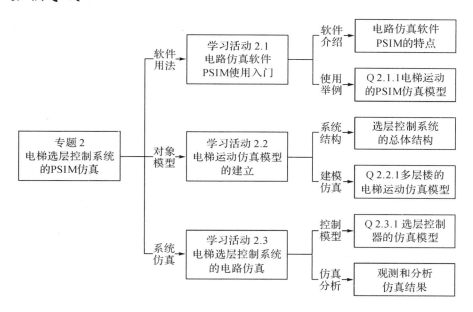

● 基础知识和基本技能

电路仿真软件 PSIM 的主要特点,软件的主要组成部分。

用 PSIM 建立电路仿真模型的步骤,PSIM 中常用的电路元件和测量元件。

● 工作任务

建立电梯选层控制系统的 PSIM 仿真模型。

# 学习活动 2.1 电路仿真软件 PSIM 使用入门

PSIM 是由美国的 Powersim 公司开发的面向功率电路的仿真软件,具有如下特点:

1)仿真的步长是固定的,不容易出现开关动作时的不收敛问题,可以进行快速的仿真。

2)电机和驱动电路的模型库很丰富,可以搭建电机调速系统的仿真模型。

3)可以搭建模拟和数字电路混合的控制电路。

4)半导体器件都采用理想开关,仿真速度快。

5)软件操作简便,适用于概念的理解和控制回路的设计,是一种易于初学者使用的仿真软件。

6)PSIM 的试用版 PSIM-demo 可免费试用,且软件小巧,易于安装。

PSIM 同其他电路仿真软件一样,通过图形化的人机交互方式输入电路(SIMCAD),实施计算(PSIM 仿真器)、显示计算结果(SIMVIEW)。

为了构建例题 Q1.3.1 中电梯选层控制系统的仿真模型,需要建立简化的电梯运动仿真模型。下面以建立电梯运动仿真模型为例,说明 PSIM 软件的操作步骤。

> Q2.1.1 利用 PSIM 电路仿真软件建立简化的电梯运动仿真模型,以反映电梯上升过程中的位置变化和楼层到达信号,并具有电梯启停的控制功能。假设:电梯运行速度为 1m/s,2 层距离底层 5m,运动模型能够输出 2 层的到达信号。

**解:**

1)仿真模型的结构。

用 PSIM 软件建立的电梯运动仿真模型如图 2.1.1 所示,由电梯位置模拟和楼层到达检测这两个仿真模块组成。该仿真模型的输入为电梯上升控制信号 RUN,输出为电梯的位置 PLACE 和 2 层到达信号 SQ2。

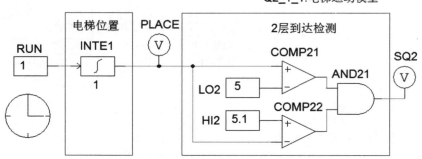

**图 2.1.1 模拟电梯运动的 PSIM 仿真模型**

图 2.1.1 中各仿真模块的功能如下:

• 电梯位置模块:RUN=0 时,表示电梯停止,电梯的位置保持不变。RUN=1 时,表示电梯运行,电梯的位置 PLACE 按照 1m/s 的速率增加。

仿真模型中,采用积分器(INTE1)来模拟电梯位置,积分器的函数关系为:

$$v_{\mathrm{o}} = \frac{1}{T}\int v_{\mathrm{in}}\,\mathrm{d}t \tag{2.1.1}$$

式中,$T$ 为积分器的时间常数,$v_{\mathrm{in}}$ 为输入,$v_{\mathrm{o}}$ 为输出。

在本例中,设 $T=1$,则电梯位置的表达式为:

$$\mathrm{PLACE} = \int \mathrm{RUN}\cdot\mathrm{d}t \tag{2.1.2}$$

楼层到达检测模块:当电梯运行到 2 层,电梯位置满足 5<PLACE<5.1 时,2 层到达信号 SQ2=1。

仿真模型中,用比较器(COMP)来实现楼层到达的检测,比较器的函数关系为:

$$\begin{cases} \mathrm{IN+}>\mathrm{IN-} & \mathrm{OUT}=1 \\ \mathrm{IN+}<\mathrm{IN-} & \mathrm{OUT}=0 \end{cases} \tag{2.1.3}$$

当电梯位置 PLACE>LO2(5)时,比较器 COMP21 输出为 1;当电梯位置 PLACE<HI2(5.1)时,比较器 COMP22 输出为 1。两个比较器的输出同时为 1 时,2 层到达信号 SQ2=1。因此,采用与运算(AND21)生成 2 层到达信号 SQ2。注:LO2 和 HI2 分别为 2 层到达检测的下限位置和上限位置。

2)输入仿真模型。

打开 PSIM 软件,建立一个新文件,在新建的工作窗口 SIMCAD 中输入图 2.1.1 所示仿真模型,保存时定义文件名:Q2_1_1(与例题的题号相同)。输入仿真模型的主要工作是查找(放置)元件和绘制连线。

查找(放置)元件有三种方法:

· 常用元件(例如:比较器)可在工作窗口下方的元件工具条上找到。

· 所有元件均可在工作窗口上方 Elements 菜单下找到。例如,积分元件在 Elements 菜单下的路径为 Control\Integrator。

· 按下工作窗口上方工具条上"Library Browser"按钮 ,可弹出库元件查找子窗口,输入要查找的原件名称,可快速找到该元件。例如:在库元件查找窗口输入"Integrator"即可找到积分元件。

图 2.1.1 中所包含的各类元件列于表 2.1.1 中,根据库元件描述找到这些元件,放置在工作窗口中并根据要求设置元件的参数。例如:双击积分器(INTE1),在弹出的属性对话框中,将时间常数(Time constant)设置为 1。注:在元件属性对话框中点击 Help 按钮,可显示元件的功能描述。

**表 2.1.1　电梯运动仿真模型中的元件**

| 元件种类 | 库元件描述 | 模型中元件的符号名(参数) |
|---|---|---|
| 常数 | Constant | RUN(1),LO2(5),HI2(5.1) |
| 积分器 | Integrator | INTE1(T=1) |
| 比较器 | Comparator | COMP21,COMP22 |
| 与门 | AND Gate | AND21 |

元件放置完毕后，点击工作窗口上方工具条上"wire"按钮 ✎ ，绘制元件间的连线。

最后，安放 2 个电压表，用于输出被测信号的仿真结果。其中，电压表 PLACE 用于检测电梯位置，电压表 SQ2 用于检测 2 层到位信号。电压表（Voltage probe）可在工作窗口下方的元件工具条上找到。

3）设定仿真条件。

放置仿真控制元件（左下角的钟表型元件），设置仿真步长、仿真时间等仿真条件。仿真控制元件可在菜单 Simulation\Simulation Control 下找到，元件的属性如图 2.1.2 所示。

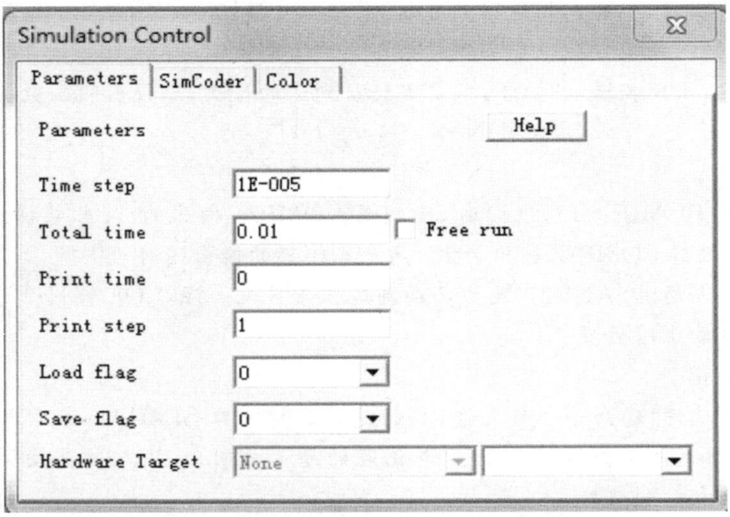

图 2.1.2　仿真控制元件的属性

仿真控制元件的主要参数如下：

· Time step（仿真步长），缺省值为 1E-005，表示仿真计算的步长为 $1 \times 10^{-5}$。

· Total time（总仿真时间），缺省值为 0.01，表示总仿真时间为 0.01s。

· Print time（打印时间），缺省值为 0，表示打印仿真曲线的区间从 0s 开始，到总仿真时间为止。

· Print step（打印步长），缺省值为 1，表示打印仿真曲线的步长为 1 倍的仿真步长。

本例中需要观察 20s 内电梯的运行情况，所以应设置总仿真时间：Total time＝20s，仿真步长：Time step＝0.01。

4）执行仿真分析。

按下工作窗口上方工具栏上"Run simulation"按钮 ▣ 可启动仿真计算，计算完成后，SIMVIEW 会自动弹出对话框，如图 2.1.3 所示，选择要观察的变量，还可对变量进行基本运算。确定后输出仿真结果（被测信号的波形图），如图 2.1.4 所示。将 SQ2 乘 10 之后显示，是为了与 PLACE 信号匹配，在波形图中显示得更清楚。

观察仿真波形的特点，判断其功能是否符合设计要求。

· RUN＝1 时，电梯位置（PLACE）以 1m/s 的速率线性上升，表示电梯处于运行状态。RUN＝0 时，电梯位置 PLACE＝0，表示电梯处于停止状态。

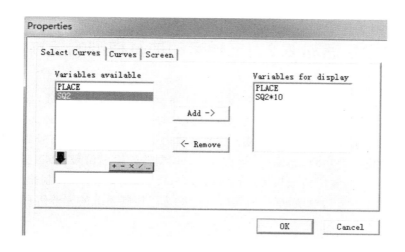

图 2.1.3　SIMVIEW 中选择要观察的变量

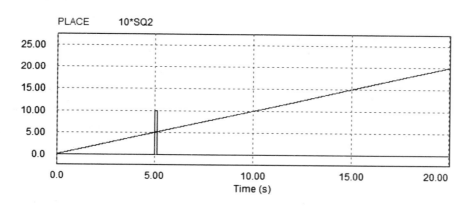

图 2.1.4　SIMVIEW 中输出的电路仿真结果（被测信号的波形）

・当电梯位置（PLACE）上升到 5m 时，到达 2 层，楼层到达信号 SQ2 置位；上升到 5.1m 之后，楼层到达信号 SQ2 复位。

从上述分析可见，仿真模型的功能完全符合设计要求。要建立多层电梯的运动仿真模型，还需要对上述仿真电路中的楼层到位检测模块进行扩展。

5）拷贝图形。

无论是输入模型的 SIMCAD 窗口，还是输出结果的 SIMVIEW 窗口，都可用菜单上的 Edit\Copy to clipboard 功能来拷贝图形（矢量图），然后粘贴在 Word 文档中，作为实验报告的素材。

注意：尽量避免使用屏幕拷贝功能提取图形，以保证图片的清晰度。

# 学习活动 2.2  电梯运动仿真模型的建立

完整的电梯选层控制系统由选层控制器和电梯运动模型两部分组成,如图 2.2.1 所示。

1)选层控制器的功能,详见例题 Q1.3.1。控制器的输入信号为楼层呼叫信号(CALL2、CALL3)和楼层到达信号(SQ2、SQ3),输出信号为上升控制信号(RUN)。

2)电梯运动模型的功能,详见例题 Q2.1.1。控制器的输出信号 RUN 连接到运动模型的输入端,运动模型的输出信号为楼层到达信号(SQ2、SQ3),连接到控制器的输入端。

本节将建立电梯运动模型,下一节将建立电梯选层控制系统的完整仿真模型。

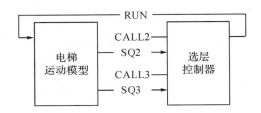

**图 2.2.1  电梯选层控制系统的总体结构**

Q2.2.1  对例题 Q2.1.1 中的仿真模型进行扩展,建立多层楼的电梯运动模型,使其能够输出 2 层和 3 层的楼层到达信号。设电梯运行速度为 1m/s,相邻楼层的间距为 5m。

**解:**

1)建立多层楼的电梯运动模型。

在例题 Q2.1.1 基础上,将仿真文件 Q2_1_1 另存为 Q2_2_1,然后增加 3 层到达检测模块。最终建立多层楼的电梯运动模型,如图 2.2.2 所示。

2)观察仿真结果。

· 运行仿真,在 SIMVIEW 中输出仿真结果,如图 2.2.3 所示。

· RUN=1 时,电梯位置(PLACE)以 1m/s 的速率线性上升,表示电梯处于运行状态。RUN=0 时,电梯位置 PLACE=0,表示电梯处于停止状态。

· 当电梯位置(PLACE)上升到 5m 时,到达 2 层,楼层到达信号 SQ2 置位;上升到 5.1m 之后,楼层到达信号 SQ2 复位。

· 当电梯位置(PLACE)上升到 10m 时,到达 3 层,楼层到达信号 SQ3 置位;上升到 10.1m 之后,楼层到达信号 SQ3 复位。

从上述分析可见,仿真模型的功能完全符合设计要求。

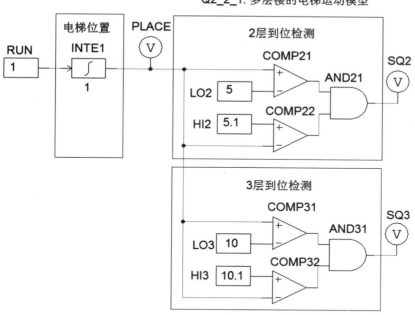

图 2.2.2　多层楼的电梯运动模型

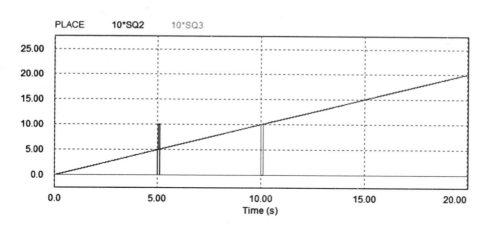

图 2.2.3　SIMVIEW 中输出的电路仿真结果

△

## 学习活动 2.3　电梯选层控制系统的电路仿真

参照图 2.2.1 的总体结构,在 PSIM 环境下,将例题 Q2.2.1 中建立的电梯运动模型,与例题 Q1.3.1 中设计的选层控制器结合起来,构成完整的电梯选层控制系统的仿真模型。

Q2.3.1 电梯选层控制系统如图 2.2.1 所示,主要的控制功能如下:

1)RUN 置位时,电梯以 1m/s 的速度向上运动,RUN 复位时电梯停止。

2)当电梯达到某楼层时,该楼层的到达信号置位;离开该楼层后,到达信号复位。

3)经过某楼层时,若该楼层有呼叫信号,则电梯在该楼层停留 5s,否则继续上行。

根据上述要求,建立电梯选层控制系统的 PSIM 仿真模型,观察和分析仿真结果。

**解:**

1)建立电梯选层控制系统的 PSIM 仿真模型。

建立电梯选层控制系统的 PSIM 仿真模型,如图 2.3.1 所示。图中,上半部分为电梯运动模型,来自仿真文件 Q2_2_1;下半部分为选层控制电路,需要根据例题 Q1.3.1 中设计的逻辑电路,补充其中空缺的部分。

选层控制电路中可能会用到以下元件:延时元件(Time delay),与门(AND Gate),或门(OR Gate),非门(NOT Gate)。

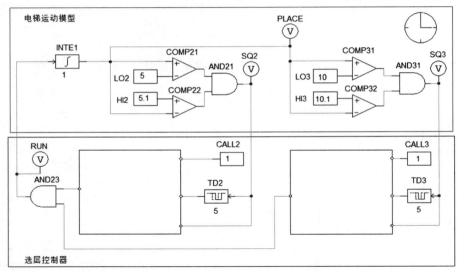

**图 2.3.1 电梯选层控制系统的电路仿真模型**

2)观察和分析仿真结果。

在下述四种呼叫情况下,分别运行仿真模型,观察仿真波形并分析控制系统的功能是否满足要求。

• 2 层有呼叫、3 层无呼叫。

• 2 层无呼叫、3 层有呼叫。

• 2 层、3 层均有呼叫。

• 2 层、3 层均无呼叫。

例如:2 层有呼叫、3 层无呼叫时,控制系统的仿真波形如图 2.3.2 所示。

• 0~5s 期间,RUN 被置位,电梯以 1m/s 的速度向上运动。SQ2 和 SQ3 均为复位状态。

· 5s 时,电梯位置 PLACE＝5m,到达 2 层。此时,SQ2 被置位,由于 2 层有呼叫,所以 RUN 被复位,电梯处于停止状态,PLACE 不变。

· 10s 时,电梯已在 2 层停靠了 5s,RUN 重新被置位,电梯继续上升,SQ2 被复位。

· 15s 时,电梯位置 PLACE＝10m,到达 3 层。此时,SQ3 被置位,由于 3 层没有呼叫,所以电梯继续上升,SQ3 很快又被复位。

上述分析表明,仅 2 层有呼叫时,选层控制系统的功能满足设计要求。

按照上述方法,在另外 3 种呼叫情况下,继续观察和分析仿真波形。如果各种情况下选层控制系统的功能均满足设计要求,则说明选层控制器的电路设计是正确的。如果某些功能不满足设计要求,则需要检查和修改选层控制电路,直到仿真结果满足要求。

提示:图 2.3.2 中包括 4 个波形窗口,生成的方法如下:在 SIMVIEW 窗口中,按下工具栏上“Add Screen”按钮██可以增加一个波形窗口。

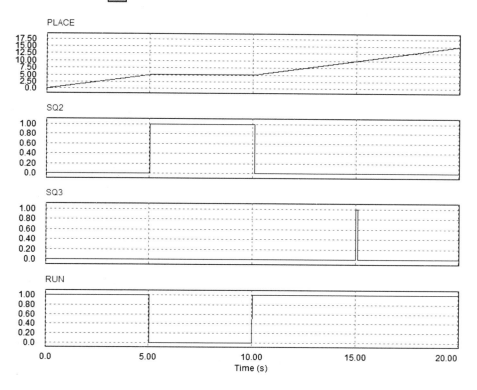

**图 2.3.2　2 层有呼叫、3 层无呼叫时控制系统的仿真波形**

⊠课后思考题 AQ2.1:采用不同的选层控制电路,建立两种以上的选层控制系统仿真模型。观察仿真波形,分析各种选层控制电路的功能是否满足要求。

△

## 小　结

本专题以电梯选层控制系统为例,介绍了利用 PSIM 仿真软件,建立控制系统仿真模型的方法,以帮助学生加深对顺序控制器实现方式的理解,同时掌握 PSIM 的基本使用方法。

1)PSIM 是一种面向功率电路的仿真软件,可以搭建电机调速系统的仿真模型。该软件操作简便,适用于概念的理解和控制回路的设计,是一种易于初学者使用的仿真软件。

2)PSIM 仿真的基本过程是:首先用 SIMCAD 画出电路仿真模型(包括测量元件),然后设置器件参数和仿真条件,最后是执行仿真分析并观察仿真结果。

本专题中用到的 PSIM 电路元件有:常数元件、积分器、比较器、与门、或门、非门、延时元件等。PSIM 测量元件有:电压表。

3)建立控制系统仿真模型有利于更好地观察、研究系统的运行特点,并可以检验控制功能是否满足要求。控制系统的仿真模型一般由被控对象模型和控制器模型两个部分组成。本专题建立了电梯选层控制系统的 PSIM 仿真模型,该仿真模型由电梯运动模型和选层控制器两部分组成。通过观察仿真结果并分析控制系统的功能是否满足要求,可以判断选层控制电路的设计是否正确,并为控制电路的调试和改进提供了便利的仿真实验条件。

本专题的设计任务是:利用 PSIM 仿真软件,建立电梯选层控制系统的仿真模型。

## 测 验

**R2.1** PSIM 仿真软件的基本特点是( )。

    A. 仿真的步长是变化的             B. 可以搭建电机的仿真模型

    C. 可以搭建模、数混合的仿真电路      D. 操作简便、仿真速度快

**R2.2** 图 R2.1 所示电梯运动的仿真模型,正确的仿真波形是( ),总仿真时间的设置为( )。

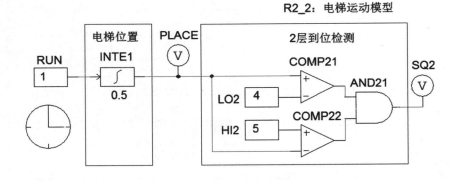

图 R2.1 电梯运动的仿真模型

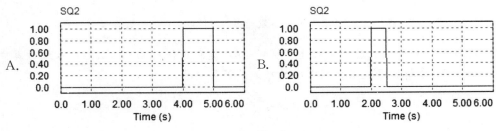

C. 10s                                  D. 6s

# 专题 3　反馈控制技术概述

● **承上启下**

专题 1～2 介绍了顺序控制的特点，以及利用 PSIM 软件建立控制系统仿真模型的方法。专题 3～4 将介绍另一类控制形式，即反馈控制。本专题将首先介绍反馈控制的表达方式和实现方法。

● **学习目标**

了解控制系统的表达方式和基本类型。

了解反馈控制系统的设计方法。

● **知识导图**

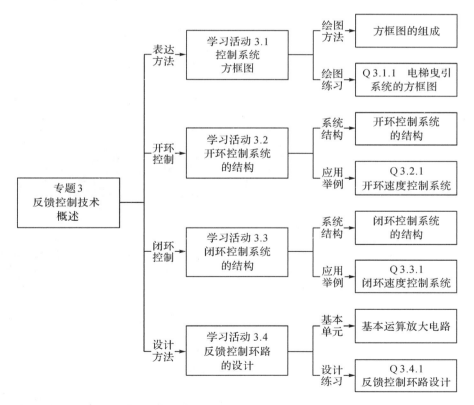

● **基础知识和基本技能**

控制系统方框图的组成。

开环和闭环控制系统的结构。

基本运算放大电路的分析:反相电路,求和电路。

● **工作任务**

闭环控制系统中反馈控制环路的设计。

# 学习活动 3.1　控制系统方框图

控制系统是为了达到预期目标而设计制造的,由相互关联的元件组成的系统。

一般用方框图来表示控制系统中各部分的功能和相互关系。

图 3.1.1 为被控对象的方框图,由表示功能的方框和表示信号的箭头组成。

**图 3.1.1　被控对象方框图**

以驾驶小轿车时的转向控制为例,如图 3.1.2 所示,控制的目的是使实际行驶方向与期望的方向保持一致。

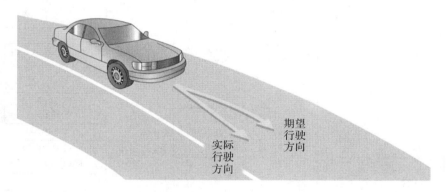

**图 3.1.2　汽车的方向控制**

转向系统中,被控对象为汽车底盘,输出变量为行驶的方向;执行机构为包括方向盘和传动机构在内的控制车轮转角的转向机构,该系统的结构可用如图 3.1.3 所示方框图来描述。

**图 3.1.3　汽车转向系统的结构方框图**

Q3.1.1　电梯轿厢牵引系统通过曳引电动机和传动机构牵引电梯轿厢,使轿厢上下运动。分析其结构和工作原理,画出该系统的结构方框图。

**解：**

　　1)分析电梯轿厢牵引系统的结构和工作原理。

　　图 3.1.4 为电梯轿厢牵引系统的结构示意图。曳引电动机 1 通过传动机构 2～5 将曳引力作用在轿顶轮 8 上,使轿厢 9 能够上下运动。对重装置 7 的作用是抵消轿厢的部分重量,减小曳引电动机的输出转矩。

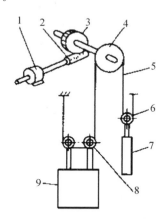

1-曳引电动机;2-蜗杆;3-涡轮;4-曳引绳轮;5-曳引钢丝;

6-对重轮;7-对重装置;8-轿顶轮;9-轿厢。

**图 3.1.4　电梯轿厢牵引系统结构示意图**

　　2)在图 3.1.5 中画出电梯轿厢牵引系统的结构方框图。

　　注:2～5 统称传动机构;8～9 统称轿厢;假设轿厢 9 与对重装置 7 的重量刚好抵消,作用在轿厢上的总外力等于传动机构输出的曳引力。

**图 3.1.5　电梯轿厢牵引系统的结构方框图**

△

# 学习活动 3.2　开环控制系统的结构

　　开环控制系统是最简单的一种控制系统。它的特点是:控制量与输出量之间仅有前向通路,而没有反馈通路。也就是说,输出量不能对控制量产生影响。

　　开环控制系统是没有反馈的控制系统,其结构如图 3.2.1 所示。它根据期望输出由控制器发出指令,利用执行机构直接控制被控对象,控制的目标是使实际输出与期望输出一致。

　　仍然以图 3.1.3 所示汽车转向系统为例,来说明开环控制系统的结构:

　　1)被控对象为汽车,输出变量为实际的行驶方向;

　　2)执行机构为包括方向盘和传动机构在内的控制车轮转角的转向机构;

图 3.2.1　开环控制系统方框图(无反馈)

3)控制器为驾驶员。输入变量为期望的行驶方向。

在开环控制的情况下,驾驶员不需观察实际行驶方向,而是根据经验设定方向盘的转角,控制车辆的实际行驶方向与期望的方向一致。当然这样会存在误差,而且与实际驾驶的经验也不一致,只是用来说明开环系统的特点。实际驾驶时需要不断观察行驶方向,并根据方向的偏差调整方向盘的转角,这样就构成了有反馈的控制系统。

**Q3.2.1**　在例题 Q3.1.1 基础上,画出电梯轿厢速度的开环控制系统方框图。

**解:**

电梯轿厢速度的开环控制系统方框图如图 3.2.2 所示。

图 3.2.2　电梯轿厢速度的开环控制系统方框图

参照图 3.2.1,指出图 3.2.2 所示开环速度控制系统中各要素的具体名称:

期望输出:_____

控制器:_____

执行机构:_____

被控对象:_____

实际输出:_____

# 学习活动 3.3　闭环控制系统的结构

开环控制系统往往存在误差,为了提高控制精度,可以增加反馈环节,构成闭环控制系统。闭环控制系统增加了对实际输出量的测量,并将实际输出与期望输出进行比较,用误差值来控制系统的输出。对输出的测量值习惯上称为反馈信号,所以闭环控制系统也称反馈控制系统。

仍然以汽车的转向系统为例,其闭环(反馈)控制系统的结构如图 3.3.1 所示,期望行驶方向和实际行驶方向如图 3.3.2 所示。为了控制行驶的方向,驾驶员要不断观察实际方向,并与期望的方向相比较,发现偏差后根据偏差来调节方向盘的角度,以减小偏差,使实际方向与期望值保持一致或接近。

推而广之,闭环(反馈)控制系统的一般结构如图 3.3.3 所示。闭环控制系统通过传感

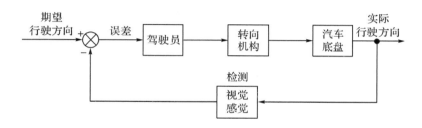

图 3.3.1　汽车行驶方向闭环控制系统方框图

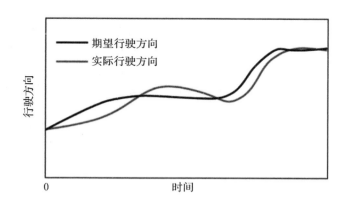

图 3.3.2　汽车行驶的期望方向和实际方向

器对实际输出进行测量,将此测量信号反馈到比较点处与参考输入进行比较,得到控制误差;误差通过控制器产生控制量,再通过执行机构作用于被控对象,从而控制实际输出。

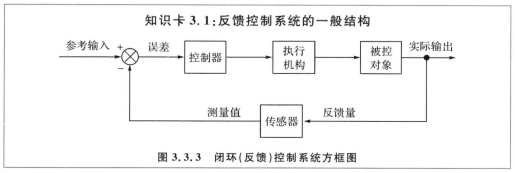

图 3.3.3　闭环(反馈)控制系统方框图

反馈控制系统的本质是用误差值来控制系统的输出,达到减小偏差使实际输出与参考输入保持一致的控制目的。反馈的概念是控制系统分析和设计的基础。

Q3.3.1　在例题 Q3.2.1 基础上,画出电梯轿厢速度的闭环控制系统方框图,并分析出现速度偏差后控制系统的动态调节过程。

**解:**

电梯轿厢速度的闭环控制系统方框图如图 3.3.4 所示。为了简化起见,将图 3.2.2 中曳引电动机和传动机构合并为"曳引机构"。并用英文符号来表示系统中的变量。

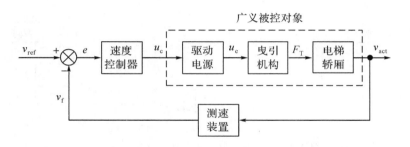

**图 3.3.4　电梯轿厢速度的闭环控制系统方框图**

假设稳态时，参考速度（$v_{ref}$）与实际速度（$v_f$）相等，即 $v_{ref}=v_f$。此时误差 $e=v_{ref}-v_f=0$。假设由于负载扰动等原因，出现了速度偏差，下面分析出现速度偏差后控制系统的动态调节过程。

1）实际速度偏低时 $v_{ref}>v_f$，动态调节过程如式（3.3.1）所示，调节的结果使误差趋近于零，系统回到参考速度与实际速度相等的状态。

$$e=(v_{ref}-v_f)>0\Rightarrow u_c\uparrow\Rightarrow u_e\uparrow\Rightarrow F_T\uparrow\Rightarrow v_{act}\uparrow\Rightarrow v_f\uparrow\Rightarrow e\downarrow \qquad (3.3.1)$$

2）速度偏高时 $v_{ref}<v_f$，写出此时系统的<u>动态调整过程</u>：

_____

△

# 学习活动 3.4　反馈控制环路的设计

如图 3.3.3 所示闭环控制系统，当被控对象和执行结构确定之后，控制系统设计的主要任务就是构建反馈环路并合理选择控制器。控制器可以是基于微处理器的数字控制器，也可以是基于模拟电路的模拟控制器。

下面以模拟控制器为例来说明控制环路的实现方法。模拟控制器需要完成给定和反馈信号的比较以及对误差信号的处理运算，这些运算可以利用各种运算放大电路来实现。下面简要介绍理想的运算放大器以及由它构成的两种常用的运算放大电路。

## 3.4.1　理想的运算放大器

理想的运算放大器如图 3.4.1 所示，其输入输出关系如式（3.4.1）所示。

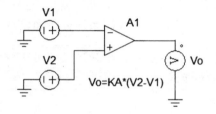

**图 3.4.1　理想的运算放大器**

$$v_0 = K_A(v_2 - v_1), \quad K_A \rightarrow \infty \tag{3.4.1}$$

在理想放大器基础上,增加电阻、电容等外围电路元件可构成各种常用的运算电路。分析运算放大器电路时有两个重要假设:虚断和虚短。

1)虚断:由于放大器具有极高的输入阻抗,所以可以近似认为运算放大器两个输入端的输入电流均为零,即 $i_1 = i_2 = 0$。

2)虚短:由于放大器具有极高的放大倍数,当输出电压有限时,可以近似认为运算放大器两个输入端的电位相同,即 $v_1 = v_2$。

### 3.4.2　反相放大电路

反相放大电路如图 3.4.2 所示。由于负反馈的作用,该电路的输出电压为有限值。由于放大器两个输入端的电位相同,即 $v_1 = v_2 = 0$,可以容易地求出输入电阻 $R_0$ 和反馈电阻 $R_1$ 上的电流;又因为放大器的输入电流为零,即 $i_1 = 0$,可以推出 $i_{R0} = i_{R1}$,进而推导出反相放大电路的输入输出关系如式(3.4.2)。

$$i_{R0} = \frac{v_{in}}{R_0} = i_{R1} = \frac{-v_0}{R_1} \Rightarrow v_o = -\frac{R_1}{R_0} v_{in} = -K \cdot v_{in} \quad K = \frac{R_1}{R_0} \tag{3.4.2}$$

式中,$K$ 为放大电路增益,由反馈电阻和输入电阻的比值决定。该放大电路的输出信号与输入信号的极性相反,所以称之为反相放大电路。

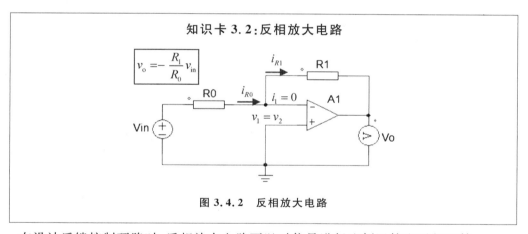

图 3.4.2　反相放大电路

在设计反馈控制环路时,反相放大电路可以对信号进行比例运算和反相运算。

### 3.4.3　求和放大电路

求和运算放大电路如图 3.4.3 所示。由于负反馈的作用,该电路的输出电压为有限值。由于放大器两个输入端的电位相同,即 $v_1 = v_2 = 0$,可以容易地求出输入电阻 $R_{01}$、$R_{02}$ 和反馈电阻 $R_1$ 上的电流,设 $R_{01} = R_{02} = R_0$;又因为放大器的输入电流为零,即 $i_1 = 0$,可以推出 $i_{R01} + i_{R02} = i_{R1}$,进而推导出求和放大电路输入输出关系如式(3.4.3)。

$$i_{R01} + i_{R02} = \frac{v_{in1}}{R_0} + \frac{v_{in2}}{R_0} = i_{R1} = \frac{-v_o}{R_1} \Rightarrow v_o = -K(v_{in1} + v_{in2}) \quad K = \frac{R_1}{R_0} \tag{3.4.3}$$

式中,$K$ 为放大电路增益,由反馈电阻和输入电阻的比值决定。该放大电路实现了 2 个输入信号的求和运算,所以称之为求和放大电路。

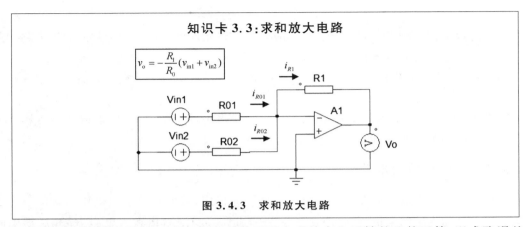

图 3.4.3　求和放大电路

在设计反馈控制环路时,求和放大电路可以实现给定和反馈的比较运算,以求取误差。

利用上面介绍的两种基本运算放大电路,经过一定的组合,可以构成简单的反馈控制环路,其他形式的运算放大电路,如积分和微分电路将在以后介绍。

> Q3.4.1　电梯轿厢的闭环速度控制系统的结构如图 3.3.4 所示,采用比例控制器,控制器增益为 $K_P$。试用运算放大电路实现其中比较点和控制器的信号变换关系,如图 3.4.4 所示。 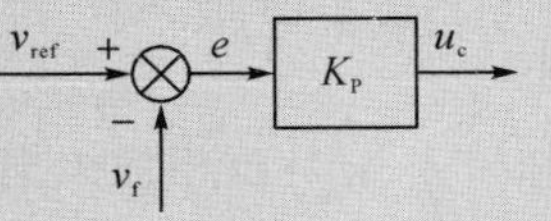
>
> $$v_{ref} \xrightarrow{\quad} \overset{+}{\underset{-}{\otimes}} \xrightarrow{\ e\ } \boxed{K_P} \xrightarrow{\ u_c\ }$$
>
> $$v_f \uparrow$$
>
> **图 3.4.4　闭环速度控制系统中误差计算和比例控制环节**

**解:**

1)信号变换关系的分解。

为了便于用运算放大电路实现图 3.4.4 中的信号变换关系,首先将其分解为误差计算和比例控制两个模块,如图 3.4.5 所示。

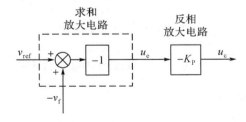

图 3.4.5　误差计算和比例控制模块

• 左边是误差计算模块,信号变换关系如式(3.4.4)所示。该模块可用求和放大电路来实现,放大电路的增益设为 1。

$$u_e = (-1)\big[v_{ref} + (-v_f)\big] = -\big[v_{ref} - v_f\big] = -e \tag{3.4.4}$$

• 右边是比例控制模块,信号变换关系如式(3.4.5)所示。该模块可用反相放大电路来实现,放大电路的增益设为 $K_P$。

$$u_c = (-K_P) \cdot u_e = (-K_P) \cdot (-e) = K_P \cdot e \tag{3.4.5}$$

上式中控制电压 $u_c$ 的表达式与图 3.4.4 中描述的信号关系相同。

2)运算放大电路的设计

根据上述分析,可以采用两级放大电路串联的结构,如图 3.4.6 所示,以实现图 3.4.5 中的两个模块的功能。

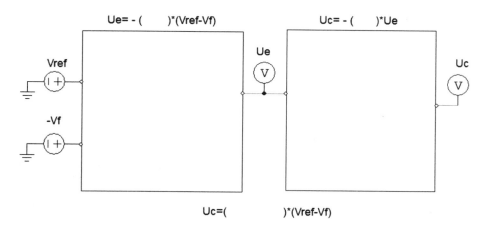

**图 3.4.6　用运算放大电路实现的误差计算和比例控制环节**

- 左侧方框为求和放大电路,用于实现式(3.4.4)中的信号变换关系。
- 右侧方框为反相放大电路,用于实现式(3.4.5)中的信号变换关系。

☒课后思考题 AQ3.1:根据本例的设计要求,在图 3.4.6 的方框中,填入适当的运算放大电路,并完成每个方框上方的信号关系表达式,以及下方总的信号关系表达式。

△

## 小　结

本专题以电梯轿厢的速度控制系统为例,介绍了控制系统的表达方式和实现方法。

1)控制系统是为了达到预期目标而设计制造的,由相互关联元件组成的系统。一般用方框图来表示控制系统中各部分的功能和相互关系。根据是否有反馈,控制系统可分为开环和闭环两个基本类型。

2)开环控制系统是没有反馈的控制系统,控制量与输出量之间仅有前向通路,而没有反馈通路,其结构如图 3.2.1 所示。它根据期望输出由控制器发出指令,利用执行机构直接控制被控对象,控制的目标是使实际输出与期望输出一致。

3)开环控制系统往往存在误差,为了提高控制精度,可以增加反馈环节,构成闭环控制系统,闭环控制系统也称作反馈控制系统。闭环(反馈)控制系统的一般结构如图 3.3.3 所示。反馈控制系统的本质是用误差值来控制系统的输出,达到减小偏差使实际输出与参考输入保持一致的控制目的。反馈的概念是控制系统分析和设计的基础。

4)设计闭环控制系统的主要任务是构建反馈控制环路。反馈控制环路主要包括比较点和控制器等环节,可以用运算放大电路来实现。常用的运算放大电路有反相运算放大电路和求和运算放大电路。

本专题的设计任务是:用基本的运算放大电路设计电梯速度控制系统的反馈控制环路,

以体会简单的反馈控制系统的设计方法。在下一专题中,将通过电路仿真研究反馈控制环路的功能。

### 测 验

**R3.1** 开环控制系统的特点是( ),闭环控制系统的特点是( )。

    A. 没有反馈,根据期望输出直接控制。

    B. 参考输入与实际输出进行比较,用误差值来控制。

    C. 往往存在误差。

    D. 可消除误差。

**R3.2** 如下电梯速度控制系统,被控对象是( ),执行机构是( )。

    A. 驱动电源        B. 电动机

    C. 传动机构        D. 电梯轿厢

**R3.3** 关于控制系统的误差(期望输出与实际输出之差),下列说法正确的是( )。

    A. 由于没有反馈,开环系统对于扰动带来的稳态误差没有抑制能力。

    B. 闭环控制系统测量实际输出量(反馈),用误差值来控制系统的输出,对于扰动带来的误差具有抑制能力。

    C. 控制系统的误差与系统结构无关,只与产生误差的干扰量有关。

    D. 开环控制系统一定存在误差。

    E. 闭环环控制系统不存在误差。

**R3.4** 如下运算放大电路,输出电压 Vo1 为( ),输出电压 Vo2 为( )。

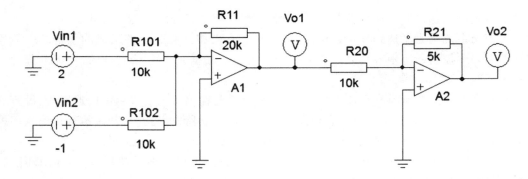

    A. 1V                    B. −1V

    C. 2V                    D. −2V

# 专题 4　电梯速度控制系统的 PSIM 仿真

● **承上启下**

专题 3 介绍了控制系统方框图，以及利用运算放大电路实现反馈控制的方法。专题 4 将利用 PSIM 仿真软件，对专题 3 所设计的电梯速度控制系统进行仿真研究。

● **学习目标**

掌握利用 PSIM 软件建立反馈控制系统仿真模型的方法。

● **知识导图**

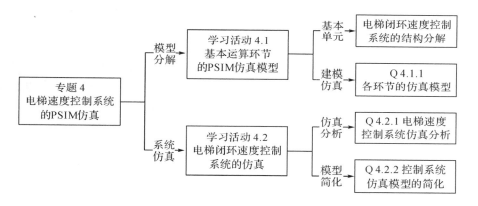

● **基础知识和基本技能**

反馈控制系统中基本运算环节的 PSIM 仿真模型。

动态系统仿真波形的观测和分析。

● **工作任务**

建立电梯速度控制系统的 PSIM 仿真模型。

## 学习活动 4.1　基本运算环节的 PSIM 仿真模型

专题 3 分析了电梯的闭环速度控制系统，并用方框图来描述该控制系统的结构，如图 4.1.1 所示（详见例题 Q3.3.1）。

本专题将利用 PSIM 仿真软件，建立图 4.1.1 所示电梯速度控制系统的 PSIM 仿真模

31

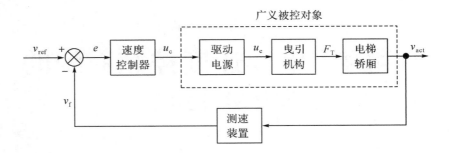

**图 4.1.1  电梯闭环速度控制系统的结构方框图**

型,并对该控制系统进行仿真研究。建立控制系统仿真模型的基本思路是:首先将整个系统分解为几个较简单的基本环节,然后建立每个环节的仿真模型,最后再合成完整的仿真模型。观察图 4.1.1,可将电梯速度控制系统分解为以下 4 个基本环节。

1)比较点。

比较点用于计算参考输入和反馈信号之间的误差,误差计算的关系式如式(4.1.1)所示。建立仿真模型时,可用求和运算放大电路实现比较点的误差计算功能。

$$e = v_{ref} - v_f \tag{4.1.1}$$

2)速度控制器。

速度控制器用于根据误差产生控制信号,假设速度控制器为比例环节(比例系数为 $K_P$),控制器的关系式如式(4.1.2)所示,建立仿真模型时可用反相运算放大电路实现该功能。

$$u_c = K_P \cdot e \tag{4.1.2}$$

3)广义被控对象。

为了简化分析,将驱动电源、曳引机构和电梯轿厢统称为广义被控对象。这三个环节的输入输出特性如下:

· 驱动电源的主要作用是功率放大,即将控制电压 $u_c$ 放大为驱动电压 $u_e$,以驱动电动机运转。驱动电源可近似看作是比例环节,其输出和输入的关系如式(4.1.3)所示。

$$u_e = K_e \cdot u_c \tag{4.1.3}$$

· 曳引机构由曳引电机和传动机构组成,主要作用是将电能转化为机械能。为了简化分析,假设曳引电机为磁场控制式直流电动机,驱动电压 $u_e$ 施加在电机的励磁绕组上,使电机产生电磁转矩 $T_m$,再通过传动机构转化为曳引力 $F_T$,以牵引轿厢上下运动。整个曳引机构可近似看作是比例环节,其输出和输入的关系如式(4.1.4)所示。

$$F_T = K_m \cdot u_e \tag{4.1.4}$$

· 电梯轿厢为被控对象。假设作用在轿厢上的总外力等于传动机构输出的曳引力,根据动力学定律,曳引力 $F_T$ 和轿厢速度 $v_{act}$ 之间的关系式为:

$$F_T = ma = m\dot{v}_{act} \tag{4.1.5}$$

式中,$m$ 为运动系统的质量,$\dot{v}_{act}$ 为轿厢的加速度。上式两边取积分,可得到轿厢速度 $v_{act}$ 的表达式为:

$$v_{act} = \frac{1}{m} \int F_T dt \tag{4.1.6}$$

因此，从输出和输入的关系上分析，电梯轿厢可看作是积分环节。

将式(4.1.3)代入式(4.1.4)，再将结果代入式(4.1.6)，可得到广义被控对象输出和输入的关系式为：

$$v_{\text{act}} = \frac{K_e K_m}{m} \int u_c \mathrm{d}t \tag{4.1.7}$$

从输出和输入的关系上分析，广义被控对象也可看作是积分环节。

4)测速装置。

测速装置的作用是测量实际速度，输出反馈信号。测速装置为比例环节，输出和输入的关系式为：

$$v_f = K_f \cdot v_{\text{act}} \tag{4.1.8}$$

根据上述分析，首先建立上述 4 个基本环节的电路仿真模型，以熟悉反馈控制系统中基本运算环节的电路结构和输入输出特性。

---

**Q4.1.1**　建立图 4.1.1 中 4 个基本环节的电路仿真模型，并测试其输入输出特性。

**解：**

1)比较点的仿真模型。

用求和运算放大电路建立比较点的 PSIM 仿真模型，见图 4.1.2（文件名：Q4_1_1A）。仿真模型中直流电源、电阻、接地元件、电压表等可直接在元件工具条上找到。

参考输入 Vref 和负的反馈信号 N_Vf 用直流电压源（DC voltage source）来设定。

A1 为理想的运算放大器（Op. Amp.）。A1 与输入电阻 R101 和 R102，以及反馈电阻 R11 共同构成求和运算放大电路。电阻（Resistor）的阻值均为 10kΩ。

N_e 为电压表，首字母 N 表示负号，表示此处观测的信号为 $-e$。对于恒定的直流变量，既可在 SIMVIEW 中观察其波形，也可在电压表属性中勾选 Show prob 选项，直接在电压表上显示被测变量的数值。

仿真条件：步长 Time step＝0.01s，仿真时间之后勾选 Free run 属性，使仿真一直运行。此时可通过电压表显示被测变量的数值。

根据求和运算放大电路的特点，该仿真模型实现的信号变换关系如下：

$$-e = -\left[v_{\text{ref}} + (-v_f)\right] \tag{4.1.9}$$

式中，通过参考输入 $v_{\text{ref}}$ 和负的反馈信号（$-v_f$）求和来计算误差，由于求和运算放大电路的反相作用，计算的结果是负的误差（$-e$）。该负号可与速度控制器仿真模型中出现的负号相互抵消。

- 当 $v_{\text{ref}} = 2$，$(-v_f) = -1$ 时，利用式(4.1.9)计算可得：$-e=$ ＿＿＿＿＿＿＿＿＿
- 运行图 4.1.2 中仿真模型，观测仿真结果：N_e＝ ＿＿＿＿＿＿＿＿＿

判断：比较点仿真模型的理论计算值与仿真观测值是否一致？ ＿＿＿＿＿＿＿＿＿

2)速度控制器的仿真模型。

速度控制器为比例环节，用反相运算放大电路建立其 PSIM 仿真模型，如图 4.1.3 所示。

- 速度控制器的输入为比较点的输出，即负的误差（$-e$），用直流电压源 N_e 来设定。
- 理想的运算放大器 A2 与输入电阻 R20（阻值为 10kΩ）、反馈电阻 R21（阻值待定），共

Q4_1_1A:比较点的仿真模型

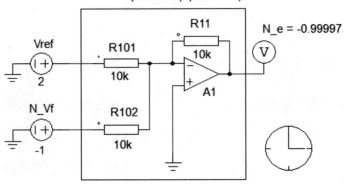

图 4.1.2 比较点的仿真模型

同构成反相运算放大电路。

· 电压表 Uc 用来测量速度控制器输出的控制电压,电压表属性中勾选 Show prob 选项。

· 仿真条件:步长 Time step＝0.01s,仿真时间之后勾选 Free run 属性,通过电压表显示被测变量的数值。

Q4_1_1B:比例控制器的仿真模型

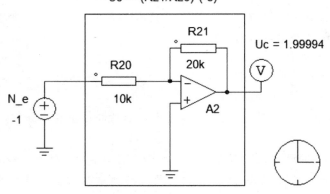

图 4.1.3 比例控制器的仿真模型

根据反相运算放大电路的特点,该仿真模型实现的信号变换关系如下:

$$u_c = -\frac{R_{21}}{R_{20}} \cdot (-e) = K_P \cdot e \quad K_P = \frac{R_{21}}{R_{20}} \tag{4.1.10}$$

式中,比例控制器的比例系数 $K_P$ 由反馈电阻和输入电阻的比值决定,反相运算放大电路带来的负号与输入信号的负号相抵消,使控制电压 $u_c$ 的表达式与式(4.1.2)相同。

· 设 $K_P = 2$,则反馈电阻的阻值应设定为:$R_{21} = $ ＿＿＿＿＿＿＿＿＿

· 当 $(-e) = -1$ 时,利用式(4.1.10)计算可得:$u_c = $ ＿＿＿＿＿＿＿＿＿

• 运行图 4.1.3 中的仿真模型,观测仿真结果:Uc=＿＿＿＿＿＿＿＿＿＿
判断:控制器仿真模型的理论计算值与仿真观测值是否一致?＿＿＿＿＿＿＿

3)广义被控对象的仿真模型。

• 广义被控对象是积分环节,<u>建立其 PSIM 仿真模型</u>,如图 4.1.4 所示。

• 广义被控对象的输入为控制器的输出 $u_c$,用直流电压源 Uc 来设定。

INTE1 为积分元件(Integrator),出于简化目的将时间常数 Time constant 设为 1。该元件的详细介绍参见专题 2。

电压表 Vact 用来测量广义被控对象的输出,即轿厢的实际速度。

仿真条件:步长 Time step＝0.01s,仿真时间 Total time＝1s。

根据积分元件的特点,该仿真模型实现的信号变换关系如下:

$$v_{act} = \frac{1}{T}\int u_c \, dt \quad T = 1 \tag{4.1.12}$$

广义被控对象的仿真模型中,将式(4.1.7)中相关系数简化为 1,以利于仿真分析。

• 当 $u_c$＝2 时,利用式(4.1.12)<u>计算可得</u>: $v_{act}(t)\big|_{t=1}=$＿＿＿＿＿＿

• 运行图 4.1.4 中的仿真模型,仿真结果如图 4.1.5 所示,<u>观测</u>:Vact(1)=＿＿＿＿＿

判断:广义被控对象仿真模型的理论计算值与仿真观测值是否一致?＿＿＿＿＿

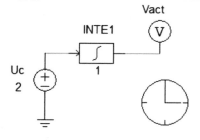

图 4.1.4　广义被控对象的仿真模型

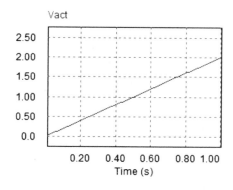

图 4.1.5　广义被控对象的仿真结果

4)测速装置的仿真模型。

测速装置是比例环节,用反相运算放大电路<u>建立其 PSIM 仿真模型</u>,如图 4.1.6 所示。

• 测速装置的输入为实际速度 $v_{act}$,用直流电压源 Vact 来设定。

• 运算放大器 A3 和电阻 R31、R30 构成反相放大电路,电阻取值均为 10kΩ。

• 电压表 N_Vf 用来显示测速装置的输出,即负的反馈信号($-v_f$)。电压表属性中勾选 Show prob 选项。

• 仿真条件:Time step＝0.01s,勾选 Free run 属性,通过电压表显示被测变量的数值。

根据反相放大电路的特点,该仿真模型实现的信号变换关系如下:

$$(-v_f) = -(v_{act}) \tag{4.1.13}$$

仿真模型中,测速装置的增益 $K_f=1$。反相放大电路将实际速度取反,输出为负的反馈信号,符合比较点仿真模型对反馈信号极性的要求。

• 当 $v_{act}$＝1 时,利用式(4.1.13)<u>计算可得</u>:($-v_f$)=＿＿＿＿＿＿＿＿

• 运行图 4.1.6 中的仿真模型,观测仿真结果:N_Vf= _____

判断:测速装置仿真模型的理论计算值与仿真观测值是否一致? _____

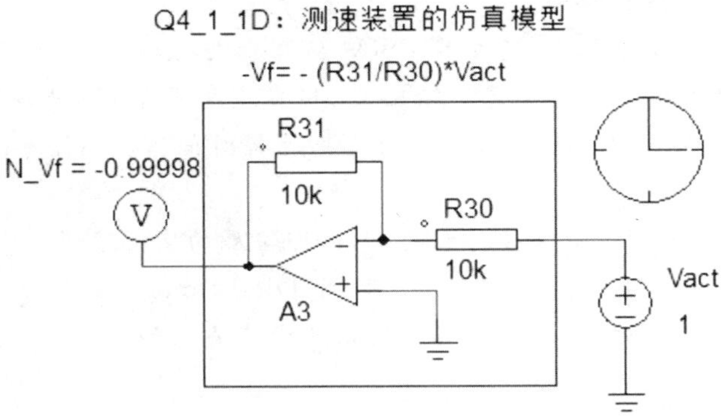

**Q4_1_1D:测速装置的仿真模型**

-Vf= - (R31/R30)*Vact

图 4.1.6　测速装置的仿真模型

△

# 学习活动 4.2　电梯闭环速度控制系统的仿真

下面将各个环节的仿真模型合成控制系统的完整仿真模型。

**Q4.2.1　建立图 4.1.1 所示电梯闭环速度控制系统的仿真模型,观测并分析仿真结果。**

**解:**

1)画出电梯闭环速度控制系统的仿真电路图。

将例题 Q4.1.1 中建立的各个环节的仿真模型,按照信号的连接关系串联起来,合成电梯闭环速度控制系统的完整仿真模型,如图 4.2.1 所示。

• 左起第 1 个方框为比较点,在方框中画出具体的仿真电路。

• 左起第 2 个方框为控制器,在方框中画出具体的仿真电路。

• 积分环节代表广义被控对象。

• 左起第 3 个方框为测速装置,在方框中画出具体的仿真电路。

2)建立电梯闭环速度控制系统的 PSIM 仿真模型。

打开 PSIM 软件,输入步骤 1)中画出的仿真电路图,建立电梯闭环速度控制系统的 PSIM 仿真模型。

3)设置仿真参数。

假设各运算放大电路的输入电阻均为 $10k\Omega$,即 $R10 = R20 = R30 = 10k\Omega$,合理确定各运算放大电路中反馈电阻的阻值:

• 比较点的反馈电阻:R11= _____

• 速度控制器的反馈电阻(用比例系数 $K_P$ 表示):R21= _____

• 测速装置的反馈电阻:R31= _____

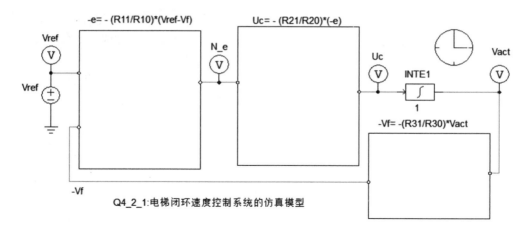

图 4.2.1　电梯闭环速度控制系统的 PSIM 仿真模型

此外,给定信号 Vref＝2;仿真步长 Time step＝0.01s,仿真时间 Total time＝5s。

4)观测仿真结果。

设速度控制器的比例系数 $K_P$＝1,则反馈电阻的阻值应设定为 R21＝_____。观测给定速度 Vref、实际速度 Vact 和控制电压 Uc 的仿真波形,如图 4.2.2 所示。

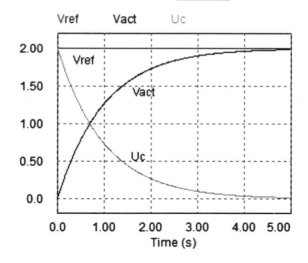

图 4.2.2　电梯闭环速度控制系统的仿真波形($K_P$＝1)

　　• 在 5s 的仿真时间内,实际速度 Vact 和控制电压 Uc 处于不断变化的状态,这一过程称之为控制系统的动态响应过程。设置仿真条件时,总仿真时间应足够长(本例中为 5s),以观测到完整的动态响应过程。

　　仿真开始时($t$＝0),控制系统的参考输入(给定速度)Vref＝2,系统输出(实际速度)Vact＝0,则误差 $e$＝Vref－Vact＝2,控制电压 Uc＝$K_P$ * $e$＝2。在控制电压的作用下,曳引电机开始运转,电梯的速度 Vact 开始增加。随着实际速度 Vact 的增加,误差 $e$ 逐渐减小,控制电压 Uc 也逐渐减小,实际速度 Vact 逐渐接近给定速度 Vref。

• 当仿真时间足够长时（大于 5s），系统输出 Vact 将基本不变，并接近于给定速度 Vref，此时称系统进入稳态。到达稳态之前的阶段为动态响应过程。观测如下特征值：

稳态时变量的值称为稳态值。本例中，系统输出 Vact 的稳态值为：_____。

将系统输出到达 95％稳态值的时间，定义为 5％调节时间，用来衡量系统响应的快速性。本例中，95％稳态值为：_____；系统的 5％调节时间约为：_____。

5）观察控制参数对动态响应的影响。

当将速度控制器的比例系数改为 $K_P = 2$ 时，反馈电阻的阻值应改为 R21＝_____。观测给定速度 Vref、实际速度 Vact 和控制电压 Uc 的仿真波形，如图 4.2.3 所示。

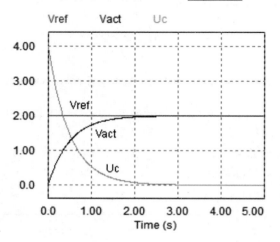

图 4.2.3　电梯闭环速度控制系统的仿真波形（$K_P = 2$）

在仿真波形上观测如下特征值：
• 系统输出 Vact 的稳态值为：_____。
• 95％稳态值为：_____；系统的 5％调节时间约为：_____。
• 控制电压 Uc 的最大值为：_____。

⊠课后思考题 AQ4.1：根据上述仿真结果，分析控制参数 $K_P$ 对动态响应的影响。
• 分析控制参数 $K_P$ 对调节时间的影响：

_____

• 分析控制参数 $K_P$ 对控制电压 Uc 的影响：

_____

**Q4.2.2**　图 4.2.1 中采用 3 个运算放大器来构建反馈控制环路的仿真模型，仿真电路比较复杂，试用较少的运算放大器构建电梯闭环速度控制系统的简化仿真模型。

**解：**

1）仿真模型的简化方法。

图 4.1.1 所示电梯闭环速度控制系统，如果将仿真模型的输入信号改为原输入信号 Vref 的负值，则只需采用 1 个求和运算放大电路，即可实现反馈控制环路的误差计算和比例控制功能，如图 4.2.4 所示。其中 $K_P$ 为控制器的比例系数。

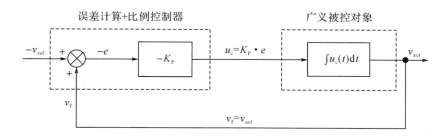

**图 4.2.4    简化仿真模型的结构**

2）画出控制系统的简化仿真电路图。

• 根据上述简化方法，可以建立电梯闭环速度控制系统的简化仿真电路，如图 4.2.5 所示。在图 4.2.5 的方框中画出求和运算放大器的电路图。

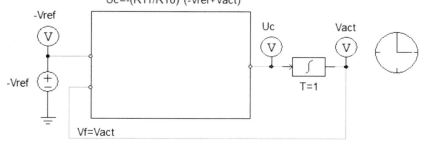

**图 4.2.5    电梯闭环速度控制系统的简化仿真模型**

⊠ 课后思考题 AQ4.2：根据图 4.2.5 中的简化仿真电路，建立该系统的 PSIM 仿真模型。

• 设速度控制器的比例系数 $K_\mathrm{p} = 1$，则反馈电阻的阻值应设定为 R11＝ _____ 。

• 观测给定速度 Vref、实际速度 Vact 和控制电压 Uc 的仿真波形，并与图 4.2.2 相比较。如果二者的仿真结果相同，则说明简化的仿真模型是正确的。

△

## 小　结

利用系统的仿真模型观察和分析仿真结果，是研究控制系统性能的一种直观、简便的方法。本专题通过建立电梯速度控制系统的 PSIM 仿真模型，帮助学生深入理解反馈控制系统的结构和实现方法，并继续学习电路仿真软件 PSIM 的使用方法。

1）建立控制系统仿真模型的基本思路是：首先将控制系统的结构方框图，分解为几个典型的环节，然后把这些典型环节转换为仿真电路。由于分解和转换的方法不同，同一个控制系统可以建立不同的仿真模型，这些模型在信号关系上是等效的。

2）电梯速度控制系统可分解成 4 个基本环节：比较点、控制器、广义被控对象和测速装置，其中比较点可以采用求和运算放大电路来实现，控制器和测速装置可以采用反相运算放大电路来实现，广义被控对象可看作是积分环节。本专题首先建立了这些基本环节的仿真模型,然后将其合成完整的电梯速度控制系统仿真模型。

3)本专题中新用到的 PSIM 电路元件是运算放大器和电阻。在设置仿真条件时,总仿真时间应足够长,以观测到完整的动态响应过程。在设置仿真条件时,可勾选 Free run 属性,通过电压表显示被测变量的数值。

4)电梯速度控制系统的仿真结果表明:在输入信号的激励下,电梯速度控制系统的输出(也称系统响应)将经历一个动态变化的过程,最后达到稳态值。一般用调节时间来衡量系统响应的快速性。控制参数的变化将会影响系统的调节时间。

本专题的设计任务是:建立电梯闭环速度控制系统的 PSIM 仿真模型。

## 测 验

**R4.1** 图 R4.1 所示电梯闭环速度控制系统的结构方框图中,( )为比例环节,( )为积分环节。建立系统仿真模型时,( )可用求和运算放大电路实现,( )可用反相运算放大电路实现。假设控制器为比例控制器。

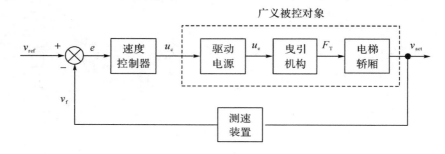

**图 R4.1 电梯闭环速度控制系统的结构方框图**

A. 比较点        B. 速度控制器        C. 驱动电源

D. 曳引机构        E. 电梯轿厢        F. 测速装置

**R4.2** 图 R4.2 所示仿真模型,反相放大电路的增益是( ),正确的输出波形是( )。

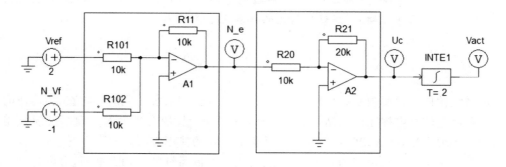

**图 R4.2 某控制系统的电路仿真模型**

A. 1

B. 2

C.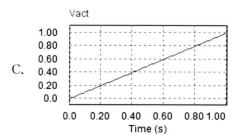

D.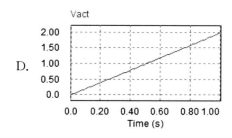

# 单元 U2　反馈控制系统的数学模型

● **学习目标**

掌握建立动态系统数学模型的基本方法。

掌握利用 MATLAB 进行控制系统仿真的基本方法。

● **知识导图**

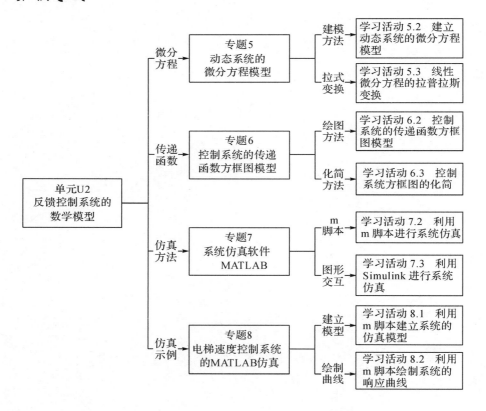

● **基础知识和基本技能**

拉氏变换和反变换的基本公式,传递函数的定义。

建立控制系统微分方程模型的方法,用拉氏变换求解微分方程的方法。

建立传递函数方框图模型的方法,传递函数方框图的计算和化简方法。

MATLAB 的基本功能和系统仿真的常用指令,利用 m 脚本进行系统仿真的方法。

● **工作任务**

建立电梯速度控制系统的传递函数方框图模型,并求解系统的动态响应。

编写 m 脚本对电梯速度控制系统进行仿真研究。

# 单元 U2 学习指南

分析、设计控制系统的第一步是建立系统的数学模型。数学模型将实际问题归结为相应的数学问题,并在此基础上利用数学方法进行深入的分析和研究。

所谓数学模型就是根据系统运动过程的科学规律,所建立的描述系统运动规律、特性和输出与输入关系的数学表达式。

数学模型有动态模型与静态模型之分,控制系统一般都属于动态系统,需要用微分方程的形式来建立其动态模型。专题 5 将介绍建立控制系统微分方程模型的基本步骤,以及用拉普拉斯变换求解微分方程的方法。

在控制工程领域,为了便于分析和计算,往往要对描述系统动态特性的微分方程进行拉普拉斯变换,转换为复数域内的传递函数模型。

传递函数模型是控制理论中最重要的一种数学模型,但它只能描述线性定常系统。

在传递函数模型的基础上,可以建立系统的方框图模型,利用方框图代数可以对方框图模型进行化简和计算。专题 6 将介绍建立线性定常系统传递函数模型的方法,以及对反馈控制系统方框图模型进行化简的基本方法。

在系统传递函数模型基础上,可以建立基于数学模型的仿真模型,用来进行系统特性的仿真研究。系统仿真是进行控制系统分析和设计的重要技术手段。

MATLAB 是最常用的科学计算软件,可用于建立基于数学模型的仿真模型。在 MATLAB 平台上,可利用 m 脚本或 Simulink 工具进行系统仿真。专题 7 将介绍利用 MATLAB 进行系统仿真的基本方法和常用的仿真指令。在此基础上,专题 8 将以电梯的速度控制系统为例,详细介绍如何编写 m 脚本对该系统进行仿真分析。

本单元主要介绍控制系统建模和仿真的基本方法,是本课程重要的数学基础。本单元由专题 5~8 等 4 个专题组成,各专题的基本内容详见知识导图。

# 专题 5　动态系统的微分方程模型

● **承上启下**

　　单元 U1 介绍了用方框图描述控制系统结构的方法,这种原理性的方框图只能进行定性的分析,如果要对控制系统进行深入的、定量的分析,必须首先建立系统的数学模型。专题 5 将介绍数学模型的种类,以及建立动态系统微分方程模型的基本方法。

● **学习目标**

　　掌握建立动态系统微分方程模型的基本方法。

● **知识导图**

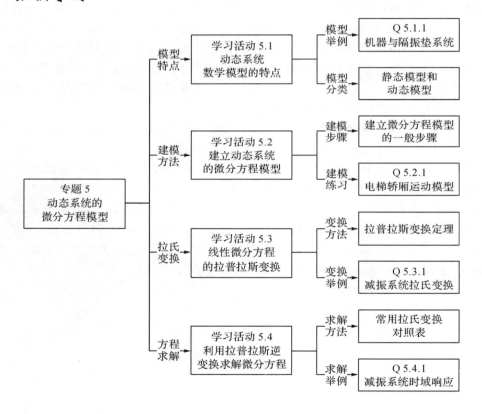

● **基础知识和基本技能**

　　系统数学模型的分类:静态模型和动态模型。

建立动态系统微分方程模型的一般步骤。

线性微分方程的拉普拉斯变换。

利用拉普拉斯逆变换求解微分方程。

**● 工作任务**

建立电梯轿厢运动的微分方程模型并求解其动态响应。

# 学习活动 5.1　动态系统数学模型的特点

　　模型是描述系统、分析系统的一种工具,是指一种用数学方法所描述的抽象的理论模型,用来表达一个系统内部各部分之间,或系统与其外部环境之间的关系,又称为"数学模型"。它将实际问题归结为相应的数学问题,并在此基础上利用数学的概念、方法和理论进行深入的分析和研究,从而从定性或定量的角度来刻画实际问题,并为解决现实问题提供精确的数据或可靠的指导。

　　控制系统一般属于动态系统,下面以机器减振系统为例说明动态系统数学模型的特点。

Q5.1.1　一台机器放在隔振垫上,机器与隔振垫组成了一个减振系统,如图 5.1.1(a)所示。试分析机器的受力情况,并建立描述机器运动情况的数学模型。

**解:**

　　1)分析机器的受力情况。

　　将机器简化为一刚性质块,设其质量为 $m$,机器的受力情况如图 5.1.1(b)所示。

　　·作用在质块上的外力为 $r(t)$。定义 $r(t)$ 为系统输入,或称激励。

　　·隔振垫的作用可用弹簧和阻尼器近似代表,$k$、$f$ 分别表示弹簧刚度和黏滞阻尼系数。

　　·设质块沿垂直方向的位移为 $y(t)$,从静态平衡位置开始计算质块的位移。定义 $y(t)$ 为系统输出,或称响应。

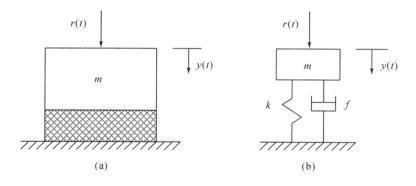

图 5.1.1　机器与隔振垫组成的减振系统

　　2)建立描述机器运动情况的数学模型。

　　$r(t)$ 为激励时,根据牛顿第二定律,质块的运动方程为:

$$\sum F = m \cdot a \Rightarrow r(t) - k \cdot y(t) - f \cdot \dot{y}(t) = m\ddot{y}(t)$$
$$\Rightarrow m \cdot \ddot{y}(t) + f \cdot \dot{y}(t) + k \cdot y(t) = r(t) \qquad (5.1.1)$$

式中，$m$ 代表质块的质量，$y(t)$ 代表质块的位移，$\dot{y}(t)$ 代表质块的速度，$\ddot{y}(t)$ 代表质块的加速度。质块上的作用力有 3 个：$r(t)$ 为作用在质块上的外力，力的正方向与位移 $y(t)$ 的正方向相同；$k \cdot y(t)$ 为弹簧对质块的反作用力，力的方向与 $r(t)$ 的正方向相反；$f \cdot \dot{y}(t)$ 为阻尼器对质块的反作用力，力的方向与 $r(t)$ 的正方向相反。

式(5.1.1)以微分方程的形式描述了减振系统输入 $r(t)$ 和输出 $y(t)$ 之间数学关系，称为系统的动态模型。当机器运动很慢时，式(5.1.1)可简化为：

$$y(t) \approx r(t)/k \qquad (5.1.2)$$

上式是系统处于稳态时的模型，称之为静态模型，即胡克定律。

$\triangle$

从上例可看出，运动系统根据所处状态(暂态或稳态)，可以采用两种模型来描述：

1)静态模型。

静态模型反映系统在平衡状态(稳态)下的特性，所描述的系统各变量之间的关系是不随时间的变化而变化的，一般都用代数方程来表达。

2)动态模型。

动态模型反映系统在非平衡状态(暂态)下的特性，用于描述系统各变量之间随时间变化而变化的规律，一般用微分方程或差分方程来表示。

控制系统一般都属于动态系统，即按确定性规律随时间演化的系统，又称动力学系统。这类系统有记忆性，输入和输出的关系用微分方程或差分方程描述，其数学模型为动态模型。

# 学习活动 5.2　建立动态系统的微分方程模型

微分方程模型是系统最基本的数学模型，它是一种描述系统外部特性的动态数学模型，适合于描述线性与非线性系统、定常与时变系统。

系统输出量及其各阶导数和系统输入量及各阶导数之间的关系式，称为系统的微分方程模型。

根据系统的机理，建立系统微分方程模型的一般步骤如下：

---

**知识卡 5.1：建立系统微分方程模型的一般步骤**

1)确定系统的输入变量(激励)和输出变量(响应)。

2)从输入端开始，按照信号的传递顺序，依据各变量所遵循的物理规律，列写各变量之间的动态方程，一般为微分方程组。

3)消去中间变量，得到描述系统输出量与输入量之间关系的微分方程。

4)标准化：将与输入有关的各项放在等号右边，与输出有关的各项放在等号左边，并且分别按降幂排列。

---

下面通过一个实例来说明建立系统微分方程模型的方法。专题 3 的例题 Q3.3.1 中建立的电梯闭环速度控制系统，其原理性结构（即方框图）如图 5.2.1 所示。

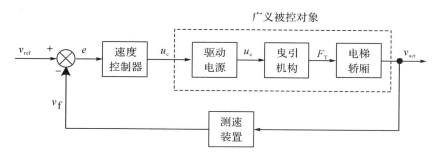

**图 5.2.1　电梯闭环速度控制系统方框图**

在反馈控制系统中，从参考输入到系统输出之间的信号通道被定义为前向通道。图 5.2.1 中系统前向通道的前 3 个环节均可看作是为比例环节（详见专题 4），即输出与输入之间是比例关系，其数学模型为静态模型。

以速度控制器为例，当采用比例控制时，设比例系数为 $K_P$，其数学模型为：

$$u_c = K_P \cdot e \tag{5.2.1}$$

前向通道的最后 1 个环节描述在曳引力的作用下，电梯轿厢的运动过程，输出为实际速度 $v_{act}(t)$，该环节需要用动态模型来描述。

---

> Q5.2.1　图 5.2.1 为电梯速度控制系统的结构方框图，其中电梯轿厢的受力情况如下：
> 1）将轿厢简化为一刚性质块，设其质量为 $m$；
> 2）作用在轿厢上的总外力等于曳引机构输出的曳引力 $F_T(t)$；
> 3）运动过程中的摩擦力和空气阻力可用阻尼器近似代表，$f$ 为黏滞阻尼系数。
> 根据知识卡 5.1 中介绍的步骤，试建立电梯轿厢运动环节的数学模型。

**解：**

1）确定环节的输入变量和输出变量。

如图 5.2.1 所示，电梯轿厢运动环节的输入变量为曳引力 $F_T(t)$，输出变量为轿厢速度 $v_{act}(t)$，输入变量 $F_T(t)$ 和输出变量 $v_{act}(t)$ 之间的关系式就是该环节的数学模型。

2）列写各变量之间的动态方程。

对于轿厢的运动系统，应根据其受力情况图来建立各变量之间的动态方程。根据题意，电梯轿厢的受力情况如图 5.2.2 所示，图中 $x(t)$ 代表质块的位移。

根据牛顿第二定律，质块的运动方程为：

$$\sum F = ma \Rightarrow \underline{\hspace{5cm}} \tag{5.2.2}$$

作为中间变量的质块位移 $x(t)$ 与输出变量 $v_{act}(t)$ 之间的关系如下：

$$v_{act}(t) = \underline{\hspace{5cm}} \tag{5.2.3}$$

3）消去中间变量。

将式（5.2.3）代入式（5.2.2），消去中间变量 $x(t)$，得到描述系统输出量与输入量之间

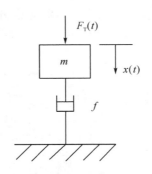

**图 5.2.2　轿厢的受力情况图**

关系的<u>微分方程</u>。

$$\tag{5.2.4}$$

4)将方程标准化。

将输入项放在等号右边,输出项放在等号左边,并且分别按降幂排列。

$$\tag{5.2.5}$$

式(5.2.5)即为描述电梯轿厢运动环节的微分方程模型。

△

　　系统的微分方程描述了系统的外部特性,即输入变量与输出变量之间的关系。一般的连续时间系统都可用微分方程来描述,线性系统可以用线性微分方程来描述,而非线性系统则要用非线性微分方程来描述。

　　一般 $n$ 阶线性系统的微分方程可以表达为:

$$a_n y^{(n)} + a_{n-1} y^{(n-1)} + \cdots + a_1 \dot{y} + a_0 y = b_m u^{(m)} + \cdots + b_1 \dot{u} + b_0 u \tag{5.2.6}$$

其中 $y(t)$ 为输出,$u(t)$ 为输入。根据系数的特征,系统可分为两类:

1)线性时变系统,式(5.2.6)中的系数 $a_i$、$b_i$ 中至少有一个是时间的函数。

2)线性时不变系统,也称为线性定常系统,式(5.2.6)中的系数 $a_i$、$b_i$ 都是与时间无关的常数。

　　本课程中研究的控制系统均属于线性定常系统。

　　微分方程模型是最基本的数学模型。对于控制系统,为了便于分析和计算,往往希望数学模型能写成输出—输入之间明确的函数关系,即 $y = f(w)$,而式(5.2.6)表示的微分方程模型无法表示成这种显式关系;此外,为了便于计算,还希望将数学模型写成代数表达式。为实现这些目标,需要对微分方程进行拉普拉斯变换。

# 学习活动 5.3　线性微分方程的拉普拉斯变换

## 5.3.1　拉普拉斯变换的作用

　　动态系统的数学模型要用微分方程来描述,对于复杂的微分方程直接求解比较烦琐;且微分方程无法写成描述系统输出—输入关系的显式表达式,难于在系统方框图中描述动态环节的输出—输入特性。能否找到一种更有效的数学工具代替微分方程来描述动态系统，以适合于系统方框图的表达形式，并能简化系统动态响应的计算呢？这种适合于动态系统建模和分析的数学工具就是拉普拉斯变换（简称拉氏变换）。

拉普拉斯变换是一种把信号从时域变换到频域（复数域）的积分变换方法。

在建立动态系统数学模型的过程中，采用拉普拉斯变换可以带来两个好处：

1）拉普拉斯变换能够将复杂的微分方程变换为相对简单的代数方程，从而简化微分方程的求解过程。

2）经过拉氏变换后，输入到输出变量之间的信号传递关系可以用显式的代数式来描述，并可写成传递函数形式。

### 5.3.2　拉普拉斯变换的数学定义

如果函数 $f(t)$ 对式（5.3.1）中的变换积分收敛，则存在拉普拉斯变换。

$$\int_{0^-}^{\infty} |f(t)| \cdot e^{-\sigma t} \mathrm{d}t < \infty \quad \sigma > 0 \tag{5.3.1}$$

函数 $f(t)$ 的拉普拉斯变换的定义如式（5.3.2）所示：

$$F(s) = \int_{0^-}^{\infty} f(t) e^{-st} \mathrm{d}t = L[f(t)] \quad s = \sigma + \mathrm{j}\omega \tag{5.3.2}$$

拉普拉斯逆变换的定义如式（5.3.3）所示：

$$f(t) = \frac{1}{2\pi\mathrm{j}} \int_{\sigma-\mathrm{j}\infty}^{\sigma+\mathrm{j}\infty} F(s) e^{+st} \mathrm{d}s = L^{-1}[F(s)] \tag{5.3.3}$$

上式中：

$s$ 为复数变量，$F(s)$ 叫作 $f(t)$ 的拉氏变换，也称象函数；

$f(t)$ 叫作 $F(s)$ 的拉氏反变换，也称原函数。

从定义可知，拉氏变换是把信号从时域变换到复数域的一种积分变换方法。

### 5.3.3　线性微分方程的拉普拉斯变换

下面介绍如何对线性微分方程进行拉普拉斯变换。如果线性微分方程中的各项都对式（5.3.1）中的变换积分收敛，则存在拉普拉斯变换。

对线性微分方程进行拉普拉斯变换时要用到以下定理：

1）线性性质

$$L[af_1(t) + bf_2(t)] = aL[f_1(t)] + bL[f_2(t)] = aF_1(s) + bF_2(s) \tag{5.3.4}$$

2）微分定理

$$L\left[\frac{\mathrm{d}f(t)}{\mathrm{d}t}\right] = sF(s) - f(0) \tag{5.3.5}$$

如果原函数 $f(t)$ 及其各阶导数在 $t=0$ 时的值都等于零（即零初始条件），可将拉普拉斯变量 $s$ 看作微分算子：

$$s \equiv \frac{\mathrm{d}}{\mathrm{d}t} \tag{5.3.6}$$

3）积分定理

$$L\left[\int f(t)\mathrm{d}t\right] = \frac{1}{s}F(s) + \frac{1}{s}f^{-1}(0) \tag{5.3.7}$$

如果原函数 $f(t)$ 及其各阶导数在 $t=0$ 时的值都等于零(即零初始条件),可将拉普拉斯变量 $s$ 的倒数看作积分算子:

$$\frac{1}{s} \equiv \int_{0^-}^{t} \mathrm{d}t \qquad (5.3.8)$$

4)终值定理

$$\lim_{t \to \infty} f(t) = \lim_{s \to 0} sF(s) \qquad (5.3.9)$$

---

**知识卡 5.2：微分方程拉普拉斯变换的常用定理**

1)微分定理(零初始条件) $\qquad L\left[\dfrac{\mathrm{d}f(t)}{\mathrm{d}t}\right] = sF(s)$

2)终值定理 $\qquad \lim\limits_{t \to \infty} f(t) = \lim\limits_{s \to 0} sF(s)$

---

Q5.3.1 在零初始条件下,对微分方程式(5.1.1)进行拉普拉斯变换,并将拉氏表达式写成如下形式:$Y(s) = G(s)R(s)$。

**解:**

在零初始条件下,利用微分定理对式(5.1.1)的两端进行拉氏变换,可得:

$$L[m\ddot{y}(t) + f\dot{y}(t) + ky(t)] = L[r(t)]$$
$$ms^2Y(s) + fsY(s) + kY(s) = R(s)$$
$$(ms^2 + fs + k)Y(s) = R(s)$$
$$\Rightarrow Y(s) = \frac{1}{ms^2 + fs + k}R(s) \qquad (5.3.10)$$

$\triangle$

---

Q5.3.2 在零初始条件下,对例题 Q5.2.1 中建立的描述轿厢运动的微分方程进行拉氏变换,并将拉氏表达式写成如下形式:$V_{\mathrm{act}}(s) = G(s)F_{\mathrm{T}}(s)$。

**解:**

描述轿厢运动的微分方程如下:

$$m \cdot \dot{v}_{\mathrm{act}}(t) + f \cdot v_{\mathrm{act}}(t) = F_{\mathrm{T}}(t) \qquad (5.3.11)$$

在零初始条件下,利用微分定理对式(5.3.11)的两端进行拉氏变换,可得:

$$L[m \cdot \dot{v}_{\mathrm{act}}(t) + f \cdot v_{\mathrm{act}}(t)] = L[F_{\mathrm{T}}(t)] \Rightarrow \underline{\hspace{4cm}}$$

$$(5.3.12)$$

则输出变量 $v_{\mathrm{act}}(t)$ 的拉氏变换表达式为:

$$V_{\mathrm{act}}(s) = \underline{\hspace{3cm}} F_{\mathrm{T}}(s) \qquad (5.3.13)$$

$\triangle$

# 学习活动 5.4  利用拉普拉斯逆变换求解微分方程

例题 Q5.3.1 中,微分方程式(5.1.1)经拉氏变换后得到表达式(5.3.10),它将动态系统的输出和输入关系转换为一个关于 $s$ 的分式形式。如果能够通过拉氏逆变换计算出象函数 $Y(s)$ 的原函数 $y(t)$，实际上就相当于用拉氏逆变换实现了求解微分方程的目的。

在工程实践中，求解复杂象函数的原函数时，通常先用部分分式展开法将复杂象函数展开成简单函数的和；再根据拉氏逆变换的线性性质，应用拉氏变换对照表对各部分分式分别进行逆变换以求解。

拉氏逆变换的线性性质可表述如下：

$$L^{-1}[aF_1(s)+bF_2(s)]=aL^{-1}[F_1(s)]+bL^{-1}[F_2(s)]=af_1(t)+bf_2(t) \quad (5.4.1)$$

常用拉氏变换对照表如表 5.4.1 所示。

### 知识卡 5.3：常用拉氏变换对照表

表 5.4.1　常用拉氏变换对照表

| 信号名称 | 原函数 $f(t)$ | 象函数 $F(s)$ |
|---|---|---|
| 单位脉冲 | $\delta(t)=\begin{cases}\infty & t=0 \\ 0 & t\neq 0\end{cases}\ \int_{-\infty}^{+\infty}\delta(t)\mathrm{d}t=1$ | $1$ |
| 单位阶跃 | $1(t)=\begin{cases}0 & t<0 \\ 1 & t\geqslant 0\end{cases}$ | $\dfrac{1}{s}$ |
| 斜坡 | $t$ | $\dfrac{1}{s^2}$ |
| 自然指数 | $e^{-at}$ | $\dfrac{1}{s+a}$ |

下面举例说明，用拉氏逆变换求解微分方程的具体步骤。

**Q5.4.1**　用拉氏逆变换法求取微分方程式(5.1.1)的时域解 $y(t)$，设激励信号 $r(t)$ 为单位阶跃信号，系统参数为：$m=1,f=3,k=2$。

**解：**

1）对微分方程进行拉氏变换后，写出未知变量的象函数表达式。

例题 Q5.3.1 中已对微分方程(5.1.1)进行了拉氏变换，得到微分方程中未知变量 $y(t)$ 的象函数表达式(5.3.10)。在此基础上，将激励信号的象函数以及其他参数代入该式，可得

$$Y(s)=\frac{1}{ms^2+fs+k}R(s)=\frac{1}{ms^2+fs+k}\frac{1}{s}=\frac{1}{s^2+3s+2}\frac{1}{s} \quad R(s)=\frac{1}{s} \quad (5.4.2)$$

2）将象函数表达式分解为部分分式形式。

将式(5.4.2)分解为如下的部分分式形式：

$$Y(s)=\frac{1}{s^2+3s+2}\frac{1}{s}=\frac{1}{s(s+1)(s+2)}=\frac{c_1}{s}+\frac{c_2}{s+1}+\frac{c_3}{s+2}=\sum_{i=1}^{3}\frac{c_i}{s-s_i} \quad (5.4.3)$$

式(5.4.3)中，$s_i$ 是分母多项式的根，即如下方程的解，称为 $Y(s)$ 的极点。注意：分母因式中 $s$ 项的系数应都化为 1。

$$s(s+1)(s+2)=0 \quad (5.4.4)$$

求解式(5.3.4)，可得 $Y(s)$ 的极点为：$s_1=0, s_2=-1, s_3=-2$。

式(5.4.3)中，$c_i$ 为待定系数，称为 $Y(s)$ 在极点 $s_i$ 处的留数，可按下式计算。

$$c_i = \lim_{s \to s_i}(s-s_i)Y(s) \tag{5.4.5}$$

根据式(5.4.5)，用留数法可计算各部分分式的待定系数：

$$c_1 = \lim_{s \to s_1}(s-s_1)Y(s) = \lim_{s \to 0}(s-0)\frac{1}{s(s+1)(s+2)} = \frac{1}{2} \tag{5.4.6}$$

$$c_2 = \lim_{s \to s_2}(s-s_2)Y(s) = \lim_{s \to -1}(s+1)\frac{1}{s(s+1)(s+2)} = -1 \tag{5.4.7}$$

$$c_3 = \lim_{s \to s_3}(s-s_3)Y(s) = \lim_{s \to -2}(s+2)\frac{1}{s(s+1)(s+2)} = \frac{1}{2} \tag{5.4.8}$$

对于比较简单的象函数表达式，也可用比较系数法来计算待定系数，即将部分分式通分后，与分解前原式中对应项的系数相比较。

3）对象函数表达式进行拉氏逆变换

应用拉氏变换对照表5.4.1，对象函数表达式(5.4.3)中各部分分式，分别进行拉氏逆变换，得到微分方程的时域解 $y(t)$。

$$L^{-1}[Y(s)] = L^{-1}\left[\frac{0.5}{s} + \frac{-1}{s+1} + \frac{0.5}{s+2}\right]$$

$$y(t) = L^{-1}\left[\frac{0.5}{s}\right] + L^{-1}\left[\frac{-1}{s+1}\right] + L^{-1}\left[\frac{0.5}{s+2}\right] \tag{5.4.9}$$

$$y(t) = 0.5 - e^{-t} + 0.5e^{-2t}$$

式(5.4.9)即为微分方程(5.1.1)的解。

4）利用拉氏变换的终值定理求取时域解的终值。

利用拉氏变换的终值定理，可以直接计算微分方程时域解 $y(t)$ 在 $t \to \infty$ 时的终值，即原物理系统动态响应的稳态值。

$$\lim_{t \to \infty}y(t) = \lim_{s \to 0}sY(s) = \lim_{s \to 0}s\left[\frac{1}{s^2+3s+2}\frac{1}{s}\right] = 0.5 \tag{5.4.10}$$

用式(5.4.9)来验证上述计算结果：

$$\lim_{t \to \infty}y(t) = \left[0.5 - e^{-t} + 0.5e^{-2t}\right]_{t \to \infty} = 0.5 \tag{5.4.11}$$

☒课后思考题 AQ5.1：试用比较系数法确定式(5.4.3)中待定系数 $c_i$。

△

对于具体的物理系统，建立描述其外部特性的微分方程并求解其中的未知变量，实际上就是求解系统的时域响应。

动态系统的时域响应是指系统在输入信号的激励下,输出信号的动态响应。

利用拉普拉斯变换求解动态系统时域响应的步骤如下:

---

**知识卡 5.4:用拉普拉斯变换求解动态系统时域响应的步骤**

1)建立描述动态系统的微分方程模型。

2)对微分方程进行拉普拉斯变换,得到输出变量象函数的代数方程。

3)求解输出变量象函数的表达式,并变换为部分分式形式。

4)求解输出变量象函数的拉普拉斯逆变换,得到其时域响应。

---

注意:如果微分方程是非线性形式的,需要先线性化处理,然后才能运用拉普拉斯变换的法则来进行运算。

## 小　结

数学模型是控制系统分析和设计的基础。控制系统一般都属于动态系统,其输入和输出的关系用微分方程或差分方程描述,本专题主要介绍了动态系统的微分方程模型。

1)系统输出量及其各阶导数和系统输入量及其各阶导数之间的关系式,称为系统的微分方程模型。微分方程描述是系统最基本的数学模型。根据系统的机理,建立系统微分方程模型的一般步骤为:确定系统的输入变量(激励)和输出变量(响应)、列写各变量之间的动态方程(一般为微分方程)、消去中间变量、标准化。

2)动态系统的时域响应是指系统在输入信号的激励下,输出信号的动态响应。利用拉普拉斯变换求解动态系统时域响应的步骤为:建立描述动态系统的微分方程模型、对微分方程进行拉普拉斯变换、求解输出变量象函数的表达式、求解输出变量象函数的拉普拉斯逆变换,得到其时域响应。

本专题的设计任务是:建立轿厢运动系统的微分方程模型,然后利用拉普拉斯变换求解该系统的时域响应。在下一专题中,将介绍控制系统最常用的数学模型——传递函数模型。

## 测　验

**R5.1**　建立系统微分方程的步骤为(要求正确排序):(　　　)。

　　A. 消去中间量　　　　　　　　　　　B. 列写各变量之间的动态方程

　　C. 标准化　　　　　　　　　　　　　D. 确定系统的输入变量和输出变量

**R5.2**　终值定理的数学表达式为(　　　)。

　　A. $x(\infty)=\lim\limits_{t\to\infty}x(t)=\lim\limits_{s\to\infty}X(s)$　　　　　　B. $x(\infty)=\lim\limits_{t\to\infty}x(t)=\lim\limits_{s\to 0}X(s)$

　　C. $x(\infty)=\lim\limits_{t\to\infty}x(t)=\lim\limits_{s\to 0}sX(s)$　　　　　　D. $x(\infty)=\lim\limits_{t\to\infty}x(t)=\lim\limits_{s\to\infty}sX(s)$

**R5.3**　阶跃信号 $A\cdot 1(t)$ 的象函数为(　　　　),自然指数 $B\cdot e^{-at}$ 的象函数为(　　　　)。

　　A. $\dfrac{A}{s^2}$　　　　B. $\dfrac{A}{s}$　　　　C. $\dfrac{B}{s-a}$　　　　D. $\dfrac{B}{s+a}$

**R5.4**　忽略摩擦力和空气阻力,电梯轿厢运动系统的微分方程为:$m\cdot\dot{v}_{act}(t)=F_{T}(t)$。进行拉氏变换后,输出变量(电梯速度 $v_{act}(t)$)的象函数为(　　　　),设输入变量(曳引力 $F_{T}(t)$)

为单位阶跃信号，则系统时域响应 $v_{act}(t)$ 为（　　）。

A. $V_{act}(s) = \dfrac{1}{m} F_T(s)$

B. $V_{act}(s) = \dfrac{1}{ms} F_T(s)$

C. $v_{act}(t) = \dfrac{1}{m} \cdot 1(t)$

D. $v_{act}(t) = \dfrac{1}{m} \cdot t$

# 专题 6　控制系统的传递函数
# 方框图模型

● **承上启下**

专题 5 介绍了动态系统的微分方程模型，微分方程是系统最基本的数学模型。对线性定常系统的微分方程模型进行拉氏变换时，可以得到控制系统在复数域中的数学模型——传递函数。利用传递函数可将描述系统结构的原理性方框图转化为传递函数方框图，既可定性分析又可定量计算。本专题中，将介绍控制系统的传递函数方框图模型。

● **学习目标**

掌握建立控制系统传递函数方框图的方法。

掌握利用传递函数方框图对系统进行分析和计算的方法。

● **知识导图**

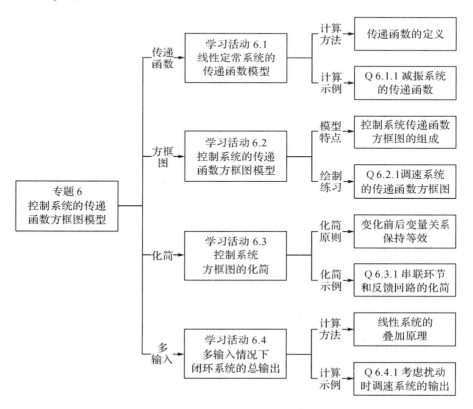

● **基础知识和基本技能**

线性定常系统传递函数的定义和性质。

控制系统传递函数方框图的绘制方法。

控制系统传递函数方框图的化简方法。

● **工作任务**

建立电梯调速系统的传递函数方框图。

利用传递函数方框图对调速系统进行分析和计算。

# 学习活动 6.1　线性定常系统的传递函数模型

### 6.1.1　传递函数的定义

对线性定常系统的微分方程模型进行拉氏变换时,可以得到控制系统在复数域中的数学模型——传递函数。系统的传递函数与微分方程存在对应关系,传递函数不仅可以表征系统的动态性能,而且便于研究系统的结构或参数变化对系统性能的影响。利用传递函数模型可将系统结构表述为方框图的形式,便于分析和计算。

传递函数是经典控制理论中最基本和最重要的概念。

---

**知识卡 6.1:传递函数的定义**

线性定常系统的传递函数定义为:零初始条件下,系统输出量 $y(t)$ 的拉氏变换与输入量 $r(t)$ 的拉氏变换之比,即复数域中输出 $Y(s)$ 和输入 $R(s)$ 之间的比值关系。

$$G(s) = \frac{L[y(t)]}{L[r(t)]} = \frac{Y(s)}{R(s)} \tag{6.1.1}$$

---

注意:传递函数模型只适合于线性定常系统,而且要求满足零初始条件。传递函数是对系统输入和输出之间关系的描述,表征了系统的动态性能,是动态系统建模的有力工具。

**Q6.1.1　建立例题 Q5.1.1 中机器减振系统的传递函数模型。**

**解:**

$r(t)$ 为系统输入(激励),$y(t)$ 为系统输出(响应)时,机器减振系统的微分方程模型为:

$$m \cdot \ddot{y}(t) + f \cdot \dot{y}(t) + k \cdot y(t) = r(t) \tag{6.1.2}$$

式中各项的系数均为常数,所以该系统为线性定常系统。

不失一般性,在非零初始条件下,对式(6.1.2)进行拉氏变换得:

$$m[s^2 Y(s) - sy(0) - \dot{y}(0)] + f[sY(s) - y(0)] + kY(s) = R(s) \tag{6.1.3}$$

在零初始条件下,系统输出 $y(0)$ 及其各阶导数均为零,则式(6.1.3)可简化为:

$$ms^2 Y(s) + fsY(s) + kY(s) = R(s) \tag{6.1.4}$$

根据传递函数的定义,复数域中输出 $Y(s)$ 和输入 $R(s)$ 之间的比值关系为:

$$G(s) = \frac{Y(s)}{R(s)} = \frac{1}{ms^2 + fs + k} \qquad (6.1.5)$$

式(6.1.5)中关于复变量 $s$ 的分式,即为机器减振系统的传递函数,一般用 $G(s)$ 表示。

△

## 6.1.2　传递函数的性质

线性定常系统传递函数的一般表达式为:

$$G(s) = \frac{Y(s)}{R(s)} = \frac{b_m s^m + b_{m-1} s^{m-1} + \cdots + b_1 s + b_0}{a_n s^n + a_{n-1} s^{n-1} + \cdots + a_1 s + a_0} \qquad (6.1.6)$$

传递函数的基本性质如下:

1)传递函数是复变量 $s$ 的有理真分式函数。

2)传递函数是表示输出量与输入量之间关系的参数表达式,只取决于系统的结构和参数,而与输入量的形式无关,它不反映系统内部的任何信息。

传递函数以显性的形式描述了系统输出量与输入量之间的因果关系,如式(6.1.7)。

$$Y(s) = G(s) \cdot R(s) \qquad (6.1.7)$$

式中,$R(s)$ 为复数域中的输入,$Y(s)$ 为复数域中的输出,$G(s)$ 为线性系统(环节)的传递函数。因此可以利用方框图形式,将系统输入量和输出量之间信号传递关系用传递函数联系起来,如图 6.1.1 所示。

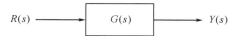

**图 6.1.1　传递函数的方框图表示**

3)在零初始条件下,传递函数与微分方程是等价的,且可以利用拉氏算子相互转化。

**Q6.1.2**　对于例题 Q5.2.1 中电梯轿厢运动系统,建立其传递函数模型。

**解:**

$F_T(t)$ 为系统输入,$v_{\text{act}}(t)$ 为系统输出时,电梯轿厢运动系统的微分方程模型为:

$$\underline{\hspace{6cm}} \qquad (6.1.8)$$

零初始条件下,对上式进行拉氏变换,得:

$$\underline{\hspace{6cm}} \qquad (6.1.9)$$

将上式变换为复数域中输出 $V_{\text{act}}(s)$ 和输入 $F_T(s)$ 之间的比值关系,则得到电梯轿厢运动系统的传递函数 $G(s)$ 如下:

$$G(s) = \frac{V_{\text{act}}(s)}{F_T(s)} = \underline{\hspace{4cm}} \qquad (6.1.10)$$

△

## 6.1.3　物理系统建模小结——从微分方程到传递函数

要理解和控制复杂的系统,必须分析系统变量间的相互关系,获得系统定量的数学模型。系统本质上是动态的,因此描述系统行为的方程通常是微分方程(组)。

如果这些方程(组)能够线性化,就能运用拉普拉斯变换方法来简化求解过程,并建立复数域内描述输入—输出关系的传递函数模型。传递函数为表示系统变量之间相互关系的图示化模型(如方框图模型)奠定了基础。

微分方程与传递函数之间的联系如图6.1.2所示。

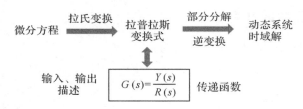

**图 6.1.2  微分方程与传递函数之间的联系**

# 学习活动6.2  控制系统的传递函数方框图模型

## 6.2.1  传递函数方框图的组成

方框图模型是一种广泛应用于控制工程的图示化模型,用于描述系统中各变量间的因果关系和运算关系,是控制理论中描述复杂系统的一种简便方法。如果方框图中各环节的信号变换关系用传递函数来表示,则称之为传递函数方框图。

典型的反馈控制系统的传递函数方框图如图6.2.1所示,由许多对信号进行单向运算的方框和一些信号流向线组成,它包括如下4个基本要素:

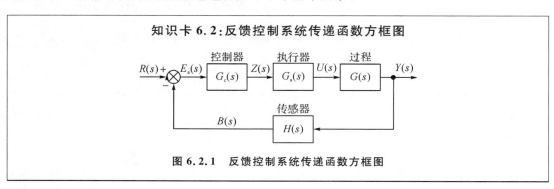

**图 6.2.1  反馈控制系统传递函数方框图**

1)信号线:带有箭头的直线,表示信号的流向。习惯上用 $R(s)$ 来标注输入信号线,$Y(s)$ 来标注输出信号线,$E_a(s)$ 来标注误差信号线,$U(s)$ 来标注控制信号线。

2)引出点(或测量点):表示信号的引出或测量的位置。图中,通过引出点将输出信号引出到传感器。

3)比较点(或综合点):对两个以上信号进行加减运算。图中,通过比较点将输入信号和反馈信号相比较得到误差信号。

4)方框(或环节):表示对信号进行数学变换,这些方框代表了输入、输出变量间的传递函数。图中，前向通道包括控制器、执行器和过程三个环节，分别用三个方框来表示；反馈通道只包括传感器一个环节，用一个方框来表示。

方框中填写该环节的传递函数，习惯上用 $G_c(s)$ 来表示控制器的传递函数，用 $H(s)$ 来表示传感器的传递函数。方框的输出变量等于输入变量与传递函数的乘积，例如，图中过程的输出为：

$$Y(s)=G(s)U(s) \tag{6.2.1}$$

### 6.2.2　传递函数方框图的绘制

绘制系统传递函数方框图的基本步骤如下：

---

**知识卡 6.3：绘制传递函数方框图的步骤**

1）首先将系统分解为若干基本环节，分别列写各环节的传递函数并用方框表示。

2）然后根据各环节之间的信号流向，用信号线依次将各方框连接，便得到系统的传递函数方框图。

---

系统的传递函数方框图实际上是系统结构图和数学方程两者的结合，既补充了结构图中所缺少的定量描述，又避免了纯数学的抽象运算。在传递函数方框图的基础上，既可以运用方框图代数进行数学运算（例如计算闭环传递函数），又可以直观地了解各环节的相互关系及其在系统中所起的作用。因此，传递函数方框图是进行控制系统分析和设计的重要工具。

系统的传递函数方框图是控制系统的一种重要数学模型。

---

Q6.2.1　图 6.2.2 为电梯速度控制系统的结构方框图，试建立该系统的传递函数方框图。

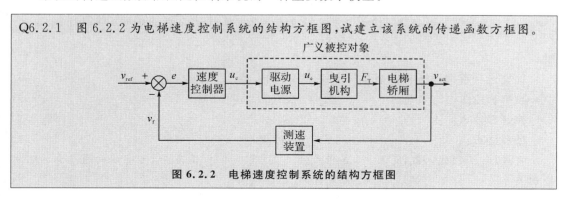

**图 6.2.2　电梯速度控制系统的结构方框图**

---

**解：**

电梯速度控制系统，简称为调速系统，可分解为 5 个基本环节，详见专题 4。其中，前向通道的前 3 个环节都可看作是比例环节，传递函数分别为比例系数 $K_P$、$K_e$ 和 $K_m$；反馈通道的测速装置也可看作是比例环节，传递函数为比例系数 $K_f$。前向通道的最后 1 个环节是电梯轿厢，其传递函数已在例题 Q6.1.2 中求得。

将各环节的传递函数代入结构图中，并将变量的符号改为大写，则得到电梯速度控制系统的传递函数方框图，如图 6.2.3 所示。注意：复变量一般用大写字母表示。

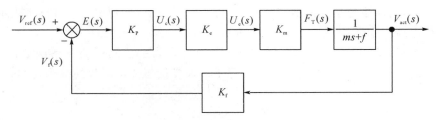

**图 6.2.3 电梯速度控制系统的传递函数方框图**

△

# 学习活动 6.3 控制系统方框图的化简

方框图化简就是根据简化规则对给定系统的方框图模型加以简化,得到由比较少方框构成的方框图,以便于进一步的分析和运算。

一个复杂的系统结构图,其方框间的连接必然是错综复杂的,但方框间的基本连接方式只有串联、并联和反馈连接三种,因此结构图简化的一般方法是:

1)移动引出点或比较点,交换比较点。

2)进行方框运算,将串联、并联和反馈连接的方框合并。

方框图化简过程中应遵循变化前后变量关系保持等效的原则。

对于较简单的反馈控制系统,方框图化简的主要内容是计算系统的闭环传递函数。下面以计算闭环传递函数为例,简要说明方框图化简的一般过程。

> **Q6.3.1** 图 6.2.1 为典型反馈控制系统的传递函数方框图,计算该系统的闭环传递函数。

**解:**

1)首先对前向通道中三个串联方框进行合并。

控制器输出: $$Z(s) = G_c(s)E_a(s) \tag{6.3.1}$$

执行器输出: $$U(s) = G_a(s)Z(s) \tag{6.3.2}$$

过程输出: $$Y(s) = G(s)U(s) \tag{6.3.3}$$

将式(6.3.1)代入式(6.3.2),再将式(6.3.2)代入式(6.3.3)后,可得前向通道总的输入输出关系为:

$$Y(s) = [G(s)G_a(s)G_c(s)]E_a(s) = [G_c(s)G_a(s)G(s)]E_a(s) \tag{6.3.4}$$

则前向通道的总传递函数为:

$$\frac{Y(s)}{E_a(s)} = G_c(s)G_a(s)G(s) \tag{6.3.5}$$

可见,串联环节的总传递函数为其中各环节传递函数之积。

综上分析,可将前向通道中三个串联方框合并成一个方框,其传递函数如式(6.3.5)所示。经过这一步简化后的系统方框图如图 6.3.1 所示。

2)然后对反馈回路进行化简(求系统闭环传递函数)。

输出表达式(6.3.4)中的输入 $E_a(s)$ 用下式来代换:

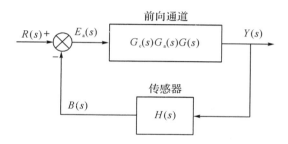

**图 6.3.1　串联简化后的系统方框图**

$$E_a(s)=R(s)-B(s)=R(s)-H(s)Y(s) \tag{6.3.6}$$

将(6.3.6)式代入(6.3.4)式后,整理可得负反馈控制系统的闭环传递函数如下:

$$\frac{Y(s)}{R(s)}=\frac{G_c(s)G_a(s)G(s)}{1+G_c(s)G_a(s)G(s)H(s)} \tag{6.3.7}$$

△

由例题 Q6.3.1 推导出来的反馈回路化简规则如图 6.3.2 所示。

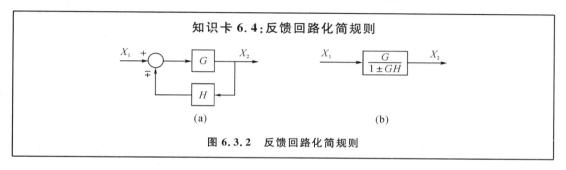

**知识卡 6.4:反馈回路化简规则**

(a)　　　　　　　　　　　　　(b)

**图 6.3.2　反馈回路化简规则**

图 6.3.2(a)为反馈控制回路的结构:反馈信号在比较点处为＋,则表示正反馈;反馈信号在比较点处为－,则表示负反馈。图 6.3.2(b)为化简后的方框图,方框中为闭环系统的传递函数:正反馈时分母中取－号,负反馈时分母中取＋号。实际的控制系统多采用负反馈的形式。图 6.3.2 中 $G$ 为前向通道传递函数,$H$ 为反馈通道传递函数,$GH$ 定义为系统开环传递函数。

**Q6.3.2**　图 6.2.3 为电梯速度控制系统的传递函数方框图,计算该系统的闭环传递函数。

**解:**

首先合并前向通道的四个串联环节,得到前向通道的传递函数为:

$$G(s)=\underline{\hspace{5cm}} \tag{6.3.8}$$

反馈通道的传递函数为:

$$H(s)=\underline{\hspace{5cm}} \tag{6.3.9}$$

然后运用图 6.3.2 所示反馈回路的化简规则,计算系统的闭环传递函数:

$$\frac{V_{act}(s)}{V_{ref}(s)}=\frac{G(s)}{1+G(s)H(s)}=\underline{\hspace{5cm}} \tag{6.3.10}$$

△

## 学习活动 6.4　多输入情况下闭环系统的总输出

实际的反馈控制系统,往往会有多个输入作用于系统之上,一个典型的多输入反馈控制系统如图 6.4.1 所示。图中给定输入 $R(s)$ 和扰动输入 $D(s)$ 都是施加于系统的外部作用,都会对系统的输出产生影响。

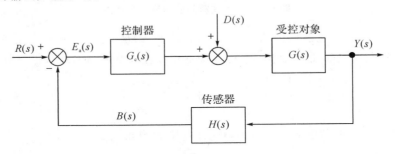

**图 6.4.1　具有多个输入的反馈控制系统**

根据线性系统的叠加原理,多个外部输入同时作用于系统所产生的总输出,等于各个外部输入单独作用时分别产生的输出之和。因此,对线性系统进行分析和设计时,如果有几个外部输入同时作用于系统,则可以将它们单独处理,依次求出各个外部输入单独作用时系统的输出,然后将它们叠加得到总的输出。

> **Q6.4.1**　图 6.4.1 为具有外部扰动的控制系统,给定输入 $R(s)$ 和扰动输入 $D(s)$ 共同作用下,试运用叠加原理计算系统的总输出(复数域)。

**解:**

1)计算参考输入 $R(s)$ 单独作用下的系统输出。

令 $D(s)=0$,根据图 6.4.1 计算输入信号 $R(s)$ 到输出信号 $Y_R(s)$ 之间的传递函数:

$$\frac{Y_R(s)}{R(s)} = \underline{\hspace{6cm}} \tag{6.4.1}$$

根据传递函数可得出 $R(s)$ 单独作用下的系统输出为:

$$Y_R(s) = \underline{\hspace{6cm}} \tag{6.4.2}$$

2)计算扰动输入 $D(s)$ 单独作用下的系统输出。

令 $R(s)=0$,为了便于分析和计算,将系统的方框图变形为以扰动输入 $D(s)$ 为唯一输入的形式,如图 6.4.2 所示。

根据图 6.4.2 计算输入信号 $D(s)$ 到输出信号 $Y_D(s)$ 之间的传递函数:

$$\frac{Y_D(s)}{D(s)} = \underline{\hspace{6cm}} \tag{6.4.3}$$

根据传递函数可得出 $D(s)$ 单独作用下的系统输出为:

$$Y_D(s) = \underline{\hspace{6cm}} \tag{6.4.4}$$

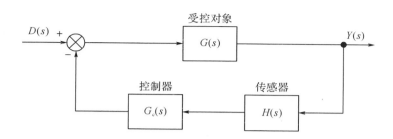

**图 6.4.2　扰动输入单独作用下的系统方框图**

3）根据叠加原理计算系统的总输出。

当给定输入 $R(s)$ 和扰动输入 $D(s)$ 同时作用时，系统的总输出为这两个外部输入单独作用时分别产生的输出之和，即：

$$Y_\Sigma(s) = Y_R(s) + Y_D(s) = \underline{\hspace{5cm}} \tag{6.4.5}$$

注：将复数域的输出 $Y(s)$ 进行拉氏反变换，即可得到系统的时域输出 $y(t)$，详见专题 5。

⊠课后思考题 AQ6.1：试不使用叠加原理，仅利用方框图计算的基本法则，直接计算 $R(s)$ 和 $D(s)$ 共同作用下系统的总输出。

## 小　结

系统结构的传递函数方框图是控制系统在复数域中的数学模型。本专题介绍了传递函数的定义，建立控制系统传递函数方框图的方法及其化简方法。

1）对线性定常系统的微分方程模型进行拉氏变换时，可以得到控制系统在复数域中的数学模型——传递函数。线性定常系统的传递函数定义为：零初始条件下，系统输出量的拉氏变换与输入量的拉氏变换之比。利用传递函数可将系统结构表述为方框图的形式，以便于分析和计算。

2）如果系统结构方框图中各环节的信号变换关系用传递函数来表示，则称之为传递函数方框图。系统结构的传递函数方框图实际上是系统结构图和数学方程两者的结合，在传递函数方框图上既可用方框图代数进行数学运算，也可以直观地了解各环节的相互关系及其在系统中所起的作用。传递函数方框图是控制系统的一种常用的数学模型。

3）方框图化简就是遵循变化前后变量关系保持等效的原则，对给定系统的方框图模型加以简化，得到由比较少方框构成的方框图，以便于进一步的分析和运算。最常用的化简方法是串联环节的合并和反馈回路闭环传递函数的计算。

4）对线性系统进行分析和设计时，如果有几个外输入同时作用于系统，依据叠加原理可以将它们分别处理，依次求出各个外输入单独作用时系统的输出，然后将它们叠加即可得到系统的总输出。通过对系统传递函数方框图的计算,可以很容易地得到系统复数域输出 $Y(s)$,再对 $Y(s)$ 进行拉氏反变换,即可得到系统的时域输出 $y(t)$。拉氏反变换参见专题 5。

本专题的设计任务是:建立电梯速度控制系统的传递函数方框图,计算该系统的闭环传递函数以及闭环系统的时域响应。

### 测　验

**R6.1**　关于系统的传递函数,下列说法正确的是(　　)。

　　A. 传递函数不反映系统内部的任何信息。

　　B. 在任何条件下,系统的传递函数与微分方程都是等价的。

　　C. 传递函数完全由系统的结构和参数决定,与输入信号无关。

　　D. 传递函数既由系统的结构和参数决定,也与输入信号有关。

**R6.2**　控制系统方框图的基本单元包括(　　)。

　　A. 信号线和方框　　　　　　　　　　B. 输入信号和输出信号

　　C. 前向通道和反馈通道　　　　　　　D. 引出点和比较点

**R6.3**　任何复杂的系统结构图,方框间的基本连接方式只有以下几种(　　)。

　　A. 串联　　　　　　B. 并联　　　　　　C. 前馈连接　　　　D. 反馈连接

**R6.4**　下图所示系统有 2 个输入,只考虑 $F_d(s)$ 作用时,系统的传递函数为(　　)。

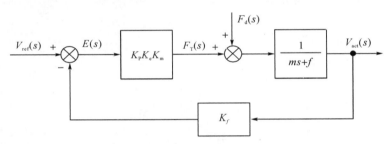

　　A. $\dfrac{V_{act}(s)}{F_d(s)} = \dfrac{1}{ms+f+K_P K_e K_m K_f}$　　　　B. $\dfrac{V_{act}(s)}{F_d(s)} = \dfrac{K_P K_e K_m}{ms+f+K_P K_e K_m K_f}$

　　C. $\dfrac{V_{act}(s)}{F_d(s)} = \dfrac{1+K_P K_e K_m}{ms+f+K_P K_e K_m K_f}$　　　　D. 以上都不对

**R6.5**　已知系统传递函数为 $\dfrac{Y(s)}{R(s)} = \dfrac{1}{s^2+4s+3}$,设激励信号 $r(t)=1(t)$,输出 $y(t)$ 为(　　)。

　　A. $y(t) = 1 - \dfrac{1}{3}e^{-t} + \dfrac{1}{4}e^{-3t}$　　　　　　B. $y(t) = 0.5 - e^{-t} + 0.5e^{-2t}$

　　C. $y(t) = \dfrac{1}{3} - \dfrac{1}{2}e^{-\frac{t}{2}} + \dfrac{1}{6}e^{-t}$　　　　　D. $y(t) = \dfrac{1}{3} - \dfrac{1}{2}e^{-t} + \dfrac{1}{6}e^{-3t}$

# 专题 7    系统仿真软件 MATLAB

● **承上启下**

专题 6 介绍了控制系统在复数域中的数学模型——传递函数。利用传递函数可将系统结构表述为传递函数方框图的形式，便于分析和计算。根据传递函数方框图可以很容易地得到系统的复数域输出，但是要计算系统的时域输出还需要经过较复杂的拉氏逆变换。为了避免复杂的计算，可以使用系统仿真软件来求解系统的动态响应。本专题将介绍应用 MATLAB 软件进行控制系统仿真的基本方法。

● **学习目标**

掌握应用 MATLAB 软件进行控制系统仿真的基本方法。

● **知识导图**

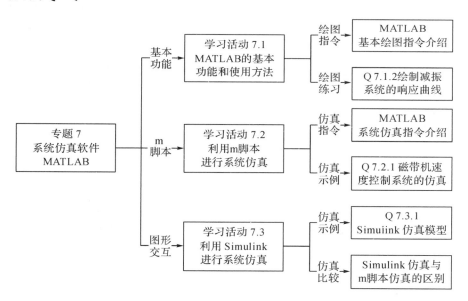

● **基础知识和基本技能**

MATLAB 的基本功能和使用方法。

利用 m 脚本进行系统仿真的常用指令。

● **工作任务**

使用 m 脚本绘制控制系统的动态响应曲线。

# 学习活动 7.1　MATLAB 的基本功能和使用方法

MATLAB 是工程设计和科学研究中最常用而且必不可少的工具软件。MATLAB 不断开发出功能强大的软件工具箱以拓展其应用范围,近年来 MATLAB 已广泛应用于系统仿真领域。在大学教学中,借助 MATLAB 可以大大提高课程教学、解题作业和分析研究的效率和质量。

MATLAB 是一种使用方便的交互式软件,用户与 MATLAB 进行交互的四种主要方式为:

1)语句:由指令和变量构成命令语句。

2)矩阵:基本的计算单元。

3)图形:用图解法来分析数据是一种重要的人机交互方式。

4)脚本:用文本编辑器建立的包含一组交互指令的 m 文件。

MATLAB 软件系统由两个主要部分组成:

1)基本程序。以 MATLAB 7.0 版本为例,运行 MATLAB 软件时,打开的基本窗口如图 7.1.1 所示。

2)各种类型的软件工具箱。软件工具箱是一组 m 文件的集合,是对基本程序的扩展。控制系统工具箱是专门针对控制系统开发的,利用该工具箱和基本程序,足以完成控制系统的设计和分析任务。

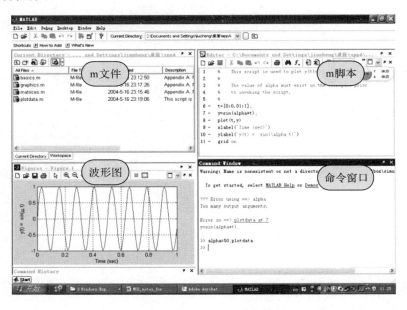

**图 7.1.1　MATLAB 的基本窗口**

下面结合一个绘图示例,介绍 MATLAB 的基本功能和用法。

> **Q7.1.1**　用 MATLAB 绘制一个正弦函数曲线：$y=\sin(\text{alpha}*t)$。

**解：**

1)运行 MATLAB 软件，新建如下 m 脚本 Q7_1_1.m，输入绘制函数曲线的代码。

m 脚本编辑好之后，应保存在指定的路径下。下次打开该脚本文件时，首先选择该文件所在路径为当前路径(Current Directory)，则在 m 文件窗口中可以找到该文件。双击之后即可打开该脚本文件，并显示在 m 脚本窗口中。

```
%      Q7_1_1: This script is used to plot y(t)=sin(alpha*t).
%
%      The value of alpha must exist in the workspace prior to invoking the script.
%
t=[0:0.001:1];
y=sin(alpha*t);
plot(t,y)
xlabel('Time (sec)')
ylabel('y(t) =   sin(\alpha t)')
grid on
```

2)在命令窗口输入如下命令行，观察执行结果。

alpha=50；Q7_1_1；

命令执行后将新建波形图窗口，显示要绘制的正弦曲线。

注：alpha=50 指令的作用是给变量 alpha 赋值；Q7_1_1 指令的作用是执行当前路径下的 m 脚本 Q7_1_1。应首先设置当前路径为 m 脚本所在的路径。

3)排布所有窗口。

为了便于观察和操作，可以合理地排布各个窗口，如图 7.1.1 所示。

△

脚本文件 Q7_1_1.m 中涉及几个很有用的 m 指令：

1)用冒号生成数组。这对于 MATLAB 绘图非常重要，使用冒号运算符能够产生一个数组，也称行向量，其值从给定的初值到终值，以步长均匀产生。利用冒号产生 $x$-$y$ 数据对的示例如图 7.1.2 所示。

2)数组运算。对数组进行运算，就是对数组中每一个元素进行计算，其结果也构成数组形式。例如：

$y=x.*\sin(x)$　　利用向量的点乘运算(运算符.*)得到向量 y(x)

3)绘图指令。当运行绘图指令时，会自动创建一个绘图窗口。常用绘图指令及说明如下：

plot(x,y)　　绘制 x-y 曲线图

xlabel('text')　　为 x 轴添加标注"text"

ylabel('text')　　为 y 轴添加标注"text"

grid on　　　　为图形增加网格线

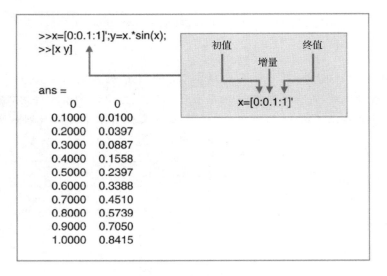

**图 7.1.2　用冒号生成数组**

下面完成一个绘制系统动态响应曲线的练习,以熟悉常用的绘图指令。

> Q7.1.2　例题 Q5.1.1 中建立了机器减振系统的微分方程模型,用来描述该系统在外力 $r(t)$ 作用下,位移 $y(t)$ 的变化情况。例题 Q5.4.1 中利用拉氏逆变换求解微分方程,得到了该系统的动态响应表达式: $y(t)=0.5-e^{-t}+0.5e^{-2t}$。试用 MATLAB 软件的绘图功能,编写 m 脚本,根据函数表达式绘制该系统的动态响应曲线,并估计动态响应的 5% 调节时间。

**解:**

1) 新建 m 脚本 Q7_1_2.m,根据函数表达式编写绘制动态响应曲线的代码。

```
% Q7_1_2:plot y(t)=0.5−exp(−t)+0.5exp(−2t).
    ＊＊＊＊＊下述代码需要学生自己编写＊＊＊＊＊
```

2)执行 m 脚本,绘制系统的动态响应曲线,如图 7.1.3 所示。

3)在动态响应曲线上观测输出的特征值。

系统输出的稳态值为:＿＿＿＿＿＿。

系统输出的 95% 稳态值为:＿＿＿＿＿＿;动态响应的 5% 调节时间约为:＿＿＿＿＿＿。

△

绘制系统动态响应曲线是分析其动态性能的直观、有效的手段。例题 Q7.1.2 中绘制动

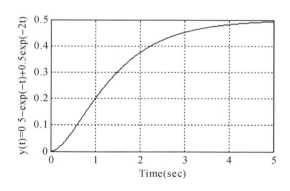

**图 7.1.3 机器减振系统的动态响应曲线**

态响应曲线的方法是:首先求得系统的动态响应表达式,然后用 m 脚本绘制该表达式的函数曲线。另一种更简便的方法是,借助系统仿真软件直接计算系统的动态响应并绘制响应曲线。

# 学习活动 7.2 利用 m 脚本进行系统仿真

控制系统的计算机仿真(简称系统仿真),就是利用仿真软件强大的科学计算功能和方便的人机交互手段,在仿真软件中输入系统的数学模型,通过软件计算出系统的响应,供用户进行系统分析和设计的操作过程。这种利用计算机软件来模拟(仿真)实际系统的研究方法,习惯上称之为系统仿真。

在 MATLAB 的软件平台上,一般采用以下两种方式进行系统仿真。

1)利用 m 脚本进行系统仿真。仿真的基本过程是在 m 脚本中输入系统数学模型(比如传递函数形式的模型),然后调用控制系统工具箱中的相关指令对数学模型进行分析和计算。

2)利用仿真软件包 Simulink 进行系统仿真。Simulink 是 MATLAB 中集成的一个控制系统建模、仿真和分析的专用软件包,为用户提供了方便的图形交互式接口,可以用方框图形式输入系统的数学模型。

本节将主要介绍利用 m 脚本进行系统仿真的基本方法。下一节再简要介绍 Simulink 仿真的特点。

在控制系统的传递函数方框图基础上,利用 m 脚本进行系统仿真的基本步骤是建模、计算和绘图,下面分别介绍与之相关的几个常用指令。

1)根据系统的传递函数方框图建立各环节的仿真模型。

线性定常系统传递函数的一般表达式为:

$$G(s) = \frac{b_m s^m + b_{m-1} s^{m-1} + \cdots + b_1 s + b_0}{a_n s^n + a_{n-1} s^{n-1} + \cdots + a_1 s + a_0} = \frac{num(s)}{den(s)} \qquad (7.2.1)$$

输入系统的传递函数以建立其仿真模型,相关的 m 指令如下:

$$\text{num} = [bm, b m-1, \cdots, b1, b0]$$
$$\text{den} = [an, a n-1, \cdots, a1, a0] \qquad (7.2.2)$$
$$G = tf[num, den]$$

69

式中,向量 num 为分子多项式的系数,向量 den 为分母多项式的系数,用指令 tf 生成传递函数 $G$,作为系统的数学模型(仿真模型)。

例如,某系统方框图中,前向通道有 2 个环节,其传递函数分别为:

$$G_1(s) = K \qquad G_2(s) = \frac{0.5}{0.2s+1} \tag{7.2.3}$$

则建立这两个环节仿真模型的 m 指令为:

num1＝[K]; den1＝[1]; sys1＝tf(num1,den1);

num2＝[0.5]; den2＝[0.2 1]; sys2＝tf(num2,den2);

2)对传递函数方框图进行计算。

输入了各环节的传递函数之后,可用 m 指令对传递函数方框图进行化简和计算。

对两个环节的串联,可用以下指令合并串联环节:

$$syso＝series[sys1,sys2] \tag{7.2.4}$$

式中,sys1 和 sys2 为两个串联环节各自的传递函数,通过 series 指令可计算出合并后的传递函数 syso。

对于反馈控制系统,可用以下指令计算闭环传递函数:

$$sysc＝feedback[G,H] \tag{7.2.5}$$

式中,G 为前向通道传递函数,H 为反馈通道传递函数。负反馈时 H 取正值,单位反馈时,H＝[1]。

3)计算并绘制闭环系统的动态响应曲线。

闭环传递函数计算出来之后,可用如下指令计算系统在单位阶跃输入时的动态响应,简称单位阶跃响应,并自动创建一个绘图窗口,绘制动态响应曲线。

$$step(sysc) \tag{7.2.6}$$

式中,sysc 为系统的闭环传递函数。

下面通过一个例题来介绍利用 m 脚本进行系统仿真的具体方法。

---

**Q7.2.1** 图 7.2.1 所示为磁带机的速度控制系统,控制器为比例环节,控制参数为 $K$。编写 m 脚本建立该系统的仿真模型,并绘制单位阶跃输入时系统的动态响应曲线。

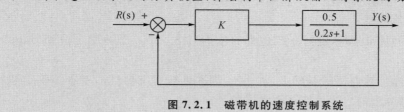

**图 7.2.1 磁带机的速度控制系统**

---

**解:**

1)新建 m 脚本 Q7_2_1.m,编写建立仿真模型并绘制动态响应的代码。

注:%之后为注释。为了提高文件的可读性,建议在每行代码之后加入注释。

```
%文件名:Q7_2_1
%                      num1           0.5       num2       [0.5]
%sys1(s)=K=————,  sys2(s)=——————=————————
%                      den1          0.2s+1     den2       [0.2 1]
K=1;  %设置控制参数
num1=[K];den1=[1];sys1=tf(num1,den1);  %建立控制器仿真模型
num2=[0.5];den2=[0.2 1];sys2=tf(num2,den2);  %建立被控对象仿真模型
syso=series(sys1,sys2);  %计算开环传递函数,语句后带分号则不显示计算结果
sysc=feedback(syso,[1])  %计算闭环传递函数,语句后不带分号显示计算结果
step(sysc);grid on  %计算并绘制单位阶跃响应曲线,波形图中显示网格
```

2)执行 m 脚本,观察仿真结果。

- 命令窗口中将输出闭环传递函数的仿真计算结果,将其记录如下:

> Transfer function:

根据反馈回路的化简规则计算闭环传递函数,并与仿真结果相比较。

$$\frac{Y(s)}{R(s)}=\frac{G}{1+GH}=\underline{\hspace{4cm}}$$

- 在新建的绘图窗口中,将显示系统的单位阶跃响应曲线,如图 7.2.2 所示。

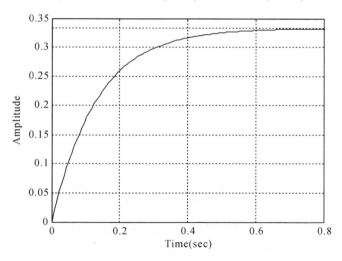

**图 7.2.2　单位阶跃输入时的系统的动态响应($K=1$)**

- 在单位阶跃响应曲线上观测输出的特征值。

系统输出的稳态值为:＿＿＿＿＿。

系统输出的 95％ 稳态值为:＿＿＿＿＿;动态响应的 5％ 调节时间约为:＿＿＿＿＿。

⊠课后思考题 AQ7.1:改变控制参数 $K$ 的值,观察动态响应曲线的变化特点。如果希望系统动态响应的 5％ 调节时间约为 0.3s,试确定控制参数 $K$ 的合理取值。

# 学习活动 7.3 利用 Simulink 进行系统仿真

利用 Simulink 进行系统仿真的基本步骤是：

1)以方框图的形式建立系统的 Simulink 仿真模型。

2)添加观察元件(如示波器)。

3)设定仿真条件,运行仿真后,可通过观察元件显示测试点处的数据或曲线。

下面通过一个例题简要介绍 Simulink 仿真的特点,然后比较 Simulink 与 m 脚本这两种系统仿真方法各自的优缺点。

> **Q7.3.1** 对于例题 Q7.2.1 中磁带机的速度控制系统,利用 Simulink 建立仿真模型,并观察单位阶跃输入时的动态响应。

**解:**

磁带机速度控制系统的 Simulink 仿真模型如图 7.3.1 所示,仿真模型的结构与系统的传递函数方框图基本一致。与 m 脚本建立的仿真模型相比,Simulink 仿真模型更加直观、可读性更强。

执行仿真后,打开观察元件 scope,可显示系统输出的动态响应曲线,如图 7.3.2 所示。

试比较图 7.3.2 与图 7.2.2 中画出的响应曲线是否一致。

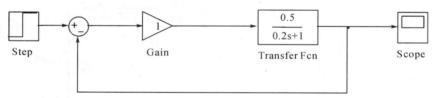

**图 7.3.1 磁带机速度控制系统的 Simulink 仿真模型**

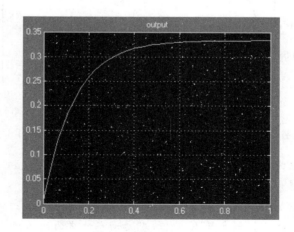

**图 7.3.2 单位阶跃输入时的动态响应**

Simulink 与 m 脚本是 MATLAB 软件中两种常用的系统仿真方法,各自的优缺点如下:

1)Simulink 仿真工具使用方便,采用图形交互的方式直接输入系统的传递函数方框图,仿真模型更加直观。但与 m 脚本仿真相比,Simulink 仿真的分析和绘图的功能较差。

2)利用 m 脚本进行系统仿真时需要编写脚本文件,要求用户了解相关指令和语法,使用起来较麻烦。但 m 脚本可调用丰富的指令,使用更加灵活,分析、绘图功能更为强大。

因此,本课程主要采用 m 脚本方式进行控制系统仿真。

## 小　结

MATLAB 是最常用的科学计算软件,可用于系统仿真。在 MATLAB 平台上,可利用 m 脚本或 Simulink 工具进行系统仿真。本专题主要介绍利用 m 脚本进行系统仿真的基本方法。

1)MATLAB 中与绘图有关的基本指令包括:数组生成、向量运算和绘图指令。求得系统的时域响应函数后,可利用绘图指令画出该函数的曲线,以便于研究系统的动态响应。

2)在系统传递函数方框图基础上,更为简便的仿真方法是:在 m 脚本中编写指令,建立系统的仿真模型,然后计算并绘制阶跃响应曲线。系统仿真的常用指令有:传递函数输入、方框图计算、计算(绘制)单位阶跃响应等。

3)MATLAB 软件中另一种常用的仿真工具是 Simulink,其特点是直接输入系统的传递函数方框图,仿真模型更加直观。

m 脚本仿真可调用丰富的指令、使用更加灵活,是本课程中最常用的系统仿真方法。

本专题的设计任务是:用 m 脚本绘制控制系统的动态响应曲线。

## 测　验

**R7.1**　m 脚本和 Simulink 都可以进行系统仿真,其中 m 脚本的主要优点是(　　),Simulink 的主要优点是(　　)。

A.代码易于重复使用、系统分析功能更强。

B.以图形方式直观地表现控制系统的结构。

C.用图形来输入各个环节,不需要记忆 m 指令。

D.灵活地绘制动态响应曲线,并可在图上进行标注。

**R7.2**　执行下述 m 脚本后,命令窗口输出的正确结果是(　　)。

```
num=[1];den=[2  0];
syso=tf(num, den)
sysc=feedback(syso,[1])
```

A. $\dfrac{1}{2s}$　　　　　　　　　　　　　　B. $\dfrac{1}{2s+1}$

C. $\dfrac{1}{2s}$ 和 $\dfrac{1}{2s+1}$　　　　　　　　D. 以上都不对

**R7.3** m 脚本中 step(sysc)指令的作用是( ),参数 sysc 是指( )。

A. 绘制单位阶跃输入时系统的动态响应曲线

B. 生成一个单位阶跃信号

C. 系统的开环传递函数

D. 系统的闭环传递函数

# 专题8 电梯速度控制系统的 MATLAB 仿真

● **承上启下**

上一专题介绍了利用 m 脚本进行系统仿真的基本方法。本专题将结合电梯速度控制系统，对基于 m 脚本的仿真方法进行更加全面和深入的介绍。

● **学习目标**

掌握使用 m 脚本对控制系统进行仿真研究的基本方法。

● **知识导图**

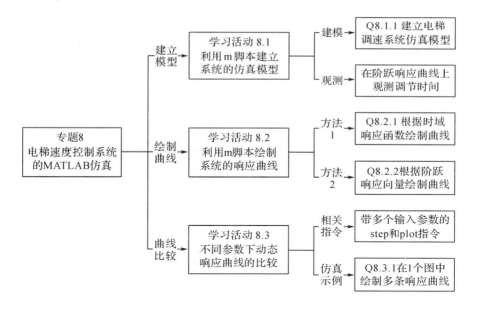

● **基础知识和基本技能**

设置图形属性，读取阶跃响应的性能指标。

带输出参数的 step 指令的用法。

带多个输入参数的 step 和 plot 指令用法。

图形标注时 title 和 text 指令的用法。

● **工作任务**

编写 m 脚本对电梯速度控制系统进行仿真研究。

# 学习活动 8.1　利用 m 脚本建立系统的仿真模型

例题 Q6.2.1 中建立了电梯速度控制系统传递函数方框图,见图 8.1.1,系统参数的取值标注在图的下方。试运用专题 7 中介绍的仿真方法,编写 m 脚本,建立该系统的仿真模型并观测仿真结果。

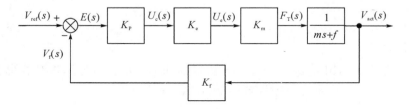

$$K_P = 5, K_e = K_m = 10, m = 1000, f = 0, K_f = 1$$

**图 8.1.1　电梯速度控制系统的传递函数方框图**

Q8.1.1　编写 m 脚本,对图 8.1.1 所示电梯速度控制系统进行系统仿真,建立仿真模型、计算闭环传递函数并绘制阶跃响应曲线。

**解:**

1)新建 m 脚本 Q8_1_1,填写脚本中所缺的部分。

系统仿真的 m 脚本应具有以下功能:建立各环节仿真模型,计算闭环传递函数,绘制阶跃响应曲线。为了简化仿真模型,将前向通道的各环节合并成一个环节。

```
%  Q8_1_1   电梯速度控制系统的仿真
% 例 8.1.1:建立仿真模型并绘制单位阶跃响应曲线
Kp=5; Ke=10; Km=10; m=1000; f=0; Kf=1;%  系统参数赋值
num=[          ];den=[       ]; syso=tf(num,den);    %输入前向通道传递函数(参数形式)
sysc=feedback(syso,[      ])             %计算闭环传递函数,并显示在命令窗口
step(sysc);                             %绘制闭环系统阶跃响应曲线
grid on                                 %显示坐标网格
```

2)执行仿真后观察命令窗口的输出。

• 记录命令窗口的输出

Transfer function:

该输出为 ＿＿＿＿＿＿＿＿＿＿＿＿＿＿ 的仿真计算结果。

• 根据反馈回路的化简规则 <u>计算闭环传递函数</u>(代入系统参数的取值)

前向通道和反馈通道的传递函数分别为（分式不化简）：

$G(s) =$ _____　　　　　$H(s) =$ _____

利用反馈回路的化简公式计算闭环传递函数（分式不化简）：

$$\frac{V_{act}(s)}{V_{ref}(s)} = \frac{G(s)}{1+G(s)H(s)} = \underline{\qquad\qquad} \tag{8.1.1}$$

上式的计算结果与仿真结果是否一致？

3）执行仿真后观察图形窗口的输出。

· 图形窗口的输出如图 8.1.2 所示。

该图形为 _____ 的仿真曲线。

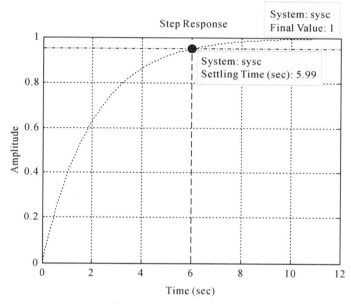

**图 8.1.2　系统在单位阶跃输入时的动态响应曲线**

· 修改图形属性

在图形窗口中，单击右键编辑图形属性（Properties），可修改图形的显示特征。

在图形属性的性能指标 characteristics 选项板中，将显示调节时间（settling time）的参数修改为 5%，即响应到达并保持在终值±5% 内所需的最短时间，如图 8.1.3 所示。

· 查看性能指标

在图形窗口中，单击右键查看性能指标（characteristics），可在图形中显示调节时间（settling time）和稳态值（steady state）等特征点的位置和数值，如图 8.1.2 所示。

图中显示：阶跃响应 5% 调节时间为 5.99s，系统的稳态输出（终值）为 1。

该系统的参考输入为 1，稳态输出也为 1，说明稳态时系统的输出与输入保持一致，实现了系统的控制目标。

△

例题 Q8.1.1 中系统仿真的主要步骤是：根据系统的传递函数方框图，首先用 tf 指令输入各环节的传递函数，然后用 feedback 指令计算出系统的闭环传递函数 sysc，最后用 step 指令绘制系统的单位阶跃响应曲线。

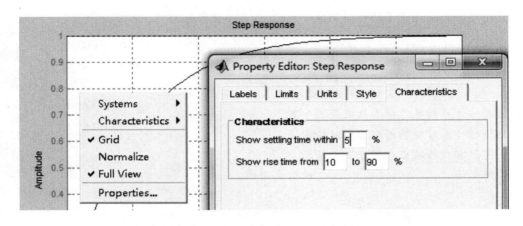

**图 8.1.3　阶跃响应性能指标的设定**

　　step 指令使用方便,根据闭环传递函数即可绘制系统的单位阶跃响应曲线。在阶跃响应图形上,观测性能指标十分方便,单击右键可查看性能指标,如调节时间、终值等。该指令的局限性在于只能绘制单位阶跃响应。当系统输入为任意幅值的阶跃信号时,还需要配合其他绘图指令才能绘制系统的阶跃响应曲线。

# 学习活动 8.2　利用 m 脚本绘制系统的响应曲线

　　利用 m 脚本绘制系统动态响应曲线的一个方法是:先用拉氏逆变换方法(手工)计算该系统动态响应的时域表达式,然后用 m 脚本绘制该表达式的函数曲线。

> Q8.2.1　图 8.1.1 所示电梯速度控制系统,设系统输入为幅值为 2 的阶跃信号,用拉氏逆变换方法计算系统输出的时域表达式 $v_{\mathrm{act}}(t)$,然后用 m 脚本绘制 $v_{\mathrm{act}}(t)$ 的函数曲线。

**解:**

　　1)用拉氏逆变换方法计算系统输出的时域表达式 $v_{\mathrm{act}}(t)$。

　　• 例题 Q8.1.1 中已计算出系统的闭环传递函数,见式(8.1.1)。

　　• 写出系统输出的拉氏表达式 $V_{\mathrm{act}}(s)$。

输入信号的时域表达式和拉氏表达式分别为:

$$v_{\mathrm{ref}}(t)=2 \cdot 1(t),V_{\mathrm{ref}}(s)=\frac{2}{s}$$

将上式代入闭环传递函数表达式,写出系统输出的拉氏表达式并化简:

$$V_{\mathrm{act}}(s)=\underline{\hspace{5cm}}$$

将上式并分解成部分分式的形式。

$$V_{\mathrm{act}}(s)=\underline{\hspace{5cm}}$$

可用留数法求解待定系数:

$C1=2,$

$$C2 = -2$$

- 对部分分式进行拉氏逆变换,得出系统输出的时域表达式:

$$v_{\text{act}}(t) = \underline{\hspace{5cm}}$$

2）编写 m 脚本绘制 $v_{\text{act}}(t)$ 的函数曲线。

在例题 Q8.1.1 的 m 脚本 Q8_1_1 中继续添加代码,利用 figure 指令新增一个绘图窗口,然后在新窗口中绘制 $v_{\text{act}}(t)$ 的函数曲线。新添加的代码如下,填写脚本中所缺的部分。

```
%例 8.2.1:绘制系统输出的函数曲线(即动态响应曲线)
%系统输出的时域表达式 Vact(t)=_____
t=[0:0.01:10];                        %生成时间向量
Vact=_____                 %定义函数 Vact(t)的表达式
figure                                %生成一个新的绘图窗口
plot(t,Vact); grid on;                %绘制 Vact(t)的函数曲线
xlabel('Time (sec)')                  %定义横轴标签
ylabel('Vact')                        %定义纵轴标签
title('Step Response of Vref=2');     %定义图的标题
```

脚本的最后 3 行,在图形窗口中,定义了坐标轴的标签和图的标题。注:title 指令用于定义图的标题,单引号内为要显示的标题。

3）执行 m 脚本后观察仿真结果。

执行 m 脚本后将生成 2 个图形窗口:

第 1 个图形窗口如图 8.1.2 所示,它是执行例题 Q8.1.1 中代码后画出的单位阶跃响应曲线。

第 2 个图形窗口如图 8.2.1 所示,它是执行例题 Q8.2.1 中代码后画出的 $v_{\text{act}}(t)$ 的函数曲线。

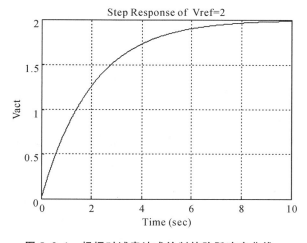

**图 8.2.1　根据时域表达式绘制的阶跃响应曲线**

根据图 8.2.1 观测系统阶跃响应的 5% 调节时间。

系统输出的稳态值为:_____。

95%稳态值为：_____；系统的5%调节时间约为：_____。

根据图8.1.2观测的5%调节时间为_____，两次观测的结果是否一致？_____

△

例题 Q8.2.1 中根据输出的时域表达式，用 plot 指令绘制系统的动态响应。plot 指令绘图灵活，可以画出任意幅值的阶跃响应。但是在阶跃响应图形上，不能直接显示性能指标，需要用户自己来观测。绘图前还需要计算输出的时域表达式，如果采用手工计算则比较麻烦。下面介绍用 m 指令计算阶跃响应的方法。

使用带输出参数的 step 指令，可以计算系统的阶跃响应，见式(8.2.1)。

$$y = step(sysc, t) \tag{8.2.1}$$

式中，sysc 为系统的闭环传递函数，t 为时间向量，y 为计算得到的阶跃响应向量。然后使用 plot(t,y)指令，可以绘制阶跃响应曲线。

总之，灵活地运用 step 指令和 plot 指令可实现丰富的系统仿真和分析的功能。

---

**Q8.2.2** 图8.1.1所示电梯速度控制系统，设系统输入为幅值为2的阶跃信号。编写 m 脚本，用 step 指令计算系统的阶跃响应向量，然后用 plot 指令绘制阶跃响应曲线。

---

**解：**

1)编写 m 脚本。

在例题 Q8.2.1 的 m 脚本 Q8_1_1 中继续添加代码，利用 figure 指令再新增一个绘图窗口，然后在新窗口中绘制阶跃信号幅值为 2 时系统的动态响应曲线。新添加的代码如下：

```
% 例 8.2.2:阶跃信号幅值为 2 时,绘制系统的动态响应曲线。
t＝[0：0.01：10];                    %生成时间向量
Vact＝2 * step(sysc,t);             %用 step 指令计算系统的阶跃响应向量 Vact(t)
figure                             %生成一个新的绘图窗口
plot(t,Vact); grid on;             %用 plot 指令绘制 Vact(t)的向量曲线
xlabel('Time (sec)')               %定义横轴标签
ylabel('Vact')                     %定义纵轴标签
title('Step Response of  Vref=2');  %定义图的标题
```

对于线性系统，系统输入增加时，系统输出将同比增加。本例中，系统输入的幅值是单位阶跃信号的 2 倍，所以系统输出的幅值也是单位阶跃响应的 2 倍。在 m 脚本中，用带输出参数的 step 指令计算出单位阶跃响应向量，该向量乘 2 即得到输入信号幅值为 2 时系统的阶跃响应 Vact。

2)执行 m 脚本后观察仿真结果。

执行 m 脚本后，将新增第 3 个图形窗口，显示本例中绘制的阶跃响应 Vact 的向量曲线，曲线的图形应与图 8.2.1 相同。

△

## 学习活动 8.3　不同参数下动态响应曲线的比较

系统仿真软件可以方便地绘制动态响应曲线、观测性能指标,成为系统分析和设计的有力工具。有时为了观察控制系统的结构和参数的变化对性能指标的影响,需要把不同条件下系统的动态响应曲线画在一个图中,以利于比较。可以采用如下两种方法实现上述功能:

1)用带有多个输入参数的 step 指令。

式(8.3.1)为带有 2 个输入参数的 step 指令,可以在一个图形窗口中同时绘制两个系统 sysc1 和 sysc2 的单位阶跃响应曲线。例如:sysc1 和 sysc2 是不同条件下系统的闭环传递函数。

$$\text{step(sysc1,sysc2)} \tag{8.3.1}$$

2)用带有多组输入参数的 plot 指令。

式(8.3.2)为带有 2 组输入参数的 plot 指令,可以在一个图形窗口中同时绘制两组向量$(t,y1)$和$(t,y2)$的曲线。例如:$y1$ 和 $y2$ 是不同条件下系统的阶跃响应向量。

$$\text{plot(t,y1,t,y2)} \tag{8.3.2}$$

> Q8.3.1　编写 m 脚本,对图 8.1.1 所示电梯速度控制系统进行系统仿真。仿真要求:输入为单位阶跃信号时,将系统在不同控制参数($K_P=5$,10)下的动态响应曲线绘制在一个图中,并分析控制参数对阶跃响应调节时间的影响。

**解:**

1)新建 m 脚本 Q8_3_1。

将例题 Q8.1.1 中编写的 m 脚本拷贝到新脚本 Q8_3_1 中,然后进行修改和补充。

设 $K_P=5$ 时闭环传递函数为 sysc1,$K_P=10$ 时闭环传递函数为 sysc2。首先计算出两种情况下系统的闭环传递函数,然后用带 2 个输入参数的 step 指令,将两种情况下的动态响应曲线绘制在一个图中。

脚本的最后 1 行用 text 指令在图中添加文字标注,以利于区分。text 指令中的前 2 个输入分别是标注的横坐标和纵坐标,单引号内为要标注的文字。

```
% Q8_3_1　电梯速度控制系统的仿真(观察控制参数的影响)
Kp=5;Ke=10;Km=10;m=1000;f=0;Kf=1;  % 系统参数赋值
num1=[Kp*Ke*Km];den1=[mf];syso1=tf(num1,den1);   % Kp=5 时,计算开环传递函数 1
sysc1=feedback(syso1,[Kf]);              %Kp=5 时,计算闭环传递函数 1
Kp=10;                                   %更改控制参数 Kp
num2=[Kp*Ke*Km];den2=[m f];syso2=tf(num2,den2);   % Kp=10 时,计算开环传递函数 2
sysc2=feedback(syso2,[Kf]);              %Kp=10 时,计算闭环传递函数 2
step(sysc1, sysc2);                      %绘制 2 个系统的单位阶跃响应曲线
grid on                                  %显示坐标网格
title('Step Response of Kp=5 and 10');   %定义图的标题
text(2,0.55,'Kp=5');  text(2,0.85,'Kp=10');  %在指定坐标位置,对曲线进行标注
```

2）执行 m 脚本后观察仿真结果。

• 图形窗口中输出 2 条阶跃响应曲线，如图 8.3.1 所示。

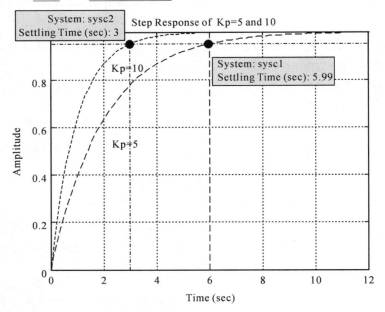

图 8.3.1　不同参数下系统单位阶跃响应的比较

图 8.3.1 中，下面的曲线是 $K_P=5$ 时系统的单位阶跃响应曲线，上面的曲线是 $K_P=10$ 时系统的单位阶跃响应曲线，通过比较易见：控制器比例系数 $K_P$ 较大时，系统动态响应的速度较快。

• 在图形窗口中观测阶跃响应的5％调节时间。

首先单击右键，在图形属性的性能指标选项板中，将显示调节时间的参数修改为5％。然后再单击右键查看性能指标中的调节时间，将分别在 2 条阶跃响应曲线上显示调节时间的观测位置和数据，如图 8.3.1 所示。

$K_P=5$ 时，系统 sysc1 的 5％调节时间为：_____。

$K_P=10$ 时，系统 sysc2 的 5％调节时间为：_____。

仿真结果表明，控制器比例系数 $K_P$ 增加时，系统阶跃响应的调节时间将_____。

△

Q8.3.2　图 8.1.1 所示电梯速度控制系统，输入幅值为 10 的阶跃信号时，编写 m 脚本，将系统在不同控制参数（$K_P=5,10$）下的动态响应曲线绘制在一个图中。

**解：**

提示：新建 m 脚本 Q8_3_2，建立系统的仿真模型后，先用 step 指令分别计算两种情况下系统的单位阶跃响应，并根据输入幅值的要求生成对应的输出向量，然后用带有多组输入参数的 plot 指令将 2 个输出向量绘制在一个图形中。

⊠课后思考题 AQ8.1：完成本例的仿真任务。

△

## 小　结

本专题以电梯速度控制系统为例,对基于 m 脚本的仿真方法进行更加全面和深入的介绍。例如:建立仿真模型、绘制响应曲线、观测性能指标等。

1)建立仿真模型是系统仿真的基础。编写 m 脚本时,应根据控制系统的传递函数方框图,用 tf 指令输入各环节的传递函数,并使用 feedback 指令计算闭环传递函数。

2)已知闭环传递函数,利用 step 指令可直接绘制系统的单位阶跃响应曲线,并可利用图形的属性直接读取调节时间、稳态终值等重要的性能指标。此外,使用带有多个输入参数的 step 指令,可以在一个图形窗口中同时绘制多个系统的单位阶跃响应曲线,并用 text 指令对曲线进行标注,以利于相互比较。step 指令的局限性在于只能绘制单位阶跃响应。

3)灵活地运用 step 指令和 plot 指令可实现丰富的系统仿真和分析功能。例如,当输入信号的幅值不是 1 时,可先用带输出参数的 step 指令,计算出系统的阶跃响应向量,然后用 plot 指令绘制该向量的曲线,即得到输入为任意幅值时系统的阶跃响应曲线。此外,使用带有多组输入参数的 plot 指令,可以在一个图形窗口中同时绘制多条阶跃响应曲线。

此外,利用 figure 指令可新增一个绘图窗口,然后在新窗口中绘制响应曲线。

本专题的设计任务是:编写 m 脚本对电梯速度控制系统进行仿真研究。

### 测　验

**R8.1**　绘制某控制系统阶跃响应的 m 脚本如下,分析脚本中的指令,并回答下列问题。

```
t=0：0.01：10;                          %
num=[1];den=[1  0];                     %
syso=tf(num,den);                       %
sysc=feedback(syso,[1])                 %
y=step(sysc,t);                         %
plot(t, y, t,2*y); grid;                %
title('Step Response of ref=1,2');      %
xlabel('Time(sec)'); ylabel('Outputs'); %
text(2,0.8,'ref=1');   text(2,1.6,'ref=2'); %
```

1)在每条指令后面添加注释,说明指令的主要作用。

2)仿真的时间和步长分别是多少?　＿＿＿＿＿＿＿＿＿＿＿

3)画出该系统的传递函数方框图,计算闭环传递函数。

4) 执行该脚本后, 命令窗口输出的仿真结果是什么?

5) 图形窗口中绘制出几条仿真曲线, 其区别是什么? 两条曲线的标注各是什么?

# 单元 U3  一阶反馈控制系统设计

● **学习目标**

掌握典型一阶系统的动态特性。

掌握采用比例控制器设计反馈控制系统的方法。

掌握利用 PSIM 软件建立控制系统仿真模型的方法。

● **知识导图**

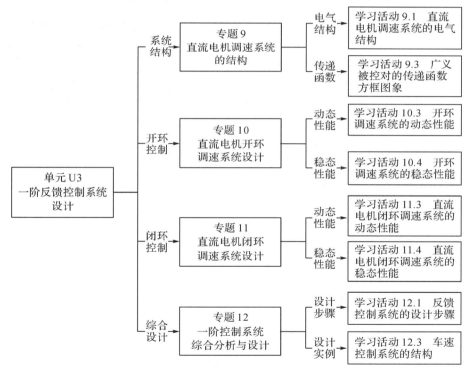

● **基础知识和基本技能**

直流电机调速系统的电气结构。

建立调速系统传递函数模型和 PSIM 仿真模型的方法。

控制系统的性能指标。

一阶环节阶跃响应的特点。

比例控制器的电路结构和传递函数。

直流电机调速系统的设计步骤。

● **工作任务**

采用比例控制器的直流电机开环调速系统的建模、分析与设计。

采用比例控制器的直流电机闭环调速系统的建模、分析与设计。

# 单元 U3 学习指南

动态系统的微分方程往往是高阶的,因此其传递函数也往往是高阶的。但不管它们的阶次有多高,均可分解为零阶、一阶和二阶的一些典型环节。熟悉这些典型环节的特性,是分析和设计反馈控制系统的基础。

一阶系统是指用一阶微分方程描述的动态系统。

一阶系统(环节)是一种最简单、最基本的动态系统(环节)。本单元将以直流电机调速系统为例,研究一阶环节的特性以及一阶反馈控制系统的设计方法。

电梯速度控制系统是贯穿本门课程的一个工程设计实例,在各个单元中将循序渐进地对该系统进行分析和设计。为了研究方便,可将轿厢的速度控制问题转化为曳引电动机的转速控制问题。

电梯速度控制系统的结构方框图如图 U3.1 所示。由于曳引电动机的转速较容易检测,且与电梯轿厢速度存在确定的比例关系,为了便于工程实现,可将轿厢的速度控制问题转化为曳引电动机的转速控制问题。于是,电梯速度控制系统可转化为等效的曳引电动机转速控制系统,如图 U3.2 所示。

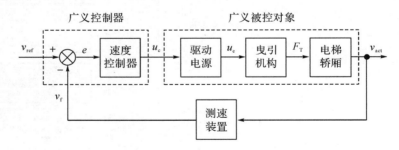

**图 U3.1　电梯速度控制系统的结构方框图**

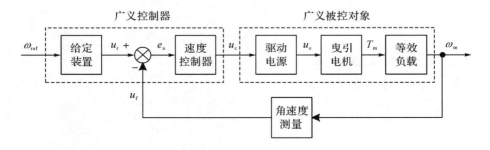

**图 U3.2　电机转速控制系统的结构方框图**

图 U3.2 与图 U3.1 的主要区别如下：

1）被控量由实际速度 $v_{act}(t)$ 转变为电动机的角速度 $\omega_m(t)$。角速度测量装置将实际角速度转换为反馈信号 $u_f(t)$。

2）参考信号由给定速度 $v_{ref}(t)$ 转变为给定角速度 $\omega_{ref}(t)$。为了使参考信号 $\omega_{ref}(t)$ 与反馈信号 $u_f(t)$ 相匹配，一般需要利用给定装置将参考信号 $\omega_{ref}(t)$ 变换为与反馈信号 $u_f(t)$ 相匹配的给定信号 $u_r(t)$。

3）将电梯轿厢等实际负载折算为作用在曳引电动机上的等效负载。

假设电机转速控制系统中的执行元件为直流电动机，则该系统可称之为直流电机调速系统。从本单元开始，将以直流电机调速系统为等效模型来研究电梯速度控制系统。直流电动机为控制系统中常用的执行机构，研究直流电动机的控制问题具有非常普遍的工程应用价值。

图 U3.2 所示电机调速系统，广义被控对象可简化为一阶环节，如果速度控制器采用最简单的比例控制器，则该系统将成为一阶反馈控制系统。一阶系统比较简单，有利于进行深入的定量研究，本教程对于控制系统的研究将从一阶控制系统开始。本单元将以采用比例控制器的直流电机调速系统为例，采用仿真观察和理论计算相结合的方法对一阶反馈控制系统进行分析和设计。在学习过程中，还将系统地介绍动态系统的时域分析方法，并揭示反馈控制的主要特点。

专题 9 将介绍直流电机调速系统的电气结构，并建立被控对象（电机和负载）的电路仿真模型和传递函数模型。专题 10 将分析开环调速系统的稳态性能和动态性能，归纳出一阶系统阶跃响应的主要特点。专题 11 将采用比例型控制器组成反馈控制系统，对闭环调速系统进行分析和设计。专题 12 将对本单元的内容进行总结，归纳控制系统的设计步骤，并通过开环与闭环的对比深入探讨反馈控制的特点。

此外，本专题将介绍贯穿课程的另一个设计实例——汽车车速控制系统，并在专题 12 的习题中布置了车速控制系统综合分析与设计的大作业。

单元 U3 由专题 9 至专题 12 等 4 个专题组成，各专题的主要内容详见知识导图。

# 专题 9  直流电机调速系统的结构

● **承上启下**

单元 U3 将通过专题 9 至专题 11 等 3 个专题对直流电机调速系统进行分析和设计。首先,本专题将建立直流电机调速系统中广义被控对象的模型,作为该系统分析和设计的基础。

● **学习目标**

了解直流电机调速系统的电气结构。

掌握建立调速系统 PSIM 仿真模型和传递函数模型的方法。

● **知识导图**

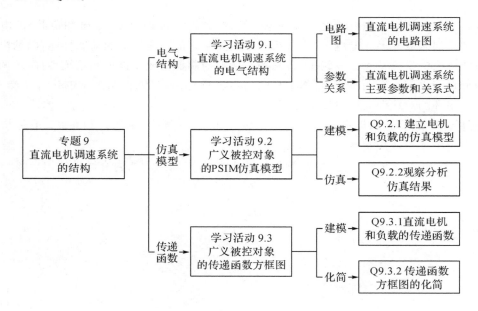

● **基础知识和基本技能**

直流电机调速系统的电气结构。

直流电机和负载的工作特性。

直流电机和负载的 PSIM 仿真模型。

● **工作任务**

建立广义被控对象的 PSIM 仿真模型和传递函数模型。

## 学习活动 9.1　直流电机调速系统的电气结构

图 9.1.1 所示直流电机调速系统,在实际的工程应用中有很多种技术方案可以选择。本教程采用基于运算放大器的模拟控制方案,控制系统的电气结构如图 9.1.2 所示。

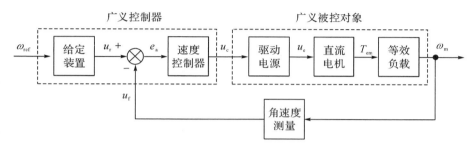

**图 9.1.1　直流电机调速系统的结构方框图**

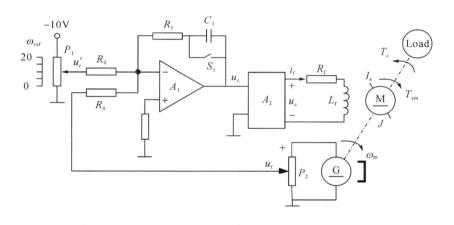

**图 9.1.2　直流电机闭环调速系统的电路图**

图 9.1.2 所示是一个简化的直流电机闭环调速系统,主要元件的说明如下:

1)电位器 $P_1$ 为给定装置,用来设定参考转速 $\omega_{ref}$(单位:rad/s),输出为给定信号 $u_r'$(单位:V)。

2)运算放大器 $A_1$ 及其外围的阻容器件($R_0$,$R_1$,$C_1$)构成速度控制器,以实现系统的闭环控制。$S_1$ 闭合时,为比例控制器;$S_1$ 断开时,为比例-积分控制器。给定信号 $u_r'$ 和反馈信号 $u_f$ 比较、运算之后,输出控制信号 $u_c$(单位:V),作为功率放大器 $A_2$ 的给定值。

3)功率放大器 $A_2$ 为驱动电源,输出励磁电压 $u_e$(单位:V),向直流电动机提供励磁电流 $i_f$(单位:A)。

4)执行元件为磁场控制式直流电机 M,与等效负载 Load、测速发电机 G 同轴连接。磁场控制式直流电机的电枢电流 $I_a$(单位:A)固定,通过调节励磁电流 $i_f$ 来控制电磁转矩 $T_{em}$(单位:N·m)。

5）Load 为折算到电机轴上的等效负载，等效转动惯量为 $J$，电机输出的电磁转矩 $T_{em}$ 克服恒定负载转矩 $T_c$，驱动等效负载旋转，输出角速度 $\omega_m$（单位：rad/s）。

6）测速发电机 G 和分压电位器 $P_2$ 是角速度测量装置，用来检测电机的角速度 $\omega_m$，并转化为反馈信号 $u_f$（单位：V）。

直流电机调速系统中主要参数以及变量之间的关系式见表 9.1.1，其中所有物理量均采用国际标准单位。

表 9.1.1　直流电机调速系统中主要参数和关系式

| 参数名称 | 符号 | 单位 | 关系式 |
|---|---|---|---|
| 功率放大器 $A_2$ 增益 | $K_e$ | | $u_c = K_e \cdot u_c$ |
| 励磁回路电感、电阻 | $L_f, R_f$ | H，Ω | $u_e(t) = R_f i_f(t) + L_f \dfrac{di_f(t)}{dt}$ |
| 电机转矩常数 | $K_m$ | N·m/A | $T_{em} = K_m \cdot i_f$ |
| 等效转动惯量 | $J$ | N·m² | $T_{em} = J \dfrac{d\omega_m}{dt} + K_1 \cdot \omega_m + T_c$ |
| 黏滞摩擦系数 | $K_1$ | N·m·s/rad | |

为了简化分析，将给定装置和速度控制器统称为广义控制器，将驱动电源、直流电机和等效负载统称为广义被控对象。本专题将建立广义被控对象的 PSIM 仿真模型和传递函数模型，为下一个专题中开环调速系统的分析和设计奠定基础。

# 学习活动 9.2　广义被控对象的 PSIM 仿真模型

单元 U1 中介绍了电路仿真软件 PSIM，该软件支持对控制电路、驱动电路和电机、负载等实际物理对象进行仿真。对于以电机为执行元件的控制系统，在 PSIM 环境下可建立反映元件实际物理特征的直观的仿真模型，而非用传递函数建立的抽象的数学模型。在对电气控制系统进行分析和设计时，PSIM 环境下建立的仿真模型更接近实际的物理对象，可直观地观测和分析，并获得更可信的仿真结果。

控制系统设计的重要前提是了解被控对象的特性。下面将利用 PSIM 仿真软件，建立直流电机调速系统中广义被控对象的仿真模型。通过仿真观察直流电机和负载的阶跃响应，获得关于被控对象特性的直观认识，为后面的系统分析积累经验。

> **Q9.2.1**　建立图 9.1.2 中驱动电源、直流电机和负载的 PSIM 仿真模型。系统中各参数的含义见表 9.1.1，主要参数的取值如下：
> $$K_e = 10, L_f = 0.02, R_f = 100, K_m = 10, J = 0.2, T_c = 0, K_1 = 0.2$$

**解：**

　　建立图 9.1.2 中驱动电源、直流电机和负载的 PSIM 仿真模型，如图 9.2.1 所示，文件名：Q9_2_1。

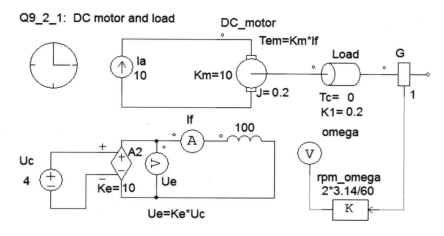

图 9.2.1　驱动电源、直流电机和负载的 PSIM 仿真模型

仿真模型中主要元件的说明如下：

1）直流电机（DC Machine）。

直流电机 DC_motor 包括电枢和励磁两个控制回路，电机采用磁场控制方式：电枢电流被设定为恒值（Ia＝10A），通过调节励磁电流 If 对电磁转矩 Tem 进行控制。电机仿真模型的参数设置如图 9.2.2 所示，相关说明如下：

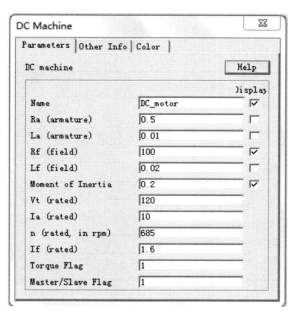

图 9.2.2　直流电机仿真模型的参数设置

- 电机名称：DC_motor，勾选 Display 选项，显示名称。
- 电枢绕组参数：电枢电阻 Ra＝0.5Ω，电枢电感 La＝0.01H。

• 励磁绕组参数：励磁电阻 Rf＝100Ω，勾选 Display 选项；励磁电感 Lf＝0.02H。

• 转动惯量：预设为 J＝0.2N·m²，勾选 Display 选项。为了设置方便，该转动惯量为电机自身的转动惯量以及负载折算到电机轴上的等效转动惯量之和，仿真时该参数需根据被控对象的实际情况进行修改。

• 额定参数：额定电枢电压 Vt＝120V，额定电枢电流 Ia＝10A，额定转速 n＝685rpm，额定励磁电流 If＝1.6。上述参数设置，可使转矩常数 $K_m$＝10N·m/A。励磁电流 $i_f$ 与电磁转矩 $T_{em}$ 之间的控制关系见表 9.1.1。

• Torque Flag 属性为"1"，仿真时可观测电磁转矩 Tem。Master/slave 属性为"1"。

2）电流源（DC current source）。

电流源 Ia 用于提供恒定的电枢电流，名称 name 设置为 Ia，幅值 Amplitude 设置为 10，都勾选 Display 选项。

3）可控电压源（Voltage-controlled voltage source）。

可控电压源 A2 用于提供电机的励磁电流，名称 name 设置为 A2，增益 Gain 设置为 10，勾选 Display 选项。可控电压源 A2 的输入为控制信号 $u_c$，输出为励磁电压 $u_e$，控制关系见表 9.1.1，表中可控电压源（功率放大器）的增益用 $K_e$ 表示。电压源的输出端连接电压表 ue 和电流表 If，用于显示励磁电压和电流的数值。

4）直流电压源（DC voltage source）。

直流电压源 Uc 用于提供可控电压源 A2 的控制电压 $u_c$，名称设置为 Uc，幅值 Amplitude 预设为 4，仿真时可根据需要进行修改。两个参数都勾选 Display 选项。

5）机械负载（Mechanical Load（general））。

机械负载 Load 用于模拟施加在电机轴上的等效机械负载，参数设置如图 9.2.3 所示，相关说明如下：

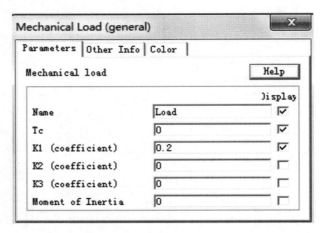

**图 9.2.3　机械负载仿真模型的参数设置**

• 名称 Name，设置为 Load，勾选 Display 选项。

• 恒定转矩 Tc（单位 N·m），预设为 0，勾选 Display 选项。仿真时可根据需要进行修改。

• 黏滞摩擦系数 K1（单位 N·m·s/rad），预设为 0.2，勾选 Display 选项。仿真时可根据需要进行修改。

· 其他系数(K2 和 K3)以及转动惯量均设为 0。注：实际负载的转动惯量已在电机的转动惯量参数中进行了设置。

机械负载施加在直流电机上的总负载转矩见式(9.2.1)，该转矩为阻转矩，规定其正方向与电机的转速方向相反。在电磁转矩和负载转矩的共同作用下，机械负载的运动方程见表 9.1.1。

$$T_{load} = \text{sign}(\omega_m)\left[T_c + K_1 \cdot |\omega_m| + K_2 \cdot |\omega_m|^2 + K_3 \cdot |\omega_m|^3\right] \tag{9.2.1}$$

6)测速传感器(Speed Sensor)。

测速传感器 G 用于检测电机的速度(单位为 rpm)，名称设置为 G，增益 Gain 设置为 1，都勾选 Display 选项。

7)比例变换环节(Proportional block)。

比例变换变换 rpm-omega 用于将速度检测值的单位由 rpm(转/分)转换为 rad/s(弧度/秒)，以利于分析和计算。该环节名称设置为 rpm-omega，增益 Gain 设置为 2 * 3.14/60，都勾选 Display 选项。该环节的变换关系见式(9.2.2)，输出端连接电压表 omega，用于显示电机的实际角速度。

$$\omega = 2\pi \cdot rpm/60 \tag{9.2.2}$$

△

> **Q9.2.2**　直流电机调速系统中广义被控对象的仿真模型如图 9.2.1 所示，观察并分析仿真结果。

**解：**

1)观测仿真结果。

· 设置仿真条件：Time step = 0.01，Total time = 10。设置各仪表在运行时显示测量值。

· 运行仿真，控制信号 Uc 作用下，直流电机的电磁转矩 Tem_DC_motor、角速度 omega 的仿真曲线如图 9.2.4 所示。在曲线上观测以下特征值：

电磁转矩的稳态值：Tem = _____

角速度的稳态值：omega = _____

95%稳态值为：_____；动态响应的 5% 调节时间约为：_____。

· 记录各仪表的稳态测量值：

Ue = _____，If = _____，omega = _____

2)计算相关变量。

根据表 9.1.1 中列出的关系式，代入例题 Q9.2.1 中系统参数的取值，可以计算直流电机调速系统的相关变量。

· 控制信号 $u_c = 4$，计算励磁电流 $i_f$ 和电磁转矩 $T_{em}$ 的稳态值

$$i_f = \frac{u_e}{R_f} = \frac{K_e \cdot u_c}{R_f} = \underline{\qquad\qquad} \Rightarrow T_{em} = K_m i_f = \underline{\qquad\qquad} \tag{9.2.3}$$

式中的理论计算值与仿真结果是否一致？ _____

· 计算稳态时电机的角速度

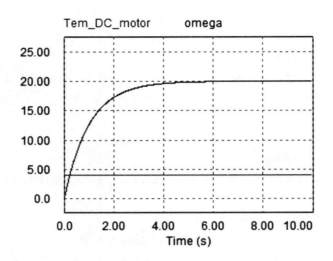

图 9.2.4　直流电机和负载的仿真曲线

$$\omega_{\mathrm{m}}=(T_{\mathrm{em}}-T_{c})/K_{1}=\underline{\hspace{6cm}} \tag{9.2.4}$$

式中的理论计算值与仿真结果是否一致？　_____

☒课后思考题 AQ9.1：在例题 Q9.2.1 中仿真模型基础上，只改变机械负载的参数：Tc＝1。
回答下列问题：

　　激励信号 $u_{\mathrm{e}}$＝4 时，计算稳态时电机的<u>角速度</u>

　　$\omega_{\mathrm{m}}=$ _____

　　<u>观测此时的仿真结果</u>：omega＝_____

　　<u>判断</u>：理论计算值与仿真观测值是否一致？　_____
　　·若要求稳态时电机的角速度为 20，试确定控制信号 $u_c$ 的<u>合理取值</u>。

　　_____

　　将仿真模型中 Uc 修改为上述计算值，<u>观测此时的仿真结果</u>：omega＝_____

　　<u>判断</u>：仿真结果与期望值是否一致？　_____

△

# 学习活动 9.3　广义被控对象的传递函数方框图

　　为了进行深入的理论研究，需要根据实际物理对象的特性，建立直流电机调速系统的传递函数方框图模型。本节中首先计算驱动电源、直流电机和等效负载的传递函数，并建立广义被控对象的传递函数方框图模型，其他环节的传递函数模型将在以后的专题中陆续建立。

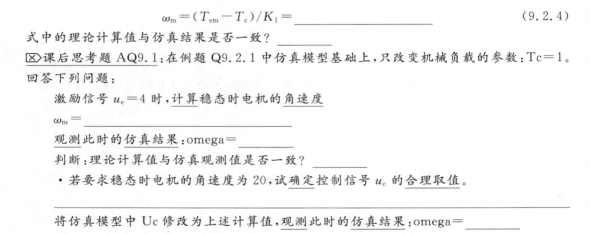

Q9.3.1　直流电机调速系统的结构如图 9.1.1 所示，具体控制电路如图 9.1.2 所示。试根据实际物理对象的特性，计算图 9.1.1 中直流电机和等效负载的传递函数。

解：

1)直流电机的传递函数。

•首先计算励磁电压 $U_e(s)$ 和励磁电流 $I_f(s)$ 间的传递函数

根据表 9.1.1 中关系式,励磁回路的电压方程为:

$$u_e(t) = R_f i_f(t) + L_f \frac{\mathrm{d}i_f(t)}{\mathrm{d}t} \tag{9.3.1}$$

拉氏变换后可得到<u>励磁环节的传递函数</u>为:

$$U_e(s) = \underline{\hspace{6cm}}$$

$$\frac{I_f(s)}{U_e(s)} = \underline{\hspace{6cm}} \qquad \tau_1 = \frac{L_f}{R_f} \tag{9.3.2}$$

•然后计算励磁电流 $I_f(s)$ 和电磁转矩 $T_{em}(s)$ 间的传递函数

根据表 9.1.1 中关系式,转矩关系式和传递函数为:

$$T_{em}(t) = K_m i_f(t) \Rightarrow \frac{T_{em}(s)}{I_f(s)} = \underline{\hspace{5cm}} \tag{9.3.3}$$

•最后推导出励磁电压 $U_e(s)$ 和电磁转矩 $T_{em}(s)$ 间的传递函数

综合式(9.3.2)和式(9.3.3)可得<u>励磁电压到电磁转矩的传递函数</u>:

$$\frac{T_{em}(s)}{U_e(s)} = \frac{I_f(s)}{U_e(s)} \frac{T_{em}(s)}{I_f(s)} = \underline{\hspace{4cm}} \qquad \tau_1 = \frac{L_e}{R_f} \tag{9.3.4}$$

2)等效负载的传递函数。

根据表 9.1.1 中关系式,等效负载的运动方程为:

$$T_{em}(t) - T_c(t) = J \frac{\mathrm{d}\omega_m(t)}{\mathrm{d}t} + K_1 \omega_m(t) \tag{9.3.5}$$

拉氏变换后可得到<u>等效负载的传递函数</u>为:

$$T_{em}(s) - T_c(s) = \underline{\hspace{6cm}}$$

$$\frac{\omega_m(s)}{T_{em}(s) - T_c(s)} = \underline{\hspace{5cm}} \qquad \tau_2 = \frac{J}{K_1} \tag{9.3.6}$$

△

> **Q9.3.2**   在例题 Q9.3.1 的基础上,画出直流电机调速系统中广义被控对象的传递函数方框图,并进行合理的化简。

**解:**

1)广义被控对象的传递函数方框图。

将例题 Q9.3.1 中得到的各个环节的传递函数,代入到图 9.1.1 中,得到直流电机调速系统中广义被控对象的传递函数方框图,如图 9.3.1 所示。

图 9.3.1 中包含一个静态环节和两个动态环节,其中两个动态环节都属于一阶环节。一阶环节是用一阶微分方程表述的动态环节,其传递函数的分母为 $s$ 的一次多项式。

2)对方框图进行合理的化简。

图 9.3.1 中包含两个一阶环节,如果这两个一阶环节的时间常数 $\tau$ 相差很多倍,则可忽略小时间常数的一阶环节,降低系统的阶次以简化系统结构。关于系统降阶处理的方法将在后面的专题中详细讨论。在电机驱动系统中,一般机电时间常数 $\tau_2$ 远大于电磁时间常数

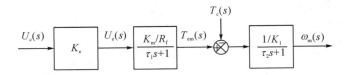

图 9.3.1　直流电机调速系统中广义被控对象的传递函数方框图

$\tau_1$，所以可将励磁环节近似为比例环节，降阶简化后的系统方框图如图 9.3.2 所示。

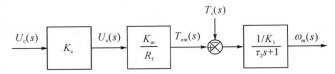

图 9.3.2　降阶简化后广义被控对象的传递函数方框图

## 小　结

单元 U3 将通过专题 9 至专题 11 等 3 个专题对直流电机调速系统进行分析和设计。首先，本专题建立直流电机调速系统中广义被控对象的模型，作为该系统分析和设计的基础。

1) 直流电机调速系统的结构方框图如图 9.1.1 所示，控制电路如图 9.1.2 所示，其中驱动电源、直流电机和等效负载被统称为广义被控对象。为了获得关于被控对象特性的直观经验，建立了广义被控对象的 PSIM 仿真模型，以观察直流电机和负载的动态响应特性。PSIM 环境下建立的电机控制模型更接近实际的物理对象，可获得更直观、更可信的计算数据。

2) 根据直流电机调速系统的电气结构，建立了直流电机和负载的传递函数模型，从而得到广义被控对象的传递函数方框图，作为电机调速系统理论分析和设计的基础。

本专题的设计任务是：建立直流调速系统中广义被控对象的 PSIM 仿真模型和传递函数方框图模型。

### 测　验

**R9.1**　电机调速系统中广义被控对象的 PSIM 仿真模型，如图 9.2.1 所示。设控制电压 Uc＝5V，负载模型的恒定转矩 Tc＝2，其他参数不变时，回答下列问题：

1) 励磁电压 Ue＝_____

2) 励磁电流 If＝_____

3) 电磁转矩 Tem＝_____

4) 稳态转速 omega＝_____

**R9.2**　电机调速系统中广义被控对象的 PSIM 仿真模型，如图 9.2.1 所示。代入图中标注的参数取值，计算降阶简化后的各个环节的传递函数，填入图 P9.1 中，并回答下列问题：

1) 左数第 1 个环节，与图 9.2.1 中元件_____相对应。

2）左数第 2 个环节，与图 9.2.1 中元件＿＿＿＿＿＿相对应。

3）左数第 3 个环节，与图 9.2.1 中元件＿＿＿＿＿＿相对应。

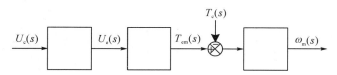

**图 P9.1　降阶简化后的广义被控对象的传递函数方框图**

# 专题 10　直流电机开环调速系统设计

● **承上启下**

专题 9 建立了直流电机调速系统中广义被控对象的模型,以此为基础,本专题将从最简单的开环控制系统开始研究:采用比例控制器,建立开环调速系统的模型、分析其性能,归纳一阶环节的特性和开环控制系统的特点。

注:学习本专题前,请自学附录 1,了解控制系统分析的基础知识。

● **学习目标**

掌握一阶环节的基本特性。

掌握开环控制系统的设计方法。

● **知识导图**

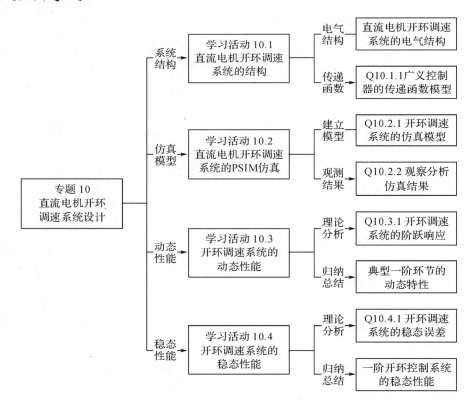

● **基础知识和基本技能**

直流电机开环调速系统的结构。

比例控制器的电气结构。

控制系统的性能指标(参见附录1)。

开环调速系统阶跃响应的特点。

● **工作任务**

建立开环调速系统的模型并分析其性能。

# 学习活动 10.1　直流电机开环调速系统的结构

专题9介绍了直流电机闭环调速系统的结构,如图9.1.1所示。如果断开反馈回路,则演变为较简单的开环控制系统,如图10.1.1所示。总体来看,开环调速系统由广义控制器和广义被控对象两部分组成。

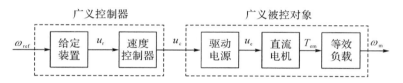

**图 10.1.1　直流电机开环调速系统的结构方框图**

专题9中还介绍了直流电机闭环调速系统的电路图,如图9.1.2所示。如果断开实际速度信号的反馈回路,则演变为开环控制系统,其电气结构如图10.1.2所示。

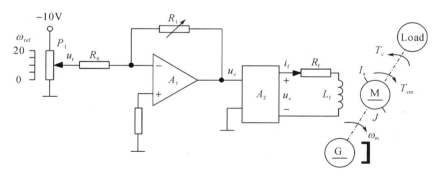

**图 10.1.2　直流电机开环调速系统的电路图**

开环调速系统中,广义被控对象已在专题9中进行了介绍,下面对广义控制器进行说明:

1)速度控制器采用最简单的比例控制器,其传递函数见式(10.1.1),式中 $K_P$ 为控制器增益。该控制器对输入信号进行了比例变换,所以称作比例控制器。图10.1.2中,运算放大器 $A_1$ 和输入电阻 $R_0$、反馈电阻 $R_1$ 构成反相放大电路,用来实现比例控制器的功能。

$$\frac{U_c(s)}{U_r(s)} = K_P \tag{10.1.1}$$

2)给定装置的作用是将速度给定 $\omega_{ref}$ 变换为与速度控制器相匹配的电压给定 $u_r$，其传递函数见式(10.1.2)，式中 $K_r$ 为给定装置增益。图 10.1.2 中，给定电位器 $P_1$ 用来实现给定装置的功能。

$$\frac{U_r(s)}{\omega_{ref}(s)} = K_r \tag{10.1.2}$$

专题 9 中已建立了广义被控对象的传递函数模型，下面根据图 10.1.2 中广义控制器的电路结构，建立其传递函数模型。把广义被控对象和广义控制器的传递函数模型结合起来，就构成了完整的直流电机开环调速系统传递函数方框图。

> **Q10.1.1** 假设直流电机开环调速系统的结构如图 10.1.1 所示，具体控制电路如图 10.1.2 所示。试根据实际物理对象的特性，建立图 10.1.1 中广义控制器的传递函数模型。

**解：**

1)给定电位器的传递函数 $U_r'(s)/\omega_{ref}(s)$。

图 10.1.2 中，设电位器 $P_1$ 滑动端由最下端移动到最上端时，表示角速度给定 $\omega_{ref}$ 的变化范围为 $0 \sim 20 \mathrm{rad/s}$，对应输出电压 $u_r'$ 的变化范围为 $0 \sim -10\mathrm{V}$。则给定电位器 $P_1$ 的传递函数为：

$$\frac{U_r'(s)}{\omega_{ref}(s)} = -K_r = \frac{-10}{20} = -0.5 \tag{10.1.3}$$

定义 $K_r$ 为给定装置增益，则有 $K_r = 0.5$。

2)反相放大电路的传递函数 $U_c(s)/U_r'(s)$。

根据反相放大电路的关系式(参见专题 3)，推导图 10.1.2 中以 $A_1$ 为核心的反相放大电路的传递函数：

$$u_c = -\frac{R_1}{R_0} \cdot u_r' \Rightarrow \frac{U_c(s)}{U_r'(s)} = -\frac{R_1}{R_0} = -K_P \quad K_P = \frac{R_1}{R_0} \tag{10.1.4}$$

定义 $K_P$ 为控制器增益，$R_1$ 为可变电阻，用来调节控制器增益。

3)广义控制器的传递函数方框图及其等效变换。

根据上述分析，画出图 10.1.2 中广义控制器的传递函数方框图，如图 10.1.3(a)所示。抵消各环节中的负号，等效变换为与图 10.1.1 中广义控制器相同的形式，如图 10.1.3(b)所示。

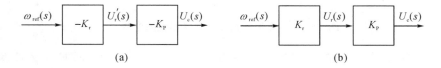

**图 10.1.3　广义控制器的传递函数方框图**

图(a)中反放大电路的增益为负，为了抵消这个负号，给定电位器的增益也应取为负值。为此，给定电位器 $P_1$ 的电源电压取为负值，本例中为 $-10\mathrm{V}$。

上例中建立了广义控制器的传递函数方框图,其等效形式如图 10.1.3(b)所示,将其与专题 9 中建立的广义被控对象的传递函数方框图结合起来,即得到直流电机开环调速系统的传递函数方框图,如图 10.1.4 所示。图中只有 1 个环节是一阶环节,其他各环节都是比例环节,所以采用比例控制器的开环调速系统属于一阶系统。

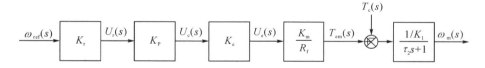

**图 10.1.4　直流电机开环调速系统的传递函数方框图**

# 学习活动 10.2　直流电机开环调速系统的 PSIM 仿真

在了解直流电机开环调速系统结构的基础上,本节将建立该系统的 PSIM 仿真模型。通过建立仿真模型,可以帮助学生进一步熟悉系统的电路结构;通过观察仿真结果,可以帮助学生直观地观察该系统动态响应的特点,为后面的理论分析积累经验。直流电机开环调速系统的电路结构如图 10.1.2 所示,其中广义被控对象的 PSIM 仿真模型已在专题 9 中建立,下面还需要建立广义控制器的 PSIM 仿真模型。

> Q10.2.1　直流电机开环调速系统如图 10.1.2 所示,建立该系统的 PSIM 仿真模型。

**解:**

例题 Q9.2.1 中已建立了广义被控对象的仿真模型(文件名:Q9_2_1),将该文件另存为 Q10_2_1。在此基础上,添加由运算放大器 A1 和电阻 R0、R1 组成的反相放大电路,以及由电压源 PS1 和电位器 P1 组成的给定环节,即可构成开环调速系统 PSIM 仿真模型,如图 10.2.1 所示。仿真模型中主要参数的取值标注在图的下方。

图 10.2.1 的上半部分为广义被控对象的仿真模型,下半部分为广义控制器的仿真模型。下半部分中,电阻 R0、R1,直流电源 PS1,电压表 Ur_n、Uc,可在元件工具条上找到;运算放大器 A1(Op. Amp.),电位器 P1(Rheostat)需要通过库浏览器查找;标号 Uc+和 Uc-可在菜单 Edit\Label 下找到。

下面对广义控制器仿真模型中的主要元件进行说明:

1)给定环节。

给定环节由电压源 PS1 和电位器 P1 组成,用来设定调速系统的角速度给定值。电位器 P1 滑动端的箭头所对应的角速度标定值(范围 0~20rad/s),即为调速系统的角速度给定值。调节 P1 滑动端的位置既可改变电位器输出电压的幅值,也可改变系统的角速度给定值。

- 直流电源 PS1 的电压设置为 $U_{PS1}=-10V$。
- 电位器 P1(Rheostat)需要通过库浏览器查找,其输出电压用电压表 Ur_n 来观测。

电位器 P1 的总电阻(Total Resistance)设置为 200,滑动端位置(Tap Position)设置为

0.5。滑动端位置是指滑动端距离参考端的长度占电阻总长度的比值(范围0~1)。

· 图10.2.1中,根据滑动端位置变量Tap,可计算出给定环节的角速度设定值:

$$\omega_{\mathrm{ref}} = \mathrm{Tap} \times 20 = 0.5 \times 20 = 10 \mathrm{rad/s} \tag{10.2.1}$$

实际仿真时,滑动端位置参数Tap需要根据当前的角速度给定值$\omega_{\mathrm{ref}}$来设定。

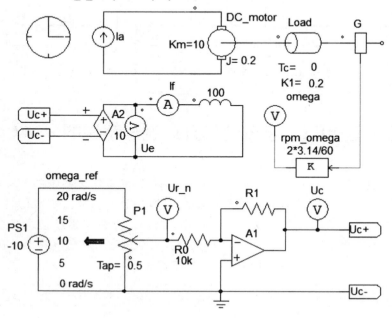

Q10_2_1: Open Loop Speed Control of DC motor

$\mathrm{Tap} = 0.5, R_0 = 10\mathrm{K}, R_1 = ?, K_e = 10, R_f = 100, K_m = 10, J = 0.2, T_c = ?, K_1 = 0.2$

**图 10.2.1　直流电机开环调速系统的 PSIM 仿真模型**

· 图10.2.1中,根据滑动端位置变量Tap,可以计算出给定电位器P1的输出电压。注:输出电压在图10.1.2中用$u_r'$表示,在图10.2.1中用Ur_n来表示。

$$u_r' = \mathrm{Tap} \times U_{\mathrm{PS1}} = 0.5 \times (-10) = -5(\mathrm{V}) \tag{10.2.2}$$

根据式(10.1.3)所示给定电位器的传递函数,也可计算出电位器P1的输出电压:

$$\frac{u_r'}{\omega_{\mathrm{ref}}} = -K_r \Rightarrow u_r' = -K_r \cdot \omega_{\mathrm{ref}} = -0.5 \times 10 = -5(\mathrm{V}) \tag{10.2.3}$$

· 设角速度给定值$\omega_{\mathrm{ref}} = 5\mathrm{rad/s}$,试确定电位器P1的滑动头位置参数Tap的取值,以及电位器P1的输出电压。

2)反相放大电路。

运算放大器A1与电阻R0和R1构成反相放大电路,作为控制系统的比例控制器。控制器增益$K_P$可根据式(10.1.4)来计算。控制器的输出电压用电压表Uc来观测。

- 仿真模型中设 $R_0 = 10\text{k}\Omega$，$R_1$ 需根据控制器增益 $K_P$ 的取值来设定。
- 设控制器增益 $K_P = 2$，试确定反馈电阻 $R_1$ 的取值。

3）标号。

标号 Uc＋和 Uc－用于连接标号相同的节点，使用标号可减少实际连线，使电路结构更加清晰。通过两组标号将放大器 A1 的输出与可控电压源 A2 的输入连接起来。

△

**Q10.2.2** 例题 Q10.2.1 中建立了直流电机开环调速系统的 PSIM 仿真模型，运行该仿真模型、观测仿真结果，并分析系统参数对阶跃响应的特点。

**解：**

1）观察控制器增益 $K_P$ 对阶跃响应的影响。

- 仿真条件：角速度给定 $\omega_{\text{ref}} = 10$，负载扰动 $T_c = 0$。根据例题 Q10.2.1 的分析，给定电位器 P1 的滑动头位置参数 Tap 应设置为：Tap＝0.5。
- 反馈电阻设置为 $R_1 = 1\text{k}\Omega$，观察系统输出 $\omega_m$ 的响应曲线，读出性能指标填入表 10.2.1 中。根据式（10.1.4）计算此时控制器增益 $K_P$ 的值，填入表 10.2.1 中。
- 反馈电阻设置为 $R_1 = 2\text{k}\Omega$，重复上述观测和计算，并填写表 10.2.1。

如果希望稳态误差接近 0，用试凑法确定此时 $R_1$ 和 $K_P$ 的合理取值，填入表 10.2.1 的最后一行中。观察此时系统输出 $\omega_m$ 的响应曲线，读出性能指标填入表 10.2.1 的最后一行中。

本例中 5％调节时间为系统输出到达 95％稳态值所需要的时间。稳态输出为系统输出基本不变化时所对应的稳态值。稳态误差为参考输入与系统稳态输出之差。

**表 10.2.1 控制参数变化时阶跃响应的性能指标**

| 控制器参数 | | 5％调节时间 | 稳态输出 | 稳态误差 |
|---|---|---|---|---|
| $R_1 = 1\text{k}\Omega$ | $K_P =$ | $t_s =$ | $\omega_m(\infty) =$ | $\omega_{\text{ref}} - \omega_m(\infty) =$ |
| $R_1 = 2\text{k}\Omega$ | $K_P =$ | $t_s =$ | $\omega_m(\infty) =$ | $\omega_{\text{ref}} - \omega_m(\infty) =$ |
| $R_1 =$ | $K_P =$ | $t_s =$ | $\omega_m(\infty) =$ | $\omega_{\text{ref}} - \omega_m(\infty) \approx 0$ |

- 根据上表数据，分析控制器增益 $K_P$ 对系统阶跃响应调节时间和稳态误差的影响。

控制器增益与调节时间＿＿＿＿＿＿，与稳态误差＿＿＿＿＿＿。合理选择＿＿＿＿＿＿可以消除稳态误差。

- 角速度给定 $\omega_{\text{ref}} = 5$，负载扰动 $T_c = 0$ 时，要求系统的稳态误差为 0，合理设置电位器滑动头位置参数Tap 的取值和放大电路中反馈电阻的阻值，并观察此时的稳态误差。

$$\text{Tap} = \underline{\hspace{2cm}}, R_1 = \underline{\hspace{2cm}}, \omega_{\text{ref}} - \omega_m(\infty) = \underline{\hspace{2cm}}$$

2）观察时间常数 $\tau_2$ 对 5％调节时间的影响

仿真条件：角速度给定 $\omega_{\text{ref}} = 10$，负载扰动 $T_c = 0$，$R_1$ 采用表 10.2.1 中最后一行的取值。根据例题 Q10.2.1 的分析，给定电位器 P1 的滑动头位置参数 Tap 应设置为：Tap＝0.5。

- 在时间常数 $\tau_2$ 变化的条件下，合理设置转动惯量 $J$ 的取值，观察角速度输出 $\omega_m$ 的响应曲线,读出 5% 调节时间填入表 10.2.2 中。

**表 10.2.2　时间常数变化时阶跃响应的调节时间**

| 时间常数 | 参数设置 | | 5% 调节时间 |
|---|---|---|---|
| $\tau_2 = J/K_1 = 0.5$ | $J=$ | , $K_1 = 0.2$ | $t_s =$ |
| $\tau_2 = J/K_1 = 1$ | $J=$ | , $K_1 = 0.2$ | $t_s =$ |
| $\tau_2 = J/K_1 = 2$ | $J=$ | , $K_1 = 0.2$ | $t_s =$ |

· 根据上表数据,观察时间常数 $\tau_2$ 与 5% 调节时间 $t_s$ 的数量关系:

$$t_s \approx \underline{\qquad\qquad} \tau_2$$

△

# 学习活动 10.3　开环调速系统的动态性能

上一节通过系统仿真,已观测到开环调速系统动态响应的基本特点。下面将根据该系统的传递函数方框图,对系统性能进行理论分析,并概括出一阶环节阶跃响应的主要特性。控制系统的输出性能由动态性能和稳态性能两部分组成(参见附录 1)。本节将首先研究开环调速系统的动态性能,下一节再来研究该系统的稳态性能。

本节只研究系统在零状态响应时所表现出的动态性能。

零状态响应是指零初始条件下,仅由系统输入引起的响应。

在图 10.1.2 所示开环调速系统中,零初始条件表示:调速系统在启动之前,电机的初始角速度为零,即输出变量 $\omega_m(t)$ 的初值为零。

> **Q10.3.1**　直流电机开环调速系统的传递函数方框图如图 10.1.4 所示。设参考输入 $\omega_{ref}(t)$ 是幅值为 $A$ 的阶跃信号,不考虑扰动输入的影响,试分析系统的动态性能。

**解:**

1)简化系统的传递函数方框图。

在图 10.1.4 基础上,合并前面四个串联环节,得到系统的简化方框图如图 10.3.1 所示。

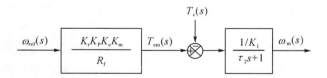

**图 10.3.1　直流电机开环调速系统的简化方框图**

2)写出开环传递函数的参数表达式。

为了分析方便,一般将前向通道的总传递函数定义为开环传递函数 $G_o(s)$,本例中

$$G_o(s) = \frac{\omega_m(s)}{\omega_{ref}(s)} = \frac{K_r K_P K_e K_m}{R_f K_1} \frac{1}{\tau_2 s + 1} \qquad (10.3.1)$$

将控制系统开环传递函数的稳态增益定义为开环系统稳态增益，用 $K_s$ 表示。本例中开环调速系统的稳态增益为：

$$K_s = G_o(s) \big|_{s=0} = \frac{K_r K_P K_e K_m}{R_f K_1} \qquad (10.3.2)$$

则<u>开环传递函数</u>的表达式可进一步<u>简化为如下形式</u>：

$$G_o(s) = \frac{\omega_m(s)}{\omega_{ref}(s)} = \underline{\hspace{4cm}} \qquad (10.3.3)$$

3）推导系统阶跃响应的参数表达式。

已知参考输入 $\omega_{ref}(t)$ 是幅值为 $A$ 的阶跃信号，即参考输入的拉氏表达式为 $\omega_{ref}(s) = A/s$，代入式（10.3.3）可写出系统输出的拉氏表达式 $\omega_m(s)$：

$$\omega_m(s) = G_o(s)\omega_{ref}(s) = \frac{K_s}{\tau_2 s + 1} \frac{A}{s} = K_s \cdot A \cdot \left[\frac{1}{s} - \frac{1}{s + 1/\tau_2}\right] \qquad (10.3.4)$$

通过拉氏逆变换，可求得该系统在阶跃信号激励下的<u>零状态响应</u>为：

$$\omega_m(t) = \underline{\hspace{4cm}} \qquad (10.3.5)$$

4）推导系统阶跃响应调节时间的参数表达式。

分析式（10.3.5）可知系统的阶跃响应是单调上升的，所以可采用调节时间作为动态性能指标。调节时间定义为阶跃响应到达并保持在终值 $\pm 5\%$（或 $\pm 2\%$）内所需的最短时间，结合式（10.3.5）可以计算出该系统的 $5\%$ 调节时间：

$$|\omega_m(t_s) - \omega_m(\infty)| \leqslant 5\% \omega_m(\infty) \Rightarrow |e^{-t_s/\tau_2}| \leqslant 5\% \Rightarrow t_s \geqslant 3\tau_2 \qquad (10.3.6)$$

上式表明，$5\%$ 调节时间可按照 $t_s \approx 3\tau_2$ 来估算。可见，开环调速系统的调节时间由时间常数 $\tau_2$ 决定，与转动惯量 $J$ 和黏滞摩擦系数 $K_1$ 有关。该结论与例题 Q10.2.2 中仿真分析得出的结论是一致的。

△

上例分析的开环调速系统属于一阶系统，当稳态增益为 1 时，称之为典型一阶系统。不失一般性，典型一阶环节的传递函数方框图如图 10.3.2 所示。典型一阶环节传递函数的特点是：分子为 1，分母为 $s$ 的一次多项式，且表示为时间常数形式（或称为尾 1 形式）。

---

**知识卡 10.1：典型一阶环节的传递函数和动态性能**

单位阶跃响应：$y(t) = 1 - e^{-t/\tau}$　　阶跃响应 $5\%$ 调节时间：$t_s \approx 3\tau$

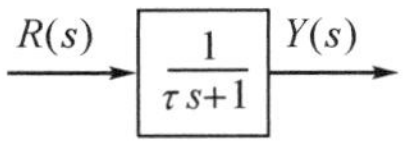

**图 10.3.2　典型一阶环节的传递函数方框图**

---

根据上例的分析，可以归纳出典型一阶环节的动态特性如下：

1）单位阶跃响应的时域表达式和动态响应曲线。

单位阶跃响应的时域表达式为：

$$y(t) = 1 - e^{-t/\tau} \qquad (10.3.7)$$

典型-阶环节的单位阶跃响应仿真曲线如图10.3.3所示。

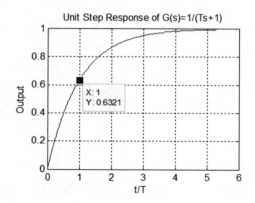

Unit Step Response of G(s)=1/(Ts+1)

X: 1
Y: 0.6321

图 10.3.3　典型一阶环节的单位阶跃响应

输入为阶跃信号时,输出单调上升。当 $t=\tau$ 时,输出达到稳态值的 63%,可根据这一特征估计系统的时间常数。

2)阶跃响应的调节时间由时间常数 $\tau$ 决定。

动态过程经历 $3\tau$ 时间时,输出达到稳态值的 95%,则一阶系统的 5% 调节时间约为:

$$t_s \approx 3\tau \tag{10.3.8}$$

动态过程经历 $4\tau$ 时间时,输出达到稳态值的 98%,则一阶系统的 2% 调节时间约为:

$$t_s \approx 4\tau \tag{10.3.9}$$

# 学习活动 10.4　开环调速系统的稳态性能

下面对开环调速系统的稳态性能(主要是稳态误差)进行理论分析,并归纳一阶环节的稳态特性。在多输入的情况下,可利用叠加原理来计算开环调速系统的稳态误差。定义参考输入单独作用下,系统的稳态误差分量为 $e_{ss1}$;扰动输入单独作用下,系统的稳态误差分量为 $e_{ss2}$;两个输入共同作用下,系统的总稳态误差为上述两个分量之和,用 $e_{ss\Sigma}$ 表示。

> **Q10.4.1**　在例题 Q10.3.1 基础上,设参考输入是幅值为 $A$ 的阶跃信号,分析参考输入单独作用下开环调速系统的稳态误差。

**解:**

1)参考输入单独作用下,推导开环调速系统的稳态误差分量 $e_{ss1}$。

· 开环控制系统一般从输出端定义系统误差(参见附录1)。对于图 10.3.1 所示开环调速系统,参考输入单独作用下系统误差的拉氏表达式为:

$$E_1(s)=\omega_{\text{ref}}(s)-\omega_m(s)=[1-G_o(s)]\omega_{\text{ref}}(s) \tag{10.4.1}$$

其中 $G_o(s)$ 为系统的开环传递函数。

· 已知参考输入 $\omega_{\text{ref}}(s)=A/s$,将开环传递函数的表达式(10.3.3)代入上式,推导出参考输入单独作用下系统误差的拉氏表达式。

$$E_1(s) = [1 - G_o(s)] \omega_{\mathrm{ref}}(s) = \left[1 - \frac{K_s}{\tau_2 s + 1}\right] \frac{A}{s} \tag{10.4.2}$$

- 根据终值定理,推导系统稳态误差分量 $e_{\mathrm{ss1}}$ 的参数表达式。

$$e_{\mathrm{ss1}} = \lim_{s \to 0} s E_1(s) = \underline{\hspace{4cm}} \tag{10.4.3}$$

- 根据式(10.4.3)分析稳态误差分量 $e_{\mathrm{ss1}}$ 与哪些因素有关。

参考输入作用下开环调速系统的稳态误差与 $\underline{\hspace{5cm}}$ 以及 $\underline{\hspace{2cm}}$

$\underline{\hspace{2cm}}$ 有关。

2)要求稳态误差分量 $e_{\mathrm{ss1}}$ 为零,试确定控制器增益 $K_{\mathrm{P}}$ 的取值。

- 令稳态误差的表达式(10.4.3)为零,结合 $K_s$ 的表达式(10.3.2),推导使稳态误差为 0 时控制器增益 $K_{\mathrm{P}}$ 的参数表达式。

$$e_{\mathrm{ss1}} = 0 \Rightarrow K_s = \underline{\hspace{2cm}} \Rightarrow K_{\mathrm{P}} = \underline{\hspace{4cm}} \tag{10.4.4}$$

- 根据式(10.4.4)分析消除稳态误差分量 $e_{\mathrm{ss1}}$ 的方法。

合理设置控制参数 $\underline{\hspace{2cm}}$ ,可以消除参考输入作用下开环调速系统的稳态误差。

- 例题 Q10.2.1 中的仿真模型,其参数取值见图 10.2.1。将仿真模型的参数取值代入式(10.4.4),计算使稳态误差为 0 时控制器增益 $K_{\mathrm{P}}$ 的取值。

$$K_{\mathrm{P}} = \underline{\hspace{5cm}} \tag{10.4.5}$$

与表 10.2.1 中的仿真结果相比较,判断:上式中确定的 $K_{\mathrm{P}}$ 值是否正确? $\underline{\hspace{2cm}}$

△

---

**Q10.4.2**　在例题 Q10.3.1 基础上,设扰动输入是幅值为 $B$ 的阶跃信号,分析扰动输入单独作用下开环调速系统的稳态误差。然后结合上例,分析参考输入和扰动输入共同作用下系统的总稳态误差。

---

**解:**

1)画出扰动输入单独作用下系统的传递函数方框图。

在图 10.3.1 基础上,去掉参考输入及其后面的环节,将扰动输入画在左侧,可画出扰动输入单独作用下系统的传递函数方框图,如图 10.4.1 所示。

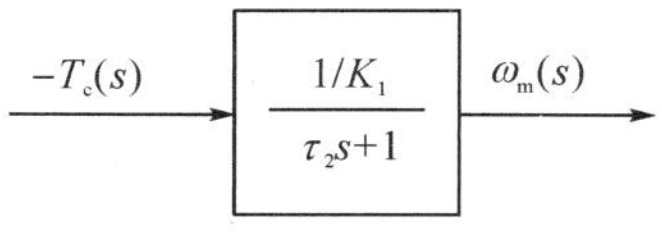

**图 10.4.1　扰动输入单独作用下系统的传递函数方框图**

图中,为了符合系统方框图的绘制习惯,将原扰动输入相加点处的负号,转移到扰动输入信号上,则系统输入变为 $-T_c(s)$。

2)分析扰动输入单独作用下系统的稳态误差。

- 根据图 10.4.1,推导 $\omega_{\mathrm{ref}}(s) = 0$ 时 $T_c(s)$ 作用下产生的系统误差:

$$E_2(s) = \omega_{\mathrm{ref}}(s) - \omega_{\mathrm{m}}(s) = 0 - \omega_{\mathrm{m}}(s) = -\frac{1/K_1}{\tau_2 s + 1}[-T_c(s)] = \frac{1/K_1}{\tau_2 s + 1} T_c(s) \tag{10.4.6}$$

已知负载转矩 $T_c(t)$ 是幅值为 $B$ 的阶跃信号,即 $T_c(s) = B/s$,应用终值定理推导<u>稳态误</u>

差分量 $e_{ss2}$ 的参数表达式。

$$e_{ss2} = \lim_{s \to 0} sE_2(s) = \underline{\hspace{4cm}} \tag{10.4.7}$$

• 根据式(10.4.7)分析稳态误差分量 $e_{ss2}$ 与哪些因素有关。

扰动输入作用下开环调速系统的稳态误差与 $\underline{\hspace{5cm}}$ 以及 $\underline{\hspace{2cm}}$ 有关。

3)运用叠加定理分析参考输入和扰动输入共同作用下系统的总稳态误差。

• 根据叠加定理,写出参考输入和扰动输入共同作用下总稳态误差 $e_{ss\Sigma}$ 的参数表达式。其中,参考输入单独作用下的稳态误差分量 $e_{ss1}$ 见式(10.4.3),扰动输入单独作用下的稳态误差分量 $e_{ss2}$ 见式(10.4.7)。

$$e_{ss\Sigma} = e_{ss1} + e_{ss2} = \underline{\hspace{4cm}} \tag{10.4.8}$$

• 例题 Q10.2.1 中的仿真模型 Q10_2_1,其参数取值见图 10.2.1。$R_1$ 的取值使参考输入作用下稳态误差为 0,参见表 10.2.1 中最后一行。在参考输入 $\omega_{ref}=10$,扰动输入变化时,先根据式(10.4.8)计算稳态误差,再利用仿真模型观测稳态误差。将计算和观测的结果填入表 10.4.1,并相互比较。

**表 10.4.1　扰动输入变化时开环调速系统的稳态误差**

| 扰动输入 | 稳态误差理论计算值 | 稳态误差仿真观测值 |
|---|---|---|
| $T_c = 0.1$ | $e_{ss} =$ | $\omega_{ref} - \omega_m(\infty) =$ |
| $T_c = 0.2$ | $e_{ss} =$ | $\omega_{ref} - \omega_m(\infty) =$ |
| $T_c = 0.4$ | $e_{ss} =$ | $\omega_{ref} - \omega_m(\infty) =$ |

• 试根据系统的物理特性,即表 9.1.1 中的关系式,解释负载扰动对稳态误差的影响。

⊠课后思考题 AQ10.1:按照上述步骤,完成本例题。

△

上例中的分析可以推广到一般的一阶开环控制系统。当被控对象为一阶环节,采用比例控制器时,一阶开环控制系统的传递函数方框图如图 10.4.2 所示。

---

**知识卡 10.2:采用比例控制器的一阶开环控制系统**

稳态误差:$e_{ss} = (1 - K_s)A$　　$K_s = K_P K_b$　　$R(s) = A/s$

设计目标:合理选取控制器增益 $K_P$,使系统的稳态误差为零。

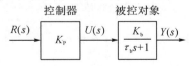

**图 10.4.2　一阶开环控制系统的传递函数方框图**

---

图中 $K_P$ 为控制器增益,$K_b$ 为被控对象稳态增益,$\tau_b$ 为被控对象时间常数。

图 10.4.2 所示开环控制系统的稳态特性如下:

1)输入为幅值为 $A$ 的阶跃信号时,输出的稳态值如下:

$$Y(\infty) = K_s \cdot A \quad K_s = K_P K_b \tag{10.4.9}$$

式中 $K_s$ 为开环系统稳态增益。

2)开环系统稳态误差的表达式如下:

$$e_{ss} = (1 - K_s)A \quad K_s = K_P K_b \tag{10.4.10}$$

合理地选择控制器增益 $K_P$,使开环系统稳态增益 $K_s = 1$ 时,系统的稳态误差为零。

图 10.4.2 所示开环控制系统的设计目标是:合理选取控制器增益 $K_P$,使系统的稳态误差为零。从控制精度的角度来看,在无外部扰动的情况下,一阶系统采用开环控制即可满足稳态误差为零的要求。外部扰动会带来稳态误差,这是开环控制系统的一个主要缺点。

## 小　结

本专题首先介绍了采用比例控制器的直流电机开环调速系统的结构,并依此建立了开环调速系统的传递函数方框图模型和电路仿真模型。其中广义被控对象的模型已在专题 9 中进行了介绍,本专题主要建立了广义控制器的模型。然后利用电路仿真和理论分析两种方法,对直流电机开环调速系统的性能进行了研究,并在此基础上归纳了开环控制系统的特点和一阶环节的特性。

1)直流电机开环调速系统由广义控制器和广义被控对象两部分组成,系统的结构见图 10.1.1,控制电路图见图 10.1.2,传递函数方框图见图 10.1.4。广义控制器中给定装置用电位器来实现,比例控制器用反相运算放大电路来实现,给定装置和控制器均为比例环节。采用比例控制器的开环调速系统属于一阶控制系统,控制参数为比例控制器增益 $K_P$。

2)直流电机开环调速系统 PSIM 仿真模型见图 10.2.1,模型中多数参数不需要修改,仿真时只需要根据实际情况对下列参数进行合理的设置。

• 根据角速度给定设置给定装置中电位器滑动端位置 Tap,参见式(10.2.1)。

• 根据控制器增益设置反相运算放大电路的反馈电阻 R1,参见式(10.1.4)。

• 根据实际的负载情况,设置电机和等效负载的总转动惯量 J、等效负载的恒定转矩 Tc、黏滞摩擦系数 K1 等。

3)一阶环节是最基本的动态环节,本专题通过分析开环调速系统的动态性能,归纳出一阶环节的基本特性如下:

• 典型一阶环节的传递函数如图 10.3.2,标准形式为时间常数形式。

• 典型一阶环节单位阶跃响应的时域表达式见式(10.3.7)。

• 一阶环节的输入为阶跃信号时,输出单调上升,5% 调节时间约为时间常数的 3 倍。

4)本专题通过分析开环调速系统的稳态性能,归纳出开环控制系统的一般特点如下:

• 与闭环控制系统相比,开环控制系统的结构更简单。

• 采用比例控制时,开环控制系统的控制精度依赖于参数的匹配。合理选择控制器增益,使开环系统稳态增益为 1 时,可使系统的稳态误差为零(不考虑扰动影响)。

• 采用比例控制器时,开环控制系统对外部扰动没有抑制能力,扰动会带来稳态误差。

• 采用比例控制器时,开环控制系统无法通过调整控制参数来改变动态响应的调节时间。

当被控对象的参数确定后,为了提高动态响应速度以及对扰动的抑制能力,可采取反馈控制的方式。针对这个要求,下个专题将研究直流电机的闭环调速系统。

本专题的设计任务是:建立直流电机开环调速系统的传递函数模型和 PSIM 仿真模型,利用电路仿真和理论分析两种方法,对系统的性能进行研究。

## 测　验

**R10.1**　稳态误差反映了控制系统(　　),调节时间反映了系统的(　　)。

　　A. 快速性　　　　　　　B. 稳态性能　　　　　　C. 准确性　　　　　　D. 动态性能

**R10.2**　仿真模型中给定电位器 P1 如图 10.2.1 所示,当其滑动端位置参数 Tap 为 0.25 时,相应的角速度给定值为(　　),电位器的输出电压为(　　)。

　　A. 5rad/s　　　　　　　B. 15rad/s　　　　　　C. −2.5V　　　　　　D. −7.5V

**R10.3**　某典型一阶系统的时间常数为 3,输入是幅值为 5 的阶跃信号,当动态过程经历 9s 时间时,系统输出的幅值约为(　　)。

　　A. 2.5　　　　　　　　B. 3.09　　　　　　　　C. 4.75　　　　　　　D. 4.9

**R10.4**　下列关于一阶开环控制系统的说法,不正确的是(　　)。

　　A. 输入为单位阶跃信号时,输出单调下降。

　　B. 调节控制器增益可使输入作用下系统的稳态误差为零。

　　C. 增加控制器增益可以减小调节时间。

　　D. 调节控制器增益可使扰动作用下系统的稳态误差为零。

**R10.5**　图 R10.1 所示开环控制系统,阶跃响应的调节时间与哪些参数有关?(　　)

　　A. $K_P$　　　　　　　　B. $J$　　　　　　　　C. $K_1$　　　　　　　D. $\omega_{ref}(s)$

**R10.6**　图 R10.1 所示开环控制系统,系统参数标注在图的下方。设负载转矩 $T_c = 0$,为使阶跃响应的稳态误差为零,控制器增益 $K_P$ 应取值为(　　),此时 5% 调节时间为(　　)。

　　A. 1　　　　　　　　　B. 2　　　　　　　　　C. 1.5　　　　　　　　D. 3

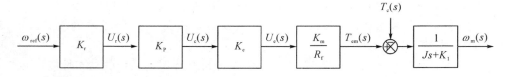

$K_r = 0.5, K_P = ?, K_e = 10, K_m = 10, R_f = 100, J = 0.5, K_1 = 0.5$

**图 R10.1　直流电机开环调速系统的传递函数方框图**

# 专题 11　直流电机闭环调速系统设计

● **承上启下**

专题 10 对直流电机的开环调速系统进行了分析和设计,开环控制系统的主要缺点是:对外部扰动没有抑制能力,且无法通过调节控制器增益来提高动态响应的快速性。为了改善控制性能,本专题将研究闭环调速系统的设计。

● **学习目标**

了解闭环控制相比于开环控制的特点。

掌握闭环控制系统的设计方法。

● **知识导图**

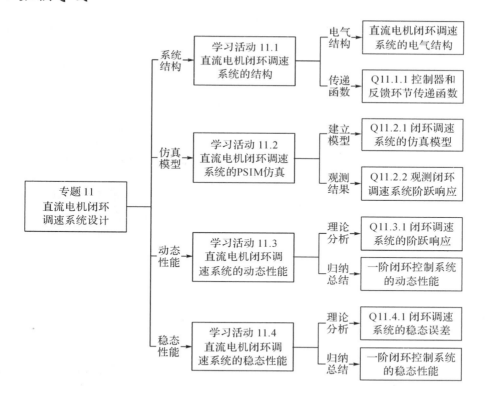

● **基础知识和基本技能**

直流电机闭环调速系统的电气结构。

一阶闭环控制系统阶跃响应的特点。

控制系统稳态误差的分析方法。

● **工作任务**

建立闭环调速系统的模型并分析其性能。

# 学习活动 11.1　直流电机闭环调速系统的结构

专题 10 研究了直流电机开环调速系统,开环系统结构简单,但是控制性能方面存在很多不足之处。为了提高控制系统的动态响应速度以及对扰动的抑制能力,需采取反馈控制的方式,构成闭环控制系统。

直流电机闭环调速系统的结构如图 11.1.1 所示,与开环调速系统相比,闭环系统增加了实际速度信号的反馈回路。假设速度控制器是用运算放大电路实现的,反馈回路中的角速度测量环节用于检测实际角速度,并将其转化为与给定电压 $u_c$ 相匹配的反馈电压 $u_f$。在广义控制器中,给定电压 $u_r$ 与反馈电压 $u_f$ 相比较得到误差电压 $e_a$,再通过速度控制器得到控制电压 $u_c$。可见反馈控制系统是利用误差来进行控制的。

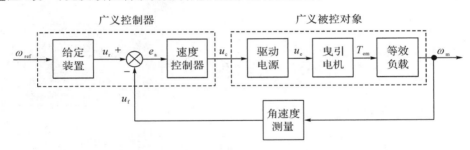

**图 11.1.1　直流电机闭环调速系统的结构方框图**

直流电机闭环调速系统的电气结构见图 11.1.2,与开环调速系统相比,闭环系统增加了角速度测量装置和比较环节。图中,测速发电机 G 用来检测实际角速度,其输出电压经过电位器 $P_2$ 分压后,得到反馈电压 $u_f$。放大器 $A_1$ 与输入电阻 $R_{01}$ 和 $R_{02}$、反馈电阻 $R_1$ 构成求和放大电路,用于实现误差计算和比例放大的功能。控制系统仍采用最简单的比例控制器。

下面根据图 11.1.2 中角速度测量装置和广义控制器的电路结构,建立其传递函数模型。再与专题 9 中广义被控对象的传递函数模型结合起来,就可得到直流电机闭环调速系统的传递函数方框图。

> Q11.1.1　直流电机闭环调速系统的结构如图 11.1.1 所示,具体控制电路如图 11.1.2 所示。试根据实际物理对象的特性,建立图 11.1.1 中角速度测量装置和广义控制器的传递函数模型。

**解:**

1)角速度测量装置的传递函数。

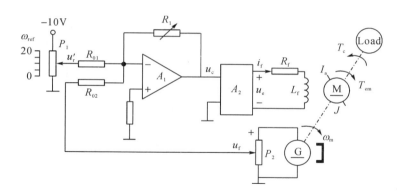

**图 11.1.2 直流电机闭环调速系统的电路图**

· 推导角速度测量装置的传递函数

图 11.1.2 中，首先通过同轴连接的测速发电机 G 来检测电动机 M 的角速度 $\omega_m$，假设角速度为 20rad/s 时测速发电机的端电压为 20V。再通过电位器分压后得到反馈电压 $u_f$，设电位器 $P_2$ 的分压比为 $K_f$。

根据上述分析，可推导出角速度测量装置的传递函数如下：

$$u_f(t) = K_f \cdot \omega_m(t) \Rightarrow \frac{U_f(s)}{\omega_m(s)} = K_f \tag{11.1.1}$$

可见，电位器 $P_2$ 的分压比 $K_f$ 即为角速度测量装置的比例系数（传递函数）。

· 确定电位器 $P_2$ 的分压比

已知给定装置的比例系数为 $K_r$（参见专题 10），角速度测量装置的比例系数为 $K_f$，则根据图 11.1.1，可推导出误差 $e_a(t)$ 的表达式如下：

$$e_a(t) = K_r \omega_{ref}(t) - K_f \omega_m(t) \tag{11.1.2}$$

闭环系统的控制要求是稳态时系统输出与参考输入保持一致，因此当系统进入稳态后，应存在如下关系式：

$$\omega_m = \omega_{ref} \quad e_a = 0 \tag{11.1.3}$$

将式（11.1.3）代入式（11.1.2），可得到 $K_f$ 与 $K_r$ 的关系式如下：

$$K_f = K_r \tag{11.1.4}$$

已知 $K_r = 0.5$（参见专题 10），则电位器 $P_2$ 的分压比 $K_f$ 应设置为 0.5。

2）求和放大电路的关系式。

图 11.1.2 中，放大器 $A_1$ 与输入电阻 $R_{01}$ 和 $R_{02}$、反馈电阻 $R_1$ 构成求和放大电路，其运算关系式如下（参见专题 3）：

$$u_c = -\frac{R_1}{R_0}(u_r' + u_f) \Rightarrow U_c(s) = -K_P[U_r'(s) + U_f(s)] \quad K_P = \frac{R_1}{R_0} \tag{11.1.5}$$

式中，$K_P$ 为控制器增益，调节反馈电阻 $R_1$，可改变 $K_P$ 的取值。

3）广义控制器和反馈环节的传递函数方框图及其等效变换。

将 $U_r'(s)$ 的表达式（10.1.3）和 $U_f(s)$ 的表达式（11.1.1），与 $U_c(s)$ 的表达式（11.1.5）相结合，可画出图 11.1.2 中广义控制器和反馈环节的传递函数方框图，如图 11.1.3（a）所示。抵消各环节中的负号，等效变换为与图 11.1.1 中广义控制器相同的形式，如图 11.1.3（b）所示。

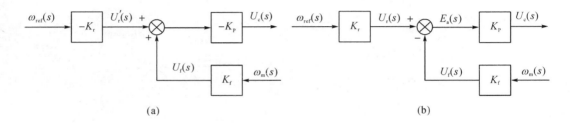

**图 11.1.3　广义控制器和反馈环节的传递函数方框图**

等效变换的原则是变换前后信号关系不变,根据图(a)推导出控制电压 $U_c(s)$ 的表达式如下,经过变换后得出的表达式与图(b)中描述的信号关系相同。

$$U_c(s) = -K_P[-K_r\omega_{ref}(s) + K_f\omega_m(s)] = K_P[K_r\omega_{ref}(s) - K_f\omega_m(s)] = K_P E_a(s)$$

$$(11.1.6)$$

△

上例中建立了广义控制器和反馈环节的传递函数方框图,其等效形式如图 11.1.3(b)所示,将其与专题 9 中建立的广义被控对象的传递函数方框图结合起来,即得到直流电机闭环调速系统的传递函数方框图,如图 11.1.4 所示。

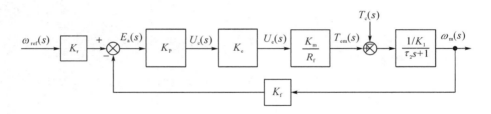

**图 11.1.4　直流电机闭环调速系统的传递函数方框图**

# 学习活动 11.2　直流电机闭环调速系统的 PSIM 仿真

在了解直流电机闭环调速系统结构的基础上,本节将利用电路仿真,观察闭环系统阶跃响应的特点,为后面的理论分析积累经验。在例题 Q10.2.1 中开环调速系统 PSIM 仿真模型基础上,增加反馈回路,即可构成闭环调速系统的仿真模型。

**Q11.2.1　直流电机闭环调速系统如图 11.1.2 所示,建立该系统的 PSIM 仿真模型。**

**解:**

例题 Q10.2.1 中已建立了开环调速系统仿真模型(文件名:Q10_2_1),将该文件另存为 Q11_2_1。在此基础上,添加分压电位器 P2,在原反相放大电路基础上添加输入电阻 R02 组成求和放大电路,即可构成闭环调速系统 PSIM 仿真模型,如图 11.2.1 所示。仿真模型中主要参数的取值标注在图的下方。

下面对仿真模型中新添加的元件和需要修改的参数进行说明:

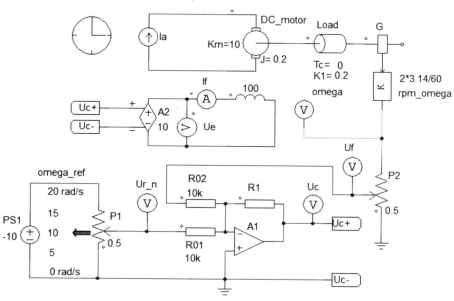

$$\text{Tap\_}P_1 = ?, \text{Tap\_}P_2 = 0.5, R_{01} = R_{02} = 10\text{K}, R_1 = ?$$
$$K_e = 10, R_f = 100, K_m = 10, J = 0.2, T_c = 0, K_1 = 0.2$$

**图 11.2.1 直流电机闭环速度控制系统的 PSIM 仿真模型**

1）反馈环节。

图 11.2.1 中反馈环节为电位器 P2，依据式（11.1.4），其分压比应设为 0.5。所以在仿真模型中，电位器 P2 的滑动端位置参数 Tap＝0.5。角速度测量值 omega 加在电位器 P2 的两端，经过分压后，反馈电压 Uf 从电位器 P2 的滑动端引出。

2）误差计算和比例放大环节。

给定电压 Ur_n 和反馈电压 Uf 分别连接到求和运算放大电路的两个输入端，计算出误差并经比例放大后输出控制电压 Uc。比例放大倍数 $K_P = R_1/R_0$，即为控制器增益，仿真模型中设 $R_{01} = R_{02} = R_0 = 10\text{k}\Omega$，$R_1$ 需根据 $K_P$ 的取值来设定。

3）有关参数的修改。

下列参数与仿真模型 Q10_2_1 中的设定不同，需要进行修改。

• 将放大器参数中电源电压更改为：Vs＋＝10，Vs－＝－10。放大器的输出电压将被限制在 Vs＋和 Vs－之间变化。

• 仿真控制参数设置为：Time step＝0.001，Total time＝2。

△

Q11.2.2　例题 Q11.2.1 中建立了直流电机闭环调速系统的 PSIM 仿真模型，运行该仿真模型、观测仿真结果，并分析控制参数对阶跃响应的影响。

**解：**

1)观察控制器增益 $K_P$ 对阶跃响应的影响。

仿真条件:角速度给定 $\omega_{ref}=10$,负载扰动 $T_c=0$。根据例题 Q10.2.1 的分析,给定电位器 $P_2$ 的滑动端位置参数应设置为:Tap=0.5。

• 根据表 11.2.1 改变反馈电阻 $R_1$ 的取值,计算对应的控制器增益 $K_P$。观察此时系统输出 $\omega_m$ 的响应曲线,读出稳态输出 $\omega_m(\infty)$ 并计算参考输入单独作用下的稳态误差分量 $e_{ss1}$,计算95%稳态值并读出5%调节时间 $t_s$,将上述观测和计算的数据填入表 11.2.1 中。

表 11.2.1　控制器增益变化时阶跃响应的性能指标

| 控制器参数 | | 稳态输出 | 稳态误差 $e_{ss1}$ | 95%稳态输出 | 5%调节时间 |
|---|---|---|---|---|---|
| $R_1=10\mathrm{k}\Omega$ | $K_P=$ | $\omega_m(\infty)=$ | $\omega_{ref}-\omega_m(\infty)=$ | | $t_s=$ |
| $R_1=20\mathrm{k}\Omega$ | $K_P=$ | $\omega_m(\infty)=$ | $\omega_{ref}-\omega_m(\infty)=$ | | $t_s=$ |

• 根据上表数据,分析控制器增益 $K_P$ 对系统阶跃响应调节时间的影响。

控制器增益越大,调节时间越 _____。

• 根据上表数据,分析控制器增益 $K_P$ 对系统阶跃响应稳态误差的影响。

控制器增益越大,稳态误差越 _____,但始终存在稳态误差。

2)为了避免控制器出现输出饱和,确定控制器增益 $K_P$ 的最大取值。

• 在控制器增益 $K_P$ 取 2 和 4 两种情况下,观察系统输出 omega、控制器输出 Uc 的响应曲线(见图 11.2.2 和图 11.2.3),判断控制电压 Uc 是否出现饱和。

注:运算放大器的输出饱和是指输出信号达到并保持在极限值,即电源电压值。

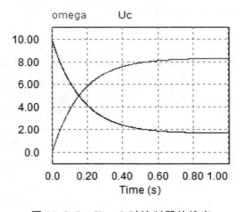
图 11.2.2　$K_P=2$ 时控制器的输出

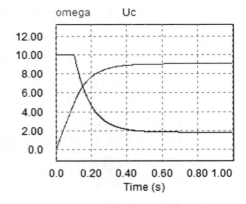
图 11.2.3　$K_P=4$ 时控制器的输出

• 从仿真结果可见,$K_P=4$ 时,控制器输出 Uc 在 0~0.01s 保持为极限值 10V,说明控制器出现饱和。出现饱和时,该环节表现出非线性的特性,线性系统的分析方法将不再适用。为了避免出现饱和现象,应将控制器增益限制为 $K_P\leqslant 2$。

△

# 学习活动 11.3　直流电机闭环调速系统的动态性能

上一节通过系统仿真,已观测到闭环调速系统动态响应的基本特点。下面将根据该系统的传递函数方框图,对系统性能进行理论分析,并概括出闭环系统阶跃响应的主要特性。本节将首先研究闭环调速系统的动态性能,下一节再来研究该系统的稳态性能。

> Q11.3.1  直流电机闭环调速系统的传递函数方框图如图 11.1.4 所示。设参考输入 $\omega_{ref}(t)$ 是幅值为 $A$ 的阶跃信号,不考虑扰动输入的影响,试分析闭环调速系统的动态性能。

**解:**

1)将传递函数方框图转化为单位反馈形式。

为了分析方便,将比较点前移,可将系统方框图转化为单位反馈形式。方框图化简的基本原则是变化前后变量关系保持等效。图 11.1.4 中,控制量 $U_c(s)$ 的关系式为:

$$U_c(s) = K_P \cdot [K_r \omega_{ref}(s) - K_f \omega_{act}(s)] = K_r \cdot K_P \cdot [\omega_{ref}(s) - \omega_{act}(s)] \quad (11.3.1)$$

如果将比例系数 $K_r$ 移到闭环之内,则可将方框图化为单位反馈形式,如图 11.3.1 所示。

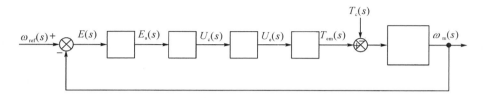

**图 11.3.1  单位反馈形式的传递函数方框图**

2)推导闭环传递函数的参数表达式。

根据图 11.3.1,首先写出系统的开环传递函数 $G_o(s)$ 的参数表达式:

$$G_o(s) = \frac{\omega_m(s)}{E(s)} = \frac{K_s}{\tau_2 s + 1} \quad K_s = \frac{K_r K_P K_e K_m}{R_f K_1} \quad (11.3.2)$$

式中 $K_s$ 为开环系统稳态增益(参见专题 10)。

然后在开环传递函数基础上,推导闭环传递函数的参数表达式,并写成时间常数形式:

$$\Phi_1(s) = \frac{\omega_{m1}(s)}{\omega_{ref}(s)} = \frac{G_o}{1 + G_o H} = \underline{\hspace{3cm}} \quad \tau_c = \frac{\tau_2}{1 + K_s} \quad (11.3.3)$$

式中,定义 $\omega_{m1}(s)$ 为参考输入单独作用下的系统输出分量,$\Phi_1(s)$ 为此时闭环传递函数,$\tau_c$ 为闭环系统的时间常数。

分析闭环传递函数表达式(11.3.3)可见,闭环调速系统仍为一阶系统。与开环调速系统的传递函数表达式(11.3.2)相比,闭环调速系统的时间常数和闭环稳态增益都发生了变化。

3)推导闭环系统 5% 调节时间的参数表达式。

一阶系统的阶跃响应是单调上升的,可采用调节时间作为动态性能指标。根据专题 10 中对一阶系统动态特性的分析,一阶系统阶跃响应的 5% 调节时间约为时间常数的 3 倍。

• 根据式(11.3.3),写出闭环调速系统阶跃响应 5% 调节时间的参数表达式。

$$t_s \approx \underline{\hspace{3cm}} \quad \tau_c = \frac{\tau_2}{K_s + 1} \quad (11.3.4)$$

• 与开环调速系统对比,分析闭环调速系统动态响应。

闭环调速系统的时间常数 $\tau_c$ 开环系统时间常数 $\tau_2$ 的_____倍,说明反馈控制有减小_____,缩短_____,提高动态响应_____的作用。

· 例题 Q11.2.1 中闭环调速系统的仿真模型,其参数取值见图 11.2.1。将仿真模型的参数取值代入式(11.3.4),具体计算该系统的5%调节时间,并与仿真观测值相比较。设 $R_1$ = 20kΩ。

$$\tau_2 = \frac{J}{K_1} = \underline{\qquad\qquad} , \quad K_s = \frac{K_r K_P K_e K_m}{R_f K_1} = \underline{\qquad\qquad}$$

$$t_s \approx 3\tau_c = \underline{\qquad\qquad\qquad}$$

表 11.2.1 中记录的 5%调节时间的仿真观测值为:_____

闭环系统调节时间的理论计算值与仿真观测值是否一致?_____

4)从控制器设计角度,分析减小闭环系统调节时间的方法。

根据式(11.3.4),增加控制器增益 $K_P$,使开环系统稳态增益 $K_s$ 增加,可以减小闭环系统的时间常数,从而减小调节时间。

△

上例以闭环调速系统为例分析了闭环系统的动态特性,不失一般性,采用比例控制器且被控对象为一阶环节时,闭环控制系统的传递函数方框图如图 11.3.2 所示。

---

**知识卡 11.1:采用比例控制器的一阶闭环控制系统**

闭环传递函数: $\dfrac{Y(s)}{R(s)} = \dfrac{K_s}{1+K_s} \dfrac{1}{\tau_c s+1}$  $K_s = K_P K_b$  $\tau_c = \dfrac{\tau_b}{1+K_s}$

稳态误差: $e_{ss} = \dfrac{A}{1+K_s}$  $K_s = K_P K_b$  $R(s) = A/s$

设计目标:合理选取控制器增益 $K_P$,使稳态误差和调节时间均符合要求。

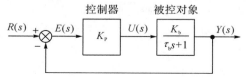

**图 11.3.2  采用比例控制器的闭环控制系统**

---

图中 $K_P$ 为控制器增益,$K_b$ 为被控对象稳态增益,$\tau_b$ 为被控对象时间常数。

图 11.3.2 所示系统闭环传递函数的参数表达式如下:

$$\frac{Y(s)}{R(s)} = \frac{K_s}{1+K_s} \frac{1}{\tau_c s+1} \quad K_s = K_P K_b \quad \tau_c = \frac{\tau_b}{1+K_s} \qquad (11.3.5)$$

式中,$K_s$ 为开环系统稳态增益,$\tau_c$ 为闭环系统时间常数。

图 11.3.2 所示闭环控制系统的动态特性如下:

1)闭环控制系统仍为一阶系统,动态特性可按照一阶环节来分析,参见专题 10。

2)增加控制增益 $K_P$,可以减小闭环系统的时间常数,进而减小阶跃响应的调节时间。

## 学习活动 11.4  直流电机闭环调速系统的稳态性能

下面对闭环调速系统的稳态性能进行理论分析,并归纳闭环控制系统的稳态特性。在多输入的情况下,可利用叠加原理来计算开环调速系统的稳态误差。定义参考输入单独作用下,系统的稳态误差分量为 $e_{ss1}$;扰动输入单独作用下,系统的稳态误差分量为 $e_{ss2}$;两个输入共同作用下,系统的总稳态误差为上述两个分量之和,用 $e_{ss\Sigma}$ 表示。

> **Q11.4.1**  在例题 Q11.3.1 基础上,设参考输入是幅值为 $A$ 的阶跃信号,分析参考输入单独作用下闭环调速系统的稳态误差。

**解:**

1)参考输入单独作用下,推导闭环调速系统的稳态误差分量 $e_{ss1}$。

• 闭环控制系统一般从输入端定义系统误差(参见附录1)。对于图 11.3.1 所示闭环调速系统,系统误差的拉氏表达式为:

$$E(s) = \omega_{ref}(s) - \omega_m(s) \tag{11.4.1}$$

• 已知参考输入 $\omega_{ref}(s) = A/s$,闭环传递函数如式(11.3.3),代入式(11.4.1)可推导出参考输入单独作用下系统误差分量 $E_1(s)$ 的参数表达式。

$$E_1(s) = \omega_{ref}(s) - \omega_{m1}(s) = \left[1 - \Phi_1(s)\right]\omega_{ref}(s) = \left[1 - \frac{K_s}{1 + K_s}\frac{1}{\tau_c s + 1}\right]\frac{A}{s} \tag{11.4.2}$$

式中,$\omega_{m1}(s)$ 表示参考输入单独作用下的系统输出分量,$\Phi_1(s)$ 为此时闭环传递函数。

• 根据终值定理,推导系统稳态误差分量 $e_{ss1}$ 的参数表达式。

$$e_{ss1} = \lim_{s \to 0} sE_1(s) = \underline{\hspace{5cm}} \tag{11.4.3}$$

• 根据式(11.4.3)分析稳态误差分量 $e_{ss1}$ 与哪些因素有关。

参考输入作用下闭环调速系统的稳态误差与 $\underline{\hspace{4cm}}$ 以及 $\underline{\hspace{2cm}}$
$\underline{\hspace{2cm}}$有关。

• 例题 Q11.2.1 中闭环调速系统的仿真模型,其参数取值见图 11.2.1。将仿真模型的参数取值代入式(11.4.3),具体计算闭环调速系统的稳态误差,并与仿真观测值相比较。设 $R_1 = 20\text{K}$。

$$e_{ss1} = \underline{\hspace{6cm}} \tag{11.4.4}$$

表 11.2.1 中记录的稳态误差的仿真观测值为:$\underline{\hspace{2cm}}$
闭环系统稳态误差的理论计算值与仿真观测值是否一致?$\underline{\hspace{2cm}}$

2)从控制器设计角度,分析减小闭环系统稳态误差 $e_{ss1}$ 的方法。

根据式(11.4.4),增加开环系统稳态增益 $K_s$,可以减小参考输入单独作用下系统的稳态误差 $e_{ss1}$。从控制器设计角度,增加 $K_s$ 的方法就是增加控制器增益 $K_P$。在实际的控制器中,为避免出现饱和需要对 $K_P$ 的最大取值进行限制。

在阶跃响应的动态过程中,启动时系统输出为 0,与参考输入之间的误差最大,容易导致控制器输出饱和。为了避免出现饱和现象,在仿真模型中要求启动时控制器的输出电压

不超过放大器的电源电压，即 $|u_c| \leqslant 10\mathrm{V}$。

• 结合图 11.3.1，写出启动时控制器输出 $u_c$ 的表达式，并根据上述限制条件推导控制器增益 $K_P$ 的合理取值范围。

$$u_c = (\omega_{\mathrm{ref}} - \omega_{\mathrm{m}}) \cdot K_r \cdot K_P = A \cdot K_r \cdot K_P \leqslant 10 \Rightarrow K_P \leqslant \frac{10}{A \cdot K_r} \tag{11.4.5}$$

上式表明，控制器增益 $K_P$ 的最大取值不仅与给定电位器的增益 $K_r$ 有关，也与参考输入信号的幅值 $A$ 有关。在控制器不出现饱和的前提下，为了使稳态误差 $e_{\mathrm{ss1}}$ 最小，$K_P$ 可取上式中的最大值。

• 例题 Q11.2.1 中闭环调速系统的仿真模型，其参数取值见图 11.2.1。在控制器不出现饱和的前提下，具体计算控制器增益 $K_P$ 的最大取值，并与仿真观测的结果相比较。

$$K_{P \cdot \max} = \frac{10}{A \cdot K_r} = \underline{\hspace{5cm}} \tag{11.4.6}$$

△

---

**Q11.4.2** 在例题 Q11.3.1 基础上，设扰动输入是幅值为 $B$ 的阶跃信号，分析扰动输入单独作用下闭环调速系统的稳态误差。然后结合上例，分析参考输入和扰动输入共同作用下系统的总稳态误差。

---

**解：**

1）画出扰动输入单独作用下系统的传递函数方框图。

在图 11.3.1 基础上，去掉参考输入和比较点，将扰动输入画在左侧，可画出扰动输入单独作用下系统的传递函数方框图，如图 11.4.1 所示。

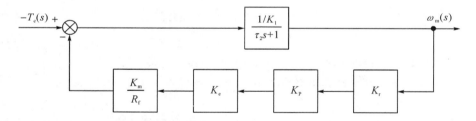

**图 11.4.1 扰动输入单独作用下系统的传递函数方框图**

图中，为了符合负反馈控制系统方框图的绘制习惯，在扰动输入前加上负号，则 $-T_c(s)$ 在比较点左侧的运算关系为＋，将原参考输入比较点处的负号移到扰动输入的比较点，则反馈信号在比较点下方的运算关系为－。

2）推导扰动输入单独作用下闭环传递函数的参数表达式。

根据图 11.4.1，写出该系统前向通道传递函数 $G(s)$ 和反馈通道传递函数 $H(s)$：

$$G(s) = \frac{1/K_1}{\tau_2 s + 1} \quad H(s) = \frac{K_r K_P K_e K_m}{R_f} = K_1 K_s \tag{11.4.7}$$

式中，$K_s$ 为开环系统稳态增益，具体表达式参见式（11.3.2）。

然后根据前向通道和反馈通道的传递函数，推导扰动输入单独作用下闭环传递函数的参数表达式。

$$\Phi_2(s)=\frac{\omega_{m2}(s)}{-T_c(s)}=\frac{G}{1+G\cdot H}=\underline{\qquad\qquad} \tag{11.4.8}$$

式中,$\omega_{m2}(s)$为参考输入单独作用下的系统输出分量,$\Phi_2(s)$为此时闭环传递函数。

3)扰动输入单独作用下,推导闭环调速系统的稳态误差分量 $e_{ss2}$。

• 图 11.3.1 所示闭环调速系统,扰动输入单独作用下,已知扰动输入 $T_c(s)=B/s$,闭环传递函数如式(11.4.8),代入式(11.4.1)可推导出系统误差分量 $E_2(s)$ 的参数表达式。

$$E_2(s)=0-\omega_{m2}(s)=-\Phi_2(s)\left[-T_c(s)\right]=\Phi_2(s)T_c(s)=\underline{\qquad\qquad} \tag{11.4.9}$$

式中,$\omega_{m2}(s)$为参考输入单独作用下的系统输出分量,$\Phi_2(s)$为此时闭环传递函数。

• 根据终值定理,推导系统稳态误差分量 $e_{ss2}$ 的参数表达式。

$$e_{ss2}=\lim_{s\to0}sE_2(s)=\underline{\qquad\qquad} \tag{11.4.10}$$

• 根据式(11.4.10)分析稳态误差分量 $e_{ss2}$ 与哪些因素有关。

扰动输入作用下闭环调速系统的稳态误差与 _____、
_____ 以及 _____ 有关。

4)计算参考输入和扰动输入共同作用下系统的总稳态误差。

• 根据叠加定理,总的稳态误差为 2 个稳态误差分量之和。参考输入单独作用下的稳态误差分量 $e_{ss1}$ 如式(11.4.4),扰动输入单独作用下的稳态误差分量 $e_{ss2}$ 如式(11.4.10)。

$$e_{ss\Sigma}=e_{ss1}+e_{ss2}=\underline{\qquad\qquad}\qquad K_s=\frac{K_rK_PK_eK_m}{R_fK_1} \tag{11.4.11}$$

• 例题 Q11.2.1 中闭环调速系统的仿真模型,其参数取值见图 11.2.1,设 $R_1=20k\Omega$。参考输入 $\omega_{ref}=10$,扰动输入变化时,先根据式(11.4.11)计算稳态误差,再利用仿真模型观测稳态误差。将计算和观测的结果填入表 11.4.1,并相互比较。

表 11.4.1  扰动输入变化时开环调速系统的稳态误差

| 扰动输入 | 稳态误差理论计算值 | 稳态误差仿真观测值 |
|---|---|---|
| $T_c=0$ | $e_{ss\Sigma}=$ | $\omega_{ref}-\omega_m(\infty)=$ |
| $T_c=0.2$ | $e_{ss\Sigma}=$ | $\omega_{ref}-\omega_m(\infty)=$ |
| $T_c=0.4$ | $e_{ss\Sigma}=$ | $\omega_{ref}-\omega_m(\infty)=$ |

5)从控制器设计角度,分析减小闭环系统稳态误差 $e_{ss\Sigma}$ 的方法。

根据式(11.4.11),增加控制器增益 $K_P$,使开环系统稳态增益 $K_s$ 增加,既可以减小给定单独作用下的稳态误差 $e_{ss1}$,也可以减小负载扰动单独作用下的稳态误差 $e_{ss2}$。因此,增加控制器增益 $K_P$,可以从整体上减小总的稳态误差 $e_{ss\Sigma}$。为避免系统内部各环节出现饱和,应对 $K_P$ 的最大值进行限制,参见式(11.4.5)。

⊠课后思考题 AQ11.1:按照上述步骤,完成本例题。

△

根据上例的分析,可以归纳出图 11.3.2 所示闭环控制系统的稳态特性如下:

1)输入为幅值为 $A$ 的阶跃信号时,输出的稳态值如下:

$$Y(\infty)=\frac{K_s}{1+K_s}\cdot A \qquad K_s=K_PK_b \tag{11.4.12}$$

上式表明,采用比例控制器时,闭环控制系统存在稳态误差。

2)闭环系统稳态误差的表达式如下:

$$e_{ss} = \frac{A}{1+K_s} \quad K_s = K_P K_b \tag{11.4.13}$$

上式表明,增加控制增益 $K_P$,可以减小系统的稳态误差。在实际的物理系统中,应该对控制增益予以限制,以避免控制器输出饱和。

图 11.3.2 所示闭环控制系统的设计目标是:合理选取控制器增益 $K_P$,使系统的稳态误差和调节时间均符合要求。

## 小 结

为了克服开环控制的缺点,改善调速系统的性能,本专题对闭环调速系统进行了研究。本专题首先介绍了采用比例控制器的直流电机闭环调速系统的结构,并根据控制电路的结构,建立了闭环调速系统的传递函数方框图模型和电路仿真模型。其中广义被控对象的模型已在专题 9 中进行了介绍,本专题主要建立了广义控制器和角速度测量装置的模型。然后利用电路仿真和理论分析两种方法,对直流电机闭环调速系统的性能进行了研究,并在此基础上归纳出闭环控制系统的一般特点。

1)直流电机闭环调速系统由广义控制器、广义被控对象和角速度测量装置三部分组成,系统的结构方框图见图 11.1.1,电气结构见图 11.1.2,传递函数方框图见图 11.1.4。与开环调速系统相比增加了角速度测量和反馈回路,其中角速度测量装置为比例环节,其增益与给定装置相同。本专题中直流电机闭环调速系统采用比例控制器,控制参数为控制器增益。

2)在图 10.2.1 中开环调速系统仿真模型的基础上,添加分压电位器 P2 组成反馈电路,在原反相放大电路基础上添加输入电阻 R02 组成求和放大电路,即可构成闭环调速系统 PSIM 仿真模型,如图 11.2.1 所示。

3)本专题通过分析闭环调速系统的性能,归纳出反馈控制系统的一般特点如下:

· 采用比例控制器时,增加控制器增益可以减小闭环系统的时间常数,进而减小阶跃响应的调节时间,提高了动态响应的快速性。在系统设计时,可合理选择比例控制器的增益,使调节时间满足要求。

· 采用比例控制器时,闭环系统存在稳态误差,增加控制增益可以减小系统的稳态误差。在系统设计时,可合理选择控制器增益,使稳态误差满足要求。

· 与开环系统相比,反馈控制有抑制外部扰动的影响、减小稳态误差的作用。

本专题的设计任务是:建立直流电机闭环调速系统的传递函数模型和 PSIM 仿真模型,利用电路仿真和理论分析两种方法,对系统的性能进行研究。

## 测 验

**R11.1** 图 11.3.2 所示采用比例控制器的闭环控制系统,下列说法不正确的是( )。

A. 控制器增益越大,闭环系统的调节时间越小。

B. 控制器增益与闭环系统的调节时间无关。

C. 控制器增益越大,闭环系统的稳态误差越小。

D. 控制器增益与闭环系统的稳态误差无关。

**R11.2**　例题 Q11.2.1 中闭环调速系统的仿真模型,其参数取值见图 11.2.1。设角速度给定 $\omega_{ref}=5$,负载转矩 $T_c=0$,为使阶跃响应的 5% 调节时间约为 3/11,控制器增益 $K_P$ 的取值为( ),此时稳态误差为( )。

  A. 2     B. 4     C. 5/6     D. 5/11

**R11.3**　对于图 R11.1 所示反馈控制系统,系统误差的正确表达式为( )。

  A. $e(t)=r(t)-y(t)$      B. $e(t)=y(t)-r(t)$

  C. $e(t)=r(t)-b(t)$      D. $e(t)=b(t)-r(t)$

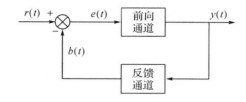

图 R11.1　反馈控制系统

# 专题 12　一阶控制系统综合分析与设计

● **承上启下**

专题 9 至专题 11 这三个专题,对采用比例控制器的直流电机调速系统,循序渐进地进行了分析和设计。在上面 3 个专题基础上,本专题将归纳控制系统的设计步骤,并通过开环与闭环的对比深入探讨反馈控制的特点。此外,本专题将介绍贯穿课程的另一个设计实例——汽车车速控制系统,并在课程习题中布置了车速控制系统综合分析与设计的大作业。

● **学习目标**

掌握控制系统分析和设计的一般步骤。

通过开环与闭环的对比理解反馈控制的特点。

● **知识导图**

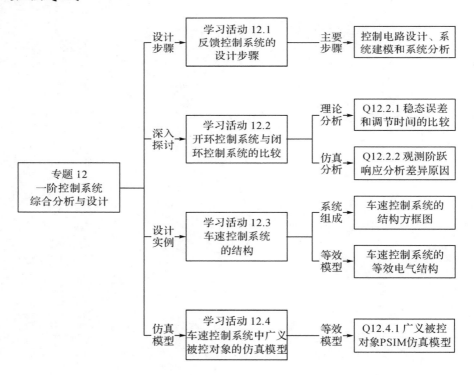

● **基础知识和基本技能**

直流电机闭环调速系统分析与设计的基本步骤。

开环调速系统与闭环调速系统基本性能的对比。

车速控制系统的结构。

利用相似性原理建立等效仿真模型的方法。

● **工作任务**

建立闭环调速系统的增强型仿真模型并观察反馈控制的特点。

建立车速控制系统中广义被控对象的等效仿真模型。

采用比例控制器的车速控制系统的综合分析与设计（习题中的大作业）。

# 学习活动 12.1  反馈控制系统的设计步骤

反馈控制系统的设计过程一般包括系统结构和控制电路设计、系统建模和电路仿真、系统分析和控制参数整定等几个步骤。下面以专题 9 至专题 11 中研究的直流电机调速系统为例,说明控制系统设计的主要步骤。

## 12.1.1  系统结构和控制电路设计

首先将被控对象的结构与反馈控制环路的基本要素结合起来,画出闭环控制系统的结构方框图。直流电机闭环调速系统的结构方框图见图 12.1.1（详见专题 11）,断开反馈通道则演变为开环调速系统。

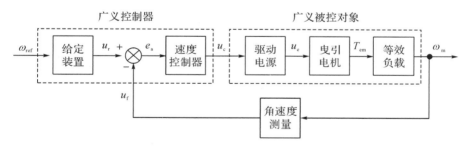

**图 12.1.1  直流电机闭环调速系统的结构方框图**

然后根据控制系统的结构方框图设计系统的电气结构,假设广义被控对象已经确定,则电气设计的主要内容是广义控制器和反馈环节组成的反馈控制电路。采用运算放大电路设计的直流电机闭环调速系统的控制电路见图 12.1.2（详见专题 11）,控制器为比例控制器。

## 12.1.2  系统建模和电路仿真

为了进行基于数学模型的理论分析和计算,需要在控制系统电气结构图基础上建立系统的传递函数方框图。直流电机闭环调速系统的传递函数方框图见图 12.1.3（详见专题 11）,控制器为比例控制器。若断开反馈通道则得到开环调速系统的传递函数方框图。

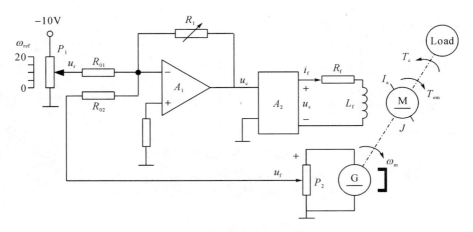

图 12.1.2　直流电机闭环调速系统的电路图

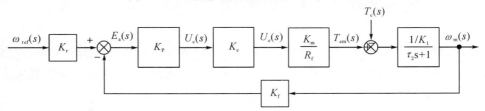

图 12.1.3　直流电机闭环调速系统的传递函数方框图

　　为了进行基于物理对象的电路仿真研究,需要在控制系统电气结构图基础上建立系统的 PSIM 仿真模型。直流电机闭环调速系统的 PSIM 仿真模型见图 12.1.4(详见专题 11),控制器为比例控制器。若断开反馈通道则得到开环调速系统的 PSIM 仿真模型。

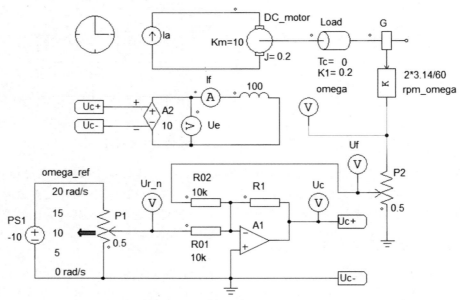

图 12.1.4　直流电机闭环速度控制系统的 PSIM 仿真模型

专题 9 至专题 11 中采用循序渐进的方式建立了系统各部分的传递函数模型和 PSIM 仿真模型,具体过程详见相关专题中的下列例题:

· 例题 Q9.2.1 中建立了广义被控对象的 PSIM 仿真模型,例题 Q9.3.1 中建立了对应的传递函数模型。广义被控对象包括驱动电源、直流电机和负载。

· 例题 Q10.1.1 中建立了广义控制器的传递函数模型,例题 Q10.2.1 中建立了对应的 PSIM 仿真模型。广义控制器包括给定装置和速度控制器。将广义被控对象和广义控制器的模型相结合,就构成了开环调速系统的传递函数方框图和 PSIM 仿真模型。

· 例题 Q11.1.1 中建立了角速度测量装置和广义控制器的传递函数模型,例题 Q11.2.1中建立了对应的 PSIM 仿真模型。将广义被控对象、广义控制器和角速度测量装置的模型相结合,就构成了闭环调速系统的传递函数方框图和 PSIM 仿真模型。

### 12.1.3 系统分析和控制参数整定

在系统传递函数模型基础上,可利用方框图代数和拉氏变换等方法对系统的性能进行定量的分析和计算。控制系统在典型输入信号作用下,其输出性能通常由动态性能和稳态性能两部分组成。在阶跃输入信号作用下,系统常用的动态指标是调节时间,调节时间是反映响应速度和阻尼程度的综合性指标。系统常用稳态指标是稳态误差,稳态误差是反映系统控制精度或抗扰能力的一种指标。

以图 12.1.3 中直流电机闭环调速系统为例,为了便于分析和计算,首先将传递函数方框图变换为单位反馈形式,见图 12.1.5(详见专题 11)。然后按照下面的步骤进行系统分析:

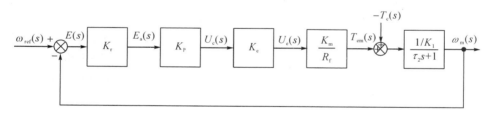

**图 12.1.5 单位反馈形式的闭环调速系统传递函数方框图**

1)推导闭环传递函数的参数表达式。

该系统有 2 个输入:参考输入和扰动输入。定义参考输入单独作用下系统的闭环传递函数为 $\Phi_1(s)$,扰动输入单独作用下系统的闭环传递函数为 $\Phi_2(s)$。根据图 12.1.5,利用闭环传递函数计算公式(参见专题 6),可以推导出 $\Phi_1(s)$ 的表达式(参见专题 11):

$$\Phi_1(s)=\frac{\omega_{m1}(s)}{\omega_{ref}(s)}=\frac{G_o}{1+G_o}=\frac{K_s}{1+K_s}\frac{1}{\tau_c s+1} \quad K_s=\frac{K_r K_P K_e K_m}{R_f K_1} \quad \tau_c=\frac{\tau_2}{1+K_s} \quad (12.1.1)$$

定义 $K_s$ 为开环系统稳态增益,$\tau_c$ 为闭环系统的时间常数。

为了便于计算 $\Phi_2(s)$,可将图 12.1.5 中的方框图变换为扰动输入单独作用下的形式,见图 12.1.6(参见专题 11)。

根据图 12.1.6,利用闭环传递函数计算公式(参见专题 6),可以推导出 $\Phi_2(s)$ 的表达式(参见专题 11):

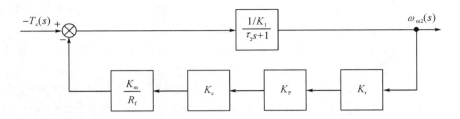

图 12.1.6 扰动输入单独作用下系统的传递函数方框图

$$\Phi_2(s) = \frac{\omega_{m2}(s)}{-T_c(s)} = \frac{G}{1 + G \cdot H} = \frac{1/K_1}{\tau_2 s + 1 + K_s} \tag{12.1.2}$$

2) 分析系统的动态性能。

一般情况下,只分析参考输入单独作用下系统的动态特性,扰动输入单独作用下系统的动态特性与之相似。式(12.1.1)表明,闭环控制系统仍为一阶系统,动态特性可按照一阶环节来分析,参见专题 10。描述动态性能的主要指标是调节时间,一阶环节的 5% 调节时间是时间常数的 3 倍,据此可推导出闭环调速系统 5% 调节时间的表达式:

$$t_s \approx 3\tau_c = \frac{3\tau_2}{K_s + 1} \quad K_s = \frac{K_r K_P K_e K_m}{R_f K_1} \tag{12.1.3}$$

上式表明,增加控制器增益 $K_P$,将提高开环系统稳态增益 $K_s$,可以减小闭环系统的时间常数 $\tau_c$,提高动态响应的快速性。

3) 分析系统的稳态性能。

描述稳态性能的主要指标是稳态误差。在多输入的情况下,可利用叠加原理来计算系统的稳态误差。定义参考输入单独作用下,系统的稳态误差分量为 $e_{ss1}$;扰动输入单独作用下,系统的稳态误差分量为 $e_{ss2}$;两个输入共同作用下,系统的总稳态误差为 $e_{ss\Sigma}$。根据闭环系统稳态误差的定义,结合各输入单独作用下系统的闭环传递函数,利用终值定理可分别推导出各输入单独作用下系统的稳态误差分量,相加之后即可得到闭环调速系统的总稳态误差(参见专题 11)。

$$e_{ss\Sigma} = e_{ss1} + e_{ss2} = \frac{A}{1 + K_s} + \frac{1}{1 + K_s}\frac{B}{K_1} \quad K_s = \frac{K_r K_P K_e K_m}{R_f K_1} \tag{12.1.4}$$

上式表明,增加控制器增益 $K_P$,将提高开环系统稳态增益 $K_s$,可以从整体上减小闭环系统的稳态误差,提高控制精度。

在系统分析的基础上,最后根据期望的性能指标对控制参数进行整定。通常控制系统在阶跃响应时,期望的性能指标如下:

· 稳态指标:有、无外部扰动情况下,稳态误差为零(或较小)。

· 动态指标:调节时间较小。

采用比例控制器的直流电机闭环调速系统,其控制参数整定的主要目标是:合理选择控制器增益 $K_P$,使闭环系统的稳态误差和调节时间均满足期望性能指标的要求。同时,为避免系统内部各环节出现饱和,应对 $K_P$ 的最大值进行限制。

## 学习活动 12.2　开环控制系统与闭环控制系统的比较

专题 10 中分析了开环调速系统的性能,专题 11 中分析了闭环调速系统的性能,与开环控制相比闭环控制有很多优点。本节将以直流电机调速系统为例,通过对开环控制和闭环控制的比较,归纳反馈控制的本质特点。

> Q12.2.1　图 12.1.5 为闭环调速系统的传递函数方框图,断开反馈回路则成为开环调速系统。填写表 12.2.1,对开环调速系统与闭环调速系统进行比较。

**解：**

1)填写开环调速系统与闭环调速系统的比较表。

闭环调速系统的传递函数和稳态误差已在上一节给出,可直接填入表 12.1.1。断开反馈回路后,推导开环系统的传递函数和稳态误差,也填入表 12.1.1。然后对调节时间、控制器增益等项目进行比较,并填写表 12.1.1。

表 12.1.1　开环调速系统与闭环调速系统的比较

| 比较项目 | 开环调速系统 | 闭环调速系统 |
|---|---|---|
| 传递函数 $A$ | $\dfrac{\omega_{\mathrm{m1}}(s)}{\omega_{\mathrm{ref}}(s)}=$ | $\dfrac{\omega_{\mathrm{m1}}(s)}{\omega_{\mathrm{ref}}(s)}=$ |
| 稳态误差 $A$ | $e_{\mathrm{ss1}}=$ | $e_{\mathrm{ss1}}=$ |
| 传递函数 $B$ | $\dfrac{\omega_{\mathrm{m1}}(s)}{-T_{\mathrm{c}}(s)}=$ | $\dfrac{\omega_{\mathrm{m2}}(s)}{-T_{\mathrm{c}}(s)}=$ |
| 稳态误差 $B$ | $e_{\mathrm{ss2}}=$ | $e_{\mathrm{ss2}}=\lim\limits_{s\to 0}sE_2(s)=$ |
| 5%调节时间 | $t_{\mathrm{s}}=$ | $t_{\mathrm{s}}=$ |
| 确定控制器增益的原则 | | |
| 计算控制器增益的公式 | $K_{\mathrm{P}}=$ | |

注:定义开环系统的稳态增益: $K_{\mathrm{s}}=\dfrac{K_{\mathrm{r}}K_{\mathrm{P}}K_{\mathrm{e}}K_{\mathrm{m}}}{R_{\mathrm{f}}K_1}$ ,系统误差 $E(s)=\omega_{\mathrm{ref}}(s)-\omega_{\mathrm{m}}(s)$

角速度给定(参考输入): $\omega_{\mathrm{ref}}(s)=\dfrac{A}{s}$ ,负载转矩(扰动输入): $T_{\mathrm{c}}(s)=\dfrac{B}{s}$

传递函数 $A$ 是给定单独作用下的传递函数,稳态误差 $A$ 是给定单独作用下的稳态误差。

传递函数 $B$ 是扰动单独作用下的传递函数,稳态误差 $B$ 是扰动单独作用下的稳态误差。

2)根据上表中的数据分析闭环控制系统的特点

• 开环控制系统的时间常数与被控对象的时间常数_____,而闭环控制系统的时间常数是被控对象的时间常数的_____,说明闭环控制系统有改善系统动态响应的作用。

• 在参考输入单独作用下,对于开环控制系统合理选择_____可以消除稳态误差,但是对于闭环控制系统提高_____可以减小的稳态误差,但无法彻底消除。

• 在扰动输入单独作用下,开环系统由扰动引起的稳态误差为_____,而闭环系统由扰动引起的误差为开环时的_____,说明闭环控制有抑制外部扰动的影响、减小稳态误差的作用。

下面仍以直流电机调速系统为例,通过仿真实验从物理意义上探讨反馈控制的本质。

> **Q12.2.2** 在例题 Q11.2.1 中直流电机闭环调速系统的 PSIM 仿真模型基础上,建立可外部设置负载转矩的增强型仿真模型,观察并分析仿真结果。

**解:**

1)建立闭环调速系统的增强型仿真模型。

在仿真模型 Q11_2_1 基础上添加如下元件,建立系统的增强型仿真模型,见图 12.2.1。

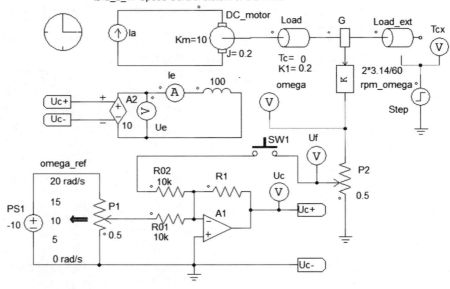

**图 12.2.1 闭环调速系统的增强型仿真模型(可外部设置负载转矩)**

• 为了便于切换开环和闭环控制方式,在反馈回路上,加入按钮 SW1(Push button switch),仿真前通过设置开关的位置,可以选择采用开环控制(off)还是闭环控制(on)。

• 为了在仿真过程中观察突加负载扰动后的动态响应,加入可外部设置的负载元件 Load_ext(Mechanical Load-ext. controlled),与速度检测元件 G 连接。其负载转矩 Tc 可通过其控制端连接的信号来设置。(注:负载 Load 中的参数 Tc 设置为 0)

• Load_ext 的控制端连接阶跃电压源 Step(Step voltage source,位于工具条上),参数为阶跃信号幅值 Vstep 和阶跃发生时间 Tstep。其功能是:在仿真开始后 Tstep 秒时,输出幅值为 Vstep 的阶跃信号。用电压表 Tcx 观测阶跃信号的波形,即所设置的负载转矩的波形。

2)观测开环控制和闭环控制时系统的阶跃响应。

• 采用开环控制方式(SW1 的状态设为 off),$R_1=4K$,Vstep=0.4,Tstep=6 时,观测系统输出 omega、10 倍负载转矩 Tcx、控制器输出 Uc 的响应曲线,见图 12.2.2。系统的参考输入为 $\omega_{ref}=10$,仿真开始 6s 后,加入幅值为 0.4 的扰动输入。

• 采用闭环控制方式(SW1 的状态设为 on),$R_1=20K$,Vstep=0.4,Tstep=2 时,观测系统输出 omega、10 倍负载转矩 Tcx、控制器输出 Uc 的响应曲线,见图 12.2.3。系统的参考输入为 $\omega_{ref}=10$,仿真开始 2s 后,加入幅值为 0.4 的扰动输入。

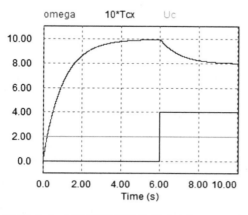 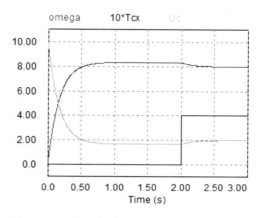

图 12.2.2　开环调速系统阶跃响应($T_{cx}=0.4$)　　图 12.2.3　闭环调速系统阶跃响应($T_{cx}=0.4$)

3)观察加入扰动前的仿真结果,比较开环控制和闭环控制时系统的动态响应速度,并分析原因。

• 开环控制时,控制信号 Uc 的特点是:＿＿＿＿＿＿＿＿＿＿＿＿＿＿＿＿＿＿。

• 闭环控制时,控制信号 Uc 的特点是:＿＿＿＿＿＿＿＿＿＿＿＿＿＿＿＿＿＿。

• ＿＿＿＿＿＿控制时,动态过程中控制信号幅值较大,所以动态响应速度较快。

• 闭环控制的本质是用误差进行控制。系统启动时输出＿＿＿＿、误差＿＿＿＿,经过比例控制器后产生＿＿＿＿的控制信号,随着输出的增加,误差逐渐＿＿＿＿,控制信号也随之＿＿＿＿。当输出不再增加时,控制信号也达到＿＿＿＿值。

4)观察加入扰动前的仿真结果,比较开环控制和闭环控制时的稳态误差,并分析原因。

开环控制系统稳态误差＿＿＿＿,原因在于:合理地选择了＿＿＿＿＿＿＿＿。

闭环控制系统稳态误差＿＿＿＿,原因在于:采用比例控制器时,闭环控制系统进入稳态后仍需要保留一定的＿＿＿＿来维持必要的控制信号,所以必然存在稳态误差。

5)观察加入扰动后的仿真结果,比较开环控制和闭环控制时扰动输入对稳态误差的影响,并分析原因。

从仿真曲线上可见,在参考输入(速度给定)的作用下,经过一个动态过程系统进入稳态。突加扰动输入(负载转矩)之后,系统将经历扰动作用下的动态过程,系统输出将发生变化,经过一段时间后重新进入稳态。突加扰动前的稳态输出减去突加扰动后的稳态输出,其变化量就是扰动输入带来的稳态误差分量 $e_{ss2}$。

• 开环控制时,扰动输入带来的稳态误差分量 $e_{ss2}=$＿＿＿＿＿＿＿＿＿。

• 闭环控制时,扰动输入带来的稳态误差分量 $e_{ss2}=$＿＿＿＿＿＿＿＿＿。

• 比较的结果是：闭环控制时扰动输入带来的稳态误差分量_____，即由扰动输入引起的输出变化量_____，这表明_____系统的抗扰性较强。

开环系统突加扰动后，控制量 Uc 保持不变，扰动产生的稳态误差分量较大。而闭环系统突加扰动后，系统输出会减小，误差会增加，从而导致控制量 Uc 增加，使电机输出更大的电磁转矩，从而抵消部分的负载转矩，使扰动引起的速度变化量减小。因此，反馈控制具有抑制外部扰动的作用。

△

# 学习活动 12.3　车速控制系统的结构

车速闭环控制系统是课程习题中一个重要的工程设计实例，贯穿整个课程。本节将介绍车速控制系统的结构，下一节将介绍系统中被控对象的电路仿真模型，作为习题中车速控制系统分析和设计的基础。

## 12.3.1　车速自动控制系统的结构

在智能高速公路系统中，车辆具有自动驾驶的功能。自动驾驶控制系统既可控制车辆沿着路面铺设的路标自动行驶，又能控制前后两车之间保持期望的相对速度，其中车速自动控制系统的结构方框图如图 12.3.1 所示。与直流电机闭环调速系统相似，车速控制系统也是由广义被控对象（包括发动机和传动系以及汽车车体）、广义控制器（包括给定装置和车速控制器）、反馈环节（测速装置）三个部分组成。

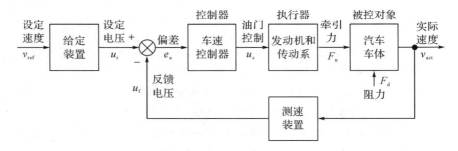

**图 12.3.1　车速自动控制系统的结构方框图**

车速控制系统的控制目标是使汽车的实际速度与设定速度保持一致。图 12.3.1 中，参考速度与实际速度相比较产生偏差，偏差作用于车速控制器产生油门控制量，油门控制量作用于发动机和传动系产生车身的牵引力，牵引力和阻力共同作用于汽车的车身，导致速度的变化，以减小偏差值。

## 12.3.2　汽车运动系统与电机运动系统的相似性

假设汽车车体的质量为 $m$，则在牵引力 $F_u$、摩擦力（摩擦系数为 $b$）和恒定阻力 $F_d$ 的共同作用下，车体的运动方程如式（12.3.1）所示，其中 $v_{act}$ 为车体的实际速度。

$$F_u(t) = m \cdot \dot{v}_{act}(t) + b \cdot v_{act}(t) + F_d(t) \tag{12.3.1}$$

假设直流电机的转动惯量为 $J$，则在电磁转矩 $T_{em}$、摩擦转矩（摩擦系数为 $K_1$）和恒定阻转矩 $T_c$ 的共同作用下，电机的运动方程如式（12.3.2）所示，其中 $\omega_m$ 为电机的实际角速度。

$$T_{em} = J \cdot \dot{\omega}_m + K_1 \cdot \omega_m + T_c \tag{12.3.2}$$

不难发现，上述两个物理系统的数学模型（微分方程）具有相似性。汽车运动系统的输出变量（线速度）与电机运动系统的输出变量（角速度）在上述微分方程中是等效变量，又称相似变量，上述两个系统也称为相似系统。相似系统具有相似的时间响应解，分析和设计时可将一个系统的分析结果推广到其他相似系统中，系统仿真时可以将该系统的仿真模型作为其他相似系统的等效仿真模型。

### 12.3.3　车速控制系统的等效电气结构

在仿真研究时，为了便于建立车速控制系统的电路仿真模型，根据相似系统动态特性相似的规律，可借用电机调速系统的电路仿真模型，作为车速控制系统的等效仿真模型。两个系统中变量对应关系为：

$$T_{em} \Leftrightarrow F_u, T_c \Leftrightarrow F_d, J \Leftrightarrow m, K_1 \Leftrightarrow b, \omega_m \Leftrightarrow v_{act} \tag{12.3.3}$$

因此，只要按照式（12.3.3）将电机运动系统的参数替换为车体运动系统的对应参数，则电机运动模型的动态特性与车体运动模型完全相同，仿真时可用电机运动模型来代替车体运动模型。

采用上述相似系统的等效方法，将车速控制系统中的发动机和车体用电机调速系统中励磁电源和直流电机来等效，就可以建立车速控制系统的等效电气结构，如图 12.3.2 所示。

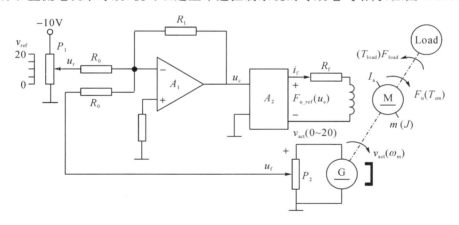

**图 12.3.2　车速控制系统的控制电路和被控对象的等效模型**

图 12.3.2 中的电气元件与图 12.3.1 中方框图的对应关系如下：

1）电位器 $P_1$ 对应给定装置，发电机 G 和电位器 $P_2$ 用来等效测速装置。

2）放大器 $A_1$ 为核心的运算放大电路对应比较点和车速控制器，控制器为比例控制器，输出为油门控制量 $u_c$。

3）放大器 $A_2$ 和直流电机用来等效汽车的发动机和传动系：励磁电压 $u_e$ 用来等效牵引力设定值 $F_{u\_ref}$，电磁转矩 $T_{em}$ 用来等效牵引力 $F_u$。合理设置直流电机的仿真参数，使直流电机的电磁转矩 $T_{em} = u_e$，相当于使牵引力 $F_u = F_{u\_ref}$。

4）与直流电动机 M 同轴连接的负载 Load 用来等效汽车车体：负载转矩 $T_{load}$ 用来等效恒定阻力 $F_{load}$，电机的角速度 $\omega_m$ 用来等效汽车的运动速度 $v_{act}$，电机的转动惯量 $J$ 用来等效汽车的质量 $m$。

# 学习活动 12.4　车速控制系统中广义被控对象的仿真模型

下面根据图 12.3.2 所示车速控制系统的等效电气结构，建立其中广义被控对象的 PSIM 仿真模型，并观测其动态响应。

> Q12.4.1　车速闭环控制系统的等效电气结构如图 12.3.2 所示，建立其中广义被控对象的 PSIM 仿真模型，并观察仿真结果。

**解：**

1）建立广义被控对象的 PSIM 仿真模型。

根据车速控制系统的等效电气结构，用直流电机和负载来模拟发动机和车体，建立广义被控对象的等效仿真模型，如图 12.4.1 所示。该模型与专题 9 中建立的发动机和车体的仿真模型 Q9_2_1 相似，可将其另存为 Q12_4_1，然后再进行修改。

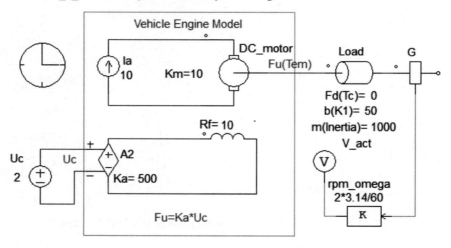

**图 12.4.1　发动机和车体的等效仿真模型**

发动机和车体的等效仿真模型中，相关元件和变量的说明如下：

- 放大器 A2 和直流电机 DC_Motor

放大器 A2 和电机 DC_Motor 用来模拟汽车的发动机和传动系，对应图 12.3.1 中的执行器，其输入为控制量 Uc，输出为汽车的牵引力 Fu。执行器的控制关系如式（12.4.1）所示，其中 $K_a$ 为执行器的传递函数，即放大器 A2 的增益，仿真时应根据实际情况设定其数值。直流电机的参数设置基本不变,只需把励磁电阻改为 Rf＝10,转动惯量改为 Inertia＝0.01。

$$F_u = K_a \cdot U_c \tag{12.4.1}$$

· 负载 Load 和速度传感器 G

与直流电动机同轴连接的机械负载 Load 用来模拟汽车车身,对应图 12.3.2 中的被控对象,其输入为汽车的牵引力 Fu,输出为汽车的速度 V_act。被控对象的控制关系如式(12.4.2)所示,其中 $m$ 为车身质量,$b$ 为摩擦系数,$F_d$ 为恒定阻力。负载 Load 的参数设置如图 12.4.2 所示,其中 $m$ 在 Inertia 中设置,b 在 K1 中设置,$F_d$ 在 Tc 中设置。

$$F_u(t) = m \cdot \dot{v}_{act}(t) + b \cdot v_{act}(t) + F_d(t) \tag{12.4.2}$$

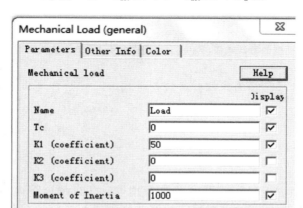

**图 12.4.2　机械负载的仿真模型参数**

运行仿真时,电压表 V_act 上将显示汽车的运行速度(m/s),电机输出转矩 Tem 则代表汽车的牵引力 Fu(N · m)。

2)运行仿真模型,观测仿真结果。

设置仿真条件:Time step＝0.02,Total time＝100。

· $u_c = 2$,$K_a = 500$,$F_d = 0$,$b = 50$,$m = 1000$ 时,观测牵引力 0.01 * Tem_DC_motor、速度 Vact 的仿真曲线,如图 12.4.3 所示。在曲线上观测以下特征值:

牵引力的稳态值 Fu(Tem)＝＿＿＿＿＿＿,速度的稳态值 Vact＝＿＿＿＿＿＿

将仿真条件代入关系式(12.4.2),计算速度的稳态值:

$$v_{act} = (F_u - F_d)/b = \underline{\hspace{3cm}}$$

· 其他参数不变,将阻力改为 $F_d = 200$ 时,观测牵引力 0.01 * Tem_DC_motor、速度 Vact 的仿真曲线,如图 12.4.4 所示。在曲线上观测以下特征值:

牵引力的稳态值 Fu(Tem)＝＿＿＿＿＿＿,速度的稳态值 Vact＝＿＿＿＿＿＿

将仿真条件代入关系式(12.4.2),计算速度的稳态值:

$$v_{act} = (F_u - F_d)/b = \underline{\hspace{3cm}}$$

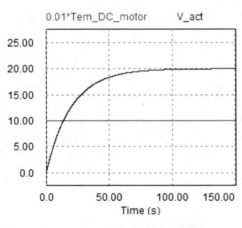

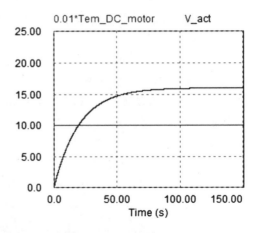

图 12.4.3 车体仿真模型的阶跃响应($F_d = 0$)　　图 12.4.4 车体仿真模型的阶跃响应($F_d = 200$)

上述仿真观测的结果与根据被控对象的关系式(12.4.2)计算出来的结果一致,说明仿真模型是正确的。

△

## 小　结

作为本单元的最后一个专题,本专题首先对前面 3 个专题的学习内容进行了概括和总结:归纳了控制系统的设计步骤,并对反馈控制的特点进行了深入探讨。此外,本专题还介绍了车速控制系统的结构和仿真模型,作为完成课程习题中综合设计大作业的基础。

1)反馈控制系统设计的主要步骤如下:首先根据控制系统的结构方框图设计控制电路,并建立控制系统的传递函数模型和仿真模型,然后对系统进行性能分析,最后根据期望性能指标整定控制参数。

2)与开环控制系统相比,闭环控制具有阶跃响应调节时间短、外部扰动带来的稳态误差小等优点。这些特点揭示了反馈控制的本质是利用误差进行控制。反馈控制系统启动时输出较小、误差较大,经过比例控制器后产生较大的控制信号,所以动态响应速度较快。增加控制器增益,可以增加控制量,从而减小调节时间和稳态误差。系统受到外部扰动后,对输出的影响会反映在误差中,使控制量发生变化,从而抑制了外部扰动对输出的影响。

3)从本专题开始,引入了本课程的另一个重要的设计实例:车速闭环控制系统。本专题介绍了车速控制系统的结构,并根据相似性原理借用电机和负载的模型建立了发动机和车身的等效仿真模型,作为习题中车速控制系统分析和设计的基础。

本专题的主要设计任务是:完成习题中车速控制系统综合分析与设计的大作业。该作业需要综合运用本单元所学的主要知识和方法,是对本单元学习效果的检验和巩固。

### 测　验

**R12.1**　闭环调速系统如图 12.1.5 所示,下列说法中不正确的是(　　)。

A. 合理调整控制器增益,能够消除阶跃响应时的稳态误差。

B. 提高控制器增益,能够减小阶跃响应的稳态误差。

C. 提高控制器增益,能够减小阶跃响应的调节时间。

D. 改变控制器增益,对阶跃响应的调节时间没有影响。

**R12.2**　图 12.1.5 所示闭环调速系统,断开反馈回路后演变为开环调速系统,将闭环系统与开环系统阶跃响应的调节时间相比较,下列说法不正确的是(　　)。

A. 不论如何调整控制器增益,闭环系统的调节时间总是比开环系统小。

B. 控制器增益变化时,不能确定开环系统与闭环系统的调节时间哪一个更小。

C. 开环系统可以提高控制增益,输出更大的控制量,以减小阶跃响应的调节时间。

D. 闭环系统可以提高控制增益,输出更大的控制量,以减小阶跃响应的调节时间。

**R12.3**　图 12.1.5 所示闭环调速系统,断开反馈回路后演变为开环调速系统。两个系统均处于稳态时,突加相同大小的负载转矩后,下列说法不正确的是(　　)。

A. 不论如何调整控制器增益,闭环系统负载扰动引起的速度变化量总是比开环系统小。

B. 控制器增益变化时,不能确定因负载扰动引起的速度变化量,开环系统与闭环相比哪一个更小。

C. 开环系统突加扰动后,速度输出会减小,控制量 Uc 会增加,使扰动引起的速度变化量减小。

D. 闭环系统突加扰动后,速度输出会减小,误差会增加,从而导致控制量 Uc 增加,使扰动引起的速度变化量减小。

**R12.4**　数学模型相似的物理系统称为相似系统,相似系统的特点是(　　)。

A. 相似系统具有相似的时间响应解。

B. 相似系统具有相似的物理形态。

C. 一个系统的动态响应特点可以推广到其他相似系统中。

D. 如果物理形态不同,一个系统的动态响应特点不能推广到其他相似系统中。

**R12.5**　与开环系统比较,采用比例控制的一阶反馈控制系统有哪些特点:(　　)

A. 减小了阶跃响应的调节时间,提高了动态响应的快速性。

B. 能抑制外部扰动的影响,减小扰动带来的稳态误差。

C. 给定作用下的稳态误差与控制器增益有关。

D. 合理选择控制器增益,可消除给定作用下的稳态误差。

# 单元 U4　二阶反馈控制系统设计

● **学习目标**

掌握典型二阶系统的动态特性。

掌握采用积分控制器设计反馈控制系统的方法。

● **知识导图**

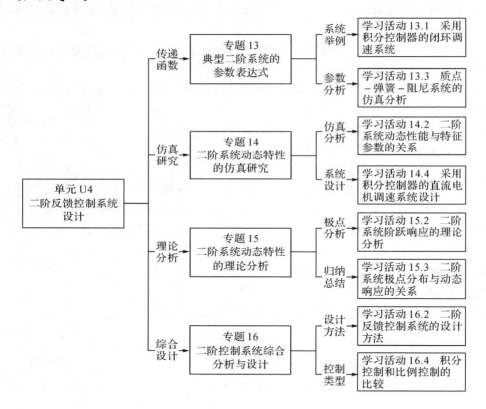

● **基础知识和基本技能**

典型二阶系统的参数表达式。

二阶系统的特征参数与阶跃响应性能指标的关系。

二阶系统极点分布与系统动态特性的关系。

积分控制器的电路结构和传递函数。

控制系统设计的典型系统法。

● **工作任务**

采用积分控制器的直流电机调速系统的分析与设计。

采用积分控制器的车速控制系统的分析与设计(习题中大作业)。

# 单元 U4 学习指南

直流电机调速系统是贯穿本门课程的一个设计实例,在各个单元中将循序渐进地对该系统进行分析和设计。单元 U3 中采用比例控制器设计直流电机闭环调速系统,该控制系统为一阶系统,其结构简单,易于分析和设计,主要缺点是存在稳态误差。为了消除稳态误差,本单元将采用积分控制器重新设计该控制系统,此时闭环调速系统将成为典型二阶系统。

二阶系统是指用二阶微分方程描述的动态系统,这是一种最有代表性的动态系统。一般控制系统均是高阶系统,但在一定近似条件下,可忽略某些次要因素近似地用一个二阶系统来表示。因此,研究二阶系统对于控制系统分析和设计具有重要的指导意义。本单元将采用系统仿真和理论计算结合的方法来研究二阶系统的性能。

质点-弹簧-阻尼装置是一个典型的二阶系统,系统参数具有鲜明的物理意义。专题 13 通过观察该系统在不同参数下的动态响应,提炼出反映系统动态特性的两个特征参数:阻尼比和无阻尼自然振荡频率,并依此建立典型二阶系统传递函数的参数表达式,作为二阶系统分析的基础。

系统仿真结果表明,根据阻尼比的不同,典型二阶系统的阶跃响应表现出无阻尼状态的等幅振荡、欠阻尼状态的衰减振荡和过阻尼状态的单调上升三种情况。在控制系统设计时,一般将系统设计成欠阻尼状态,以提高系统响应的快速性。所以深入研究欠阻尼状态具有重要的理论意义和应用价值。专题 14 将研究欠阻尼状态下,超调量和调节时间与系统特征参数的关系。在此基础上,将以采用积分控制器的闭环调速系统为例,介绍二阶反馈控制系统的设计方法。

传递函数还可以表示为零极点形式,参见附录 1。系统的零、极点分布决定了系统的特性,因此可以画出传递函数的零极点分布图,直观地分析系统的特性。专题 15 将根据典型二阶系统的极点分布,运用理论计算的方法定量分析二阶系统的阶跃响应,并揭示系统的极点分布与动态响应的关系。

最后专题 16 将在前 3 个专题基础上,对典型二阶系统的特性以及二阶反馈控制系统的设计方法进行归纳和总结,并进一步阐述积分控制的特点。

单元 U4 由专题 13 至专题 16 等 4 个专题组成,各专题的学习内容详见知识导图。

# 专题 13　典型二阶系统的参数表达式

● **承上启下**

　　本单元将采用积分型控制器重新设计直流电机调速系统,以消除稳态误差。采用积分控制器的闭环调速系统将成为典型二阶系统。作为本单元的基础,本专题将利用系统仿真观察典型二阶系统阶跃响应的特点,辨析系统参数的物理意义,建立典型二阶系统的参数表达式,为后面二阶系统的理论分析和设计奠定基础。

● **学习目标**

　　了解典型二阶系统阶跃响应的特点。

　　掌握典型二阶系统传递函数的参数表达式。

● **知识导图**

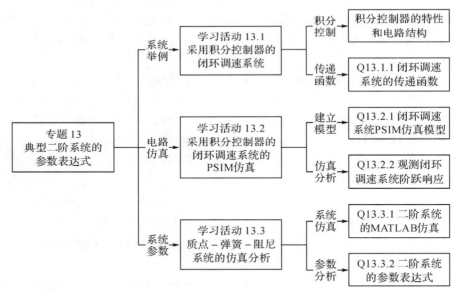

● **基础知识和基本技能**

　　积分控制器的电路结构和传递函数。

　　质点-弹簧-阻尼系统的传递函数。

● **工作任务**

　　建立采用积分控制器的闭环调速系统的 PSIM 仿真模型,并观察阶跃响应的特点。

　　建立质点-弹簧-阻尼系统的 MATLAB 仿真模型,并观察阶跃响应的特点。

# 学习活动 13.1　采用积分控制器的闭环调速系统

直流电机闭环调速系统的结构方框图如图 13.1.1 所示。降阶简化后,该系统的传递函数方框图如图 13.1.2 所示,详见专题 11。不失一般性,控制器的传递函数用 $G_c(s)$ 表示。

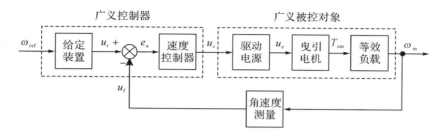

**图 13.1.1　直流电机闭环调速系统的结构方框图**

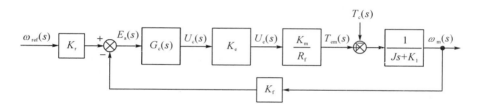

**图 13.1.2　降阶简化后闭环调速系统的传递函数方框图**

专题 11 中在设计反馈系统时采用了比例控制器,控制器的传递函数为:

$$G_c(s) = K_P \tag{13.1.1}$$

式中,$K_P$ 为比例系数。

当系统进入稳态后,为了平衡等效负载带来的阻力,电动机输出的电磁转矩一般不等于零,即 $T_{em} \neq 0$。当速度控制器和驱动电源均为比例环节时,可以根据式(13.1.2)推导出稳态误差 $e_a$ 不为零的结论。可见,采用比例型控制器时,闭环调速系统存在稳态误差是不可避免的。

$$T_{em} \neq 0 \Rightarrow u_e \neq 0 \Rightarrow u_c \neq 0 \Rightarrow e_a \neq 0 \tag{13.1.2}$$

在很多实际的反馈控制系统中,为了消除稳态误差,往往采取对误差累积的方式产生控制信号,这种控制方式就是积分控制。积分控制器也称 I 控制器,输出和输入信号之间的关系如下:

$$u_c(t) = K_I \int e_a(t) \cdot \mathrm{d}t \tag{13.1.3}$$

式中,$K_I$ 为积分系数。

对式(13.1.3)进行拉氏变换,在零初始条件下,可得积分控制器的传递函数如下:

$$G_c(s) = \frac{U_c(s)}{E_a(s)} = \frac{K_I}{s} \tag{13.1.4}$$

采用积分控制器时,系统进入稳态后,控制量 $u_c(\infty)$ 不变,由式(13.1.3)可知 $e_a(\infty)=0$,所以积分型控制器具有消除稳态误差的作用。

本单元中,将采用积分控制器来重新设计图 13.1.1 所示的电机闭环调速系统,以达到消除系统稳态误差的目的。采用积分控制器的直流电机调速系统的控制电路如图 13.1.3 所示,与专题 11 中采用比例控制器时系统的电气结构相比较,区别仅在于控制器的电路结构有所不同。因此,建立系统的传递函数模型时,只需在专题 11 中建立的直流电机闭环调速系统传递函数模型的基础上,重新建立控制器的传递函数模型即可。

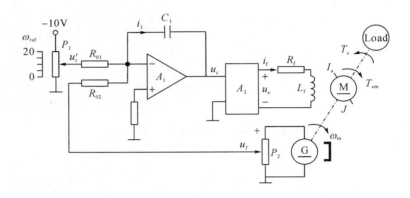

**图 13.1.3　采用积分控制器的直流电机调速系统的电气结构**

> **Q13.1.1**　直流电机调速系统的结构见图 13.1.1,传递函数方框图见图 13.1.2,采用积分控制器时,系统的控制电路见图 13.1.3。试建立图 13.1.3 中以 $A_1$ 为核心的积分控制器的传递函数模型,并推导该系统闭环传递函数的表达式。

**解:**

1)建立积分控制器的传递函数模型。

图 13.1.3 中,运算放大器 $A_1$ 及其外围电路组成了积分运算电路,其传递函数的推导过程如下:

$$i_1(t)=\frac{u'_r(t)}{R_0}+\frac{u_f(t)}{R_0}\Rightarrow I_1(s)=\frac{1}{R_0}\big[U'_r(s)+U_f(s)\big]$$

$$u_c(t)=-\frac{1}{C_1}\int_0^t i_1(t)\,\mathrm{d}t\Rightarrow U_c(s)=-\frac{1}{C_1 s}I_1(s)$$

$$\Rightarrow U_c(s)=\underline{\qquad\qquad}$$

$$\Rightarrow G_c(s)=\frac{U_c(s)}{E_a(s)}=\underline{\qquad\qquad}=\frac{K_I}{s}\quad K_I=\underline{\qquad\qquad}\tag{13.1.5}$$

式中,$K_I$ 为积分系数。合理选取积分运算电路中电阻 $R_0$ 或电容 $C_1$ 的取值,即可改变积分系数 $K_I$ 的取值。

2)推导系统的闭环传递函数。

积分控制器的传递函数如式(13.1.5),将其代入图 13.1.2 中,可以推导出采用积分控制器时闭环系统的传递函数。

$$\frac{\omega_m(s)}{\omega_{ref}(s)}=\frac{G}{1+GH}\quad G=\frac{K_r K_I K_e K_m/R_f}{s(Js+K_1)}=\frac{K}{s(Js+K_1)}\quad H=1\quad K=\frac{K_r K_I K_e K_m}{R_f}$$

$$\Rightarrow \frac{\omega_{\mathrm{m}}(s)}{\omega_{\mathrm{ref}}(s)} = \underline{\hspace{6cm}} \tag{13.1.6}$$

式(13.1.6)中,闭环系统传递函数的分母是关于 $s$ 的二次多项式,则该传递函数描述的系统为二阶系统。二阶系统是指用二阶微分方程描述的动态系统,用传递函数描述时,传递函数的分母是关于 $s$ 的二次多项式。

△

# 学习活动 13.2　采用积分控制器的闭环调速系统的 PSIM 仿真

采用比例控制器时,闭环调速系统为一阶系统;而采用积分控制器时,闭环调速系统为二阶系统。二阶系统是一种最有代表性的动态系统,下面通过闭环调速系统的电路仿真,观察二阶系统动态响应的主要特点。

> Q13.2.1　采用积分控制器的直流电机调速系统,如图 13.1.3 所示。参照专题 11,建立该系统的电路仿真模型,观察并分析仿真结果。

**解:**

1)建立采用积分控制器的闭环调速系统的 PSIM 仿真模型。

在专题 11 中已建立了直流电机闭环调速系统的 PSIM 仿真模型 Q11_2_1,其控制电路采用的是比例控制器。将仿真模型中反相放大电路的电阻R1 换成电容 C1,则变换为积分运算电路。这样就得到采用积分控制器的闭环调速系统的仿真模型,如图 13.2.1 所示。仿真模型中各主要元件的参数设定值标注在图中,系统中主要参数的取值标注在图的下方。

注:电容(Capacitor)可在元件工具条上找到。

仿真条件设定为:Time step:0.003,Total time:15。

2)积分系数 $K_I = 0.2$ 时观察系统的阶跃响应。

设 $R_0 = 10\mathrm{k}\Omega$,根据式(13.1.5)确定积分运算电路中电容 C1 的取值。

$$K_I = \frac{1}{R_0 C_1} \Rightarrow C_1 = \underline{\hspace{4cm}} \tag{13.2.1}$$

- 观测此时系统输出 omega 的动态响应曲线,如图 13.2.2 所示。

观测此时系统的稳态误差:$\omega_{\mathrm{ref}} - \omega_{\mathrm{m}}(\infty) = \underline{\hspace{3cm}}$

3)积分系数 $K_I$ 取 0.1 和 0.4 时观察系统的阶跃响应。

- 根据积分系数的变化,修改积分运算电路中电容 C1 的取值,并观测此时的阶跃响应。将积分系数不同时,阶跃响应的主要区别填入表 13.2.1 中。

- 分析表 13.2.1 可知,二阶系统的阶跃响应出现了衰减振荡和超调,与一阶系统阶跃响应单调上升的特性有较大的不同。

分析表 13.2.1 可知,积分系数变化时,对阶跃响应的上升时间和超调量均有影响。

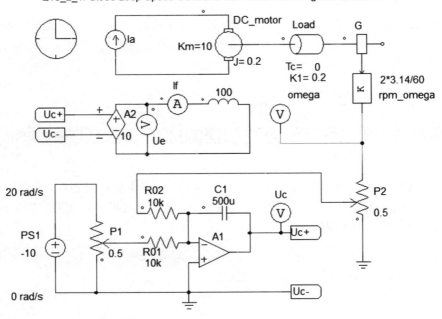

$$K_e = 10, K_m = 10, R_f = 100, J = 0.2, K_1 = 0.2$$

**图 13.2.1　采用积分控制器的闭环调速系统 PSIM 仿真模型**

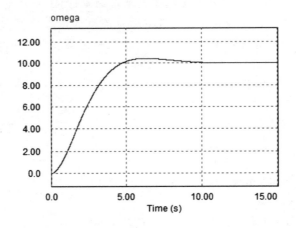

**图 13.2.2　采用积分控制器的闭环调速系统的阶跃响应**

**表 13.2.1　积分系数不同时系统阶跃响应的特点**

| 积分系数 | C1 取值 | 单调上升还是衰减振荡 | 上升时间长短 | 超调量大小 |
|---|---|---|---|---|
| $K_1 = 0.1$ | | | | |
| $K_1 = 0.2$ | | | | |
| $K_1 = 0.4$ | | | | |

　　采用积分控制器的闭环调速系统,前向通道由很多环节组成,这些环节属于比例环节、积分环节和一阶环节,该控制系统闭环之后才形成一个二阶系统。为了建立二阶系统的参数表达式,需要研究某些更为典型的物理系统。

　　专题 5 中介绍的机器减震系统,习惯上称之为质点-弹簧-阻尼系统,就是一个典型的二阶系统,其系统参数与动态响应之间的联系具有明显的物理意义,下面利用系统仿真观察该系统在不同参数下的动态响应,建立典型二阶系统的参数表达式。

# 学习活动 13.3　质点-弹簧-阻尼系统的仿真分析

　　机器与隔振垫组成的减振系统,如图 13.3.1(a)所示,简化后该系统的受力情况如图 13.3.1(b)所示。图中,将机器简化为一刚性质块,设其质量为 $m$;作用在质块上的外力为 $r(t)$;隔振垫的作用可用弹簧和阻尼器近似代表,$k$、$f$ 分别表示弹簧刚度和黏滞阻尼系数;设质块沿垂直方向的位移为 $y(t)$,从静态平衡位置开始计算质块的位移。定义 $r(t)$ 为系统输入,$y(t)$ 为系统输出。

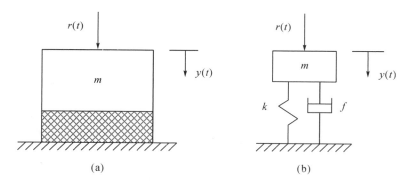

**图 13.3.1　机器与隔振垫组成的减振系统**

　　该系统也称质点-弹簧-阻尼系统,它是一个典型的机械二阶系统。描述该系统输入输出关系的微分方程如下,详见专题 5 的例题 Q5.1.1。

$$m \cdot \ddot{y}(t) + f \cdot \dot{y}(t) + k \cdot y(t) = r(t) \tag{13.3.1}$$

　　该微分方程是输出变量 $y(t)$ 的二阶微分方程,所以其描述的动态系统是二阶系统。在零初始条件下,该系统的传递函数为:

$$G(s) = \frac{Y(s)}{R(s)} = \frac{1}{ms^2 + fs + k} \tag{13.3.2}$$

　　二阶系统微分方程中含有输出变量 $y(t)$ 的二阶导数,则经过拉氏变换后,传递函数分母为 $s$ 的二次多项式形式。下面对该系统进行仿真研究。

Q13.3.1 在 MATLAB 环境下,对于式(13.3.2)描述的质点-弹簧-阻尼系统,进行系统仿真,观察其动态响应与系统参数的关系。注:为了使系统的稳态增益为1,仿真时将传递函数的分子项改为 $k$。

**解:**

1)编写 m 脚本,绘制黏滞阻尼系数 $f$ 变化时系统的阶跃响应曲线。

为了简化程序代码,首先利用循环指令(for/end)计算 $f(n) = 0,1,2,4$ 时系统的 4 个输出向量 $y( ,n)$,这 4 个向量组成输出矩阵 $y$。然后用 plot 指令绘制 $y$-$t$ 的曲线,该指令的功能是依次绘制矩阵中每个向量 $y( ,n)$ 对 $t$ 的曲线,这些曲线将绘制在一个图形窗口中。最后,添加标题、坐标名称,并对每条曲线进行标注。

```
%Q13_3_1: step response curves for m-k-f system
% m-k-f sys: N(s)=k, D(s)=ms^2+fs+k
% m=1, k=1, f=0,1,2 and 4
t=0:0.1:10; f=[0 1 2 4]; m=1; k=1;
for  n=1:4;
num=[k]; den=[m  f(n)  k]; sys=tf(num,den);
[y(1:101,n),t]=step(sys,t);
end
%to plot a two-dimensional diagram
plot(t, y);grid
title('plot of Unit-Step Response Curves with m=k=1 and f=0-4')
xlabel('t(sec)'), ylabel('response')
text(3.2,1.86,'f=0'),text(3.2,1.08,'f=1'),
text(3.2,0.75,'f=2'),text(3.2,0.48,'f=4')
```

2)$m=1,k=1$ 时,运行上述脚本,观察 $f$ 的变化对阶跃响应的影响。

- $f(n) = 0,1,2,4$ 时,系统的阶跃响应曲线如图 13.3.2 所示。
- 观察上述仿真曲线,分析阻尼系数 $f$ 对阶跃响应的影响,并填写表 13.3.1。

**表 13.3.1 阻尼系数 $f$ 对阶跃响应的影响**

| 阻尼系数 | $f=0$ | $f=1$ | $f=f_r=2$ | $f=4$ |
|---|---|---|---|---|
| 系统状态 | 无阻尼状态 | 欠阻尼状态 | 临界阻尼状态 | 过阻尼状态 |
| 阶跃响应特点 | | 衰减振荡 | | |
| 物理解释 | | 有阻尼,消耗动能 | | |

注:当 $f=f_r$ 时,振荡刚好消失,此时称之为临界阻尼状态,定义 $f_r$ 为临界阻尼。

3)在 $m=1,k=4$ 时,修改上述脚本,观察 $k$ 的变化对阶跃响应的影响。

$f(n) = 0,1,2,4$ 时,系统的阶跃响应曲线如图 13.3.3 所示。

将图 13.3.3 中仿真曲线与图 13.3.2 相比较,分析无阻尼状态下,弹簧刚度 $k$ 对阶跃响应的影响。

系统在无阻尼状态下,弹簧刚度 $k$ 增加时,＿＿＿＿＿＿＿＿将会随之会增加。

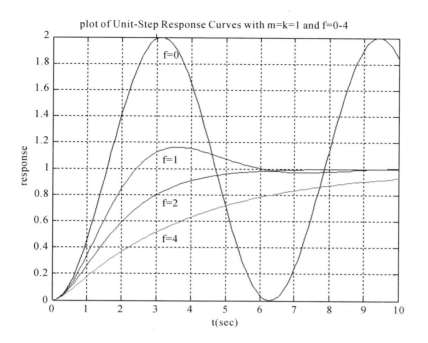

图 13.3.2　$k=1, f=0, 1, 2, 4$ 时质点-弹簧-阻尼系统的阶跃响应

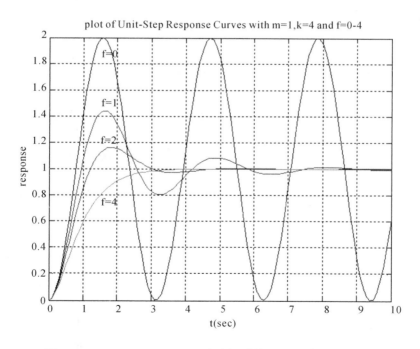

图 13.3.3　$k=4, f=0, 1, 2, 4$ 时质点-弹簧-阻尼系统的阶跃响应

根据上述观察,下面定义两个重要的特征参数用于描述二阶系统动态响应的特点。

1)阻尼比。

阻尼比用于描述系统的阻尼情况,用 $\zeta$ 表示。将临界阻尼情况下,系统的阻尼作为基值,则阻尼比定义为实际阻尼与基值之比,即

$$\zeta = \frac{f}{f_r} \tag{13.3.3}$$

根据阻尼比的定义,可将不同阻尼比时系统的状态定义为以下 4 种,见表 13.3.2。

表 13.3.2    不同阻尼比时系统的状态

| 阻尼比 | $\zeta = 0$ | $0 < \zeta < 1$ | $\zeta = 1$ | $\zeta > 1$ |
|---|---|---|---|---|
| 系统状态 | 无阻尼状态 | 欠阻尼状态 | 临界阻尼状态 | 过阻尼状态 |

阻尼比 $\zeta$ 代表二阶系统的阻尼情况,决定了动态响应的衰减速率,阻尼比越大衰减速度越快。阻尼比 $\zeta < 1$ 时,阶跃响应为衰减振荡。阻尼比 $\zeta = 0$ 时,阶跃响应为等幅振荡,此时的频率为无阻尼自然振荡频率 $\omega_n$。

2)无阻尼自然振荡频率。

将无阻尼状态下,阶跃响应的振荡频率定义为无阻尼自然振荡频率,用 $\omega_n$ 表示。$\omega_n$ 的单位是 rad/s,与振荡周期 $T$ 的关系为:

$$\omega_n = 2\pi f = \frac{2\pi}{T} \tag{13.3.4}$$

下面来观察质点-弹簧-阻尼系统的结构参数与动态响应的特征参数之间的关系。

> Q13.3.2    在例题 Q13.3.1 的基础上,分析质点-弹簧-阻尼系统的结构参数 $(f, k)$,与动态响应的特征参数 $(\zeta, \omega_n)$ 的定量关系。

**解:**

1)首先分析弹簧刚度 $k$ 与无阻尼自然振荡频率 $\omega_n$ 的定量关系。

从图 13.3.2 和图 13.3.3 中,观察无阻尼状态下,弹簧刚度 $k$ 不同时,阶跃响应的振荡周期 $T$。根据式(13.3.4)计算出对应的 $\omega_n$,填入表 13.3.3。

表 13.3.3    弹簧刚度 $k$ 与无阻尼自然振荡频率 $\omega_n$ 的关系

| 弹簧刚度 | 振荡周期 | 无阻尼自然振荡频率 |
|---|---|---|
| $k = 1$ | $T =$ | $\omega_n =$ |
| $k = 4$ | $T =$ | $\omega_n =$ |

- 根据表 13.3.3 中的数据,分析 $k$ 与 $\omega_n$ 的数量关系。

$$\rule{6cm}{0.4pt} \tag{13.3.5}$$

2)然后分析阻尼系数 $f$ 与阻尼比 $\zeta$ 以及自然振荡频率 $\omega_n$ 的定量关系。

- 从图 13.3.2 和图 13.3.3 中,弹簧刚度 $k$ 不同时,观察临界阻尼状态下,阻尼系数 $f$ 的取值,并填入表 13.3.4。

注:无阻尼自然振荡频率可利用关系式(13.3.5)来计算。

表 13.3.4    阻尼系数 $f$ 与阻尼比 $\zeta$ 以及自然振荡频率 $\omega_n$ 的定量关系

| 弹簧刚度 | 阻尼系数 | 阻尼比 | 无阻尼自然振荡频率 |
|---|---|---|---|
| $k=1$ | $f=$ | $\zeta=1$ | $\omega_n=$ |
| $k=4$ | $f=$ | $\zeta=1$ | $\omega_n=$ |

· 根据表 13.3.4 中的数据,分析 $f$ 与 $\zeta$、$\omega_n$ 的数量关系。

$$\underline{\qquad\qquad\qquad\qquad\qquad\qquad} \tag{13.3.6}$$

△

将式(13.3.5)和式(13.3.6)代入式(13.3.2),设 $m=1$ 并令分子项为 $k$,可得到典型二阶系统传递函数的参数表达式如下:

$$G(s)=\frac{Y(s)}{R(s)}=\frac{\omega_n^2}{s^2+2\zeta\omega_n s+\omega_n^2} \tag{13.3.7}$$

其中 $\zeta$ 为系统的阻尼比,$\omega_n$ 为无阻尼自然振荡频率。系统的稳态增益为 1。

典型二阶系统的传递函数方框图如图 13.3.4 所示。

---

**知识卡 13.1:典型二阶系统的传递函数方框图**

$$R(s) \longrightarrow \boxed{\dfrac{\omega_n^2}{s^2+2\zeta\omega_n s+\omega_n^2}} \longrightarrow Y(s)$$

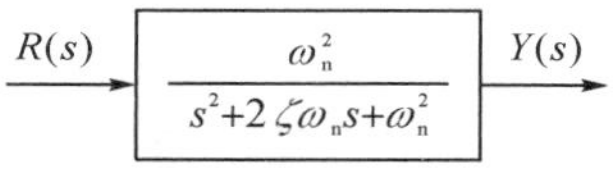

参数定义:$\zeta$ 为阻尼比,$\omega_n$ 为无阻尼自然振荡频率

**图 13.3.4    典型二阶系统的传递函数方框图**

---

注意:系统的稳态增益 $K_s=1$,则阶跃信号输入时系统的稳态误差为零。下一专题将在典型二阶系统参数表达式基础上,深入研究二阶系统的动态特性。

---

**Q13.3.3    以质点弹-簧-阻尼系统为例,说明典型二阶系统传递函数的参数表达式中,阻尼比和无阻尼自然振荡频率的物理意义。**

---

**解:**

1)质点-弹簧-阻尼系统的传递函数如式(13.3.2)所示,将其转化为典型二阶系统的参数表达式形式,即推导出特征参数 $\omega_n$、$\zeta$ 与系统结构参数之间的函数关系式。

$$G(s)=\frac{Y(s)}{R(s)}=\frac{1}{ms^2+fs+k}=\frac{1}{k}\cdot\frac{k}{ms^2+fs+k}=\frac{1}{k}\frac{k/m}{s^2+(f/m)s+(k/m)}$$

$$=\frac{1}{k}\frac{\omega_n^2}{s^2+2\zeta\omega_n s+\omega_n^2} \quad \omega_n=\underline{\qquad\qquad} \quad \zeta=\underline{\qquad\qquad} \tag{13.3.8}$$

2)对于质点-弹簧-阻尼系统而言,分析传递函数中两个特征参数的物理意义。

· $\omega_n$ 是系统在无阻尼情况下的自然振荡频率,由弹簧刚度 $k$ 和质量 $m$ 决定。当 $k$ $\underline{\qquad}$ 或 $m$ $\underline{\qquad}$ 时,$\omega_n$ 将增加。

· $\zeta$ 代表系统的阻尼情况,即衰减振荡时衰减的速率。弹簧刚度 $k$ 和质量 $m$ 不变时,阻尼系数 $f$ $\underline{\qquad}$,阻尼作用越明显,振荡的衰减速度越快。

⊠课后思考题 AQ13.1:按照上述步骤,完成本例题。

△

## 小　结

为了消除稳态误差,本专题采用积分控制器重新设计直流电机闭环调速系统,此时该系统成为典型二阶系统。首先,利用PSIM仿真观察采用积分控制器时,闭环调速系统阶跃响应的大致特点。然后,以更具物理意义的质点-弹簧-阻尼系统为例,利用系统仿真来观察该系统在不同参数下的动态响应,辨析系统参数的物理意义,并建立典型二阶系统的参数表达式,为后面二阶系统的分析奠定基础。

1)积分控制器也称 I 控制器,采取对误差累积的方式产生控制信号,以消除稳态误差。积分控制器的传递函数见式(13.1.4),其中控制参数为积分系数 $K_I$。

2)采用积分控制器的闭环调速系统的电气结构如图 13.1.3 所示,其中运算放大器 $A_1$ 及其外围电路(电阻、电容)组成了积分运算电路,实现积分控制器的功能。积分运算电路中元件的参数与积分系数 $K_I$ 的关系见式(13.1.5),合理确定电阻 $R_0$、电容 $C_1$ 的取值,即可改变积分系数 $K_I$ 的取值。

3)二阶系统的阶跃响应出现了衰减振荡和超调,与一阶系统阶跃响应单调上升的特性有较大的不同。定义如下两个特征参数来描述二阶系统阶跃响应的特点:

·阻尼比。阻尼比定义为系统实际阻尼与临界阻尼的比值,用 $\zeta$ 表示。阻尼比 $\zeta$ 代表二阶系统的阻尼情况,决定了动态响应的衰减速率,阻尼比越大衰减速度越快。根据阻尼比的不同,二阶系统可分为四个状态,见表 13.3.2。

·无阻尼自然振荡频率。将无阻尼状态下,阶跃响应的振荡频率定义为无阻尼自然振荡频率,用 $\omega_n$ 表示。

4)典型二阶系统的稳态增益为1,利用特征参数 $\zeta$ 和 $\omega_n$ 可将典型二阶系统的传递函数写成标准的参数表达式,见式(13.3.7)。

本专题的设计任务是:建立采用积分控制器的闭环调速系统的 PSIM 仿真模型,建立质点—弹簧—阻尼系统的 MATLAB 仿真模型,通过仿真观察二阶系统阶跃响应的特点。

## 测　验

**R13.1**　直流电机调速系统的电气结构如图 13.1.3 所示,积分控制器的传递函数为:$G_c(s) = K_I/s$。要减小积分系数 $K_I$,可通过调节以下电路参数来实现(　　　　)。

A. 增加 $R_0$　　　　　B. 减小 $R_0$　　　　　C. 增加 $C_1$　　　　　D. 减小 $C_1$

**R13.2**　$f = 0, 1, 2, 4$ 时,质点—弹簧—阻尼系统的阶跃响应如图 R13.1 所示,其中

$f = 0$ 对应的曲线是(　　　),系统处于(　　　)状态,阻尼比为(　　　);

$f = 1$ 对应的曲线是(　　　),系统处于(　　　)状态,阻尼比为(　　　);

$f = 2$ 对应的曲线是(　　　),系统处于(　　　)状态,阻尼比为(　　　);

$f = 4$ 对应的曲线是(　　　),系统处于(　　　)状态,阻尼比为(　　　)。

A. 无阻尼　　　　　B. 欠阻尼　　　　　C. 临界阻尼　　　　　D. 过阻尼

E. 0　　　　　　　F. 0.5　　　　　　　G. 1　　　　　　　　H. 2

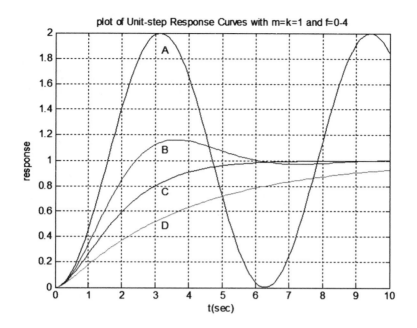

图 R13.1　质点-弹簧-阻尼系统的阶跃响应

**R13.3**　接上题,质点-弹簧-阻尼系统的无阻尼自然振荡频率约为(　　　),该频率与哪些系统参数有关?(　　　)

    A. 6.28/6.3        B. 1/6.3        C. 质量 $m$        D. 弹簧刚度 $k$

# 专题 14　二阶系统动态特性的仿真研究

● **承上启下**

上一专题,通过对质点—弹簧—阻尼系统的仿真研究,观察了二阶系统阶跃响应的特点,提取出阻尼比和自然振荡频率等特征参数,并利用特征参数建立了典型二阶系统的参数表达式。根据阻尼比的不同,二阶系统可分为欠阻尼、过阻尼等 4 个状态。在控制系统设计时,一般将系统设计成欠阻尼状态,以提高系统响应的速度。所以深入研究二阶系统的欠阻尼状态具有重要的理论意义和应用价值。

本专题将利用系统仿真研究欠阻尼状态下,超调量和调节时间与特征参数的关系,作为二阶控制系统分析和设计的重要理论依据。还将介绍上述关系的两个典型应用:辨识系统的传递函数和确定控制器参数。

● **学习目标**

掌握典型二阶系统动态性能指标与特征参数的关系。

掌握典型二阶系统控制参数的整定方法。

● **知识导图**

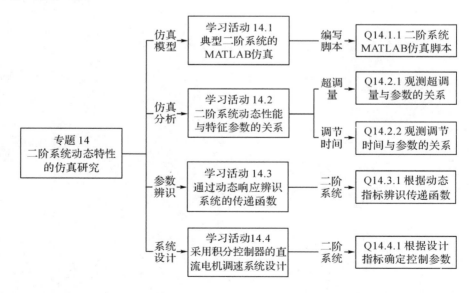

● **基础知识和基本技能**

典型二阶系统的 MATLAB 仿真脚本。

在二阶系统阶跃响应曲线上观测动态响应性能指标的方法。

### ● 工作任务

利用典型二阶系统的仿真模型,观察动态响应性能指标与特征参数的关系。

根据期望性能指标,确定闭环调速系统中的积分控制器的积分系数。

# 学习活动 14.1　典型二阶系统的 MATLAB 仿真

下面首先介绍二阶系统的 MATLAB 仿真脚本,以及在仿真曲线上观测动态性能指标的方法。动态性能指标的介绍,详见附录 1。

> Q14.1.1　典型二阶系统的参数表达式见式(14.1.1)。试利用 MATLAB 建立典型二阶系统的仿真模型,绘制单位阶跃响应曲线,并观测动态性能指标。
>
> $$G(s) = \frac{Y(s)}{R(s)} = \frac{\omega_n^2}{s^2 + 2\zeta\omega_n s + \omega_n^2} \tag{14.1.1}$$

**解:**

1)编写绘制典型二阶系统单位阶跃响应曲线的 m 脚本。

建立如下 m 脚本,特征参数取值为 $\zeta = 0.6$、$\omega_n = 1$。

```
%Q14_1_1:Unit-Step response curves for normal second order system
%G(s)=omega_n^2/[s^2+2*zeta*omega_n+omega_n^2]
omega_n=1; zeta=0.6;
num=[omega_n^2]; den=[1 2*zeta*omega_n omega_n^2]; sys=tf(num,den)
step(sys); grid
title(['Unit-Step Response Curves with \omega_n=',...
num2str(omega_n),'and \zeta=',num2str(zeta)])
```

注:最后一条指令较长,分两行书写并用...号连接。num2str 指令用于将数值转化为字符,以便于显示。

• 运行上述脚本,在命令窗口显示系统的传递函数如下:

Transfer function:

$$\frac{1}{s^2 + 1.2s + 1}$$

• 在绘图窗口中显示阶跃响应曲线见图 14.1.1。

2)在阶跃响应曲线上观测动态性能指标。

为了在响应曲线图上显示超调量和调节时间这两个动态指标,需要在绘图窗口中进行如下操作:

在右键的属性(property)里,选择指标(characteristic)选项板,设定显示调节时间的误差带（show setting time within）为 $2\%$（$2\%$ 为缺省设定值）。

· 在右键的指标（characteristic）里，勾选峰值（peak response）和调节时间（setting time），则在响应曲线上将出现圆点，用来表示峰值的位置和进入调节时间误差带的位置。

用鼠标单击这些圆点可显示动态性能指标的数值。图 14.1.1 中阶跃响应曲线的超调量为 $9.47\%$，峰值出现在 3.96s 处，$2\%$ 调节时间为 5.94s。

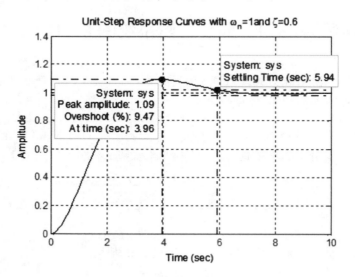

图 14.1.1　典型二阶系统的阶跃响应和动态性能指标

△

# 学习活动 14.2　二阶系统动态性能与特征参数的关系

下面在例题 Q14.1.1 的基础上，通过系统仿真研究二阶系统在欠阻尼状态下，超调量、调节时间等动态性能指标与特征参数的关系。

**Q14.2.1**　观测典型二阶系统的单位阶跃响应曲线，分析特征参数与超调量的关系。

**解：**

1）观测欠阻尼状态下 $\omega_n$ 与 $\sigma_p\%$ 的关系。

· 设 $\zeta=0.6$，利用 m 脚本 Q14_1_1，分别绘制 $\omega_n=1,2,4,8$ 时二阶系统的单位阶跃响应曲线，观测其超调量并记录于表 14.2.1 中。

表 14.2.1　$\omega_n$ 变化时典型二阶系统的超调量

| $\omega_n$ | 1 | 2 | 4 | 8 |
|---|---|---|---|---|
| $\sigma_p / \%$ | | | | |

· 根据上表数据，分析 $\omega_n$ 与 $\sigma_p\%$ 的关系。

欠阻尼状态下,无阻尼自然振荡频率 $\omega_n$ 与阶跃响应超调量 $\sigma_p\%$ _____。

2)观测欠阻尼状态下 $\zeta$ 与 $\sigma_p\%$ 的关系。

设 $\omega_n=1$,分别绘制 $\zeta=0.1\sim0.9$ 时二阶系统的单位阶跃响应曲线,观测其超调量并记录于表 14.2.2 中。

**表 14.2.2　$\zeta$ 变化时典型二阶系统的超调量(%)**

| $\zeta$ | 0.1 | 0.2 | 0.3 | 0.4 | 0.5 | 0.6 | 0.7 | 0.8 | 0.9 |
|---|---|---|---|---|---|---|---|---|---|
| $\sigma_p$ | | | | | | | | | |

- 根据上表数据,分析 $\zeta$ 与 $\sigma_p\%$ 的关系。

典型二阶系统在欠阻尼状态下,阶跃响应超调量由 _____ 决定,随着阻尼比从 0 增加到 1,超调量将从 _____ 减小到 _____。

△

**Q14.2.2**　观测典型二阶系统的单位阶跃响应曲线,分析特征参数与调节时间的关系。

**解:**

1)观测欠阻尼状态下 $\zeta$ 与 $t_s$ 的关系。

- 设 $\omega_n=1$,分别绘制 $\zeta=0.1,0.2,0.4,0.8$ 时系统的单位阶跃响应曲线,观测其 2% 调节时间 $t_s$,记录于表 14.2.3 中。

- 根据表中数据,分析 $\zeta$ 与 $t_s$ 是否有关? _____。

2)观测欠阻尼状态下 $\omega_n$ 与 $t_s$ 的关系。

- 设 $\zeta=0.1$,分别绘制 $\omega_n=1,2,4,8$ 时系统的单位阶跃响应曲线,观测其 2% 调节时间 $t_s$,记录于表 14.2.3 中。

- 根据表中数据,分析 $\omega_n$ 与 $t_s$ 是否有关? _____。

3)综合分析 $\zeta\omega_n$ 与 $t_s$ 的关系。

- 根据表 14.2.3 中的观测数据,计算 $\zeta\cdot\omega_n\cdot t_s$ 的数值填入表 14.2.3 中。

- 根据表中数据,分析调节时间与特征参数的关系。

调节时间 $t_s$ 由 _____ 决定,阻尼比较小时,其数量关系大致为: $t_s\approx$ _____。

**表 14.2.3　$\zeta,\omega_n$ 变化时典型二阶系统的 2% 调节时间**

| $\zeta$ | 0.1 | 0.2 | 0.4 | 0.8 | 0.1 | 0.1 | 0.1 | 0.1 |
|---|---|---|---|---|---|---|---|---|
| $\omega_n$ | 1 | 1 | 1 | 1 | 1 | 2 | 4 | 8 |
| $t_s$ | | | | | | | | |
| $\zeta\cdot\omega_n\cdot t_s$ | | | | | | | | |

△

典型二阶系统在欠阻尼情况下,通过严谨的数学推导或近似化处理,可以求得其阶跃响应的主要动态性能指标,如峰值时间、超调量、调节时间等,与特征参数($\zeta,\omega_n$)之间的准确或近似的数学表达式如下,具体推导过程可参考相关教材。

---

**知识卡 14.1：典型二阶系统动态性能与特征参数的关系**

典型二阶系统阶跃响应的超调量和峰值时间：

$$\sigma_p \% = e^{-\frac{\zeta \pi}{\sqrt{1-\zeta^2}}} \times 100\% \qquad (14.2.1)$$

$$t_p = \frac{\pi}{\omega_d} \qquad \omega_d = \omega_n \sqrt{1-\zeta^2} \qquad (14.2.2)$$

典型二阶系统阶跃响应的 5%（2%）调节时间：

$$t_s \approx \frac{3(4)}{\zeta \omega_n} \qquad (14.2.3)$$

---

上述关系是二阶控制系统分析和设计的重要理论基础，为了避免复杂的手工计算，可以编写 m 脚本计算相关的性能指标。

> **Q14.2.3** 根据式(14.2.1)～式(14.2.3)，编写 m 脚本计算典型二阶系统的性能指标，并将计算结果与图 14.1.1 中的仿真结果相比较。

**解：**

1）建立计算典型二阶系统阶跃响应性能指标的 m 脚本。

建立如下 m 脚本，编写所需代码。特征参数取值为 $\zeta = 0.6$、$\omega_n = 1$。

```
%Q14_2_2: calculate P.O., Tp and Ts of second system according to zeta and Omega_n
zeta=0.6; omega_n=1;
PO=
Tp=
Ts=
```

2）将性能指标的理论计算结果与仿真观测结果相比较。

运行上述脚本，将性能指标的计算结果填入表 14.2.4。将图 14.1.1 中的相关仿真结果也填入该表，将理论计算结果与仿真观测结果相比较。

根据表 14.2.4 中的比较结果，判断哪个性能指标的理论计算值与仿真观测值存在较明显的误差，并分析造成误差的原因。

**表 14.2.4 典型二阶系统性能指标的理论计算值与仿真观测值的比较**

| 性能指标 | 理论计算值 | 仿真观测值 | 两者是否一致 |
|---|---|---|---|
| 超调量 | | | |
| 峰值时间 | | | |
| 2%调节时间 | | | |

⊠课后思考题 AQ14.1：按照上述步骤，完成本例题。

△

# 学习活动 14.3　通过动态响应辨识系统的传递函数

专题 5 中介绍了机理分析建模方法，又称分析法。该方法是通过对系统内在机理的分析，运用物理定律，推导出描述系统运动的数学表达式，通常称为机理模型。此外，还可通过实验方法来建模，通常称为系统辨识。系统辨识是利用系统输入、输出的实验数据或者正常运行的数据，构造数学模型的实验建模方法。

对于较简单的系统，如一阶或二阶系统，系统参数与动态指标有明确的对应关系。如果能通过实验获得系统的动态响应曲线（比如阶跃响应），并在曲线上识别出关键的动态指标，就可以确定系统的传递函数，达到实验建模的目的。

> **Q14.3.1**　假设通过实验获得某二阶系统的单位阶跃响应曲线，如图 14.3.1 所示，试辨识该系统的传递函数。
>
> 注：图中阶跃响应曲线的峰值时间为 0.364s，峰值为 0.93，稳态值为 0.8。

**解：**

1）根据超调量确定系统的阻尼比。

根据图 14.3.1 观测系统阶跃响应的超调量：

$$\sigma_{\mathrm{p}}\% = \frac{y(t_{\mathrm{p}}) - y(\infty)}{y(\infty)} \times 100\% = \underline{\hspace{3cm}} \tag{14.3.1}$$

· 查表 14.2.2，根据超调量估计对应的阻尼比。

系统的阻尼比约为：$\zeta \approx \underline{\hspace{2cm}}$

2）根据峰值时间确定系统的无阻尼自然振荡频率。

· 根据图 14.3.1 观测系统阶跃响应的峰值时间：

$$t_{\mathrm{p}} = \underline{\hspace{4cm}}$$

· 将上面确定的阻尼比和峰值时间代入式（14.2.2），计算无阻尼自然振荡频率：

$$t_{\mathrm{p}} = \frac{\pi}{\omega_{\mathrm{n}}\sqrt{1-\zeta^2}} \Rightarrow \omega_{\mathrm{n}} = \frac{\pi}{t_{\mathrm{p}}\sqrt{1-\zeta^2}} = \underline{\hspace{3cm}} \tag{14.3.2}$$

3）根据稳态终值确定稳态增益 $K_{\mathrm{s}}$。

$$K_{\mathrm{s}} = \lim_{s \to 0}\left[\frac{Y(s)}{R(s)}\right] = \lim_{t \to \infty}\left[\frac{y(t)}{r(t)}\right] = \underline{\hspace{3cm}} \tag{14.3.3}$$

4）将上述计算结果代入二阶系统的参数表达式，推算出该系统的传递函数。

$$G(s) = \frac{Y(s)}{R(s)} = \frac{K_{\mathrm{s}} \cdot \omega_{\mathrm{n}}^2}{s^2 + 2\zeta\omega_{\mathrm{n}}s + \omega_{\mathrm{n}}^2} = \underline{\hspace{3cm}} \tag{14.3.4}$$

⊠课后思考题 AQ14.1：根据步骤 4）中得到的传递函数，绘制该系统的单位阶跃响应曲线。观测峰值时间，峰值和稳态值，与图 14.3.1 中的实验曲线相比较，判断本题中通过系统辨识得到的传递函数是否正确。

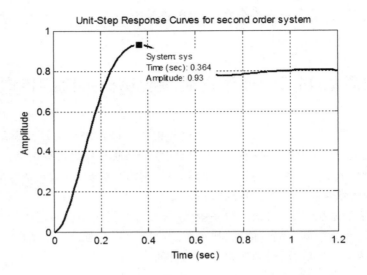

图 14.3.1 某二阶系统的单位阶跃响应曲线

# 学习活动 14.4 采用积分控制器的直流电机调速系统设计

由于典型二阶系统的动态性能与系统参数有明确的对应关系,则在二阶反馈控制系统设计过程中,可根据性能指标的要求,推算出控制器参数的取值范围。典型二阶系统的阶跃响应的特点是:阻尼比较小时,上升时间虽然短但超调量很大,系统容易不稳定;而阻尼比较大时,超调量虽然减小了,但上升时间加长,使动态响应速度变慢。折中考虑,在系统设计时一般将典型二阶系统的阻尼比整定在 0.7 左右,以获得较理想的动态特性。

下面根据这个原则,采用积分控制器,对直流电机闭环调速系统进行重新设计。直流电机调速系统传递函数方框图如图 14.4.1 所示,参见专题 13。采用比例控制器时,开环系统的稳态增益为有限值,属于稳定系统,可以工作于开环状态。而采用积分控制器时,$G_c(s) = K_1/s$,则前向通道中存在一个位于原点的极点,所以开环系统的稳态增益为无穷大,不能稳定工作于开环状态,必须采用反馈控制。

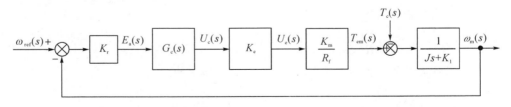

图 14.4.1 直流电机调速系统传递函数方框图

> Q14.4.1　直流电机闭环调速系统如图 14.4.1 所示,采用积分控制器,即 $G_c(s)=K_I/s$。设角速度给定 $\omega_{ref}(t)$ 是幅值为 $A$ 的阶跃输入,负载转矩 $T_c(s)$ 是幅值为 $B$ 的阶跃信号。根据下述要求对系统进行分析和设计。
>
> 系统阶跃响应的期望性能指标:$\sigma_p\%\leqslant 5\%$,$t_s(2\%)\leqslant 1s$,$e_{ss}=0$。

**解:**

1)参考输入单独作用下,计算系统的闭环传递函数 $\Phi_1(s)$,并化为**典型二阶系统的参数表达式**形式。定义 $K=K_rK_IK_eK_m/R_f$。

$$\Phi_1(s)=\frac{\omega_m(s)}{\omega_{ref}(s)}=\frac{G}{1+GH}\quad G=\frac{K_rK_IK_eK_m/R_f}{s(Js+K_1)}=\frac{K}{s(Js+K_1)}\quad H=1$$

$$\Rightarrow\Phi_1(s)=\underline{\hspace{5cm}}=\frac{\omega_n^2}{s^2+2\zeta\omega_ns+\omega_n^2}\qquad(14.4.1)$$

$$\omega_n=\underline{\hspace{3cm}}\qquad\zeta=\underline{\hspace{3cm}}\qquad K=\frac{K_rK_IK_eK_m}{R_f}$$

2)根据学习活动 14.2 中得出典型二阶系统动态性能与特征参数的关系,讨论如何选择控制器参数 $K_I$,以满足期望性能指标的要求。

查表 14.2.2,根据期望的超调量估计阻尼比的取值范围。

$$\sigma_p\%\leqslant 5\%\Rightarrow\underline{\hspace{3cm}}\qquad(14.4.2)$$

上式表明:为了满足二阶控制系统的超调量不超过 5% 的要求,则必须将该系统阻尼比设置为 $\underline{\hspace{4cm}}$。不失一般性,满足超调量要求的阻尼比的范围如下:

$$\zeta\geqslant\zeta_{min}\qquad(14.4.3)$$

根据式(14.4.1)中给出的 $\zeta$ 与参数 $K$ 的关系,结合式(14.4.3)的要求,可以推导出满足超调量要求的控制参数 $K_I$ 的取值范围。

$$\zeta=\frac{K_1}{2}\sqrt{\frac{1}{JK}}\geqslant\zeta_{min}\Rightarrow K\leqslant\frac{K_1^2}{J\cdot 4\zeta_{min}^2}\Rightarrow K_{I\cdot max}\leqslant\frac{R_f}{K_rK_eK_m}\cdot\frac{K_1^2}{J\cdot 4\zeta_{min}^2}\qquad(14.4.4)$$

• 根据式(14.2.3)可知调节时间由 $\zeta\omega_n$ 决定,根据式(14.4.1)可写出 $\zeta\omega_n$ 的**参数表达式**:

$$\zeta\omega_n=\underline{\hspace{5cm}}\qquad(14.4.5)$$

判断:上述表达式与控制参数 $K_I$ 是否有关? $\underline{\hspace{3cm}}$

上述分析表明:本控制系统中改变控制参数 $K_I$ 只能调节闭环系统的超调量,无法改变调节时间。因此,需要寻找更有效的控制器,以同时满足多个性能指标的要求。

3)参考输入单独作用下,计算系统的稳态误差分量 $e_{ss1}$。

• 根据稳态误差的公式,推导稳态误差的拉氏表达式:

$$\begin{cases}E_1(s)=\omega_{ref}(s)-\omega_m(s)\\\omega_m(s)=\Phi_1(s)\omega_{ref}(s)\end{cases}\Rightarrow E_1(s)=[1-\Phi_1(s)]\omega_{ref}(s)\quad\omega_{ref}(s)=\frac{A}{s}\qquad(14.4.6)$$

• 将步骤 1)中得出的 $\Phi_1(s)$ 的表达式代入上式,并应用终值定理求解稳态误差:

$$e_{ss1}=\lim_{s\to 0}sE_1(s)=\underline{\hspace{4cm}}\qquad(14.4.7)$$

上述分析表明:无扰动情况下,采用积分控制器时系统的稳态误差为零。

4)扰动输入单独作用下,计算系统的稳态误差分量 $e_{ss2}$。

- 首先推导扰动输入单独作用下系统的闭环传递函数 $\Phi_2(s)$

$$\Phi_2(s) = \frac{\omega_{\mathrm{m}}(s)}{-T_{\mathrm{c}}(s)} = \frac{G}{1+GH} \qquad G = \underline{\qquad} \qquad H = \underline{\qquad}$$

$$\Rightarrow \Phi_2(s) = \underline{\hspace{5cm}} \tag{14.4.8}$$

根据稳态误差的公式，推导稳态误差的拉氏表达式。

$$\begin{cases} E_2(s) = 0 - \omega_{\mathrm{m}}(s) \\ \omega_{\mathrm{m}}(s) = \Phi_2(s)[-T_{\mathrm{c}}(s)] \end{cases} \Rightarrow E_2(s) = \Phi_2(s)T_{\mathrm{c}}(s) \qquad T_{\mathrm{c}}(s) = \frac{B}{s} \tag{14.4.9}$$

- 将 $\Phi_2(s)$ 的表达式代入上式，并应用终值定理求解稳态误差：

$$e_{\mathrm{ss}2} = \lim_{s \to 0} sE_2(s) = \underline{\hspace{4cm}} \tag{14.4.10}$$

上述分析表明：有扰动时，该系统的稳态误差仍为零。

5) 参考输入和扰动输入共同作用下，计算系统的稳态误差 $e_{\mathrm{ss}\Sigma}$。

根据叠加定理，计算总稳态误差：

$$e_{\mathrm{ss}\Sigma} = e_{\mathrm{ss}1} + e_{\mathrm{ss}2} = \underline{\hspace{4cm}} \tag{14.4.11}$$

上述分析表明：不论是否有扰动，系统的稳态误差总为零，满足稳态性能指标 $e_{\mathrm{ss}} = 0$ 的要求，而且稳态误差与控制器参数无关。

⊠课后思考题 AQ14.2：根据上述步骤，完成本例题。

△

上例以闭环调速系统为例分析了积分控制的特点，不失一般性，采用积分控制器且被控对象为一阶环节时，闭环控制系统的传递函数方框图如图 14.4.2 所示。

---

**知识卡 14.2：采用积分控制器的二阶闭环控制系统**

闭环传递函数：$\dfrac{Y(s)}{R(s)} = \dfrac{bK_{\mathrm{I}}}{s^2 + as + bK_{\mathrm{I}}}$

稳态误差：$\qquad e_{\mathrm{ss}} = 0$

设计目标：合理选取积分系数 $K_{\mathrm{I}}$，使阶跃响应的超调量符合要求。

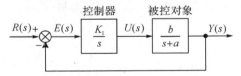

**图 14.4.2 采用积分控制器的二阶闭环控制系统**

---

此时闭环控制系统为典型二阶系统，该控制系统的特点如下：

1) 调节积分系数 $K_{\mathrm{I}}$，可以改变控制系统阶跃响应的超调量，但不能改变调节时间。

2) 控制系统的稳态误差为零，且与积分系数无关。说明积分控制器有消除闭环控制系统稳态误差的作用。

该控制系统的设计目标是合理选取积分系数 $K_{\mathrm{I}}$，使阶跃响应的超调量符合要求。

## 小 结

本专题利用 MATLAB 仿真的方法，研究了欠阻尼状态下典型二阶系统性能指标与特征参数的关系，并介绍了上述关系的两个典型应用：辨识系统的传递函数和确定控制器参数。

1) 典型二阶系统的参数表达式，见式(14.1.1)，其中两个特征参数为阻尼比 $\zeta$ 和无阻尼自然振荡频率 $\omega_n$。这两个特征参数与系统阶跃响应的动态性能指标之间存在明确的关系：

·超调量仅由阻尼比 $\zeta$ 决定，阻尼比增加时，超调量将减小。$\zeta$ 与 $\sigma_p\%$ 的关系见表 14.2.2。

·调节时间由 $\zeta\omega_n$ 决定，可将 $\zeta\omega_n$ 的倒数定义为二阶系统的时间常数，则调节时间与时间常数的关系与一阶系统类似。

上述关系是二阶控制系统分析和设计的重要理论依据。

2) 对于较简单的系统，如一阶或二阶系统，由于系统的特征参数与动态指标有明确的对应关系，可采用实验建模的方法确定对象的数学模型。已知某对象是二阶系统，通过实验获得对象的动态响应曲线，在曲线上识别出关键的动态指标(如超调量和峰值时间)后，可估计出对象的特征参数($\zeta$ 和 $\omega_n$)，从而建立出对象的传递函数模型。

3) 由于典型二阶系统的动态性能与特征参数有明确的对应关系，在二阶反馈控制系统设计过程中，可根据性能指标的要求，推算出控制参数的取值范围。一般将典型二阶系统的阻尼比整定在 0.7 左右，以获得较理想的动态特性。

4) 采用积分控制器且被控对象为一阶环节时，闭环控制系统将成为典型二阶系统。积分控制有消除闭环控制系统稳态误差的作用。合理选取积分系数 $K_I$，可调节闭环系统的阻尼比，从而使阶跃响应的超调量符合要求。

本专题的设计任务是：采用积分型控制器重新设计直流电机闭环调速系统，根据期望性能指标，确定积分系数的合理取值。

## 测　验

**R14.1**　已知典型二阶系统阻尼比是 0.2，无阻尼自然振荡频率为 2，估计该系统阶跃响应的 5% 调节时间为(　　　)。

A. 5 s　　　　　　B. 7.5 s　　　　　　C. 10 s　　　　　　D. 12.5 s

**R14.2**　对于典型二阶系统，假设无阻尼自然振荡频率不变，当阻尼比减小时，对系统阶跃响应的影响是(　　　)。

A. 上升时间减小　　B.上升时间增加　　C. 超调量减小　　D. 超调量增加

**R14.3**　实验测得某二阶系统单位阶跃响应的指标为：超调量约为 16%，2% 调节时间约为 4s，稳值约为 0.5。试估计该二阶系统的传递函数：(　　　)

A. $\dfrac{4}{s^2+2s+4}$　　　B. $\dfrac{2}{s^2+2s+4}$　　　C. $\dfrac{4}{s^2+s+4}$　　　D. $\dfrac{2}{s^2+s+4}$

**R14.4**　当反馈控制系统结构基本确定后，设计的主要任务将是合理选择控制器形式，并确定控制参数，以满足性能指标的要求，其中：

反映响应快速性的指标是　(　　　)

反映响应稳定性的指标是　(　　　)

反映系统跟踪精度的指标是(　　　)

反映系统抗扰能力的指标是(　　　)

  A. 超调量           B. 调节时间

  C. 稳态误差的扰动分量       D. 稳态误差的给定分量

**R14.5**   在设计控制系统时,一般将二阶系统设计为(    ),以提高系统响应的快速性。

  A. 过阻尼状态         B. 临界阻尼状态

  C. 欠阻尼状态         D. 无阻尼状态

**R14.6**   直流电机闭环调速系统如图 14.4.1 所示,采用积分控制器,即 $G_c(s) = K_1/s$。当减小积分系数 $K_1$ 时,对系统阶跃响应的影响是(    )。

  A. 超调量增加    B. 超调量减小     C. 超调量不变

  D. 调节时间增加    E. 调节时间减小    F. 调节时间不变

# 专题 15　二阶系统动态特性的理论分析

● **承上启下**

　　专题 14 对二阶系统的动态特性进行了仿真研究,得到了二阶系统特征参数与阶跃响应性能指标之间的关系。为了深入分析二阶系统的动态特性,还需要对其进行理论研究。由于系统的零、极点分布决定了系统的特性,因此可以画出传递函数的零、极点分布图,直观地分析系统的特性。传递函数的零、极点形式参见附录 2。

　　本专题首先以一阶系统为例,研究一阶系统的极点分布与动态响应的关系。然后根据二阶系统的极点分布,运用理论计算的方法定量分析二阶系统的阶跃响应,并揭示二阶系统极点分布与动态性能的内在关系。

● **学习目标**

掌握一阶系统的极点分布与动态性能的关系。
掌握二阶系统的极点分布与动态性能的关系。

● **知识导图**

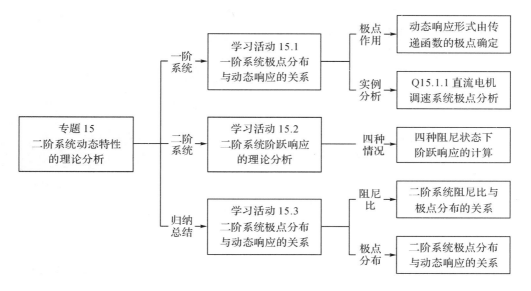

● **基础知识和基本技能**

系统传递函数的零、极点形式。(参见附录 2)

绘制系统零极点分布图的方法。

绘制系统零极点分布图的 m 指令。

● **工作任务**

根据一阶系统的极点分布,定量分析一阶系统的阶跃响应。

根据二阶系统的极点分布,定量分析二阶系统的阶跃响应。

# 学习活动 15.1  一阶系统极点分布与动态响应的关系

首先通过对最简单的一阶系统的分析,说明系统的极点分布与动态性能的关系。

根据附录 2 中第 3 条,将典型一阶系统的传递函数由时间常数形式化为零、极点形式,见式(15.1.1)。可见,一阶系统没有零点,只有一个极点位于 $p_1$。

$$G(s)=\frac{Y(s)}{R(s)}=\frac{1}{\tau_1 s+1}=\frac{1/\tau_1}{s+1/\tau_1}=\frac{1/\tau_1}{s-p_1} \quad p_1=-1/\tau_1 \tag{15.1.1}$$

典型一阶系统的单位阶跃响应,还可用极点的形式表示为:

$$y(t)=1-e^{-t/\tau_1}=1-e^{p_1 t} \tag{15.1.2}$$

由上式可见,一阶系统的阶跃响应形式由时间常数 $\tau_1$,或由系统的极点 $p_1$ 确定。该特征不只局限于一阶系统,而且适用于所有动态系统,此特征可一般性地表述为:

**系统的动态响应形式由传递函数的极点确定。**

下面以直流电机调速系统为例,分析一阶系统极点分布与动态性能的关系。

Q15.1.1  直流电机调速系统如图 15.1.1 所示,采用比例控制器,部分系统参数的取值标注在图的下方。采用开环控制和闭环控制方式时,分别绘制系统的零极点分布图,并分析极点分布与动态性能的关系。

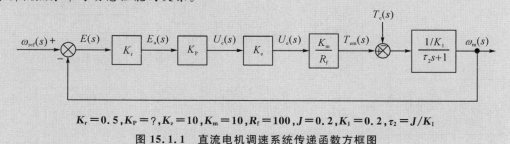

$K_r=0.5, K_P=?, K_e=10, K_m=10, R_f=100, J=0.2, K_1=0.2, \tau_2=J/K_1$

**图 15.1.1  直流电机调速系统传递函数方框图**

**解:**

1)分析开环调速系统的极点与阶跃响应的关系。

• 将开环调速系统的传递函数写成零、极点形式。

将图 15.1.1 中闭环控制系统的反馈通道断开,则成为开环控制系统,写出开环调速系统的传递函数,并化成零、极点形式:

$$\frac{\omega_m(s)}{\omega_{ref}(s)}=\frac{K_s}{\tau_2 s+1}=\frac{K_s/\tau_2}{s+1/\tau_2}=\frac{K_s/\tau_2}{s-p_1} \quad K_s=\frac{K_r K_P K_e K_m}{R_f K_1} \quad p_1=-\frac{1}{\tau_2} \tag{15.1.3}$$

可见,采用比例控制器的开环调速系统为一阶系统,没有零点,只有一个开环极点 $p_1$。

• 将开环调速系统的单位阶跃响应写成极点形式

参照专题 10 中一阶系统阶跃响应的分析，开环调速系统的单位阶跃响应，可根据式 (15.1.3) 中系统传递函数的时间常数形式直接推出。根据极点 $p_1$ 和时间常数 $\tau_2$ 的关系，还可用极点的形式表示，见式 (15.1.4)。

$$\omega_{\mathrm{m}}(t) = K_{\mathrm{s}} \cdot [1 - e^{-t/\tau_2}] = K_{\mathrm{s}} \cdot [1 - e^{p_1 t}] \tag{15.1.4}$$

可见，开环调速系统单位阶跃响应的形式，由系统的开环极点 $p_1$ 确定。

2）分析闭环调速系统的极点与阶跃响应的关系。

• 将闭环调速系统的传递函数写成零极点形式。

推导图 15.1.1 中调速系统的闭环传递函数，先写成时间常数形式：

$$\frac{\omega_{\mathrm{m}}(s)}{\omega_{\mathrm{ref}}(s)} = \frac{K_{\mathrm{s}}}{\tau_2 s + 1 + K_{\mathrm{s}}} = \frac{K_{\mathrm{s}}}{1 + K_{\mathrm{s}}} \frac{1}{\tau_{\mathrm{c}} s + 1} \quad K_{\mathrm{s}} = \frac{K_{\mathrm{r}} K_{\mathrm{P}} K_{\mathrm{e}} K_{\mathrm{m}}}{R_{\mathrm{f}} K_1} \quad \tau_{\mathrm{c}} = \frac{\tau_2}{1 + K_{\mathrm{s}}} \tag{15.1.5}$$

再将闭环传递函数化成零极点形式：

$$\frac{\omega_{\mathrm{m}}(s)}{\omega_{\mathrm{ref}}(s)} = \frac{K_{\mathrm{s}}}{\tau_2 s + 1 + K_{\mathrm{s}}} = \frac{K_{\mathrm{s}}/\tau_2}{s + (1 + K_{\mathrm{s}})/\tau_2} = \frac{K_{\mathrm{s}}/\tau_2}{s - p_{1\mathrm{c}}} \quad p_{1\mathrm{c}} = -\frac{1 + K_{\mathrm{s}}}{\tau_2} = -\frac{1}{\tau_{\mathrm{c}}} \tag{15.1.6}$$

可见，采用比例控制器的开环调速系统仍为一阶系统，没有零点，只有一个闭环极点 $p_{1\mathrm{c}}$，但是与开环系统相比，闭环系统极点的位置发生了改变。

• 将闭环调速系统的单位阶跃响应写成极点形式。

同理，闭环调速系统的单位阶跃响应，可根据式 (15.1.5) 中闭环传递函数的时间常数形式直接推出。根据闭环极点 $p_{1\mathrm{c}}$ 和时间常数 $\tau_{\mathrm{c}}$ 的关系，还可用极点的形式表示，见式 (15.1.7)。

$$\omega_{\mathrm{m}}(t) = \frac{K_{\mathrm{s}}}{1 + K_{\mathrm{s}}} \cdot [1 - e^{-\frac{t}{\tau_{\mathrm{c}}}}] = \frac{K_{\mathrm{s}}}{1 + K_{\mathrm{s}}} \cdot [1 - e^{p_{1\mathrm{c}} t}] \tag{15.1.7}$$

可见，闭环调速系统单位阶跃响应的形式，由系统的闭环极点 $p_{1\mathrm{c}}$ 确定。

3）分析极点分布对系统动态响应的影响

• 开环调速系统与闭环调速系统极点之间的关系

比较开环调速系统的阶跃响应表达式 (15.1.4) 和闭环调速系统的阶跃响应表达式 (15.1.7)，两个系统的极点都为负实数，且幅值关系为 $|p_{1\mathrm{c}}| > |p_1|$。由于式 (15.1.7) 中指数项的收敛速度更快，所以闭环系统阶跃响应的动态过程更短、响应速度更快。

上述分析表明，极点位置的不同是导致开环和闭环系统动态响应特性不同的根本原因。极点位置与动态响应的关系，在极点分布图上表现得更为直观。

• 开环调速系统与闭环调速系统的极点分布图。

图 15.1.1 所示直流电机调速系统，采用图下方给出的系统参数取值，则 $K_{\mathrm{s}} = 2.5 K_{\mathrm{P}}$，将开环极点和不同控制参数下的闭环极点，及所对应的 5% 调节时间填入表 15.1.1。

表 15.1.1　开环/闭环系统的极点及其对应的 5% 调节时间

| 系统类型 | 控制参数 | 极点 | 5% 调节时间 |
| --- | --- | --- | --- |
| 开环系统 | $K_{\mathrm{P}}$ 任意 | $p_1 = -\dfrac{1}{\tau_2} =$ | $t_{\mathrm{s}} = 3\tau_2 = \dfrac{3}{\vert p_1 \vert} =$ |
| 闭环系统 | $K_{\mathrm{P}} = 0.4$ | $p_{1\mathrm{c}} = -\dfrac{1 + K_{\mathrm{s}}}{\tau_2} =$ | $t_{\mathrm{s}} = 3\tau_{\mathrm{c}} = \dfrac{3}{\vert p_{1\mathrm{c}} \vert} =$ |
| 闭环系统 | $K_{\mathrm{P}} = 1.2$ | $p_{1\mathrm{c}} = -\dfrac{1 + K_{\mathrm{s}}}{\tau_2} =$ | $t_{\mathrm{s}} = 3\tau_{\mathrm{c}} = \dfrac{3}{\vert p_{1\mathrm{c}} \vert} =$ |

根据上述计算，可在复平面上绘制开环和闭环系统的极点分布，如图15.1.2所示。

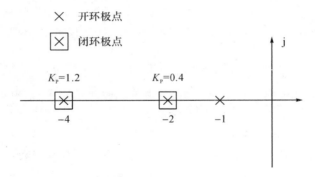

**图 15.1.2    开环和闭环调速系统的极点分布图**

· 利用极点分布图分析极点位置对系统动态响应的影响。

图15.1.2中，开环极点和闭环极点都处于复平面的＿＿＿＿＿轴上。从单位阶跃响应的表达式可以看出，极点坐标 $p_1$ 或 $p_{1c}$ 就是指数项的指数，指数为＿＿＿＿＿表示指数项收敛，则系统是稳定的。

在极点分布图中，与开环极点相比闭环极点与虚轴的距离更＿＿＿＿＿，即 $|p_{1c}| >$ $|p_1|$。由于闭环系统阶跃响应的指数项收敛速度更＿＿＿＿＿，使其阶跃响应的调节时间更＿＿＿＿＿。

对于闭环系统，控制器增益 $K_P$ 越＿＿＿＿＿时，闭环极点与虚轴的距离越＿＿＿＿＿，即 $|p_{1c}|$ 越＿＿＿＿＿，$|\tau_c|$ 越＿＿＿＿＿，系统阶跃响应的收敛速度越快，调节时间越小。

△

根据上例的分析，可以得出一阶系统极点分布与动态响应的关系：
1）一阶系统的极点在负实轴上，系统的阶跃响应收敛且无振荡。
2）负实轴上极点的位置离虚轴越远，则系统动态响应的收敛速度越快。

# 学习活动 15.2    二阶系统阶跃响应的理论分析

与一阶系统类似，二阶系统动态响应的形式也是由传递函数的极点确定。典型二阶系统传递函数的参数表达式见式(15.2.1)，该系统的特征方程见式(15.2.2)。

$$G(s) = \frac{Y(s)}{R(s)} = \frac{\omega_n^2}{s^2 + 2\zeta\omega_n s + \omega_n^2} \tag{15.2.1}$$

$$D(s) = s^2 + 2\zeta\omega_n s + \omega_n^2 = 0 \tag{15.2.2}$$

求解特征方程，得到典型二阶系统的特征根（即极点）为：

$$s_{1,2} = \frac{-2\zeta\omega_n \pm \sqrt{(2\zeta\omega_n)^2 - 4\omega_n^2}}{2} = -\zeta\omega_n \pm \omega_n\sqrt{\zeta^2 - 1} \tag{15.2.3}$$

可见，二阶系统的极点分布情况取决于系统阻尼比 $\zeta$ 的取值，如表15.2.1所示。

表 15.2.1　典型二阶系统的极点分布与阻尼比的关系

| 阻尼比 | 极点取值 | 极点分布特征 | 系统状态 |
|---|---|---|---|
| $\zeta > 1$ | $s_{1,2} = -\zeta\omega_n \pm \omega_n \sqrt{\zeta^2-1}$ | 负实轴两个实数极点 | 过阻尼 |
| $\zeta = 1$ | $s_{1,2} = -\zeta\omega_n$ | 负实轴一对实重极点 | 临界阻尼 |
| $0 < \zeta < 1$ | $s_{1,2} = -\zeta\omega_n \pm j\omega_n \sqrt{1-\zeta^2}$ | 左半面一对共轭极点 | 欠阻尼 |
| $\zeta = 0$ | $s_{1,2} \pm j\omega_n$ | 虚轴上一对共轭极点 | 无阻尼 |

下面根据二阶系统的极点分布情况,运用理论计算的方法定量分析二阶系统的阶跃响应。

## 15.2.1　过阻尼状态下二阶系统的单位阶跃响应($\zeta > 1$)

在零初始条件下,典型二阶系统单位阶跃响应的拉氏表达式为:

$$Y(s) = G(s)R(s) = \frac{\omega_n^2}{s^2 + 2\zeta\omega_n s + \omega_n^2} \frac{1}{s} \tag{15.2.4}$$

根据式(15.2.3),在过阻尼情况下,$\zeta > 1$,系统有 2 个负实数极点 $s_1$ 和 $s_2$:

$$s_1 = -\zeta\omega_n + \omega_n \sqrt{\zeta^2-1} \qquad s_2 = -\zeta\omega_n - \omega_n \sqrt{\zeta^2-1} \tag{15.2.5}$$

则单位阶跃响应的拉氏表达式可分解为部分分式形式:

$$Y(s) = \frac{\omega_n^2}{(s-s_1)(s-s_2)} \frac{1}{s} = \frac{c_0}{s} + \frac{c_1}{s-s_1} + \frac{c_2}{s-s_2} \tag{15.2.6}$$

利用留数法可计算各部分分式的待定系数:

$$c_0 = \lim_{s \to 0} sY(s) = 1$$

$$c_1 = \lim_{s \to s_1} (s-s_1)Y(s) = -\frac{\zeta + \sqrt{\zeta^2-1}}{2\sqrt{\zeta^2-1}} \tag{15.2.7}$$

$$c_2 = \lim_{s \to s_2} (s-s_2)Y(s) = \frac{\zeta - \sqrt{\zeta^2-1}}{2\sqrt{\zeta^2-1}}$$

对式(15.2.7)进行拉氏逆变换可得到二阶系统阶跃响应的时域表达式:

$$y(t) = 1 + c_1 e^{s_1 t} + c_2 e^{s_2 t} \tag{15.2.8}$$

由于 $s_1$ 和 $s_2$ 均为负实数,所以上式中的两个指数项将随着时间的增加而衰减,使系统的阶跃响应收敛。当时间趋向于无穷时系统的稳态输出为 1。

综上所述,过阻尼状态下典型二阶系统的极点分布图和单位阶跃响应曲线如图 15.2.1,两个实极点都在负实轴上,阶跃响应收敛且无振荡。

> Q15.2.1　利用 MATLAB 绘制典型二阶系统的单位阶跃响应,计算该系统的极点并绘制零极点分布图。

**解:**

- 编写 m 脚本,绘制典型二阶系统的阶跃响应和零极点分布图。

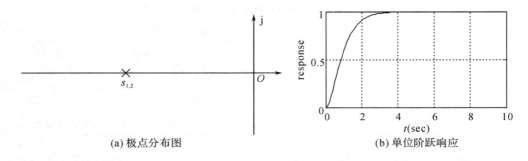

(a) 极点分布图　　　　　　　　　(b) 单位阶跃响应

**图 15.2.1　过阻尼状态下典型二阶系统的极点分布和单位阶跃响应**

```
%Q15_2_1:Unit-Step response and pzmap for normal second order system
%G(s)=omega_n^2/[s^2+2*zeta*omega_n+omega_n^2]
omega_n=1; zeta=2;
num=[omega_n^2];den=[1 2*zeta*omega_n omega_n^2]; sys=tf(num,den)
step(sys); grid
title(['Unit-Step Response Curves with \omega_n=',...
num2str(omega_n),'and \zeta=',num2str(zeta)])
pole(sys)
figure; pzmap(sys);
```

注:指令 pole(sys)的作用是根据传递函数 sys 计算系统的极点,pzmap(sys)的作用是根据传递函数 sys 绘制系统的零极点分布图。设 $\zeta=2$,$\omega_n=1$,系统处于过阻尼状态。

- 记录过阻尼状态下极点的仿真计算值。

命令窗口输出的极点计算值为:＿＿＿＿＿＿＿＿＿＿

根据式(15.2.5)计算系统的极点:$s_{1,2}=-\zeta\omega_n\pm\omega_n\sqrt{\zeta^2-1}=$＿＿＿＿＿＿＿＿＿＿

判断:极点的理论计算值与仿真结果是否一致?＿＿＿＿＿＿＿＿＿

- 观察过阻尼状态下零极点分布和阶跃响应的特点。

图形窗口输出的零极点分布图如图 15.2.2 所示,阶跃响应曲线与图 15.2.1(b)类似。

过阻尼状态下:两个实极点都在＿＿＿＿＿轴上,阶跃响应收敛且无＿＿＿＿＿。

△

## 15.2.2　临界阻尼状态下二阶系统的单位阶跃响应($\zeta=1$)

在临界阻尼情况下,$\zeta=1$。根据式(15.2.3),二阶系统有 2 个负实数重极点:

$$s_1=s_2=-\omega_n \tag{15.2.9}$$

单位阶跃响应的拉氏表达式(15.2.4)可展开成部分分式形式。注意:有重极点时部分分式的展开形式与无重极点时不同,详细内容可参考有关教材。

$$Y(s)=\frac{\omega_n^2}{(s-s_1)^2}\frac{1}{s}=\frac{c_0}{s}+\frac{c_1}{(s-s_1)^2}+\frac{c_2}{s-s_1}\quad c_0=1,c_1=-\omega_n,c_2=-1 \tag{15.2.10}$$

对式(15.2.10)进行拉氏逆变换,可得二阶系统单位阶跃响应的时域表达式:

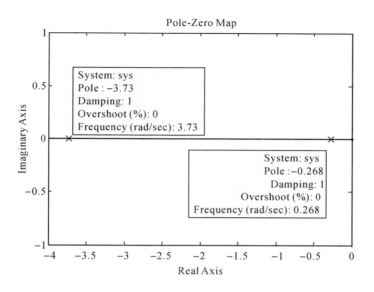

**图 15.2.2　过阻尼状态下典型二阶系统的零、极点分布图**

$$y(t)=1-(\omega_n t+1)e^{-\omega_n t} \tag{15.2.11}$$

综上所述,临界阻尼状态下典型二阶系统的极点分布图和单位阶跃响应曲线如图 15.2.3 所示。两个实极点重合于负实轴上,阶跃响应处于临界振荡状态。

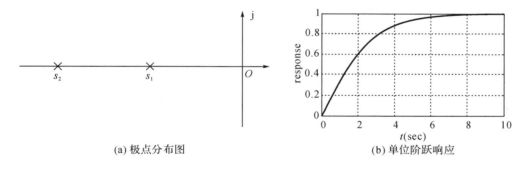

(a) 极点分布图　　　　　　　(b) 单位阶跃响应

**图 15.2.3　临界阻尼状态下典型二阶系统的极点分布和单位阶跃响应**

Q15.2.2　利用例题 Q15.2.1 中建立的 m 脚本,观测临界阻尼状态下,典型二阶系统的单位阶跃响应和零、极点分布图。设 $\zeta=1,\omega_n=1$。

**解:**

- 记录临界阻尼状态下极点的仿真计算值。

命令窗口输出的极点计算值为:＿＿＿＿＿＿＿＿＿

根据式(15.2.9)计算系统的极点:$s_{1,2}=-\omega_n=$＿＿＿＿＿＿＿＿＿

判断:极点的理论计算值与仿真结果是否一致?　＿＿＿＿＿＿＿

- 观察临界阻尼状态下零极点分布和阶跃响应的特点。

临界阻尼状态下:两个实极点＿＿＿＿＿＿负实轴上,阶跃响应处于＿＿＿＿＿＿振荡状态。

### 15.2.3 欠阻尼状态下二阶系统的单位阶跃响应($0<\zeta<1$)

欠阻尼情况下,$0<\zeta<1$,根据式(15.2.3),系统有 2 个位于负半平面的共轭复数极点:

$$s_1 = -\zeta\omega_n + j\omega_n \sqrt{1-\zeta^2} \quad s_2 = -\zeta\omega_n - j\omega_n \sqrt{1-\zeta^2} \tag{15.2.12}$$

定义阻尼振荡频率 $\omega_d$ 如下:

$$\omega_d = \omega_n \sqrt{1-\zeta^2} \tag{15.2.13}$$

单位阶跃响应的拉氏表达式(15.2.4)可展开成部分分式形式。注意:有共轭复数极点时部分分式的展开形式与实数极点时不同,为避免复数运算,仍保留二阶分式形式,详细内容可参考有关教材。

$$Y(s) = \frac{1}{s} - \frac{s+2\zeta\omega_n}{s^2+2\zeta\omega_n s+\omega_n^2} = \frac{1}{s} - \frac{s+\zeta\omega_n}{(s+\zeta\omega_n)^2+\omega_d^2} - \frac{\zeta\omega_n}{(s+\zeta\omega_n)^2+\omega_d^2} \tag{15.2.14}$$

对式(15.2.14)进行拉氏逆变换,可得二阶系统阶跃响应的时域表达式:

$$y(t) = 1 - e^{-\zeta\omega_n t}\cos\omega_d t - \frac{\zeta}{\sqrt{1-\zeta^2}}e^{-\zeta\omega_n t}\sin\omega_d t$$

$$= 1 - \frac{e^{-\zeta\omega_n t}}{\sqrt{1-\zeta^2}}\sin(\omega_d t+\varphi) \quad \varphi = \arccos\zeta \tag{15.2.15}$$

上式第二项为衰减的指数项与正弦函数的乘积,所以响应曲线为衰减的振荡,当时间趋向于无穷时系统的稳态响应为 1。$\zeta\omega_n$ 表明指数项的衰减速度,称为衰减指数。当 $\zeta$ 较小时,调节时间的大小近似由 $\zeta\omega_n$ 决定。对式(15.2.15)求极值,可得出峰值时间和超调量的表达式,如知识卡 14.1 所示。

综上所述,欠阻尼状态下典型二阶系统的极点分布图和单位阶跃响应曲线如图 15.2.4 所示,两个共轭极点位于复平面的左半平面,阶跃响应处于衰减振荡状态。

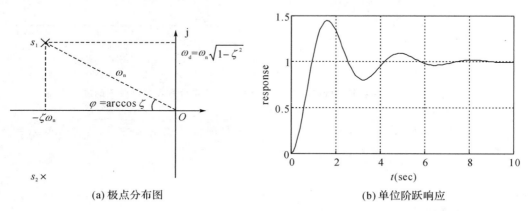

(a) 极点分布图      (b) 单位阶跃响应

**图 15.2.4　欠阻尼状态下典型二阶系统的极点分布和单位阶跃响应**

图 15.2.4 中还标出了二阶系统特征参数与极点分布的关系。定义极点 $s_{1,2} = a \pm j \cdot b$。

1)极点的实部为 $a = -\zeta\omega_n$,其幅值决定了阶跃响应的调节时间 $t_s$。

2)极点的虚部为 $b = \omega_d$,其幅值决定了阶跃响应的峰值时间 $t_p$。

3)极点与原点的距离为 $\sqrt{a^2+b^2} = \omega_n$,恰好等于无阻尼自然振荡频率。

4)定义极点与原点连线与负实轴的夹角为 $\varphi$，$\varphi$ 与阻尼比的关系见下式。该夹角决定了阶跃响应的超调量 $\sigma_p\%$。

$$\cos\varphi=-\frac{a}{\omega_n}=\zeta \tag{15.2.16}$$

> **Q15.2.3**　利用例题 Q15.2.1 中建立的脚本，观测欠阻尼状态下，典型二阶系统的单位阶跃响应和零极点分布图。设 $\zeta=0.5$，$\omega_n=1$

**解：**

- 记录欠阻尼状态下极点的仿真计算值。

命令窗口输出的极点计算值为：＿＿＿＿＿＿＿＿＿＿＿＿

根据式(15.2.12)计算系统的极点：$s_{1,2}=-\zeta\omega_n\pm j\omega_d=$＿＿＿＿＿＿＿＿＿＿

判断：极点的理论计算值与仿真结果是否一致？＿＿＿＿＿＿＿＿＿

- 利用图 15.2.4 中揭示的几何关系，根据图中的极点坐标，推算系统的特征参数

$$\omega_n=\sqrt{a^2+b^2}=\underline{\hspace{3cm}} \qquad \zeta=\cos\varphi=a/\omega_n=\underline{\hspace{3cm}}$$

判断：推算出的特征参数与题目中给定的特征参数是否一致？＿＿＿＿＿＿＿＿

- 观察欠阻尼状态下零极点分布和阶跃响应的特点。

两个＿＿＿＿＿＿＿极点位于复平面的左半平面，阶跃响应处于＿＿＿＿＿＿＿振荡状态。

△

### 15.2.4　无阻尼状态下二阶系统的单位阶跃响应 $(\zeta=0)$

在无阻尼情况下，$\zeta=0$，根据式(15.2.3)，系统有 2 个位于虚轴的共轭复数极点：

$$s_1=j\omega_n \qquad s_2=-j\omega_n \tag{15.2.17}$$

对系统输出的拉氏表达式进行反变换，可得出二阶系统阶跃响应的时域表达式：

$$Y(s)=\frac{\omega_n^2}{s^2+\omega^2}\frac{1}{s}=\frac{1}{s}-\frac{s}{s^2+\omega_n^2}\Rightarrow y(t)=1-\cos\omega_n t \tag{15.2.18}$$

上式第二项为余弦函数，所以响应曲线为等幅振荡，角频率为 $\omega_n$，即无阻尼自然振荡频率。当时间趋向于无穷时系统不再收敛。

综上所述，无阻尼状态下典型二阶系统的极点分布图和单位阶跃响应曲线如图 15.2.5 所示，两个共轭极点位于虚轴上，阶跃响应处于等幅振荡状态。

> **Q15.2.4**　利用例题 Q15.2.1 中建立的脚本，观测无阻尼状态下，典型二阶系统的单位阶跃响应和零极点分布图。设 $\zeta=0$，$\omega_n=1$。

**解：**

- 记录无阻尼状态下极点的仿真计算值。

命令窗口输出的极点计算值为：＿＿＿＿＿＿＿＿＿＿＿

根据式(15.2.17)计算系统的极点：$s_{1,2}=\pm j\omega_n=$＿＿＿＿＿＿＿＿＿

判断：极点的理论计算值与仿真结果是否一致？＿＿＿＿＿＿＿＿＿

- 观察无阻尼状态下零极点分布和阶跃响应的特点。

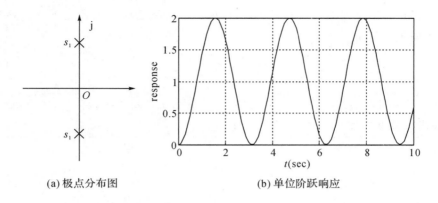

(a) 极点分布图　　　　　　　　(b) 单位阶跃响应

**图 15.2.5　无阻尼状态下典型二阶系统的极点分布和单位阶跃响应**

两个共轭极点位于＿＿＿＿＿＿＿＿＿轴上,阶跃响应处于＿＿＿＿＿＿＿＿＿振荡状态。

$\triangle$

上述分析表明,二阶系统动态响应的形式由传递函数的极点分布情况确定。下一节中将对二阶系统极点分布与动态响应的关系进行归纳和总结。

# 学习活动 15.3　二阶系统极点分布与动态响应的关系

## 15.3.1　二阶系统阻尼比与极点分布的关系

对于典型二阶系统,阻尼比 $\zeta$ 的取值对极点分布的影响较大,图 15.3.1 描绘了阻尼比连续变化时,复平面上极点分布的变化情况。

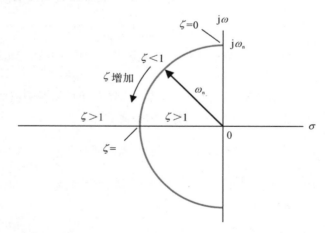

**图 15.3.1　典型二阶系统阻尼比与极点分布的关系**

观察图 15.3.1,可以发现典型二阶系统阻尼比与复平面上极点分布的关系如下:

1)当 $\zeta=0$ 时,一对共轭极点位于虚轴上:$s_{1,2}=\pm j\omega_n$。此时系统处于无阻尼状态,阶跃响应为等幅振荡。

2）当 $0<\zeta<1$ 时，若 $\omega_n$ 不变，一对共轭极点将从位于虚轴上的两个共轭极点出发，随着 $\zeta$ 的增大，分别沿着半径为 $\omega_n$ 的半圆弧线同时向负实轴方向运动。此时系统处于欠阻尼状态，阶跃响应为衰减振荡。

3）当 $\zeta=1$ 时，一对共轭极点正好运动到负实轴上，成为一对实重极点。此时系统处于临界阻尼状态，阶跃响应为单调上升。

4）当 $\zeta>1$ 时，随着 $\zeta$ 的增大，一对实重极点分开，沿着实轴反向运动，变为 2 个实极点。此时系统处于过阻尼状态，阶跃响应为单调上升。

同理，当 $\zeta<0$ 时，极点将处于复平面的右半平面。此时系统处于负阻尼状态，系统阶跃响应表达式不变，由于动态分量的指数项发散，系统是不稳定的。

### 15.3.2　二阶系统极点分布与动态响应的关系

综上所述，复平面上极点分布决定系统的阻尼比，而阻尼比决定系统的动态响应，因此可将系统极点分布与阶跃响应的关系，集中反映在图 15.3.2 中。

1）极点在右半平面时，阻尼比为负，系统响应发散，系统是不稳定的。

2）极点在虚轴上时，阻尼比为零，系统响应为等幅振荡，系统处于临界稳定。

3）极点在左半平面时，阻尼比为正，系统响应为衰减振荡（共轭极点时）或单调上升（实极点时），系统处于渐进稳定状态。

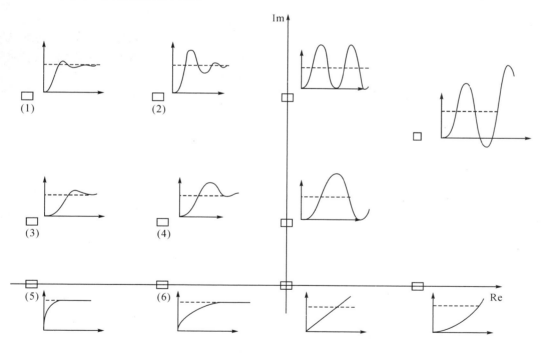

**图 15.3.2　二阶系统极点分布与阶跃响应的关系**

控制系统设计时，首先应将系统的极点配置在复平面的左半平面，以保证系统的稳定性。对于二阶控制系统，一般将系统设计成欠阻尼状态，以提高系统响应的速度。欠阻尼状态下二阶系统极点分布与动态响应的关系如下,该关系是指导控制系统设计的重要理论依据。

---

**知识卡 15.1:典型二阶系统极点分布与动态响应的关系**

· 欠阻尼情况下,典型二阶系统的极点是位于复平面左半平面的一对共轭极点。
· 极点与原点连线与负实轴的夹角越小,则阻尼比 $\zeta$ 越大,阶跃响应的超调量越小。
· 极点越远离虚轴,则衰减指数 $\zeta\omega_n$ 越大,阶跃响应的调节时间越短。

---

Q15.3.1  设二阶系统 S1~S6 的极点分布分别对应图 15.3.2 中极点(1)~(6),试分析这 6 个系统阶跃响应调节时间的大小关系,以及超调量的大小关系。

$\triangle$

Q15.3.2  采用积分控制器的直流电机闭环调速系统如图 14.4.1 所示,系统参数的取值如下。当控制参数 $K_I$ 变化时,编写 m 脚本画出系统的极点分布图和阶跃响应曲线,并据此分析控制参数 $K_I$ 变化对极点分布和动态特性的影响。

参数取值:$K_r = K_f = 0.5, K_e = 10, K_m = 10, R_f = 100, J = 0.2, K_I = 0.2$

**解:**

1)代入系统参数的取值,根据式(14.4.1)推出闭环传递函数的参数表达式:

$$\frac{\omega_m(s)}{\omega_{ref}(s)} = \frac{K}{Js^2 + K_1 s + K} \quad K = \frac{K_r K_I K_e K_m}{R_f} = 0.5 K_I \quad (15.3.1)$$

2)控制参数 $K_I = 0.1, 0.2, 0.4$ 时,编写 m 脚本,将 3 种情况下的极点分布画在一个图中,将 3 种情况下的阶跃响应画在另一个图中,见图 15.3.3,以利于相互比较。

```
%Q15_4_2: pzmap and step response for DC motor speed control system
%G(s)=K/[Js^2+K1s+K]
J=0.2; K1=0.2;
Ki=0.1;K=0.5*Ki;num=[K];den=[J K1 K];sys1=tf(num,den);
Ki=0.2;K=0.5*Ki;num=[K];den=[J K1 K];sys2=tf(num,den);
Ki=0.4;K=0.5*Ki;num=[K];den=[J K1 K];sys3=tf(num,den);
pzmap(sys1,sys2,sys3); gtext('Ki=0.1'); gtext('Ki=0.2'); gtext('Ki=0.4');
figure; step(sys1,sys2,sys3); gtext('Ki=0.1'); gtext('Ki=0.2'); gtext('Ki=0.4');
```

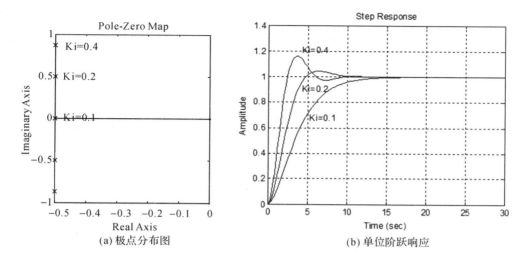

(a) 极点分布图　　　　　　　(b) 单位阶跃响应

**图 15.3.3　采用积分控制器的直流电机闭环调速系统的极点分布和单位阶跃响应**

3)观察图 15.3.3,分析 $K_I$ 变化对极点分布和动态特性的影响。

· $K_I$ 变化时,极点的实轴坐标都是 $-0.5$,即各系统的特征参数_____相同,则各系统阶跃响应的_____相同。

· $K_I$ 增加时,极点与原点连线与负实轴的夹角增加,则系统的阻尼比_____,阶跃响应的_____增加。

△

## 小　结

系统的零、极点分布将决定系统的动态特性。本专题首先以一阶系统为例,介绍了根据极点分布图分析系统动态特性的方法。然后根据二阶系统的极点分布,对二阶系统的动态特性进行理论分析。

1)为了更直观地分析系统的动态特性,往往将传递函数表示为零、极点形式(参见附录 2),并绘制系统的零、极点分布图。由于零、极点可能是复数,习惯上在复平面或 $s$ 平面上绘制零、极点分布图。通过求解系统的特征方程,可以得到系统的极点;根据极点的坐标,将其画在复平面上,即得到极点分布图。在 MATLAB 中,可利用 pzmap 指令绘制系统的零、极点分布图。

2)一阶系统只有一个极点 $p_1$,系统阶跃响应的形式由极点确定。如果一阶系统的极点在负实轴上,则系统的阶跃响应收敛且无振荡。负实轴上极点的位置离虚轴越远,则系统动态响应的速度越快。

3)典型二阶系统的极点分布情况与阻尼比 $\zeta$ 的取值有关,系统阶跃响应的形式由极点确定。过阻尼状态下系统的两个实极点都在负实轴上,阶跃响应收敛且无振荡。无阻尼状态下系统的两个共轭极点位于虚轴上,阶跃响应处于等幅振荡状态。

4)对于二阶控制系统,一般将系统设计成欠阻尼状态,以提高系统响应的速度。欠阻尼情况下,典型二阶系统的极点是位于复平面左半平面的一对共轭极点;极点与原点连线与负实轴的夹角越小,则阻尼比 $\zeta$ 越大,阶跃响应的超调量越小;极点越远离虚轴,则衰减指数 $\zeta\omega_n$ 越大,阶跃响应的调节时间越短。上述关系是指导控制系统设计的重要理论依据。

本专题的设计任务是:根据二阶系统的极点分布,定量分析二阶系统的阶跃响应。

## 测 验

**R15.1** 将典型二阶系统的状态与极点特征相匹配:

过阻尼状态( )、临界阻尼状态( )

欠阻尼状态( )、无阻尼状态 ( )

A. 负实轴上两个实数极点        B. 虚轴上一对共轭极点

C. 左半面一对共轭极点        D. 负实轴上一对实重极点

**R15.2** 关于典型二阶系统的阶跃响应,下列说法正确有( )。

A. 当两个极点都在 $s$ 平面的负实轴上时,没有超调量。

B. 当两个极点都在 $s$ 平面的虚轴上时,没有超调量。

C. 当两个极点都在 $s$ 平面的第二、三象限时,响应是等幅振荡。

D. 当阻尼比在 $0\sim1$ 内时,响应是振幅衰减的振荡。

**R15.3** 阻尼系数 $f=0,1,2,4$ 时,某质点-弹簧-阻尼系统的阶跃响应见图 R15.1,极点分布见图 R15.2。图 R15.1 中,$f=1$ 对应的曲线是( );图 R15.2 中,$f=1$ 时极点的位置可能是( )。

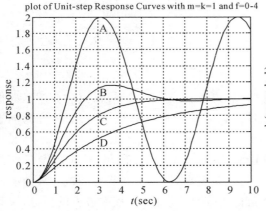 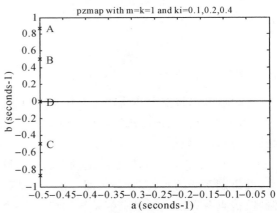

图 R15.1   质点-弹簧-阻尼系统的阶跃响应     图 R15.2   质点-弹簧-阻尼系统的极点分布

# 专题 16　二阶控制系统综合分析与设计

- **承上启下**

单元 U4 的前 3 个专题,首先利用系统仿真研究二阶系统的阶跃响应,建立了二阶系统的参数表达式以及特征参数与性能指标之间的关系,然后从极点分布的角度对二阶系统的时域响应进行了理论分析。在前面 3 个专题基础上,本专题将对典型二阶系统的特性、二阶反馈控制系统的设计方法进行系统的总结,并通过与比例控制的比较深入探讨积分控制的特点。

- **学习目标**

掌握二阶反馈控制系统的设计方法。

通过与比例控制的对比理解积分控制的特点。

- **知识导图**

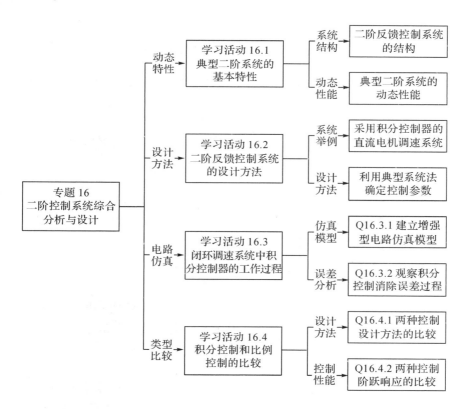

● **基础知识和基本技能**

采用积分控制器的闭环调速系统的设计方法。

采用比例控制或积分控制时设计过程的对比。

● **工作任务**

建立闭环调速系统的增强型仿真模型并观察积分控制的特点。

采用积分控制器的车速控制系统的综合分析与设计（习题中的大作业）。

# 学习活动 16.1 典型二阶系统的基本特性

### 16.1.1 二阶反馈控制系统的结构

用二阶微分方程描述的控制系统定义为二阶控制系统,其传递函数分母为 $s$ 的二次多项式形式。其中,典型的二阶反馈控制系统,是指闭环传递函数可化为典型二阶系统形式的反馈控制系统。其传递函数方框图的标准形式如图 16.1.1 所示。

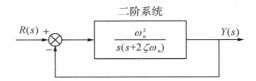

**图 16.1.1 典型的二阶反馈控制系统**

前向通道为由积分环节和一阶环节串联组成的特殊二阶系统,其传递函数为:

$$G(s) = \frac{\omega_n^2}{s(s+2\zeta\omega_n)} \qquad (16.1.1)$$

构成单位反馈控制系统之后,闭环传递函数为典型二阶系统的参数形式（详见专题 13）。

$$\frac{Y(s)}{R(s)} = \frac{G(s)}{1+G(s)} = \frac{\omega_n^2}{s^2+2\zeta\omega_n s+\omega_n^2} \qquad (16.1.2)$$

式中,$\zeta$ 为阻尼比,$\omega_n$ 为无阻尼自然振荡频率。闭环传递函数没有零点,稳态增益为 1。

容易证明,如果开环系统为任意形式的无零点的二阶系统,则构成单位反馈控制系统之后仍为二阶系统,但其传递函数不一定是典型二阶系统的形式,分析时需要予以特殊考虑。

本单元的循序渐进设计实例是采用积分控制器的直流电机调速系统,其前向通道由控制器的积分环节和广义被控对象的一阶环节串联组成,开环传递函数可化为式(16.1.1)的形式,所以闭环调速系统构成了典型二阶反馈控制系统。

### 16.1.2 典型二阶系统的动态性能

根据阻尼比的不同,典型二阶系统的动态特性可分为如下三种情况（详见专题 15）。

1)当 $\zeta \leqslant 0$ 时,系统处于负阻尼状态。极点位于复平面的右半平面或虚轴上,阶跃响应处于发散状态或等幅振荡状态。由于系统处于不稳定状态,无须讨论其动态特性。

2)当 $0<\zeta<1$ 时,系统处于欠阻尼状态。两个共轭极点位于复平面的左半平面,阶跃响应处于衰减振荡状态。系统特征参数 $\zeta$、$\omega_n$ 与动态特性指标存在比较简单的关系。

3)当 $\zeta=1$ 时为临界阻尼状态,$\zeta>1$ 时为过阻尼状态。极点位于负实轴上,阶跃响应处于单调上升状态。可以用专题 21 中介绍的主导极点法将二阶系统降阶简化为一阶系统,然后近似按照一阶系统估计其性能指标。

在控制系统设计时,一般将二阶系统设计成欠阻尼状态,以提高系统响应的快速性。欠阻尼状态下典型二阶系统的主要特性如下(详见专题 14)。

1)超调量由阻尼比 $\zeta$ 决定,超调量与阻尼比的关系见式(16.1.3)。为了避免复杂的计算,在分析和设计时,可根据表 14.2.2 中的数据,估算有关参数。

$$\sigma_\mathrm{p}\% = e^{-\frac{\zeta\pi}{\sqrt{1-\zeta^2}}} \times 100\% \tag{16.1.3}$$

2)调节时间 $t_\mathrm{s}$ 与二阶系统的时间常数 $1/(\zeta\omega_\mathrm{n})$ 有关,阻尼比较小时,两者大致为正比关系。2%调节时间与特征参数的关系见式(16.1.4)。

$$t_\mathrm{s} \approx \frac{4}{\zeta\omega_\mathrm{n}} \tag{16.1.4}$$

# 学习活动 16.2　二阶反馈控制系统的设计方法

直流电机闭环调速系统是本教程中一个贯穿性的设计实例,各个单元都是以该设计实例为载体,循序渐进地学习相关知识并完成各阶段的设计任务。闭环调速系统的传递函数方框图见图 16.2.1,其中控制器可采用多种形式。单元 U3 的设计任务是采用比例控制器设计闭环调速系统。采用比例控制器时,闭环调速系统存在稳态误差。为了消除稳态误差,在单元 U4 中采用积分控制器重新设计闭环调速系统。

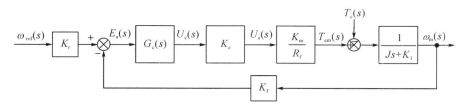

**图 16.2.1　直流电机闭环调速系统的传递函数方框图**

## 16.2.1　采用积分控制器的直流电机调速系统

积分控制器的传递函数见式(16.2.1),控制参数为积分系数 $K_\mathrm{I}$。

$$G_\mathrm{c}(s) = \frac{K_\mathrm{I}}{s} \tag{16.2.1}$$

采用积分控制器时直流电机调速系统的控制电路见图 16.2.2,与单元 U3 中采用比例控制器时系统的电气结构相比较,区别仅在于控制器的电路结构有所不同。在控制电路中采用积分运算电路实现积分控制的功能,合理选取积分运算电路中电阻 $R_0$ 或电容 $C_1$ 的取值，即可改变积分系数 $K_1$ 的取值，见式(16.2.2)。

$$K_1 = \frac{1}{R_0 C_1} \qquad (16.2.2)$$

采用积分控制器的闭环调速系统为典型二阶反馈控制系统，控制参数为 $K_P$，控制目标是消除阶跃响应的稳态误差并限制阶跃响应的超调量。

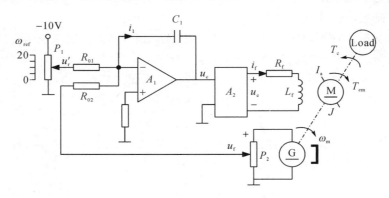

**图 16.2.2　采用积分控制器的直流电机调速系统的电气结构**

### 16.2.2　二阶反馈控制系统的设计方法

控制器的传递函数(含未知控制参数)确定后，可以推导出系统的闭环传递函数。如果系统的闭环传递函数是某一种类型的典型系统，则可根据典型系统的特征参数与系统性能指标的关系，以及期望的性能指标，确定特征参数的取值，进而确定控制参数的取值。这种确定控制参数的方法，称之为典型系统法。

在单元 U3 中，采用比例控制器的闭环调速系统为典型一阶系统，控制参数为比例系数 $K_P$，控制目标是使阶跃响应的稳态误差和调节时间满足期望性能指标的要求。一阶反馈控制系统的调节时间由闭环系统的时间常数决定，而时间常数又与控制参数 $K_P$ 有关。采用典型系统法，根据期望的调节时间可以推算出控制参数 $K_P$ 的合理取值范围。

采用积分控制器的闭环调速系统为典型二阶反馈控制系统。下面以该系统为例，从如何满足稳态性能指标和动态性能指标两个方面，说明利用典型系统法设计二阶反馈控制系统的基本原理。

1)稳态性能指标。

采用积分控制器时，图 16.2.1 所示闭环调速系统，在参考输入 $\omega_{\text{ref}}$ 单独作用下，系统闭环传递函数的参数表达式见式(16.2.3)。此时，系统闭环传递函数的稳态增益为 1，则阶跃响应的稳态误差为 0。这表明：积分控制可以消除稳态误差。

$$\frac{\omega_{\text{m1}}(s)}{\omega_{\text{ref}}(s)} = \frac{K}{Js^2 + K_1 s + K} = \frac{K/J}{s^2 + (K_1/J)s + K/J} = \frac{\omega_{\text{n}}^2}{s^2 + 2\zeta\omega_{\text{n}}s + \omega_{\text{n}}^2} \qquad (16.2.3)$$

$$\omega_{\text{n}} = \sqrt{\frac{K}{J}} \quad \zeta = \frac{K_1}{2}\sqrt{\frac{1}{JK}} \quad K = \frac{K_r K_1 K_e K_m}{R_f}$$

在扰动输入 $T_c$ 单独作用下，闭环系统的传递函数见式(16.2.4)。此时，系统传递函数的稳态增益为 0，则稳态时扰动输入不会带来输出的变化。这表明：积分控制器可以完全抑制外部扰动对稳态输出的影响。即使存在外部扰动,积分控制也可以消除稳态误差。

$$\frac{\omega_{m2}(s)}{-T_c(s)}=\frac{s}{Js^2+K_1s+K} \tag{16.2.4}$$

综上分析,积分控制可以满足系统稳态误差为 0 的要求,且与控制参数选择无关。

2)动态性能指标。

采用积分控制器时,闭环调速系统为典型二阶系统,一般将系统设计为欠阻尼状态。欠阻尼状态下,典型二阶系统的动态性能指标与特征参数之间存在较明确的函数关系,见式(16.1.3)和式(16.1.4)。根据期望性能指标,结合上述关系可推算出控制参数的合理取值。

· 对于采用积分控制器的闭环调速系统,可按照式(16.2.5)的顺序,首先根据期望超调量 $\sigma_{p\_ref}\%$,结合式(16.1.3)或表 14.2.2,推算出二阶系统的期望阻尼比 $\zeta_{ref}$,再结合阻尼比的参数表达式(16.2.3),最后推算出控制参数 $K_I$ 的取值范围。

$$\sigma_{p\_ref}\%\Rightarrow\zeta_{ref}\Rightarrow K_I \tag{16.2.5}$$

· 同理,可按照式(16.2.6)的顺序,首先根据期望调节时间 $t_{s\_ref}$,结合式(16.1.4),推算出二阶系统的期望衰减系数 $[\zeta\omega_n]_{ref}$,再结合传递函数的参数表达式(16.2.3),最后推算出控制参数 $K_I$ 的取值范围。

$$t_{s\_ref}\Rightarrow[\zeta\omega_n]_{ref}\Rightarrow K_I \tag{16.2.6}$$

对于采用积分控制器的闭环调速系统,式(16.2.6)中的 $\zeta\omega_n=K_1/(2J)$,与控制参数 $K_I$ 无关。因此,对于该系统,调节控制参数 $K_I$ 只能改变阶跃响应的超调量,却无法改变调节时间。从控制的自由度上来考虑,控制器需要有 2 个控制参数,才能分别改变超调量和调节时间这 2 个性能指标。

反馈控制系统设计完成后,可将控制参数 $K_I$ 代入传递函数方框图,对系统进行 MAT-LAB 仿真,观测和判断各项指标是否满足要求。

控制器参数 $K_I$ 确定后,根据式(16.2.2)可以计算控制电路中电阻和电容的取值。然后根据系统的电气结构,对系统进行 PSIM 电路仿真,观察和判断各项指标是否满足要求。

# 学习活动 16.3　闭环调速系统中积分控制器的工作过程

下面通过闭环调速系统的电路仿真,观察积分控制器消除稳态误差的过程,体会积分控制的作用。

> Q16.3.1　对于采用积分控制器的直流电机闭环调速系统,建立该系统的 PSIM 仿真模型,观察系统的阶跃响应。

**解:**

1)建立采用积分控制器的闭环调速系统 PSIM 仿真模型。

在专题 13 中已建立了采用积分控制器的闭环调速系统的 PSIM 仿真模型 Q13_2_1,为了在仿真过程中观察扰动输入(负载转矩)的影响,下面对该仿真模型进行扩展。

· 加入可外部设置的负载元件 Load_ext(Mechanical Load-ext. controlled),与速度检测元件 G 连接。恒定负载转矩 Tc 的大小可通过其控制端连接的信号来设置。(注:原负载

Load 中的参数 Tc 设置为 0)

· Load_ext 的控制端连接阶跃电压源 Step(Step voltage source,位于工具条上),参数设置如下:Vstep＝0.4,Tstep＝15。其含义是:在仿真开始后 15s,加入幅值为 0.4 的负载转矩。

仿真条件设定:Time step 为 0.005,Total time 为 30。速度给定为 10。

要求闭环系统超调量小于 5%,则控制参数 $K_I$ 取 0.2,对应电容 C1 取 500uF。

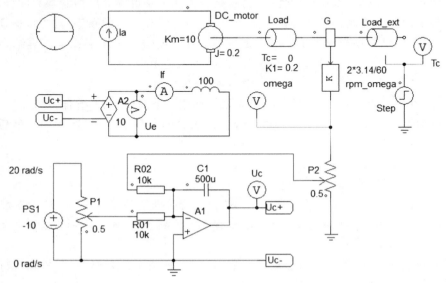

**图 16.3.1　采用积分控制器的闭环调速系统 PSIM 仿真模型**

2)观察系统阶跃响应的特点。

观测系统输出 omega、系统误差(10-omega)、控制量 2 * Uc 和负载转矩 10 * Tc 的动态响应曲线,如图 16.3.2 所示。

阶跃响应过程中,15s 之前,是参考输入单独作用下的动态响应,体现了系统对速度给定的跟踪性能。系统输出 omega 的超调量为 4.3%,满足设计指标的要求。稳态输出为 10,与速度给定一致。说明积分控制有提高跟踪精度、消除稳态误差的作用。

阶跃响应过程中,15s 之后,加入负载转矩,是扰动输入作用下的动态响应,体现了系统对负载扰动的抑制性能。再次进入稳态后,稳态输出仍保持为 10,与速度给定一致。说明积分控制有抑制外部扰动、消除稳态误差的作用。

△

Q16.3.2　在上例基础上,分析积分控制器消除稳态误差的过程,体会积分控制的特点。

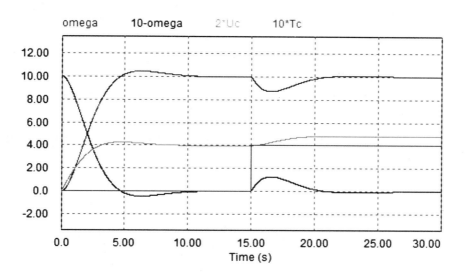

图 16.3.2 采用积分控制器的闭环调速系统的阶跃响应

**解：**

1）根据图 16.2.1 写出系统误差和控制量的时域表达式。

闭环控制系统的误差为参考输入与系统输出之差：

$$e(t) = \omega_{ref}(t) - \omega_m(t) \tag{16.3.1}$$

控制量 $u_c(t)$ 为积分控制器的输出，与系统误差的关系如下：

$$u_c(t) = K_I \int e_a(t) \cdot dt = K_r K_I \int e(t) \cdot dt \tag{16.3.2}$$

2）结合图 16.3.2 中的阶跃响应曲线，分析给定作用下系统的**动态调节过程**。

• $t = t_0 = 0$ 时，速度给定为＿＿＿＿，系统输出为＿＿＿＿，系统误差 $e(t)$ 最＿＿＿＿。

• $t = t_1 =$＿＿＿＿时，$e(t) = 0$。则 $0 < t < t_1$ 区间内，$e(t) > 0$，$u_c(t)$＿＿＿＿。

• $t = t_2 =$＿＿＿＿时，$\omega_m(t) =$＿＿＿＿，达到输出的峰值。则 $t_1 < t < t_2$ 区间内，$e(t) < 0$，$u_c(t)$＿＿＿＿。

• $t > t_3 =$＿＿＿＿时，$\omega_m(t) = 10$，系统进入稳态。则 $t_2 < t < t_3$ 区间内，$e(t) < 0$，$u_c(t)$ 继续减小直到稳态值＿＿＿＿。

• 在阶跃响应的过程中，积分控制器通过对系统误差 $e(t)$ 的积分，形成了控制量 $u_c(t)$，进入稳态后由于控制量为有限值，则系统误差必定为零，所以积分控制器可消除稳态误差。

☒课后思考题 AQ16.1：结合图 16.3.1 中的仿真参数，试计算稳态时控制量 $u_c(t)$ 的取值。

3）结合图 16.3.2 中的阶跃响应曲线，分析突加负载转矩后系统的动态调节过程。

• $t = t_4 = 15$ 时，突加负载转矩 $T_c = 0.4$。此时系统输出将＿＿＿＿，系统误差将＿＿＿

_____,控制量也将_____。

· $t > t_5 =$ _____时,$\omega_{\mathrm{m}}(t) = 10$,系统重新进入稳态。则 $t_4 < t < t_5$ 区间内,总体来看 $e(t) > 0$,$u_{\mathrm{c}}(t)$ 逐渐上升直到新的稳态值_____。

· 突加负载转矩后,破坏了平衡状态,导致系统产生误差。误差通过积分控制器使控制量发生变化,逐渐抵消突加转矩的影响,最终使系统重新进入稳态。所以积分控制器亦可消除由突加负载产生的稳态误差。

⊠课后思考题 AQ16.2:结合图 16.3.1 中的仿真参数,突加负载转矩后,试计算再次进入稳态时,控制量 $u_{\mathrm{c}}(t)$ 的取值。

△

# 学习活动 16.4　积分控制和比例控制的比较

单元 U3 中介绍了比例控制器,单元 U4 中介绍了积分控制器,下面以直流电机闭环调速系统为例,将比例控制与积分控制进行比较。

> Q16.4.1　对于图 16.2.1 所示直流电机闭环调速系统,系统参数的取值如下。试分别采用比例控制器和积分控制器对系统进行设计,填写表 16.4.1,对两种控制方式进行比较。
> 参数取值:$K_{\mathrm{r}} = K_{\mathrm{f}} = 0.5$,$K_{\mathrm{e}} = 10$,$K_{\mathrm{m}} = 10$,$R_{\mathrm{f}} = 100$,$J = 0.2$,$K_1 = 0.2$

**解:**

采取比例控制器时,闭环调速系统的设计过程可参见例题 Q11.3.1 和例题 Q11.4.1。采取积分控制器时闭环调速系统的设计过程可参见例题 Q14.4.1。

设参考输入是幅值为 $A$ 的阶跃信号,不考虑扰动输入的影响。填写表 16.4.1 时,定义以下变量以简化相关的参数表达式:$K = \dfrac{K_{\mathrm{r}} K_1 K_{\mathrm{e}} K_{\mathrm{m}}}{R_{\mathrm{f}}}$,$K_{\mathrm{s}} = \dfrac{K_{\mathrm{r}} K_{\mathrm{P}} K_{\mathrm{e}} K_{\mathrm{m}}}{R_{\mathrm{f}} \cdot K_1}$,$\tau_2 = \dfrac{J}{K_1}$。

**表 16.4.1　比例控制与积分控制的比较**

| 比较内容 | 采用比例控制器 | 采用积分控制器 |
|---|---|---|
| 控制器<br>传递函数 | $G_{\mathrm{c}}(s) = K_{\mathrm{P}}$ | $G_{\mathrm{c}}(s) = \dfrac{K_1}{s}$ |
| 闭环传递函数<br>(参数表达式) | $\dfrac{\omega_{\mathrm{m}}(s)}{\omega_{\mathrm{ref}}(s)} =$ | $\dfrac{\omega_{\mathrm{m}}(s)}{\omega_{\mathrm{ref}}(s)} =$ |
| 期望性能指标 | 稳态误差和调节时间尽量小,<br>各环节不出现饱和($u_{\mathrm{c}} \leqslant 10$) | $\sigma_{\mathrm{P}}\% < 5\%$<br>$e_{\mathrm{ss}} = 0$ |

| 比较内容 | 采用比例控制器 | 采用积分控制器 |
|---|---|---|
| 控制参数的<br>整定方法 | | |
| 控制参数的具体取值<br>（$A=10$ 时） | | |
| 性能指标的参数表<br>达式和具体数值<br>（$A=10$ 时） | $e=$<br><br>$t_s(2\%)=4\tau_c$ | $e_{ss}=$　　　　,$\sigma_P=$<br><br>$t_s(2\%)\approx$ |
| 根据性能指标<br>比较二者的<br>主要优缺点 | 优点：<br><br>缺点： | 优点：<br><br>缺点： |

⊠课后思考题 AQ16.3：试分析为什么比例控制时存在稳态误差，而积分控制时调节时间比较长？

△

**Q16.4.2**　在上例基础上，绘制两种控制方式下系统的阶跃响应曲线，从控制性能方面对两种控制方式进行比较。

**解：**

1）编写 m 脚本，绘制两种控制方式下系统的阶跃响应曲线。

设给定幅值 $A=10$，不考虑扰动影响。将两种控制方式下控制量 Uc 和输出 omega 的动态响应曲线绘制一个图中，以利于比较。

注：积分控制时为了绘制控制量的阶跃响应，需要根据传递函数方框图 16.2.1，推导出控制量 $u_c$ 的拉氏表达式。

$$\frac{U_c(s)}{\omega_{ref}(s)}=\frac{K(Js+K_1)}{Js^2+K_1s+K} \tag{16.4.1}$$

```
%Q16_4_1, step response of speed control system with P and I controller
Kp=2; Ki=0.2; J=0.2; K1=0.2; T2=J/K1; Ks=5; K=0.1; t=0：0.01：10;
%Step response of speed control system with P controller
num=[Ks];den=[T2  1+Ks];sys1=tf(num,den);
omege1=10*step(sys1,t);   Uc1=10-omege1;
%Step response of speed control system with P controller
num=[K];den=[J  K1  K]; sys2=tf(num,den);
omege2=10*step(sys2,t);
num=[K*J  K*K1];den=[J  K1  K]; sys3=tf(num,den);
Uc2=10*step(sys3,t);
%plot response in one figure
plot(t,omege1,t,Uc1,t,omege2,t,Uc2); grid;
title('Step Response of speed control system with P and I controller');
xlabel('t sec');ylabel('Omege/Uc');
text(6,7.5,'omege1');text(6,11,'omege2');text(6,1,'Uc1');text(6,3,'Uc2');
```

2）执行上述 m 脚本，绘出的阶跃响应曲线如图 16.4.1 所示。

比较两种控制方式下控制量的差别，分析此差别对调节时间和稳态误差的影响。

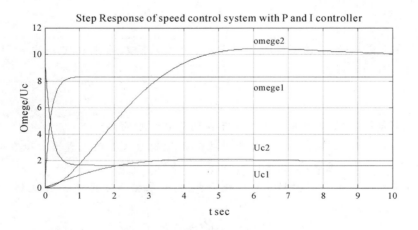

图 16.4.1　比例控制和积分控制时闭环调速系统的阶跃响应

## 小　结

作为单元 U4 的总结，本专题首先归纳了典型二阶系统的动态特性，以及二阶反馈控制系统的设计方法。然后通过电路仿真分析了积分控制器消除稳态误差的过程，并对积分控制器和比例控制器的作用进行了比较。

1) 典型二阶系统的动态特性。

典型二阶系统的参数表达式见式(16.1.2)，它是最具有代表性的动态系统，其动态特性的分析是反馈控制系统分析和设计的重要理论基础。在控制系统设计时，一般将二阶系统设计成欠阻尼状态，以提高系统响应的快速性。由于系统的零、极点分布决定了系统的特性，因此可以画出传递函数的零、极点分布图，直观地分析系统的特性。欠阻尼状态下典型二阶系统的两个共轭极点，位于复平面的左半平面，阶跃响应处于衰减振荡状态。欠阻尼状态下，典型二阶系统的超调量由阻尼比 $\zeta$ 决定，见式(16.1.3)。调节时间 $t_s$ 与衰减系数 $\zeta\omega_n$ 有关，阻尼比较小时，其数量关系大致如式(16.1.4)。

2) 二阶反馈控制系统的设计方法。

采用积分控制器的闭环调速系统为典型二阶反馈控制系统，控制参数为 $K_1$，控制目标是消除阶跃响应的稳态误差并限制阶跃响应的超调量。积分控制器通过对误差的累积形成控制量，其传递函数见式(16.2.1)，控制电路见图 16.2.2。典型二阶系统的性能指标与特征参数之间存在明确的关系，在控制器设计时，可根据期望的性能指标，确定特征参数的取值，进而确定控制参数的取值。这种确定控制参数的方法，称之为典型系统法。采用积分控制器时，闭环调速系统可消除稳态误差。欠阻尼状态下，典型二阶系统的超调量由阻尼比决定，根据期望超调量推算期望阻尼比，进而确定控制参数 $K_1$ 的取值。对于闭环调速系统，改变控制参数 $K_1$ 只能改变阶跃响应的超调量，无法改变系统的调节时间。

3) 积分控制的本质特点

在阶跃响应的过程中，积分控制器通过对系统误差 $e(t)$ 的积分，形成了控制量 $u_c(t)$，进入稳态后由于控制量为有限值，则系统误差必定为零，所以积分控制器可消除稳态误差。与比例控制相比较，积分控制的优点是可消除稳态误差，但由于要限制超调量，积分系数 $K_1$ 较小，导致调节时间较长。而比例控制的优点是调节时间较短，缺点是存在稳态误差。两种控制方式各有优缺，下一个单元将继续寻找更为优越的控制形式。

本专题的设计任务是：利用闭环调速系统的电路仿真，研究积分控制器消除稳态误差的过程。

## 测　验

**R16.1**　采用积分控制器的闭环调速系统，其传递函数如式(16.2.3)。改变参数(　　)可以改变阶跃响应的超调量，改变参数(　　)可以改变阶跃响应的调节时间。

A. $J$ 　　　　　　B. $K_1$ 　　　　　　C. $K$ 　　　　　　D. 都不是

**R16.2**　采用积分控制器的闭环调速系统，其传递函数方框图如图 16.2.1 所示。下列说法正确有(　　)。

A. 给定作用下稳态误差为零，扰动作用下稳态误差不为零，所以总的稳态误差不为零。

B. 给定作用下稳态误差为零,扰动作用下稳态误差也为零,所以总的稳态误差为零。

C. 在阶跃响应过程中,$t=0$ 时稳态误差最大,所以控制量也最大。

D. 在阶跃响应过程中,稳态误差由最大减小到 0 时,控制量最大。

**R16.3** 图 16.2.1 所示闭环调速系统,采用比例控制和积分控制时,系统具有不同的特点,下列说法错误的是( )。

A. 比例控制和积分控制时,闭环系统的阶次相同。

B. 比例控制和积分控制时,由于外部扰动的作用,都将存在稳态误差。

C. 比例控制时,增加比例系数 $K_P$,可以减小阶跃响应的调节时间。

D. 积分控制时,增加比例系数 $K_I$,可以减小阶跃响应的调节时间。

# 单元 U5　控制系统的时域分析和设计

● **学习目标**

了解复杂（高阶）系统的简化分析方法。

初步掌握控制系统校正（设计）的根轨迹法。

了解控制系统时域分析的主要方法。

● **知识导图**

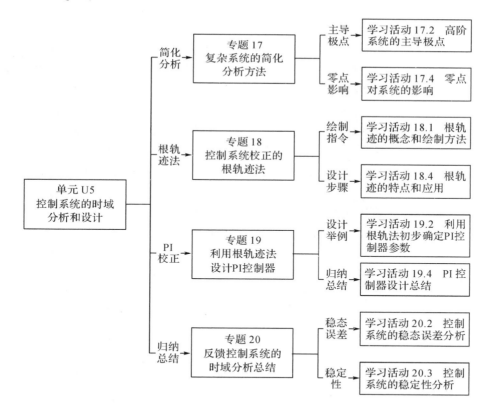

● **基础知识和基本技能**

高阶系统的降阶处理方法。

零点对系统动态响应的影响。

用 MATLAB 指令绘制根轨迹的方法。

典型系统根轨迹的特点。

用根轨迹法校正系统的基本步骤。

系统稳态误差的分析方法。

系统稳定性的判别方法。

● **工作任务**

应用根轨迹法设计电机调速系统(采用 PI 控制器)。

应用根轨迹法设计车速控制系统(采用 PI 控制器)。

# 单元 U5 学习指南

前几个单元介绍了控制系统的建模方法,以及典型一阶和二阶系统的特性,为控制系统分析和设计奠定了必要的基础。本单元将全面介绍控制系统时域分析和设计的相关内容。时域方法是指针对系统的时域响应特性进行系统分析和设计的方法。

一般的动态系统,往往与典型一阶和二阶系统有所区别,其传递函数会包含 2 个以上的极点,还会包含零点。在分析复杂系统的时候,往往采用简化处理的方法,将其近似为典型一阶或二阶系统,用近似模型代替原系统进行分析和设计。专题 17 将研究高阶系统降阶近似的方法以及零点对系统的影响。

闭环系统极点分布决定了动态响应的形式。根轨迹法能够根据系统开环零、极点的分布,用图解方法画出系统闭环极点随着系统参数变化的轨迹,揭示出控制器结构及参数与闭环极点分布的关系,为控制器设计提供了有力的理论支持。为了实现预期性能而对控制系统结构进行的修改或调整称为校正。根轨迹法是控制系统设计中一种实用的时域校正方法。

专题 18 将介绍根轨迹的概念以及用 MATLAB 指令绘制根轨迹的方法。通过研究典型一阶和二阶系统的根轨迹,了解典型系统根轨迹的特点以及根轨迹与控制参数的关系,进而给出应用根轨迹法进行系统校正的步骤。在循序渐进设计示例中,仍以电机速度控制系统为例,采用 PI 控制器以克服单独的比例控制或积分控制的不足。专题 19 将介绍应用根轨迹法设计 PI 控制器的基本步骤。

最后专题 20 对控制系统时域分析进行了系统的总结,回顾了工程上广泛应用的控制规律及其校正网络的设计,并深入探讨了闭环系统稳态误差与输入信号形式及开环系统形式之间的关系,最后介绍了稳定的概念以及系统稳定性的判别方法。

单元 U5 由专题 17 至专题 20 等 4 个专题组成,各专题的学习目标详见知识导图。

# 专题 17　复杂系统的简化分析方法

● **承上启下**

单元 U3 中研究的典型一阶系统和单元 U4 中研究的典型二阶系统,是动态系统的最基本组成要素。一些结构较简单的控制系统,可以看作是典型一阶或二阶系统,并根据典型系统的特性进行分析和设计。

实际工程中较复杂的控制系统一般都是高阶系统,对于高阶系统,一般采用近似处理的简化分析方法:首先降阶为一阶或二阶系统,然后对降阶后的简化系统进行分析和设计,并对降阶带来的误差进行评估和修正。此外,零点的存在对系统的动态特性也会产生影响。本专题将以采用比例-积分控制器的直流电机闭环调速系统为例,介绍复杂系统的简化分析方法。比例-积分控制器是本课程中最重要的一种控制器,将在后面的专题中继续深入研究。

● **学习目标**

掌握复杂(高阶、有零点)系统的简化分析方法。

● **知识导图**

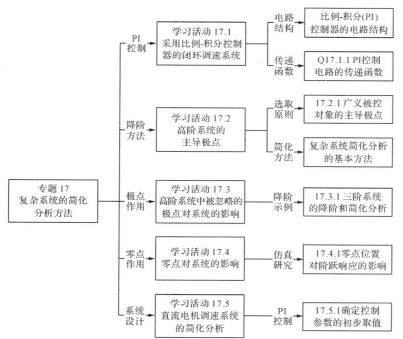

● **基础知识和基本技能**

比例-积分控制器的传递函数和电路结构。

高阶系统的降阶处理方法(主导极点法)。

零点对系统动态特性的影响。

● **工作任务**

采用比例-积分控制器的直流电机调速系统的简化分析和设计。

# 学习活动 17.1　采用比例-积分控制器的闭环调速系统

直流电机闭环调速系统的结构方框图如图 17.1.1 所示。化简之前,该系统原始的传递函数方框图如图 17.1.2 所示,详见专题 9 和专题 11。

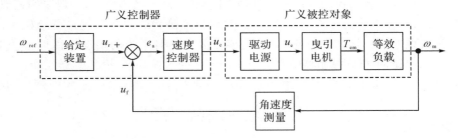

**图 17.1.1　直流电机闭环调速系统的结构方框图**

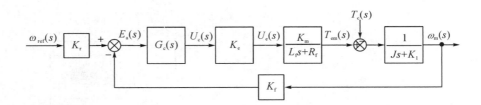

**图 17.1.2　直流电机调速系统传递函数方框图(化简前)**

专题 11 在设计闭环调速系统时,速度控制器采用了比例控制器。采用比例控制器时,闭环调速系统调节时间较短,但存在稳态误差。比例控制器的信号关系及传递函数为:

$$u_c(t) = K_P e_a(t) \Rightarrow G_c(s) = \frac{U_c(s)}{E_a(s)} = K_P \tag{17.1.1}$$

为了消除稳态误差,专题 13 在设计闭环调速系统时采用了积分控制器。采用积分控制器时,闭环调速系统可消除稳态误差,但调节时间较长。积分控制器的信号关系及传递函数为:

$$u_c(t) = K_I \int_0^t e_a(t)\,\mathrm{d}t \Rightarrow G_c(s) = \frac{U_c(s)}{E_a(s)} = \frac{K_I}{s} \tag{17.1.2}$$

为了综合上述两个控制器的优点,可将两个控制器复合起来使用,则构成比例-积分控制器。本单元中,将采用比例-积分控制器来重新设计图 17.1.2 所示的直流电机闭环调速系统,以达到既消除稳态误差,又提高响应速度的目的。

具有比例-积分控制规律的控制器,称为比例-积分(PI)控制器。比例-积分控制器的信号关系及传递函数见式(17.1.3),显然 PI 控制器是 P 控制器和 I 控制器的复合产物。

$$u_c(t) = K_P e_a(t) + K_I \int_0^t e_a(t) \mathrm{d}t \Rightarrow G_c(s) = \frac{U_c(s)}{E_a(s)} = K_P + \frac{K_I}{s} \qquad (17.1.3)$$

采用比例-积分控制器的直流电机调速系统的控制电路如图 17.1.3 所示,与专题 11 中采用比例控制器的电机调速系统的电气结构相比较,区别仅在于控制电路的结构有所不同。因此,只需在专题 11 中建立的直流电机闭环调速系统传递函数模型的基础上,重新建立控制器的传递函数即可。

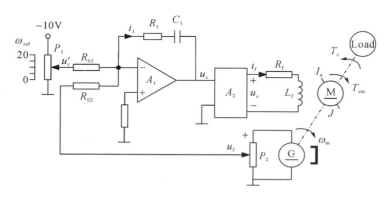

**图 17.1.3 采用比例-积分控制器的直流电机调速系统的电气结构**

> Q17.1.1 直流电机调速系统的结构如图 17.1.1 所示,传递函数方框图如图 17.1.2 所示,采用比例-积分控制器时,系统的控制电路如图 17.1.3 所示。试建立图 17.1.3 中以 $A_1$ 为核心的比例-积分控制器的传递函数,并推导该系统闭环传递函数的参数表达式。

**解:**

1)建立控制器的传递函数。

图 17.1.3 中,运算放大器 $A_1$ 及其外围电路组成了比例-积分运算电路,其传递函数的推导过程如下:

$$\left.\begin{aligned}
i_1(t) &= \frac{-u_r(t)}{R_0} + \frac{u_f(t)}{R_0} \Rightarrow I_1(s) = -\frac{1}{R_0}[U_r(s) - U_f(s)] = -\frac{E_a(s)}{R_0} \\
u_c(t) &= -\left[R_1 i_1(t) + \frac{1}{C_1}\int_0^t i_1(t)\mathrm{d}t\right] \Rightarrow U_c(s) = -\left[R_1 I_1(s) + \frac{1}{C_1 s} I_1(s)\right]
\end{aligned}\right\} \Rightarrow$$

$$U_c(s) = \left[\phantom{xxxxxxxx}\right] E_a(s) \Rightarrow G_c(s) = \frac{U_c(s)}{E_a(s)} = \underline{\phantom{xxxxxxxxxxx}} \qquad (17.1.4)$$

因此,采用比例-积分控制器时,控制电路参数与控制器传递函数的对应关系为:

$$G_c(s) = K_P + \frac{K_I}{s} \quad K_P = \frac{R_1}{R_0} \quad K_I = \frac{1}{R_0 C} \qquad (17.1.5)$$

式中,$K_P$ 为比例系数,$K_I$ 为积分系数。

2）推导系统的闭环传递函数。

采用比例-积分型控制器时,控制器的传递函数如式(17.1.5),将其代入图 17.1.2 中,可以推导出闭环系统的传递函数如下:

$$\frac{\omega_{\mathrm{m}}(s)}{\omega_{\mathrm{ref}}(s)} = \frac{G}{1+GH} \quad G = \frac{K_{\mathrm{r}}K_{\mathrm{e}}K_{\mathrm{m}}(K_{\mathrm{P}}s+K_{\mathrm{I}})}{s(L_{\mathrm{f}}s+R_{\mathrm{f}})(Js+K_1)} \quad H=1$$

$$\Rightarrow \frac{\omega_{\mathrm{m}}(s)}{\omega_{\mathrm{ref}}(s)} = \frac{K_{\mathrm{r}}K_{\mathrm{e}}K_{\mathrm{m}}(K_{\mathrm{P}}s+K_{\mathrm{I}})}{s(L_{\mathrm{f}}s+R_{\mathrm{f}})(Js+K_1)+K_{\mathrm{r}}K_{\mathrm{e}}K_{\mathrm{m}}(K_{\mathrm{P}}s+K_{\mathrm{I}})} \quad (17.1.6)$$

可见,闭环系统传递函数的分母是关于 $s$ 的三次多项式,分子是关于 $s$ 的一次多项式。则闭环系统为_____阶系统,包含_____个极点和_____个零点。

3）分析 PI 控制器对系统零极点的影响。

将 PI 控制器写成零极点形式:

$$G_{\mathrm{c}}(s) = K_{\mathrm{P}} + \frac{K_{\mathrm{I}}}{s} = \frac{K_{\mathrm{P}}s+K_{\mathrm{I}}}{s} = = \frac{K_{\mathrm{P}}(s-z_1)}{s-p_1} \quad p_1=0 \quad z_1=-\frac{K_{\mathrm{I}}}{K_{\mathrm{P}}} \quad (17.1.7)$$

- 在本例中,PI 控制器为系统引入了一个开环零点和一个开环极点,极点的引入增加了系统的阶次。广义被控对象为_____阶环节,加入 PI 控制器构成反馈控制系统之后,闭环调速系统变为_____阶系统。闭环系统的极点与开环极点_____。
- 开环零点的引入使闭环系统也出现了零点,闭环系统的零点与开环零点_____。

△

从上例可以看出,实际控制系统是比较复杂的,往往包含两个以上的极点,还可能包含零点。针对这些复杂的系统,本专题将研究如何分析包含多个极点的高阶系统,以及零点存在对系统动态特性的影响。

# 学习活动 17.2　高阶系统的主导极点

分析高阶系统时,首先考虑能否对系统进行简化处理,以降低系统的阶次。17.1 节的直流电机调速系统中,广义被控对象包括驱动电源、直流电机和等效负载等环节,其传递函数如图 17.2.1 所示。注:为了后面分析的方便,已将传递函数化成时间常数形式。

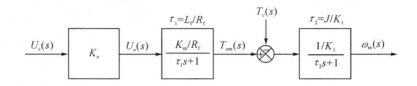

**图 17.2.1　直流电机调速系统中广义被控对象的传递函数方框图**

图 17.2.1 所示广义被控对象中包含了两个一阶环节。一般情况下电机运动环节的机电时间常数 $\tau_2$ 会远大于电机励磁环节的电磁时间常数 $\tau_1$,这两个环节对系统动态响应的影响程度是不同的。如果可以将其中对动态响应影响较小的一阶环节忽略,使被控对象由二阶系统近似地降阶为一阶系统,则可以简化对系统的分析和设计。

一个 $n$ 阶动态系统具有 $n$ 个极点,这些极点可能是实极点,也可能是共轭复数极点。这些极点对系统动态响应的影响程度一般是不同的,其中一定会有一个或一对极点对动态响应起主导作用,称其为主导极点。

**主导极点是对动态响应起主导作用的极点。**

如果能够确定高阶系统的主导极点,那么对系统降阶化简时,就可以忽略掉其他极点,只保留主导极点。简化处理的基本原则是:简化前后系统的响应基本一致。

下面通过一个例子来说明确定系统主导极点和对系统进行降阶化简的方法。

> **Q17.2.1**　对于图 17.2.1 所示广义被控对象,确定其主导极点,然后进行降阶化简,并评价近似处理后的误差情况。参数取值: $K_e=K_m=10,L_f=0.02,R_f=100,J=K_1=0.2$。

**解:**

1)将对象的传递函数化为尾 1 形式(时间常数形式)。

$$\frac{\omega_m(s)}{U_c(s)}=\frac{K}{(\tau_1 s+1)(\tau_2 s+1)}\quad K=\frac{K_e K_m}{R_f K_1}\quad \tau_1=\frac{L_f}{R_f}\quad \tau_2=\frac{J}{K_1}\tag{17.2.1}$$

2)求解系统的单位阶跃响应

$$\omega_m(s)=\frac{K}{(\tau_1 s+1)(\tau_2 s+1)}\frac{1}{s}=K\left[\frac{1}{s}+A\cdot\frac{\tau_1}{\tau_1 s+1}+B\cdot\frac{\tau_2}{\tau_2 s+1}\right]\tag{17.2.2}$$

$$A=\frac{-1}{-\tau_2/\tau_1+1}\quad B=\frac{-1}{-\tau_1/\tau_2+1}$$

对上式进行拉氏逆变换后可得单位阶跃响应的时域表达式:

$$\omega_m(t)=K\left[1+Ae^{-t/\tau_1}+Be^{-t/\tau_2}\right]\tag{17.2.3}$$

3)判断动态响应中哪一项起主导作用。

将参数取值代入式(17.2.1)和式(17.2.2),计算有关参数的具体数值:

$$\tau_1=\frac{L_f}{R_f}=\underline{\quad\quad}\qquad \tau_2=\frac{J}{K_1}=\underline{\quad\quad}\tag{17.2.4}$$

$$A=\frac{-1}{-\tau_2/\tau_1+1}=\underline{\quad\quad}\qquad B=\frac{-1}{-\tau_1/\tau_2+1}=\underline{\quad\quad}\tag{17.2.5}$$

将上述参数计算值代入式(17.2.3)后易见:时间常数 $\tau_1\ll\tau_2$,各项的权重 $A\approx0,B\approx-1$。显然,大时间常数 $\tau_2$ 对应的指数项权重大、衰减慢,在动态响应中起主导作用,则该项对应的极点 $p_2=-1/\tau_2$ 就是开环系统的主导极点。

推而广之:在动态响应的时域表达式中,时间常数较小的项衰减较快、权重较小,时间常数较大的项在瞬态响应中起主导作用。

在极点分布图上判断主导极点更加直观。本例中,系统的极点分布如图 17.2.2 所示。时间常数较大的项 $\tau_2$ 对应的极点 $p_2=-1/\tau_2$ 更靠近虚轴,反之时间常数较小的项 $\tau_1$ 对应的极点 $p_1=-1/\tau_1$ 更远离虚轴,即:主导极点 $p_2$ 离虚轴最近,而非主导极点 $p_1$ 离虚轴较远。

综上所述,根据系统的极点分布图判断主导极点的一般原则是:

**复平面上最靠近虚轴的极点为系统的主导极点。**

4)对系统进行简化处理。

式(17.2.3)中小时间常数 $\tau_1$ 对应的项衰减较快、权重较小,这一项对系统动态响应的

**图 17.2.2　广义被控对象的极点分布图**

影响将会小到可以忽略的程度。去掉这一项后，动态响应的近似时域表达式为：

$$\omega_{m}(t)=1+Ae^{-t/\tau_1}+Be^{-t/\tau_2}\approx1-e^{-t/\tau_2} \tag{17.2.6}$$

与此对应，单位阶跃响应的近似拉氏表达式为：

$$\omega_{m}(s)=K\left[\frac{1}{s}+A\cdot\frac{\tau_1}{\tau_1 s+1}+B\cdot\frac{\tau_2}{\tau_2 s+1}\right]\approx K\left[\frac{1}{s}-\frac{\tau_2}{\tau_2 s+1}\right]=K\cdot\frac{1}{\tau_2 s+1}\frac{1}{s} \tag{17.2.7}$$

再向回推导，系统传递函数的近似表达式为：

$$G(s)=\frac{K}{(\tau_1 s+1)(\tau_2 s+1)}\approx\frac{K}{\tau_2 s+1} \tag{17.2.8}$$

由式(17.2.8)可以看出，对传递函数进行简化处理的方法就是去掉小时间常数 $\tau_1$ 所对应的因式，仅保留大时间常数 $\tau_2$ 所对应的因式(对应主导极点)。简化处理后，原二阶系统可以降为仅包含主导极点的一阶系统，这个过程称为降阶。降阶的目的是简化传递函数，便于分析和综合。

推而广之，系统降阶的方法是保留系统的主导极点，而忽略其他极点；在简化传递函数时，就是去掉被忽略极点所对应的因式，即小时间常数所对应的因式。

5)评价近似处理后的误差情况。

在该系统的原始传递函数中，两个一阶环节时间常数的关系为 $\tau_2/\tau_1=5000$，可以认为 $\tau_1\ll\tau_2$，则忽略小时间常数所对应的一阶环节对系统响应的影响极小。

所以，本例中对二阶系统进行降阶简化后，所得到的一阶近似模型与系统原来的传递函数具有很好的一致性，完全可以用简化后的模型代替原模型进行系统的分析和综合。

△

经过上述分析，可以归纳出确定高阶系统主导极点和化简系统传递函数的方法：

---

**知识卡 17.1：复杂系统的化简方法**

1）复杂系统包含多个极点，其中复平面上最接近虚轴的极点在系统的动态响应中起主导作用，称为主导极点。

2）大多数情况下，复杂系统的动态响应可由主导极点的响应来近似。因此化简系统时，可以只保留最接近虚轴的主导极点，而忽略那些远离虚轴的极点，这种方法称为主导极点法。

3）应用主导极点法化简传递函数时，首先要将传递函数的分母多项式因式分解，并化为尾 1 的时间常数形式。其目的是保证降阶（即忽略分母中某一因式）之后传递函数的稳态增益不变。复杂系统传递函数化简的方法是：忽略时间常数较小的因式，只保留主导极点对应的因式，从而达到降阶的目的。

4）当非主导极点或系统零点与虚轴的距离远大于主导极点与虚轴的距离时，可忽略它们对系统的影响。在三阶系统中，如果复极点是主导极点，则第三个极点（实极点）具有增加阻尼、减小系统超调量的作用。包含零点的二阶系统中，零点具有减小阻尼、增加系统超调量的作用。

例题 Q17.2.1 中广义被控对象传递函数的化简过程为：

$$\frac{\omega_m(s)}{U_c(s)} = \frac{K_e K_m}{(L_f s + R_f)(J s + K_1)} = \frac{K}{(\tau_1 s + 1)(\tau_2 s + 1)} \xrightarrow{\text{降阶}} \frac{K}{\tau_2 s + 1} \qquad (17.2.9)$$

$$K = \frac{K_e K_m}{R_f K_1} \qquad \tau_1 = \frac{L_f}{R_f} \ll \tau_2 = \frac{J}{K_1}$$

利用主导极点法对复杂系统（原系统）的传递函数进行降阶处理后，可利用降阶后的传递函数近似地分析原系统的动态特性。降阶后系统与原系统的动态特性往往存在一定的误差，需要对该误差进行评估和修正。

# 学习活动 17.3　高阶系统中被忽略的极点对系统的影响

上一节提出了化简高阶系统的主导极点法，即对高阶系统的传递函数进行降阶处理时，只保留其主导极点，而忽略掉其他极点。采用主导极点法来化简系统时，需注意以下问题：

1）高阶系统中，如果主导极点距离虚轴的距离远小于其他极点距离虚轴的距离，主导极点在动态响应中所起主导作用将非常明显，在对系统做降阶化简时，其他极点带来的影响就可以忽略不计。

2）如果主导极点距离虚轴的距离与其他极点距离虚轴的距离差异并不显著，则其他极点对动态响应就不能忽略，此时降阶化简将带来较大的误差，需要进行评估和修正。

下面以带输入滤波器的控制系统为例，来分析非主导极点对系统动态响应的影响。

在一些实际控制系统中，当输入信号剧烈变化时（比如阶跃变化），为了减轻对系统造成的冲击，可以在输入信号之后加入输入滤波器（低通滤波器），以提高系统的稳定性。带输入滤波器的二阶反馈控制系统如图 17.3.1 所示。低通滤波器的传递函数与典型一阶系统相同，在单元 U6 中会对其进行详细介绍。图 17.3.1 中，原来的二阶反馈控制系统有一对共轭复数极点（欠阻尼状态），加入输入滤波器后，会在系统中加入一个小时间常数的极点。下面以此系统为例,分析第 3 个极点对系统的影响。

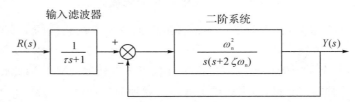

**图 17.3.1　带输入滤波器的二阶反馈控制系统**

1)在高阶系统中,如果某极点与虚轴距离远大于主导极点与虚轴距离(10 倍以上即可),则该极点对系统的影响可忽略。结合上例,如果第 3 个极点与主导极点之间的位置关系满足式(17.3.1),则原三阶系统可近似降阶为二阶系统,如式(17.3.2)所示,且降阶化简将带来的误差很小。

$$\left|\frac{1/\tau}{\zeta\omega_n}\right|\geqslant 10 \tag{17.3.1}$$

$$\frac{Y(s)}{R(s)}=\frac{\omega_n^2}{(\tau s+1)(s^2+2\zeta\omega_n s+\omega_n^2)}\xrightarrow{\text{降为二阶}}\frac{\omega_n^2}{s^2+2\zeta\omega_n s+\omega_n^2} \tag{17.3.2}$$

2)在三阶系统中,如果复极点是主导极点,则第三个极点(实极点)具有增加阻尼、减小系统超调量的作用。图 17.3.1 中的输入滤波器,就是要起到这个作用。实极点位置与系统超调量的具体关系可参考有关教材。

---

Q17.3.1　某系统的零极点分布如图 17.3.2 所示,设系统传递函数的稳态增益为 1。确定系统的闭环传递函数,并进行降解处理和简化分析。

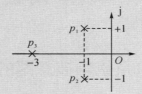

**图 17.3.2　具有三个极点的系统**

---

**解:**

1)根据零极点分布图,确定系统的传递函数。

该系统有 3 个极点,可知其传递函数的零极点形式为:

$$\frac{Y(s)}{R(s)}=\frac{K}{(s-p_3)(s-p_2)(s-p_1)} \tag{17.3.3}$$

将图 17.3.2 中各极点的<u>坐标值</u>代入上式,并将共轭极点项合并,可得:

$$\frac{Y(s)}{R(s)}=\underline{\hspace{8cm}} \tag{17.3.4}$$

已知稳态增益为 1,可确定<u>分子项 $K$ 的取值</u>:

$$\frac{Y(s)}{R(s)}\bigg|_{s\to 0}=1\Rightarrow\underline{\hspace{6cm}} \tag{17.3.5}$$

2)确定系统的<u>主导极点</u>,然后进行<u>降阶处理</u>。

_____极点离虚轴更近,可将其看作主导极点,其表达式如下:

$$\underline{\hspace{6cm}} \tag{17.3.6}$$

仅保留主导极点_____,去掉其他极点所对应的因子项,可降阶为_____阶系统。

注意:降阶处理前首先要将传递函数中其他极点所对应的因子项化成尾 1 形式,保证将该因子项去掉后不改变系统的稳态增益。

$$\frac{Y(s)}{R(s)} = \underline{\hspace{3cm}} \xrightarrow{\text{降为二阶}} \underline{\hspace{3cm}} \tag{17.3.7}$$

通过降阶处理一般可将原系统化简为低阶的典型系统,而对于典型系统已具有完备的分析方法。因此,可利用降阶后的传递函数对系统进行近似分析。

3)利用降阶后的传递函数,对原系统进行近似分析。

降阶后的传递函数只保留了主导极点,本例中,主导极点为共轭复数极点,降阶后的系统为典型二阶系统。可根据二阶系统共轭复数极点的几何位置,推算降阶后系统的特征参数(参见专题 15),进而计算其阶跃响应性能指标,作为对原系统性指标能的估算值,实现对原系统的近似分析。

· 根据共轭复数极点与负实轴的夹角,推算降阶后的二阶系统的<u>阻尼比</u>,进而估算原系统的<u>超调量</u>。

$$\zeta = \cos\theta = \underline{\hspace{2cm}} \Rightarrow \sigma_{\mathrm{p}}\% \approx \underline{\hspace{2cm}} \tag{17.3.8}$$

· 根据共轭复数极点的实部,推算降阶后的二阶系统的<u>衰减因子</u>,进而估算原系统的<u>调节时间</u>。

$$\zeta\omega_{\mathrm{n}} = \underline{\hspace{2cm}} \Rightarrow t_{\mathrm{s}}(2\%) = \underline{\hspace{2cm}} \tag{17.3.9}$$

4)评价利用降阶后传递函数进行近似分析的误差。

与降阶后的系统相比,原系统还包含一个实极点。由于实极点具有增加_____、减小阶跃响应_____的作用,所以原系统实际的超调量应比估算值略_____,原系统实际的调节时间应比估算值略_____。

⊠课后思考题 AQ17.1:编写 m 脚本,将原系统和降阶后系统的阶跃响应绘制在一个图中,比较二者的超调量和调节时间,以验证上述分析。

△

# 学习活动 17.4　零点对系统的影响

从传递函数的零极点形式上看,一个实际的动态系统与典型一阶、二阶系统的区别包括两个方面:一是可能有两个以上的极点,二是可能包含零点。上一节介绍了高阶系统的近似分析方法,即通过降阶化简方法将其近似为典型系统。本节将研究零点的存在对系统的影响。下面以包含零点的二阶系统为例,研究零点对系统时域响应的影响。

> Q17.4.1　某包含零点的二阶系统,其传递函数如式(17.4.1)所示。试分析零点位置对系统阶跃响应的影响。
>
> $$\frac{Y(s)}{R(s)} = \frac{\omega_{\mathrm{n}}^2(\tau s+1)}{s^2+2\zeta\omega_{\mathrm{n}}s+\omega_{\mathrm{n}}^2} \tag{17.4.1}$$

**解:**

1)首先求出该系统的零点和极点,并画出零极点分布图,如图 17.4.1 所示。

$$N(s) = \tau s + 1 = 0 \Rightarrow z_1 = -1/\tau \tag{17.4.2}$$

$$D(s) = s^2 + 2\zeta\omega_n s + \omega_n^2 = 0 \Rightarrow p_{1,2} = -\zeta\omega_n \pm j\omega_d \tag{17.4.3}$$

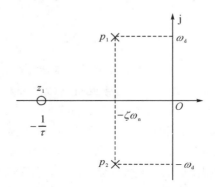

**图 17.4.1　包含一个零点的二阶系统的零极点分布图**

2)$\tau$ 变化时绘制系统的阶跃响应曲线和极点分布图。

对于式(17.4.1)所示含零点的二阶系统,设 $\zeta = 0.5$ 且 $\omega_n = 2$,即共轭极点距离虚轴为距离为 $\zeta\omega_n = 1$。假设 $\tau = 1, 0.5, 0.2, 0.1, 0.01$,利用 m 脚本绘制 $\tau$ 变化时系统的阶跃响应曲线如图 17.4.2 所示,零极点分布如图 17.4.3 所示。

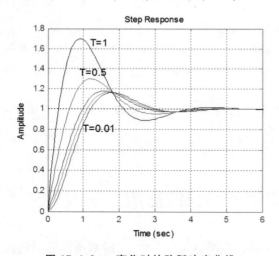

**图 17.4.2　$\tau$ 变化时的阶跃响应曲线**

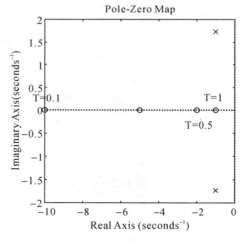

**图 17.4.3　$\tau$ 变化时的零极点分布图**

3)观察零点位置对系统阶跃响应的影响。

图 17.4.3 中,共轭极点距离虚轴为距离为 $\zeta\omega_n = 1$(不变),零点与虚轴的距离为 $1/\tau$(随着 $\tau$ 而变化)。图 17.4.3 中,阶跃响应曲线随着 $\tau$ 的不同而有所变化。结合这两幅图分析零点 $z = -1/\tau$ 的位置变化对系统阶跃响应的影响。

• 当零点与虚轴的距离 $1/\tau$ 远大于复极点与虚轴的距离(例如 $\tau = 0.01$),对应传递函数的分子项 $\tau s + 1 \rightarrow 1$,则零点对动态响应的影响可以忽略。此时的响应曲线即为一对共轭主导极点所对应的典型二阶系统的阶跃响应曲线。

• 而当零点逼近复极点，即 $1/\tau$ 与 $\zeta\omega_n$ 比较接近时(例如 $\tau=0.5,1$)，零点对动态响应的影响变得显著起来，而且零点越_____虚轴，对动态响应的影响越显著，即响应曲线越远离典型二阶系统的阶跃响应曲线。

• 观察阶跃响应超调量的变化规律还能发现：零点具有_____超调量的作用，零点越接近虚轴，其_____超调的作用就越发显著。

⊠课后思考题 AQ17.2：编写 m 脚本，绘制 $\tau$ 变化时系统的阶跃响应曲线和零极点分布图。

△

对于包含零点的二阶系统，通过对上例的分析可得到如下结论：

1)如果零点与虚轴距离远大于复极点与虚轴距离(10 倍以上即可)，则零点对系统的影响可忽略。结合上例，如果零点与主导极点之间的位置关系满足式(17.4.4)，原包含零点的二阶系统可简化为无零点的典型二阶系统，如式(17.4.5)所示，且简化带来的误差很小。

$$\left|\frac{1/\tau}{\zeta\omega_n}\right|\geqslant 10 \tag{17.4.4}$$

$$\frac{Y(s)}{R(s)}=\frac{\omega_n^2(\tau s+1)}{s^2+2\zeta\omega_n s+\omega_n^2}\xrightarrow{\text{忽略零点}}\frac{\omega_n^2}{s^2+2\zeta\omega_n s+\omega_n^2} \tag{17.4.5}$$

2)包含零点的二阶系统中，零点具有减小阻尼、增加系统超调量的作用。零点位置与系统超调量的具体关系可参考有关教材。

# 学习活动 17.5    直流电机调速系统的简化分析

17.3 节介绍的主导极点法，以及 17.4 节中零点对系统影响的分析，为复杂系统的简化分析提供了有效的方法。图 17.1.2 所示直流电机调速系统，可根据如下思路进行简化分析：

1)首先用主导极点法对开环系统进行降阶处理。直流电机调速系统中广义被控对象的传递函数如图 17.2.1 所示，包含两个一阶环节。其中大时间常数 $\tau_2$ 所对应的极点 $p_2=-1/\tau_2$，离虚轴最近，为主导极点。小时间常数 $\tau_1$ 所对应的极点 $p_1=-1/\tau_1$，离虚轴较远，为非主导极点。且由于 $\tau_1\ll\tau_2$，即 $1/\tau_1\gg 1/\tau_2$，表示非主导极点 $p_1$ 与虚轴的距离远大于主导极点 $p_2$ 与虚轴的距离，因此可以忽略非主导极点的影响，将开环系统化简为只包含主导极点 $p_2$ 的一阶系统。

2)采用 PI 控制器时，将在开环系统中引入零点，从而使闭环系统也包含同样的零点。零点的存在将影响系统的动态响应，影响的程度与零点的位置有关。因此，按照典型系统法设计控制器时，需要考虑零点的影响，对初选的控制参数进行调整，以满足性能指标的要求。

Q17.5.1    直流电机调速系统如图 17.1.2 所示，采用比例-积分(PI)控制器，控制器的传递函数如式(17.5.1)。控制系统的设计要求为：稳态误差 $e_{ss}=0$，阶跃响应超调量 $\sigma_p\%\leqslant 5\%$，2%调节时间 $t_s\leqslant 4s$。试采用典型系统法，初步确定控制参数的取值。

$$G_c(s)=K_P+\frac{K_I}{s}=\frac{K_P(s-z_1)}{s}\quad z_1=-\frac{K_I}{K_P} \tag{17.5.1}$$

解:

1)合理化简系统的传递函数方框图并化为单位反馈形式。

为了便于降阶处理,将调速系统中广义被控对象的传递函数化为时间常数形式,如图 17.2.1 所示。图中两个一阶环节的时间常数 $\tau_1 \ll \tau_2$,采用主导极点法,忽略小时间常数所对应的因子项($\tau_1 s + 1$),并将简化后的传递函数方框图化为单位反馈形式,如图 17.5.1 所示。

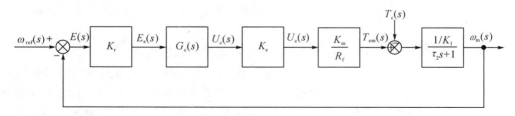

**图 17.5.1  直流电机调速系统的传递函数方框图(化简后)**

2)计算化简后系统的闭环传递函数,并判断系统的类型。

代入控制器的表达式,写出开环传递函数的参数表达式:

$$G_o(s) = K_r \cdot \frac{K_P(s-z_1)}{s} \cdot K_e \cdot \frac{K_m}{R_f} \cdot \frac{1/K_1}{\tau_2 s+1} = \frac{K(s-z_1)}{s(Js+K_1)} \quad K=\frac{K_r K_P K_e K_m}{R_f} \quad z_1 = -\frac{K_1}{K_P}$$

(17.5.2)

利用上式计算闭环传递函数。

$$\frac{\omega_m(s)}{\omega_{ref}(s)} = \frac{G_o(s)}{1+G_o(s)} = \underline{\hspace{6cm}}$$

(17.5.3)

闭环系统属于带零点的二阶系统。为了分析方便,将式(17.5.3)化为包含零点的<u>典型二阶系统</u>的参数表达式形式。

$$\frac{\omega_m(s)}{\omega_{ref}(s)} = \frac{\omega_n^2(\tau s+1)}{s^2+2\zeta\omega_n s+\omega_n^2} \quad \omega_n = \underline{\hspace{2cm}} \quad \zeta = \underline{\hspace{2cm}} \quad \tau = \underline{\hspace{2cm}}$$

(17.5.4)

3)不考虑零点的影响,初步确定控制参数的取值。

不考虑零点的影响,即忽略分子因式($\tau s + 1$),则系统可化简为典型二阶系统。在简化分析时,可以参照典型二阶系统,根据设计指标初步确定控制参数的取值。

· 根据快速性指标确定控制参数 $K_P$ 的初步取值。

因为调节时间与 $\zeta\omega_n$ 成反比,所以可根据期望的调节时间(取 $t_s=4s$)初步选取衰减系数 $\zeta\omega_n$ 的期望值。

$$t_s = \frac{4}{\zeta\omega_n} = 4 \Rightarrow \zeta\omega_n = 1$$

(17.5.5)

将式(17.5.4)与式(17.5.3)相比较可得出 $\zeta\omega_n$ 的<u>参数表达式</u>为:

$$\zeta\omega_n = \underline{\hspace{6cm}}$$

(17.5.6)

将式(17.5.5)代入式(17.5.6),可以计算出控制参数 $K_P$ 的初步取值。

· 根据超调量指标初步确定控制器零点 $z_1$ 的初步取值。

已知典型二阶系统的阻尼比 $\zeta \geqslant 0.7$ 时,超调量将不超过 5%,因此初步选择期望阻尼

比为 $\zeta = 0.7$。可将 $K_P$ 的初步取值和期望阻尼比 $\zeta = 0.7$ 等已知条件,代入典型二阶系统的参数表达式(17.5.4)中,可以计算出 $z_1$ 的初步取值。

4)分析零点的影响。

与典型二阶系统相比,实际系统中还包含一个零点 $z_1$。如果零点的位置与复极点实部坐标比较接近,则零点的影响不可忽略。由于零点具有减小阻尼、增加系统超调量的作用,所以如果采用步骤3)中选用的控制参数,则实际系统的超调量将会高于期望值。

△

## 小　结

比例-积分(PI)控制器是 P 控制器和 I 控制器的复合产物,可以改善系统的动态性能。采用比例-积分控制器的直流电机调速系统的电气结构如图 17.1.3 所示,其中控制电路参数与控制器传递函数的对应关系见式(17.1.5)。

采用 PI 控制器之后,开环传递函数中将增加一个零点和一个原点处的极点,使得闭环调速系统成为一个高阶的包含零点的复杂系统。本专题以该系统为例,介绍了对复杂系统进行简化分析的基本方法。

1)主导极点法。在复平面上,最接近虚轴的闭环极点在动态响应中起主导作用,称为主导极点。在大多数情况下,动态响应可由主导极点的响应来近似。因此化简复杂系统时,可以只保留最接近虚轴的主导极点,而忽略那些远离虚轴的极点,这种方法称为主导极点法。利用主导极点法,可以把高阶系统降阶为简化的系统,以利于分析和综合。

2)被忽略的极点的影响。在高阶系统中,如果某极点与虚轴距离远大于主导极点与虚轴距离(10 倍以上即可),则该极点对系统的影响可忽略。三阶系统中,如果复极点是主导极点,则第三个极点(实极点)具有增加阻尼、减小系统超调量的作用。

3)被忽略的零点的影响。如果零点与虚轴距离远大于复极点(主导极点)与虚轴距离(10 倍以上即可),则零点对系统的影响可忽略。包含零点的二阶系统中,零点具有减小阻尼、增加系统超调量的作用。

采用 PI 控制器的直流电机闭环调速系统,可以简化为包含零点的二阶系统。本专题以典型二阶系统为参照,初步确定了该系统的控制参数。但是由于未考虑零点的影响,系统的动态性能尚未完全满足设计要求。关于 PI 控制器的设计问题,将在专题 19 中继续讨论。

本专题的设计任务是:利用主导极点法对直流电机调速系统进行简化分析。

## 测　验

**R17.1**　某二阶系统的传递函数如式(R17.1),试用主导极点法将其化简为一阶系统,化简后系统的传递函数为(　　)。

$$\frac{Y(s)}{R(s)} = \frac{10}{(s+2)(s+5)} \tag{R17.1}$$

A. $\dfrac{10}{s+2}$　　　　B. $\dfrac{10}{s+5}$　　　　C. $\dfrac{2}{s+2}$　　　　D. $\dfrac{5}{s+5}$

**R17.2**　接上题,原系统和化简后系统的阶跃响应如图 R17.1 所示,其中化简后系统的响应曲线为(　　),判断的依据是(　　)。

C. 减少了一个实极点后,系统的阻尼降低,上升时间减小。

D. 减少了一个实极点后,系统的阻尼提高,上升时间增加。

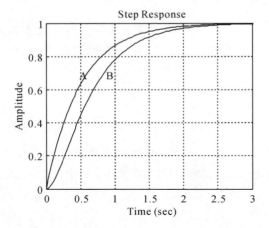

图 R17.1 原系统和简化后系统的阶跃响应　　图 R17.2 零点不同时二阶系统的阶跃响应

**R17.3** 某包含零点的二阶系统,其传递函数如式(R17.2)所示。其他参数不变,$\tau=0.01$,0.5 时,该系统在复平面内零点的坐标分别为(　　)。

$$\frac{Y(s)}{R(s)}=\frac{\omega_n^2(\tau s+1)}{s^2+2\zeta\omega_n s+\omega_n^2} \tag{R17.2}$$

A. 0.01　　　　　　B. $-100$　　　　　　C. 0.5　　　　　　D. $-2$

**R17.4** 接上题,其他参数不变,$\tau=0.01$,0.5 时系统的阶跃响应如图 R17.2 所示,其中 $\tau=0.5$ 的响应曲线为(　　);判断的依据是(　　)。

C. 零点具有增加超调量的作用,零点越接近虚轴,其增加超调的作用就越发显著。

D. 零点具有增加超调量的作用,零点越远离虚轴,其增加超调的作用就越发显著。

# 专题 18　控制系统校正的根轨迹法

● **承上启下**

专题 17 介绍了复杂系统的分析方法,复杂的控制系统会包含多个极点和零点,其动态性能取决于系统闭环极点和零点的分布。因此,控制系统校正的问题可转化为根据性能指标合理配置闭环系统零极点的问题。

系统闭环极点随着系统参数变化的轨迹称之为根轨迹。根轨迹揭示出控制器结构及参数与闭环极点分布的关系,因此可借助根轨迹图来确定控制参数的取值,这种设计方法就是根轨迹法。根轨迹法是控制工程中一种实用的时域设计方法。本专题将首先介绍根轨迹的概念和绘制方法,以及典型系统根轨迹的特点。在此基础上,介绍运用根轨迹法进行控制系统校正的基本步骤。

● **学习目标**

掌握运用根轨迹法进行控制系统校正的基本方法。

● **知识导图**

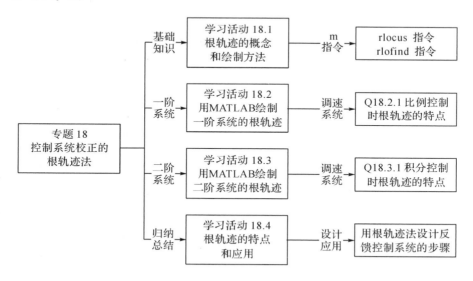

● **基础知识和基本技能**

根轨迹的概念。

用 m 脚本绘制根轨迹的方法。

典型系统根轨迹的特点。

● **工作任务**

利用根轨迹法确定典型反馈控制系统的控制参数。

# 学习活动 18.1　根轨迹的概念和绘制方法

系统的开环极点和零点一般是容易求得的,系统的闭环零点与开环零点相同,但闭环极点要通过求解闭环系统的特征方程求得。虽然可以通过计算机直接求解得到闭环极点,但不能看出系统闭环极点随系统参数变化的情况,而了解这种关系正是设计控制器时确定控制参数的关键。1948 年,伊万思提出了根轨迹法,能够根据系统开环零、极点的分布,用图解方法画出系统闭环极点随着系统参数变化的轨迹(即根轨迹)。

控制系统的闭环极点在复平面上随系统参数变化的轨迹称为根轨迹(Root Locus)。

为了便于分析根轨迹,将闭环控制系统表示成具有一个可变参数 $K$ 的形式,如图 18.1.1 所示,一般将控制器的某个待定参数作为可变参数 $K$。根轨迹图用来描述 $K$ 变化时闭环极点的运动轨迹。在根轨迹图上,如果能根据期望性能指标的要求选定期望的闭环极点,则能够读出此时变量 $K$ 的取值,从而推算出控制参数的合理取值。

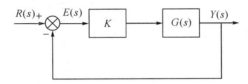

**图 18.1.1　具有可变参数 $K$ 的闭环控制系统**

图 18.1.1 所示系统的开环传递函数为:

$$\frac{Y(s)}{E(s)} = K \cdot G(s) = K \cdot \frac{p_o(s)}{q_o(s)} \tag{18.1.1}$$

上式中,$p_o(s)=0$ 的解为开环零点,$q_o(s)=0$ 的解为开环极点。

图 18.1.1 所示系统的闭环传递函数为:

$$\frac{Y(s)}{R(s)} = \frac{K \cdot G(s)}{1+K \cdot G(s)} = \frac{K \cdot p_o(s)}{q_o(s)+K \cdot p_o(s)} \tag{18.1.2}$$

上式中,$K \cdot p_o(s)=0$ 的解为闭环零点,显然开环零点与闭环零点相同。闭环系统的特征方程可表示为:

$$q_o(s)+K \cdot p_o(s)=0 \Rightarrow 1+K \cdot \frac{p_o(s)}{q_o(s)}=0 \Rightarrow 1+K \cdot G(s)=0 \tag{18.1.3}$$

综上所述,如图 18.1.1 所示单位反馈系统的特征方程还可表示为如下形式:

$$1+KG(s)=0 \tag{18.1.4}$$

其中 $KG(s)$ 为开环传递函数,$s$ 是复变量。特征方程的解为特征根,也就是闭环系统的极点,所以将 $K$ 变化时闭环极点的运动轨迹称之为根轨迹。根据复数运算的性质,式(18.1.4)可改写成如式(18.1.5)的极坐标形式,可以得到手工绘制根轨迹所需的幅值条件和相位条件。

$$KG(s)=-1+j0 \Rightarrow |KG(s)|=1 \quad \angle KG(s)=180°+k360° \tag{18.1.5}$$

手工绘制根轨迹比较麻烦,具体规则可参考有关教材。本专题只介绍用 MATLAB 指令绘制根轨迹的方法。在 MATLAB 中,绘制根轨迹的相关指令如下:

1)rlocus 指令。指令形式见式(18.1.6),其中 sys 为开环传递函数中的固定部分,即式(18.1.4)中的 $G(s)$。$K$ 为根轨迹增益,其变化范围是 0→∞。该指令的作用:随着增益 $K$ 的变化,绘制图 18.1.1 所示单位反馈系统闭环极点的运动轨迹。

$$\text{rlocus(sys,K)} \tag{18.1.6}$$

2)rlofind 指令。指令形式见式(18.1.7),sys 的含义同上。在 rlocus 指令后,可利用 rlofind 指令计算根轨迹上某个闭环极点所对应的增益 $K$ 的值。在 MATLAB 环境下运行时,可用图形交互方式,选中根轨迹上感兴趣的位置,命令行中显示该位置的极点坐标和对应的 $K$ 值。

$$\text{rlocfind(sys)} \tag{18.1.7}$$

下面以直流电机调速系统为例,利用上述指令绘制典型一阶和二阶系统的根轨迹,分析根轨迹的特点,并研究如何利用根轨迹图确定控制参数的取值。

# 学习活动 18.2　用 MATLAB 绘制一阶系统的根轨迹

图 18.2.1 为直流电机调速系统的传递函数方框图,参数取值标注在图的下方。采取比例控制器时,该系统将构成一阶反馈控制系统。下面将以该系统为例,借助 MATLAB 绘制一阶反馈控制系统的根轨迹,并讨论利用根轨迹图确定控制参数的方法。

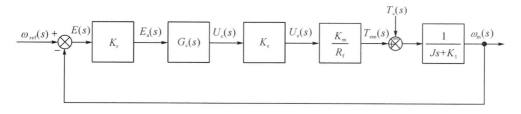

$$K_r=K_f=0.5, G_c(s)=?, K_e=10, K_m=10, R_f=100, J=0.2, K_1=0.2$$

**图 18.2.1　直流电机闭环调速系统的传递函数方框图**

Q18.2.1　图 18.2.1 所示直流电机调速系统,采用比例控制器时,绘制控制参数变化时闭环系统的根轨迹图。分析该系统根轨迹的特点,并利用根轨迹图确定控制参数的取值。

**解:**

1)列出绘制根轨迹所需的闭环系统特征方程。

比例控制器的传递函数为:

$$G_c(s)=K_P \tag{18.2.1}$$

为了绘制根轨迹,将控制器增益 $K_P$ 从开环传递函数中分离出来,作为根轨迹增益 $K$。将系统的传递函数方框图化成图 18.1.1 形式,代入仿真模型的参数取值后,可写出<u>闭环系</u>

统的特征方程,如式(18.2.2)。

$$1+K \cdot G(s)=0 \quad K=K_P \quad G(s)= \underline{\hspace{5cm}} \tag{18.2.2}$$

为了分析方便,将开环传递函数表示为时间常数以及零极点两种形式,代入图18.2.1中的参数取值,计算时间常数和极点的具体数值。

$$\frac{\omega_m(s)}{E(s)}=KG(s)=\frac{2.5K}{\tau_1 s+1}=\frac{2.5K}{s-p_1} \quad \tau_1= \underline{\hspace{3cm}} \quad p_1=-\frac{1}{\tau_1}= \underline{\hspace{3cm}}$$

$$\tag{18.2.3}$$

式中,$\tau_1$ 为开环系统的时间常数,$p_1$ 为开环系统的极点。

同理,将闭环系统的传递函数也表示为时间常数以及零极点两种形式:

$$\frac{Y(s)}{R(s)}=\frac{K \cdot G(s)}{1+K \cdot G(s)}=\frac{K_s}{\tau_{1c} s+1}=\frac{K_s/\tau_{1c}}{s-p_{1c}} \quad p_{1c}=-\frac{1}{\tau_{1c}} \tag{18.2.4}$$

式中,$\tau_{1c}$ 为闭环系统时间常数,$p_{1c}$ 为闭环系统极点,$K_s$ 为闭环系统稳态增益。

2)编写 m 脚本绘制闭环系统的根轨迹。

• 编写 m 脚本绘制式(18.2.2)所描述的闭环系统的根轨迹。

```
%Q18_2_1: root locus of 1st order system
num=[2.5]; den=[1 1]; sys=tf(num,den);
k=0:0.0001:1; rlocus(sys, k);
```

• 执行上述脚本,绘制出闭环系统的根轨迹如图18.2.2所示。

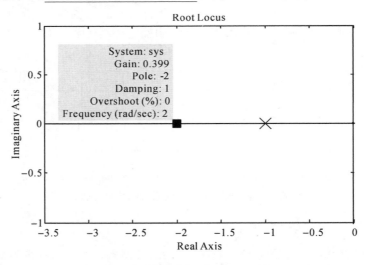

**图 18.2.2 一阶反馈控制系统的根轨迹**

3)分析一阶反馈控制系统根轨迹的特点。

在根轨迹图18.2.2上,移动数据点可观察根轨迹上不同点的参数。例如:图中所示极点处的根轨迹增益为0.399,极点坐标为−2。观察发现,一阶反馈控制系统的<u>根轨迹有如下特点</u>:

• 根轨迹从开环极点($p_1=-1$)出发,沿着负实轴发展,并延伸到无穷远处。

• 根轨迹增益 $K$ 越大,闭环极点就越 _____ 虚轴。

根轨迹图形象地表明了比例控制对于动态响应的影响:比例系数 $K_P$(即根轨迹增益 $K$)越大,闭环系统极点将越 _____ 虚轴,使闭环系统时间常数越 _____,响应速度越 _____。

4)利用根轨迹图确定控制参数的取值。

式(18.2.3)表明开环系统的时间常数 $\tau_1 = 1$。反馈控制可以提高系统的响应速度,如果期望通过反馈控制将闭环系统的时间常数减小为 $\tau_{1c} = 0.5$,可利用根轨迹图确定控制参数 $K_P$ 的取值。方法是:首先根据性能指标要求确定期望闭环极点的位置,然后在根轨迹图上读出期望闭环极点处的根轨迹增益值,即为控制参数的合理取值。具体步骤如下:

• 已知一阶系统闭环极点与时间常数的关系为:$p_{1c} = -1/\tau_{1c}$。

• 根据闭环系统时间常数的期望值,计算出闭环极点的期望值为:$p_{1c} =$ _____。

• 在根轨迹图上,将数据点移动至闭环极点的期望位置,其横坐标为 _____。

• 观察该数据点的属性,读出此处根轨迹的增益:$K =$ _____。

根据上述分析和观测,可以确定控制参数的合理取值为:$K_P =$ _____。

5)验算控制参数取值的正确性。

将上面得到的控制参数 $K_P$ 的取值代入式(18.2.5),计算闭环系统的传递函数,并化为时间常数形式。

$$\frac{Y(s)}{R(s)} = \frac{K \cdot G(s)}{1 + K \cdot G(s)} = \underline{\qquad} \qquad \tau_{1c} = \qquad (18.2.5)$$

式中,闭环系统的时间常数为 $\tau_{1c} =$ _____,与期望值是否一致? _____

△

Q18.2.2 图 18.2.1 所示直流电机调速系统,采用比例控制器。要求阶跃响应 5% 调节时间约为 1s,试用根轨迹法确定控制参数的取值。

**解:**

1)首先根据闭环系统特征方程,编写 m 脚本绘制轨迹图。

具体步骤参见例题 Q18.2.1 中步骤 1)和 2)。

2)利用根轨迹图确定控制参数的取值。

• 将设计要求转换为闭环极点的期望位置 $p_{1c}$

$$t_s = 3\tau_{1c} = 1 \Rightarrow \tau_{1c} = \underline{\qquad} \Rightarrow p_{1c} = -1/\tau_{1c} = \underline{\qquad} \qquad (18.2.6)$$

• 在根轨迹图上,将数据点移动至闭环极点的期望位置,即横坐标为 _____。

• 观察该数据点的属性,读出此处根轨迹的增益:$K =$ _____。

根据上述分析和观测,可以确定控制参数的合理取值为:$K_P =$ _____。

⊠ 课后思考题 AQ18.1:利用上面得到的控制参数,计算系统的闭环传递函数并化为时间常数形式。在此基础上估算闭环系统阶跃响应 5% 调节时间,并判断是否符合期望值。

△

# 学习活动 18.3　用 MATLAB 绘制二阶系统的根轨迹

图 18.2.1 所示直流电机速度控制系统,采取积分控制器时,该系统将构成二阶反馈控制系统。下面将以该系统为例,借助 MATLAB 绘制二阶反馈控制系统的根轨迹,并继续讨论利用根轨迹图确定控制参数的方法。

> **Q18.3.1**　图 18.2.1 所示直流电机调速系统,采用积分控制器时,绘制控制参数变化时闭环系统的根轨迹图。分析该系统根轨迹的特点,并利用根轨迹图确定控制参数的取值。

**解:**

1)列出绘制根轨迹所需的闭环系统特征方程。

采用积分控制器时,控制器的传递函数为:

$$G_c(s) = \frac{K_I}{s} \tag{18.3.1}$$

为了绘制根轨迹,首先将控制器增益 $K_I$ 从开环传递函数中分离出来,作为根轨迹增益 $K$。然后将系统的传递函数方框图化成图 18.1.1 形式,代入仿真模型的参数取值后,写出闭环系统的特征方程,见式(18.3.2)。

$$1 + K \cdot G(s) = 0 \quad K = K_I \quad G(s) = \underline{\hspace{3cm}} \tag{18.3.2}$$

为了分析方便,将开环传递函数表示为零极点形式:

$$KG(s) = \frac{2.5K_P}{(s - p_1)(s - p_2)} \quad p_1 = \underline{\hspace{1.5cm}} \quad p_2 = \underline{\hspace{1.5cm}} \tag{18.3.3}$$

同理,将闭环传递函数也表示为零极点形式:

$$\frac{Y(s)}{R(s)} = \frac{K \cdot G(s)}{1 + K \cdot G(s)} = \frac{\omega_n^2}{s^2 + 2\zeta\omega_n + \omega_n^2} = \frac{\omega_n^2}{(s - p_{1c})(s - p_{2c})} \tag{18.3.4}$$

$$p_{1c,2c} = -\zeta\omega_n \pm \omega_n \sqrt{\zeta^2 - 1}$$

2)编写 m 脚本绘制闭环系统的根轨迹。

• 编写 m 脚本绘制式(18.3.2)所描述的闭环系统的根轨迹。

```
%Q18_3_1: root locus of 2nd order system
num=[2.5]; den=[1 1 0]; sys=tf(num,den);
k=0：0.0001：1; rlocus(sys,k);
```

• 执行上述脚本,绘制出闭环系统的根轨迹如图 18.3.1 所示。

3)分析二阶反馈控制系统根轨迹的特点。

在根轨迹图 18.3.1 上,移动数据点可观察根轨迹上不同点的参数。例如:图中所示极点处的根轨迹增益为 0.2,极点坐标为 $-5 + 0.5j$,对应二阶系统的阻尼比为 0.707,超调量为 4.35%,无阻尼自然振荡频率为 0.708。观察发现,二阶反馈控制系统的根轨迹有如下特点:

• 根轨迹从开环极点出发,沿着负实轴相向发展,在中点会合后,分成上、下两支并延伸

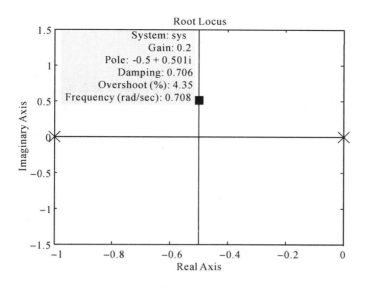

图 18.3.1　二阶反馈控制系统的根轨迹

到无穷远处。

· $0 < K <$ _____ 时,根轨迹位于负实轴上,闭环极点为两个 _____ 极点,闭环系统为 _____ 阻尼状态。

· $K =$ _____ 时,闭环极点为 _____ 极点,闭环系统为 _____ 阻尼状态。

· $K >$ _____ 之后,根轨迹离开实轴,延伸到复平面上,闭环极点为 _____ 极点,闭环系统为 _____ 阻尼状态。

根轨迹形象地表明了积分控制对于典型二阶系统动态响应的影响:

· 在欠阻尼状态下,根轨迹增益 $K$(即积分系数 $K_I$)越大,闭环极点与负实轴的夹角越 _____ ,阻尼比 $\zeta$ 越 _____ ,超调量越 _____ 。

· 但是 $K$ 变化时,闭环极点的 _____ $(-\zeta\omega_n)$ 却不变化,这说明调节控制参数 $K_I$ 只能改变环系统的超调量,却不能改变 _____ 。注:2% 调节时间 $t_s = 4/(\zeta\omega_n)$。

4)利用根轨迹图确定控制参数的取值。

采用积分控制时,闭环系统构成典型二阶系统。如果期望闭环系统阶跃响应的超调量 $\sigma_p\% \leqslant 5\%$,可利用根轨迹图确定控制参数 $K_I$ 的取值。方法是:在根轨迹图上移动数据点并观察其属性,找到超调量满足性能指标要求的数据点作为期望闭环极点,读出此处的根轨迹增益值,即为控制参数的合理取值。具体步骤如下:

· 在根轨迹图上,找到超调量约为 $4.3\%$ 的位置,作为闭环极点的期望位置。

· 读出期望极点处的根轨迹增益:$K =$ _____ ,即为控制参数 $K_I$ 的合理取值。

5)验算控制参数取值的正确性。

将上面确定的控制参数代入式(18.3.4),计算闭环传递函数,并化为典型二阶系统的参数表达式,如式(18.3.5)。

$$\frac{Y(s)}{R(s)} = \frac{K \cdot G(s)}{1 + K \cdot G(s)} = \underline{\qquad} = \frac{\omega_n^2}{s^2 + 2\zeta\omega_n + \omega_n^2} \quad \omega_n = \underline{\qquad} \quad \zeta = \underline{\qquad}$$

(18.3.5)

式中，闭环系统阻尼比 $\zeta=$ _____ ，对应阶跃响应的超调量 $\sigma_\mathrm{p}\%=$ _____ ，与期望值是否一致？ _____

△

> Q18.3.2  图 18.2.1 所示直流电机调速系统，采用积分控制器。要求阶跃响应超调量约为 $10\%$，试用根轨迹法确定控制参数的取值。

解：

1）首先根据闭环系统特征方程，编写 m 脚本绘制轨迹图。

具体步骤参见例题 Q18.3.1 中步骤 1）和 2）。

2）利用根轨迹图选择合理的控制参数。

• 在根轨迹图上，移动数据点并观察其属性，当某极点对应的超调量约为 _____ 时，选择该极点（及其共轭极点）为期望的闭环极点。

• 读出期望极点处的根轨迹增益：$K=$ _____ ，阻尼比为 _____ ，超调量为 _____ 。此处的根轨迹增益即为控制参数 $K_1$ 的合理取值。

⊠课后思考题 AQ18.2：利用上面得到的控制参数，计算系统的闭环传递函数并化为典型二阶系统的参数表达式。在此基础上估算阶跃响应的超调量，并判断是否符合期望值。

△

# 学习活动 18.4　根轨迹的特点和应用

## 18.4.1　根轨迹的特点

在前面两节中，分别绘制了采用比例控制器的调速系统（典型一阶反馈控制系统）的根轨迹，和采用积分控制器的调速系统（典型二阶反馈控制系统）的根轨迹，观察和分析了两类典型系统根轨迹的特征。下面从理论分析的角度，归纳反馈控制系统根轨迹的一般特点。

图 18.1.1 所示具有可变参数 $K$ 的单位反馈控制系统，$KG(s)$ 为开环传递函数，其表达式见式（18.4.1）。

$$K \cdot G(s) = K \cdot \frac{p_\mathrm{o}(s)}{q_\mathrm{o}(s)} \tag{18.4.1}$$

上述闭环控制系统的特征方程见式（18.4.2）。参数 $K$ 从 $0 \to \infty$ 变化时，闭环系统特征根的运动轨迹被定义为根轨迹，参数 $K$ 为根轨迹增益。

$$q_\mathrm{o}(s) + K \cdot p_\mathrm{o}(s) = 0 \tag{18.4.2}$$

当 $K=0$ 时，闭环系统的特征方程与开环系统相同，即为 $q_\mathrm{o}(s)=0$，这表示此时闭环系统的极点与开环系统相同。所以根轨迹的出发点即为开环系统的极点，根轨迹图的分支数与开环极点数相同。

当 $K \to \infty$ 时,闭环系统的特征方程近似为 $p_0(s)=0$,这表示此时闭环系统的极点与开环零点相同。所以根轨迹的终点将是开环零点或无穷远处,无穷远处是假想的开环零点。

综上所述,闭环控制系统的根轨迹具有两个显著特点:

1)根轨迹图的分支数与开环极点数相同。

2)根轨迹分支从开环极点出发,终止于开环零点或无穷远处。

### 18.4.2　根轨迹的应用

根轨迹揭示控制参数变化时闭环系统极点的变化规律,因此如果已知极点的期望分布,可借助根轨迹图来确定控制参数的取值,这种设计方法就是根轨迹法。根轨迹法是一种有效的工程设计方法,运用该方法设计反馈控制系统的基本步骤如下:

---

**知识卡 18.1:用根轨迹法设计反馈控制系统的步骤**

1)确定控制器结构后,将待定的控制参数 $K$ 从开环传递函数中分离出来,作为根轨迹增益,并将系统化为单位反馈形式,如图 18.4.1 所示。

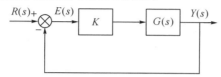

**图 18.4.1　根轨迹增益为 $K$ 的闭环控制系统**

2)应用式(18.4.3)所示 MATLAB 指令,绘制闭环系统的根轨迹。式中 sys 为图 18.4.1 中 $G(s)$ 的传递函数,$K$ 为根轨迹增益。

$$\text{rlocus(sys, K)} \tag{18.4.3}$$

3)根据期望的性能指标,在根轨迹上确定期望的闭环极点,读取此处的根轨迹增益,作为待定控制参数的初步取值。

4)将所选取的控制参数代入系统后,进行系统仿真,观察动态响应曲线,提取实际的性能指标。如果性能指标满足要求,设计工作结束。如果不满足要求则回到步骤 1,如此迭代设计,直到满足设计要求。

---

针对图 18.2.1 所示的直流电机调速系统,例题 Q18.2.1 采用比例控制器,例题 Q18.3.1 中采用积分控制器,分别利用根轨迹法确定了闭环系统的控制参数。下面利用系统仿真,从根轨迹的角度比较两种控制方式的特点。

---

Q18.4.1　在例题 Q18.2.1 和例题 Q18.3.1 基础上,编写 m 文件,将采用比例控制或积分控制时,两个控制系统的根轨迹画在一个图中、单位阶跃响应曲线画在另一个图中,并比较两种控制方式的特点。

---

解:

1)编写 m 文件,绘制两种情况下的闭环系统的根轨迹和单位阶跃响应。

图 18.4.2 所示为两种情况下闭环系统的根轨迹,并标出各自的期望闭环极点。

图 18.4.3 所示为两种情况下闭环系统的单位阶跃响应,并标出各自的 2% 调节时间。

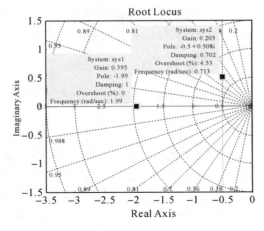

图 18.4.2　闭环系统根轨迹的比较　　　图 18.4.3　闭环系统单位阶跃响应的比较

2）从上述仿真曲线中提取特征数据，填入表18.4.1中，并进行比较。

表 18.4.1　比例控制和积分控制的比较

| 比较项目 | 比例控制 | 积分控制 | 二者的区别 |
|---|---|---|---|
| 极点位置 | | | |
| 稳态误差 | | | |
| 超调量 | | | |
| 2%调节时间 | | | |

3）比较比例控制和积分控制时的根轨迹图，试说明两种控制方式的特点。

在根轨迹图 18.4.2 上，可以看出比例控制时根轨迹从开环极点 $p_1 =$ ＿＿＿＿＿出发，向远离虚轴的区域延伸。与开环系统相比，闭环系统的极点更＿＿＿＿虚轴，调节时间＿＿＿＿，这是比例控制的优点。比例控制的缺点是存在＿＿＿＿＿。

在根轨迹图 18.4.2 上，可以看出积分控制时根轨迹从开环极点 $p_1 =$ ＿＿＿＿＿和 $p_2 =$
＿＿＿＿＿出发，沿着负实轴相向发展。与比例控制时相比，采用积分控制时闭环系统的极点更＿＿＿＿虚轴，调节时间＿＿＿＿＿，这是积分控制的缺点。积分控制的优点是可以消除

＿＿＿＿＿。

⊠课后思考题 AQ18.3：按照步骤 1)的要求，编写绘制根轨迹和阶跃响应的 m 脚本。

△

## 小　结

控制系统的闭环极点在复平面上随系统参数变化的轨迹称为根轨迹（Root Locus）。在MATLAB 中，可采用式(18.1.6)中 rlocus 指令绘制 $K$ 的变化闭环系统特征根（极点）的运动轨迹。闭环控制系统的根轨迹具有两个显著特点：

1）根轨迹图的分支数与开环极点数相同。

2）根轨迹分支从开环极点出发，终止于开环零点或无穷远处。

不同系统的根轨迹具有不同的特点。一阶反馈控制系统的根轨迹从开环极点出发，沿

着负实轴发展,并延伸到无穷远处。二阶反馈控制系统的根轨迹从开环极点出发,沿着负实轴相向发展,在中点会合后,分成上、下两支并延伸到无穷远处。

根轨迹揭示出控制器结构及参数与闭环极点分布的关系,可借助根轨迹图来确定控制参数的取值,这种设计方法就是根轨迹法。使用根轨迹法确定控制参数时,首先将待定的控制参数从开环传递函数中分离出来作为根轨迹增益 $K$,其余部分定义为 sys,利用式(18.1.6)中的指令绘制根轨迹图。然后根据期望的性能指标,在根轨迹上确定期望的闭环极点,读取此处的根轨迹增益 $K$,作为待定控制参数的初步取值。

根轨迹法直接在根轨迹图上确定控制参数的取值,避免了复杂的参数计算,是一种有效的工程设计方法。下一个专题将继续介绍根轨迹法在控制系统设计中的应用:利用根轨迹法设计 PI 控制器。

本专题的设计任务是:利用根轨迹法确定典型反馈控制系统的控制参数。

**测　验**

**R18.1**　根轨迹图的分支数与(　　　)数相同;根轨迹分支从(　　　)出发,终止于(　　　)或无穷远处。

A. 开环极点　　　　B. 闭环极点　　　　C. 开环零点　　　　D. 闭环零点

**R18.2**　某单位反馈控制系统的开环传递函数如下,设 $K$ 为根轨迹增益,从图 R18.1 中,选择其根轨迹的可能形状。

$$\frac{K}{s}(\quad),\ \frac{K}{\tau s+1}(\quad),\ \frac{K}{s(\tau s+1)}(\quad),\ \frac{K}{(\tau_1 s+1)(\tau_2 s+1)}(\quad)$$

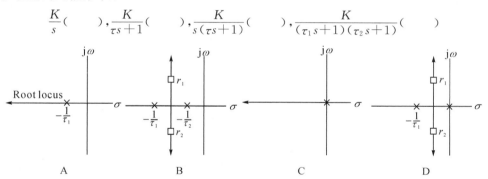

**图 R18.1　典型单位反馈控制系统的根轨迹**

**R18.3**　关于典型的一阶反馈控制系统的根轨迹,下列说法正确的是(　　　)。

A. 一阶反馈控制系统的根轨迹从开环极点出发。

B. 根轨迹沿着负实轴发展,并向原点方向延伸。

C. 根轨迹增益越小,闭环极点就越靠近虚轴。

D. 闭环极点越靠近虚轴,阶跃响应的调节时间越小。

**R18.4**　关于典型的二阶反馈控制系统的根轨迹,下列说法正确的是(　　　)。

A. 根轨迹从开环极点出发,沿着负实轴发展,在中点会合后,分成上、下两支。

B. 若闭环极点位于会合点处,则闭环系统处于欠阻尼状态。

C. 若闭环极点应位于上下两个分支上,则闭环系统处于过阻尼状态。

D. 在欠阻尼状态下,根轨迹增益越小,闭环极点对应的阻尼比越小。

# 专题 19　利用根轨迹法设计 PI 控制器

### ● 承上启下

专题 18 介绍了根轨迹的概念和绘制方法。在系统开环传递函数的基础上,控制参数变化时,利用 m 指令可以绘制出闭环系统极点(特征根)的变化轨迹,即根轨迹。在根轨迹上,可以直观地看到控制参数与闭环系统极点分布的关系,而极点分布将决定系统动态响应的形式。因此,可以利用根轨迹图来校正控制系统并确定控制参数,这种设计方法就是根轨迹法。与系统校正的典型系统法相比,根轨迹法更简便、直观,并可避免复杂的计算;更重要的是可用来对较复杂的系统进行有效的分析和校正。

本专题中,将继续讨论根轨迹法在系统校正中的应用。仍以直流电机调速系统为例,采用 PI 控制器对该系统进行校正,应用根轨迹法确定控制参数的取值。在此基础上,归纳应用根轨迹法设计 PI 控制器的步骤,并与比例控制和积分控制相比较,分析 PI 控制的特点。

### ● 学习目标

掌握应用根轨迹法设计 PI 控制器的原理和步骤。

### ● 知识导图

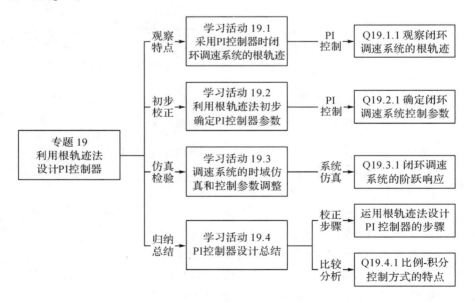

● **基础知识和基本技能**

PI 控制器中极点和零点对根轨迹的影响。

主导极点期望区域的定义。

零点对系统动态响应的影响。

● **工作任务**

应用根轨迹法设计直流电机调速系统的 PI 控制器。

# 学习活动 19.1　采用 PI 控制器时闭环调速系统的根轨迹

图 19.1.1 所示为直流电机调速系统的传递函数方框图,系统参数标注在图的下方。在单元 U3 和单元 U4 中,分别采取比例控制和积分控制来设计闭环调速系统,这两种控制方式都有不足之处。为了克服上述两种简单控制方式的缺点,可采用比例-积分复合控制。专题 17 中初步介绍了比例-积分(PI)控制器,并尝试用典型系统法确定控制参数。本专题中将结合直流电机调速系统,详细讨论 PI 控制器的设计方法,并利用根轨迹法确定控制参数的合理取值。

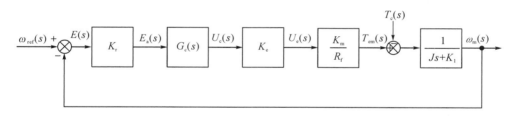

$$K_r=0.5, K_e=10, K_m=10, R_f=100, J=0.2, K_1=0.2$$

**图 19.1.1　直流电机调速系统的传递函数方框图**

首先分析采用 PI 控制器时闭环调速系统根轨迹的特点。

> Q19.1.1　图 19.1.1 所示直流电机调速系统,采用比例-积分控制器时,绘制闭环调速系统的根轨迹图,并分析采用 PI 控制器时闭环调速系统根轨迹的特点。

**解:**

1)列出绘制根轨迹所需的闭环系统特征方程。

采用比例-积分控制器时,将控制器的传递函数写成零极点形式。

$$G_c(s)=K_P+\frac{K_I}{s}=\frac{K_P(s-z_1)}{s}\quad z_1=-\frac{K_I}{K_P} \tag{19.1.1}$$

为了绘制根轨迹,将控制器中的一个待定参数 $K_P$ 从开环传递函数中分离出来,作为根轨迹增益 $K$。将系统的传递函数方框图化成单位反馈形式(参见图 18.1.1),其中开环传递函数用 $K \cdot G(s)$ 表示。代入图 19.1.1 中系统参数的取值,可写出闭环系统的特征方程,见式(19.1.2)。

$$1+K \cdot G(s)=0 \quad K=K_{\mathrm{P}} \quad G(s)=\underline{\hspace{2cm}} \tag{19.1.2}$$

为了分析方便将 $G(s)$ 写成零极点形式，见式(19.1.3)，其中零点 $z_1$ 待定。显然，采用 PI 控制器时，调速系统的开环传递函数中包含了 2 个极点和 1 个零点，其中零点和原点处的极点是 PI 控制器带来的。

$$G(s)=\frac{2.5(s-z_1)}{(s-p_1)(s-p_2)} \quad p_1=\underline{\hspace{1.5cm}} \quad p_2=\underline{\hspace{1.5cm}} \tag{19.1.3}$$

2）绘制闭环调速系统的根轨迹。

根轨迹分析时，开环传递函数中只能有一个可变参数，作为根轨迹增益 $K$。所以，需要首先假定零点 $z_1$ 的取值，才能绘制根轨迹图。$z_1$ 与极点之间位置关系有两种可能，一是 $z_1$ 在两个极点 $p_1$、$p_2$ 之间，二是在两个极点之外，下面分别画出这两种情况下的根轨迹图。

· 根据式(19.1.2)，编写绘制根轨迹的 m 脚本，$z_1$ 分别取 $-0.5$ 或 $-2$。

```
%Q19_1_1：root locus with PI control
z1=-0.5; num=[2.5 -2.5*z1]; den=[1 1 0]; sys=tf(num,den);
k=0：0.0001：1; rlocus(sys,k); rlocfind(sys);
```

· 执行上述 m 脚本所绘制的根轨迹图，如图 19.1.2 和图 19.1.3 所示。

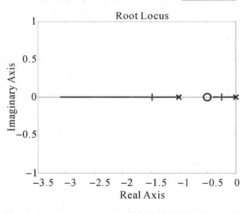

图 19.1.2　$z_1=-0.5$ 时的根轨迹($k$ 取 $0\sim1$)　　图 19.1.3　$z_1=-2$ 时的根轨迹图($k$ 取 $0\sim3$)

3）分析闭环调速系统根轨迹的基本特点。

根据专题 18 中对根轨迹一般特点的分析，可以推断出本例中根轨迹的基本特点：

· 根轨迹图的分支数与开环极点数相同。本例中有 2 个开环极点，所以闭环系统根轨迹将有 2 个分支。

· 根轨迹分支从开环极点出发。本例中 2 条根轨迹分别从 $p_1=\underline{\hspace{2cm}}$ 和 $p_2=\underline{\hspace{1.5cm}}$ 两个开环极点出发。

· 根轨迹终止于开环零点或无穷远处。本例中 2 条根轨迹，一条终止于 $\underline{\hspace{2cm}}$，另一条终止于 $\underline{\hspace{2cm}}$。

4）确定零点 $z_1$ 的合理位置。

如图 19.1.2 所示，当零点 $z_1$ 在两个极点之间时，闭环特征根为 2 个实根，如图中 + 号所示，且主导极点位于 $z_1$ 右侧，距离虚轴较近，这样就限制了动态响应的快速性。

如图 19.1.3 所示,当零点 $z_1$ 在两个极点左侧时,闭环特征根可以是一对共轭复根,如图中十号所示,主导极点位于开环极点的左侧,距离虚轴较远,具有更快的动态响应速度。

综上所述,将 PI 控制器的零点 $z_1$ 配置在开环极点的_____侧更为合理。

5)绘制零点 $z_1$ 变化时的一组根轨迹,并观察其特点。

• 编写 m 脚本,将 $z_1 = -1.5, -2, -2.5$ 时的根轨迹绘制在一个图中,见图 19.1.4。

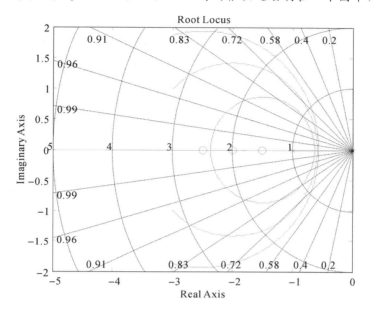

图 19.1.4　$z_1 = -1.5, -2, -2.5$ 时的根轨迹图($k$ 取 0~2)

6)观察 PI 控制时闭环系统根轨迹的特点。

虽然 $z_1$ 变化时,根轨迹的形状有所变化,但三种情况下大致的形状仍具有相似之处。

• 从开环极点出发后,沿着负实轴_____发展;

• 第 1 次会合后上下分开,以_____的轨迹围绕_____在复平面内发展,然后重新会合于实轴上;

• 第 2 次会合后,沿着负实轴向_____伸展。

可见,_____起到吸引子的作用,使某一段根轨迹围绕其发展。

☒ 课后思考题 AQ19.1:按照步骤 5)的要求,编写同时绘制一组根轨迹的 m 脚本。

△

# 学习活动 19.2　利用根轨迹法初步确定 PI 控制器参数

控制器的作用就是通过在开环系统中引入新的零、极点,以改变闭环系统主导极点的分布,从而改善系统的性能。以 PI 控制器为例,它在开环系统中引入了一个开环零点和一个位于原点处的开环极点,如式(19.1.1)所示。从闭环系统主导极点配置的角度分析,PI 控制器的具体作用如下:

1)引入一个位于原点处的开环极点,用于消除稳态误差。

2)引入一个开环零点,可以作为吸引子将根轨迹吸引到复平面上的期望区域,从而达到根据需要配置闭环主导极点的作用。

一般情况下,参照欠阻尼状态下的典型二阶系统,复平面上闭环系统主导极点的期望区域如图 19.2.1 所示。期望区域的特点是:

1)该区域中主导极点处于与负实轴成 45°的射线附近,对应的阻尼比 $\zeta \approx 0.7$,使阶跃响应超调量较小。注:$\zeta = \cos\varphi$,$\varphi$ 为极点到原点连线与负实轴的夹角。

2)主导极点还应尽可能远离原点,使复极点实部 $-\zeta\omega_n$ 的绝对值足够大,保证动态响应的调节时间 $t_s$ 满足要求。

所以,期望区域应处于图中"好的响应"区域内。系统设计时,应根据设计指标的要求,在复平面内确定主导极点的期望区域。在控制器结构和参数变化时,利用根轨迹法可以方便地观察根轨迹的发展趋势,从而正确地选择控制器形式并合理地确定控制参数,最终将校正后闭环系统的极点配置在期望的区域中。

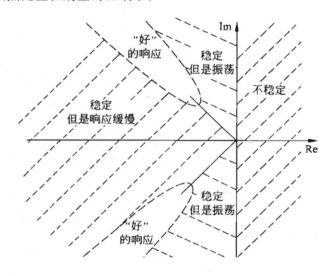

**图 19.2.1　复平面上主导极点的期望区域**

下面根据系统的设计指标,利用根轨迹法初步确定闭环调速系统中 PI 控制器的参数。

Q19.2.1　图 19.1.1 所示直流电机调速系统,采用比例-积分控制器。期望的阶跃响应性能指标为:稳态误差 $e_{ss}=0$,2% 调节时间 $t_s \leqslant 4\text{s}$,超调量 $\sigma_P\% \leqslant 5\%$。利用根轨迹法,根据期望的性能指标初步确定控制参数的取值。

**解:**

1)根据期望性指标确定主导极点的期望区域。

PI 控制器中包含积分环节,可以消除闭环系统阶跃响应的稳态误差。这样,选取控制参数时,主要考虑满足调节时间和超调量等动态指标即可。

· 根据调节时间指标确定主导极点实部 $-\zeta\omega_n$ 的取值范围。

主导极点的实部(绝对值)与 2% 调节时间的关系,如式(19.2.1)所示。

$$t_s = \frac{4}{\zeta\omega_n} \Rightarrow \zeta\omega_n = \frac{4}{t_s} \tag{19.2.1}$$

根据调节时间 $t_s \leqslant 4s$ 的设计要求,则主导极点实部(绝对值)的取值范围是:

$$\zeta\omega_n \geqslant 4/4 = 1 \tag{19.2.2}$$

在图 19.2.2 所示的复平面上,画一条横坐标为 $-1$ 的垂直辅助线(调节时间辅助线),位于该竖线左侧的主导极点都满足调节时间的要求。实际选取时,可将期望的主导极点选在该辅助线附近。

- 根据超调量指标确定主导极点阻尼比的取值范围。

已知典型二阶系统的阻尼比 $\zeta \geqslant 0.7$ 时,超调量将不超过 5%。根据超调量 $\sigma_p\% \leqslant 5\%$ 的设计要求,初步选择主导极点的阻尼比为 $\zeta \approx 0.7$。

在零极点分布图上,如果阻尼比 $\zeta \approx 0.7$,则主导极点与原点的连线与负实轴的夹角约 $45°$。在图 19.2.2 所示的复平面上,画出与负实轴的夹角约 $45°$ 的 2 条辅助线(阻尼比辅助线),位于该辅助线附近的主导极点都满足超调量的要求。

- 根据实际系统的物理限制,在保证系统各环节不出现饱和情况下,$K_P$ 的最大取值(即根轨迹增益 $K$)应有所限制。本例中,按照 $K$ 最小的情况进行设计。因此,将上述 2 类辅助线交点附近的区域作为闭环系统主导极点的期望区域。

综上所述,将期望性能指标与主导极点期望区域的关系填入表 19.2.1 中。

表 19.2.1　期望性能指标与主导极点期望区域的对应关系

| 指标类型 | 期望的性能指标 | 典型二阶系统特征参数 | 主导极点期望区域的辅助线 |
|---|---|---|---|
| 稳定性指标 | 超调量:$\sigma_P/\% \leqslant 5\%$ | $\zeta = 0.7$ | 阻尼比辅助线:<br>与负实轴的夹角约 $45°$ |
| 快速性指标 | 调节时间:$t_s \leqslant 4s$ | $\zeta\omega_n = 1$ | 调节时间辅助线:<br>横坐标为 $-1$ 的垂直线 |

⊠课后思考题 AQ19.2:如果本例中设计要求改为:阶跃响应超调量 $\sigma_p\% \leqslant 10\%$,2% 调节时间 $t_s \leqslant 6s$。试重新确定主导极点的期望区域,填入表 19.2.2,并标注在图 19.2.3 中。

表 19.2.2　期望性能指标与主导极点期望区域的对应关系

| 指标类型 | 期望的性能指标 | 典型二阶系统特征参数 | 主导极点期望区域的辅助线 |
|---|---|---|---|
| 稳定性指标 | 超调量:$\sigma_P/\% \leqslant 10\%$ | $\zeta =$ | 阻尼比辅助线: |
| 快速性指标 | 调节时间:$t_s \leqslant 6s$ | $\zeta\omega_n =$ | 调节时间辅助线: |

2) 利用根轨迹初步确定期望的零点和期望的主导极点。

将 1) 中选取的 2 类辅助线画在图 19.1.4 中,主导极点的期望区域应在这 2 类辅助线的交点附近。在根轨迹图中为了将主导极点配置在期望区域,可根据根轨迹的变化趋势适当调节零点 $z_1$ 的取值,使根轨迹恰好经过期望区域,然后在经过该区域的根轨迹上确定期望的主导极点。

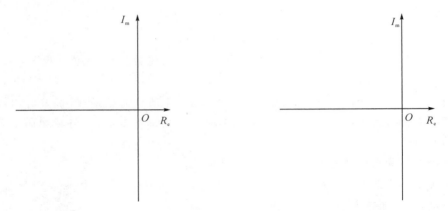

图 19.2.2　主导极点的期望区域 1　　　　图 19.2.3　主导极点的期望区域 2

• 在图 19.1.4 中，观测根轨迹与调节时间辅助线（横坐标为 $-1$）<u>交点处的属性</u>，填入表 19.2.3，分析零点取值对根轨迹的影响。

表 19.2.3　根轨迹与调节时间辅助线交点处的属性

| 零点取值 | 根轨迹增益 gain | 极点的坐标 pole | 阻尼比 damp | 超调量 overshoot(%) |
|---|---|---|---|---|
| $z_1 = -1.5$ | | | | |
| $z_1 = -2.0$ | | | | |
| $z_1 = -2.5$ | | | | |

分析上表中数据可见，零点 $z_1$ 的位置越远离虚轴，以该零点为圆心的根轨迹的半径越大，则与调节时间辅助线交点处，极点的阻尼比越小，超调量越大。利用这些特征，可以帮助我们合理地设定零点的位置。

本例中，对于第 2 象限内的根轨迹，$z_1 = -1.5$ 时根轨迹位于期望区域的下方，$z_1 = -2.5$ 时根轨迹位于期望区域的上方，均不符合要求。所以零点 $z_1$ 应在 $-2.5$ 至 $-1.5$ 之间调整，直到根轨迹与调节时间辅助线的交点，也位于阻尼比辅助线上。

实际操作时，可利用试凑法，一边调零点 $z_1$ 的取值，一边观测根轨迹与调节时间辅助线的交点处的阻尼比。当交点的阻尼比与期望的阻尼比接近时，此时的零点 $z_1$ 即为期望的零点，交点处的极点即为期望的主导极点。

• 根据上述方法，确定本例中<u>期望零点和期望主导极点</u>的取值：

$$z_1 = \underline{\qquad} \qquad p_{1,2} = \underline{\qquad} \tag{19.2.3}$$

3）判断期望主导极点是否满足设计要求，并确定控制参数的初步取值。

• 将期望的性能指标和<u>期望主导极点</u>的特性填入表 19.2.4 中，判断是否满足设计要求。

• 如果期望主导极点对应的二阶系统的动态特性满足设计要求，则根据零点的位置和主导极点处根轨迹增益，确定<u>控制参数的初步取值</u>：

$$z_1 = \underline{\qquad} \qquad K_P = K = \underline{\qquad} \tag{19.2.4}$$

表 19.2.4　期望的性能指标和期望主导极点的特性

| 指标类型 | 期望的性能指标 | 期望主导极点的坐标 | 期望主导极点对应的二阶系统的动态特性 |
|---|---|---|---|
| 稳定性指标 | 超调量：$\sigma_P\% \leqslant 5\%$ | | |
| 快速性指标 | 调节时间：$t_s \leqslant 4s$ | | |

⊠课后思考题 AQ19.3：采用思考题 AQ19.2 中给定的设计指标，利用根轨迹初步确定期望的零点和期望的主导极点，以及控制参数的初步取值。

· 将期望的性能指标和期望主导极点的特性填入表 19.2.5 中，判断是否满足设计要求。

表 19.2.5　期望的性能指标和期望主导极点的特性

| 指标类型 | 期望的性能指标 | 期望主导极点的坐标 | 期望主导极点对应的二阶系统的动态特性 |
|---|---|---|---|
| 稳定性指标 | 超调量：$\sigma_P\% \leqslant 10\%$ | | |
| 快速性指标 | 调节时间：$t_s \leqslant 6s$ | | |

· 如果期望主导极点对应的二阶系统的动态特性满足设计要求，则根据零点的位置和主导极点处根轨迹增益，确定控制参数的初步取值：

$z_1 = \underline{\hspace{3cm}}$　　　$K_P = K = \underline{\hspace{3cm}}$

△

# 学习活动 19.3　调速系统的时域仿真和控制参数调整

根轨迹法的理论依据是典型二阶系统的极点分布与阶跃响应指标的关系，如果校正后的控制系统不是典型二阶系统，则主导极点分布与实际系统阶跃响应指标的对应关系会发生变化。所以在利用根轨迹法初步确定主导极点和控制参数后，需要对闭环控制系统进行时域仿真，观察各项阶跃响应指标是否满足要求，如不满足要求则需要对控制参数进行调整。

> Q19.3.1　例题 Q19.2.1 中利用根轨迹法初步确定了调速系统的主导极点和控制参数，采用这些控制参数进行系统仿真，观察阶跃响应的各项指标是否满足设计要求，如不满足要求则继续对控制参数进行调整。

**解：**

1）通过系统仿真检验初步设计的结果。

例题 Q19.2.1 中确定主导极点期望区域的理论依据是针对典型二阶系统的，而采用 PI 控制器后开环系统中包含一个零点 $z_1$，这个零点与期望的主导极点比较接近，零点的存在势必影响到系统的动态响应。所以，需要利用系统仿真来观察实际系统的阶跃响应，以检验初步设计的结果。

调速系统开环传递函数如式(19.3.1),初步选择的控制器参数为:$K_P = 0.4, z_1 = -2$。

$$G_o(s) = K \cdot G(s) = \frac{2.5K_P(s - z_1)}{s(s+1)} = \frac{2.5K_P s - 2.5K_P z_1}{s^2 + s + 0} \tag{19.3.1}$$

- 编写 m 脚本,根据初选的控制器参数,绘制闭环调速系统的单位阶跃响应。

%Q19_3_1,Unit Step response with PI control(下述代码由学生编写)

- 执行上述 m 脚本文件,绘制出闭环调速系统的单位阶跃响应。

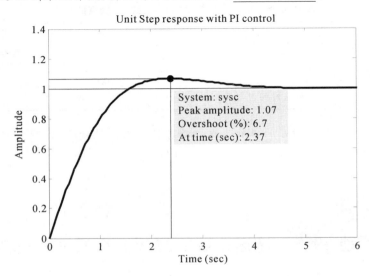

**图 19.3.1   $K_P = 0.4, z_1 = -2$ 时闭环调速系统的单位阶跃响应**

- 观测系统阶跃响应的主要指标,填入表 19.3.1,判断是否满足设计指标的要求。

**表 19.3.1   闭环系统阶跃响应的主要指标($z_1$ 变化时)**

| 指标类型 | 期望性能指标 | 闭环系统阶跃响应仿真观测值 | |
|---|---|---|---|
| | | 调整前 $z_1 = -2$ | 调整后 $z_1 = -1.7$ |
| 超调量 | $\sigma_P \% \leqslant 5\%$ | $\sigma_P \% =$ | $\sigma_P \% =$ |
| 2% 调节时间 | $t_s \leqslant 4s$ | $t_s =$ | $t_s =$ |

上表中,实际超调量略高于设计指标。额外的超调量是由开环零点导致的,为了使实际的超调量降下来,需要调整零点 $z_1$ 的位置,使期望闭环极点所对应的阻尼比略大于 0.7,以抵消零点所增加的超调量。

2)调整零点 $z_1$ 的位置以满足设计指标的要求。

观察图 19.1.4 不难发现,$z_1$ 向虚轴方向移动时,根轨迹与垂直辅助线的交点所对应的阻尼比将增加。所以,为了使期望闭环极点所对应的阻尼比增加,需要将零点 $z_1$ 略向右移动。

　　零点调整后，再来观察阶跃响应曲线，判断实际的动态性能指标是否满足要求。若不满足要求，再微调零点的位置，直到阶跃响应指标满足要求。

　　· 根据上述方法进行试凑，调整后的零点为：$z_1 = -1.7$。此时根轨迹图及阶跃响应曲线分别如图 19.3.2 和图 19.3.3 所示。

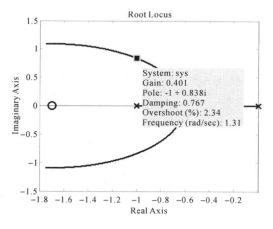

图 19.3.2　$z_1 = -1.7$ 时的根轨迹图　　　　图 19.3.3　$z_1 = -1.7$ 时的单位阶跃响应

　　图 19.3.2 中根轨迹与垂直辅助线的交点为调整后的期望主导极点，此处根轨迹增益仍为 $K = 0.4$，阻尼比增加为 $\zeta = 0.767$。主导极点阻尼比的增加将会抵消零点减小阻尼的作用，使闭环系统的实际超调量下降。

　　· 观测此时系统阶跃响应的主要指标，填入表 19.3.1，判断是否满足设计指标的要求。零点调整后，系统阶跃响应的各项指标均满足设计要求。

　　3）写出调整后控制参数的最终取值。

　　至此，PI 控制器的参数均设定好，写出控制参数的最终取值，再根据式（19.1.1）推导出控制参数 $K_I$ 的取值。

$$z_1 = \underline{\qquad} \qquad K_P = \underline{\qquad} \qquad K_I = -z_1 \cdot K_P = \underline{\qquad} \qquad (19.3.2)$$

⊠课后思考题 AQ19.4：根据思考题 AQ19.3 初步确定的控制参数，对闭环调速系统进行仿真，观察阶跃响应的各项指标是否满足设计要求，并根据需要对控制参数进行调整。

　　根据初步确定的控制参数，观测系统阶跃响应的主要指标，填入表 19.3.2，判断是否满足设计指标的要求。如不满足要求，说明下一步参数调整的基本思路。

表 19.3.2　闭环系统阶跃响应的主要指标（$z_1$ 变化时）

| 指标类型 | 期望性能指标 | 闭环系统阶跃响应仿真观测值 | |
| --- | --- | --- | --- |
| | | 调整前 $z_1 =$ | 调整后 $z_1 =$ |
| 超调量 | $\sigma_P \% \leqslant$ | $\sigma_P \% \leqslant$ | $\sigma_P \% \leqslant$ |
| 2% 调节时间 | $t_s \leqslant$ | $t_s \leqslant$ | $t_s \leqslant$ |

　　· 根据需要调整零点 $z_1$ 的位置，使调整后系统的动态响应满足设计要求。

　　根据调整后的控制参数，观测系统阶跃响应的主要指标，填入表 19.3.2。

写出调整后控制参数的最终取值，并推导控制参数 $K_I$ 的取值。

$$z_1 = \underline{\hspace{2cm}} \qquad K_P = \underline{\hspace{2cm}} \qquad K_I = -z_1 \cdot K_P = \underline{\hspace{2cm}} \qquad (19.3.3)$$

$\triangle$

---

**Q19.3.2**　采用例题 Q19.3.1 确定的控制器参数，对闭环调速系统进行电路仿真，观察阶跃响应的各项指标是否满足设计要求。

---

**解：**

根据图 17.1.3 所示电气结构，建立采用比例-积分控制器的闭环调速系统的 PSIM 仿真模型。可利用例题 Q13.2.1 中建立的电路仿真模型 Q13_2_1，将控制器由积分改为比例-积分，即在电容 C1 的支路中串入电阻 R1 即可。

根据式（17.1.5）中建立的 PI 控制电路传递函数的参数表达式，代入式（19.3.2）中确定的控制器参数，计算出控制电路中相关元件的取值，如式（19.3.4）所示。已知 $R_0 = 10\text{k}\Omega$。

$$G_c(s) = K_P + \frac{K_I}{s} = \frac{R_1}{R_0} + \frac{1}{R_0 C}\frac{1}{s} \Rightarrow R_1 = K_P R_0 = \underline{\hspace{2cm}}, \quad C = \frac{1}{K_I R_0} = \underline{\hspace{2cm}}$$
$$(19.3.4)$$

根据上式的计算结果，合理设置仿真模型中相关元件的参数。

• 当 $\omega_{\text{ref}} = 10, T_c = 0$ 时，进行电路仿真。观测系统输出 $\omega_m$ 的阶跃响应曲线，并根据观测结果计算该系统阶跃响应的性能指标。

$$\sigma_P\% = \frac{y_{\max} - y(\infty)}{y(\infty)} = \underline{\hspace{3cm}} \qquad (19.3.5)$$

$$y(t_s) = 10(1 + 2\%) = 10.2 \Rightarrow t_s = \underline{\hspace{2cm}} \qquad (19.3.6)$$

判断上述性能指标是否满足设计要求：$\underline{\hspace{3cm}}$。

☒课后思考题 AQ19.5：在思考题 AQ19.4 的基础上，根据本例中的步骤，对闭环调速系统进行电路仿真，观察阶跃响应的各项指标是否满足设计要求。

• 根据 PI 控制电路传递函数的参数表达式，代入式（19.3.3）中确定的控制器参数，可以计算出 PI 控制电路中相关器件的取值。已知 $R_0 = 10\text{k}\Omega$。

$$G_c(s) = K_P + \frac{K_I}{s} = \frac{R_1}{R_0} + \frac{1}{R_0 C}\frac{1}{s} \Rightarrow R_1 = \underline{\hspace{2cm}}, \quad C = \underline{\hspace{2cm}} \qquad (19.3.7)$$

根据上式的计算结果，合理设置仿真模型中相关元件的参数。

• 当 $\omega_{\text{ref}} = 10, T_c = 0$ 时，进行电路仿真。观测系统输出 $\omega_m$ 的阶跃响应曲线，并根据观测结果计算该系统阶跃响应的性能指标。

$$\sigma_P\% = \frac{y_{\max} - y(\infty)}{y(\infty)} = \underline{\hspace{3cm}} \qquad (19.3.8)$$

$$y(t_s) = 10(1 + 2\%) = 10.2 \Rightarrow t_s = \underline{\hspace{2cm}} \qquad (19.3.9)$$

判断上述性能指标是否满足设计要求？$\underline{\hspace{3cm}}$

$\triangle$

# 学习活动 19.4　PI 控制器设计总结

## 19.4.1　应用根轨迹法设计 PI 控制器的一般步骤

控制器的作用就是通过在开环系统中引入新的零、极点,以改变闭环系统主导极点的分布,从而改善系统的性能。采用 PI 控制器后,开环系统中将引入一个位于原点处的开环极点,用于消除稳态误差;同时引入一个开环零点,用于将根轨迹吸引到复平面上的期望区域,从而能够根据需要配置闭环主导极点,以满足闭环系统动态响应的要求。

系统校正时,首先需要根据设计指标在复平面内确定主导极点的期望区域。然后绘制并分析根轨迹图,通过正确地选择控制器并合理地确定控制参数,使根轨迹经过期望区域并将主导极点配置在期望区域内。根据上述思路,结合前面几节的分析,可以概括出应用根轨迹法设计比例-积分控制器的一般步骤。

1)根据设计指标确定主导极点的期望区域。根据调节时间指标确定主导极点实部的取值范围,画出调节时间辅助线。根据超调量指标确定主导极点阻尼比的取值范围,画出阻尼比辅助线。两类辅助线的交点附近,就是主导极点的期望区域。

2)将 PI 控制器写成零极点形式,如下式:

$$G_c(s) = K_P + \frac{K_I}{s} = \frac{K_P(s - z_1)}{s} \quad z_1 = -\frac{K_I}{K_P} \tag{19.4.1}$$

3)从包括 PI 控制器在内的开环系统的传递函数中,把比例系数 $K_P$ 分离出来作为根轨迹增益 $K$,将闭环系统特征方程表示为下形式,以利于绘制根轨迹。

$$1 + KG(s) = 0 \quad K = K_P \tag{19.4.2}$$

4)分析开环系统零极点的分布情况,初步确定零点 $z_1$ 的取值范围。当被控对象为一阶环节时(如直流电机调速系统),采用 PI 控制器后开环系统将包含两个极点和一个零点。为了提高响应速度,应将零点配置在两个开环极点的左侧。

5)绘制根轨迹图,根据 4)中确定的取值范围,利用试凑法确定期望零点 $z_1$ 的位置,使根轨迹恰好经过主导极点的期望区域。然后将根轨迹与期望区域的交点确定为期望的主导极点,此处的根轨迹增益 $K$ 即为控制参数 $K_P$ 的初步取值。

6)利用 5)中初步确定的控制参数 $K_P$ 和 $z_1$ 进行系统仿真,观察实际系统阶跃响应的调节时间和超调量等动态指标,并判断这些指标是否满足设计要求。如果超调量过高,则需要对零点 $z_1$ 进行微调。然后根据调整后的零点,再次进行系统仿真,指导满足设计要求。

7)如果各项指标均满足要求,设计结束。最后,根据最终确定的参数 $K_P$ 和 $z_1$ 推导出 PI 控制器积分系数 $K_I$ 的取值。

$$K_I = -z_1 \cdot K_P \tag{19.4.3}$$

## 19.4.2　比例-积分控制的特点

针对图 19.1.1 所示的直流电机调速系统,在专题 18 中已分别采用比例控制、积分控制来设计其反馈控制系统;在本专题中,又采用比例-积分控制设计其反馈控制系统。下面利用系统仿真比较三种控制方式的特点。

Q19.4.1 在例题 Q18.4.1 和例题 Q19.3.1 基础上,编写 m 脚本,将采用 P、I 或 PI 控制时,三种情况下控制系统的根轨迹画在一个图中,再将三种情况下控制系统的单位阶跃响应曲线画在另一个图,通过比较说明 PI 控制方式的特点。

**解:**

1)在例题 Q18.4.1 中编写的 m 脚本基础上,增加代码,建立 PI 控制时的系统模型(采用 Q19.3.1 中整定的控制参数),并实现如下功能。

画出三种情况下闭环系统的根轨迹,如图 19.4.1 所示。

画出三种情况下闭环系统的单位阶跃响应,如图 19.4.2 所示。

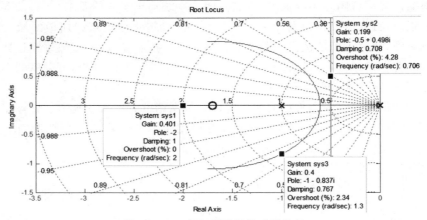

图 19.4.1 闭环系统根轨迹的比较

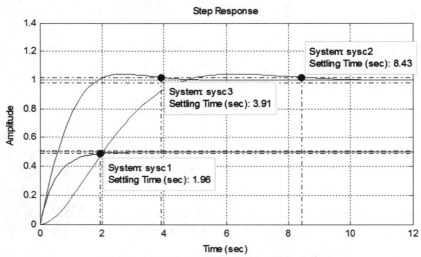

图 19.4.2 闭环系统单位阶跃响应的比较

2)从上述仿真曲线中提取特征数据,填入表19.4.1 中并进行比较。

3)根据表 19.4.1 中的数据,与其他两种控制方式相比,总结 PI 控制的特点。

表 19.4.1　PI 控制与比例和积分控制的比较

| 比较项目 | 比例控制 | 积分控制 | PI 控制 | PI 控制的特点 |
|---|---|---|---|---|
| 极点位置 | | | | |
| 稳态误差 | | | | |
| 超调量 | | | | |
| 2% 调节时间 | | | | |

4）在根轨迹图中，分析与积分控制相比，PI 控制器引入的零点对根轨迹的影响。

⊠课后思考题 AQ19.6：根据上述步骤，完成本例题。

△

## 小　结

利用根轨迹图来校正控制系统并确定控制参数的设计方法称作根轨迹法。在专题 18 的基础上，本专题中继续讨论根轨迹法在系统校正中的应用。仍以直流电机调速系统为例，采用 PI 控制器对该系统进行校正，应用根轨迹法确定控制参数的取值。

1）采用 PI 控制器后，开环系统中将引入一个位于原点处的开环极点，用于消除稳态误差；同时引入一个开环零点，用于将根轨迹吸引到复平面上的期望区域，从而能够根据需要配置闭环主导极点，以满足闭环系统动态响应的要求。

2）利用根轨迹法进行系统校正时，首先需要根据设计指标在复平面内确定主导极点的期望区域。然后通过正确地选择控制器并合理地确定控制参数，使根轨迹经过期望区域并将主导极点配置在期望区域内。

3）与单独的比例控制或积分控制相比较，PI 控制不仅可消除稳态误差，而且可同时对超调量和调节时间进行协调控制，是一种综合性能优越的复合控制方式。

本专题的设计任务是：应用根轨迹法设计直流电机调速系统的 PI 控制器。

## 测　验

**R19.1** 采用 PI 控制器进行系统校正时，下列说法正确的是（　　　　）。

A. 引入一个位于原点处的开环极点，可以消除闭环系统的稳态误差。

B. 引入位于原点处的开环极点，将会使闭环系统的主导极点趋向虚轴。

C. 引入位于原点处的开环极点，可以减小闭环系统阶跃响应的调节时间。

D. 开环系统中将引入一个开环零点，可以将根轨迹吸引到复平面上的期望区域。

E. 引入开环零点，将会使闭环系统的主导极点远离虚轴。

F. 引入开环零点，可以减小闭环系统阶跃响应的超调量。

**R19.2**　利用根轨迹法设计比例-积分控制器的正确顺序是(　　　)。

　　A. 分析开环系统零极点的分布情况,初步确定零点的取值范围。

　　B. 根据设计指标确定主导极点的期望区域。

　　C. 利用初步确定的控制参数进行系统仿真,检验实际系统的动态指标是否满足设计要求,并根据需要对控制参数进行微调。

　　D. 利用试凑法确定期望零点的位置,使根轨迹恰好经过主导极点的期望区域,并确定期望的主导极点。

**R19.3**　选择下述三种典型控制器的主要特点:

　　比例控制器的主要优点是(　　　),主要缺点是(　　　)。

　　积分控制器的主要优点是(　　　),主要缺点是(　　　)。

　　比例-积分控制器的主要优点是(　　　)。

　　A. 可消除稳态误差　　　　　　　　B. 可能存在稳态误差

　　C. 调节时间较短　　　　　　　　　D. 调节时间较长

　　E. 可以同时对超调量和调节时间进行协调控制

　　F. 只能控制超调量、无法控制调节时间

# 专题 20　反馈控制系统的时域分析总结

● **承上启下**

本专题将系统地介绍控制系统时域分析和设计的相关内容。时域方法与单元 U6 中频域方法相对，是指根据系统的时域响应特性进行系统分析和设计的方法。

反馈控制系统设计也被称为系统校正，校正就是为弥补系统不足而进行的结构调整。校正装置有多种配置方式，而且可以采用不同的控制规律。本专题将首先介绍控制系统的典型校正方式，并全面回顾前面学习过的控制规律及其校正网络的设计。

控制系统设计的三个核心指标是快、准、稳。通过合理地选择校正装置的配置方式并确定合理的控制规律，可协调地满足上述三个指标的要求。控制系统的动态特性已在前面的专题中进行了研究，本专题将重点介绍稳态误差和稳定性的一般分析方法。

1）针对准确性的要求，本专题将系统地研究闭环系统稳态误差与输入信号形式以及系统结构之间的关系，为快速判断稳态误差提供理论依据。

2）控制系统设计的首要目标是使系统保持稳定，稳定性分析是一个复杂的课题。针对稳定性的要求，本专题将简要地介绍稳定的概念以及闭环系统稳定性与特征方程的关系，并直接给出三阶以下系统的稳定性判据。

● **学习目标**

回顾和梳理控制系统时域分析和设计的相关内容。

● **知识导图**

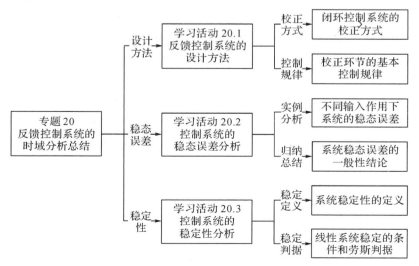

- **基础知识和基本技能**

闭环控制系统的校正方式和基本控制规律。

根据系统型数和输入信号类型判断稳态误差的方法。

系统稳定性的概念及三阶以下系统的稳定性判据。

- **工作任务**

对电机调速(定位)系统进行稳态误差和稳定性分析。

# 学习活动 20.1 反馈控制系统的设计方法

## 20.1.1 控制系统设计流程

控制系统设计是工程设计的特例。控制系统设计的目的是逐步确定期望系统的结构配置、设计规范和关键参数,以满足实际的需求。控制系统设计过程主要由以下三个步骤组成:

1)确定控制目标和受控变量,并提出对系统性能指标的要求。比如超调量、调节时间等动态指标和稳态误差等稳态指标等。

2)进行系统配置,确定系统的合理结构;建立系统模型,包括被控对象、执行机构和传感器等的模型。

3)控制系统设计、仿真和分析,包括选择控制器形式,确定关键参数,对参数进行调整优化并分析系统的性能。

如果系统性能满足要求,则设计任务结束。如果系统性能没有达到规定的要求,则需要返回第 2 步修改系统的配置。

## 20.1.2 闭环控制系统的校正方式

闭环控制系统的设计包括调整系统结构、配置合适的控制器和选取恰当的系统参数等多项工作。为了实现预期性能而对控制系统结构进行的修改或调整称为校正。换言之,校正就是为弥补系统不足而进行的结构调整,反馈控制系统的设计过程往往也被称作系统校正。

为了改善响应而对控制系统进行校正的通常做法是,在原有的反馈结构中加入一个新元件来弥补原来性能的不足。这种新加入的元件或装置通常称为校正装置,也就是系统的控制器。在实际控制系统中,常见的校正装置是电路网络,因此有时校正装置又称为校正网络。

在闭环系统内,可以按照不同的形式来配置校正网络,而且通常将校正网络的传递函数记为 $G_c(s)$。以单环控制系统为例,校正装置的几种常见配置方式如图 20.1.1 所示,分别对应闭环控制系统中常见的四种校正方式:

1)串联校正,如图 20.1.1(a)所示,校正装置配置在前向通道的校正方式。

2)反馈校正,如图 20.1.1(b)所示,校正装置配置在反馈通道的校正方式。

3)输出校正,如图 20.1.1(c)所示,校正装置配置在输出信号之前的校正方式。

4)输入校正,如图 20.1.1(d)所示,校正装置配置在输入信号之后的校正方式。

在选择校正方式时,应综合考虑多种因素的影响。例如闭环控制系统的性能要求、系统节点信号的强弱、可供使用的校正装置等,都会影响校正方式的选择。此外,由于控制系统的输出 $Y(s)$ 通常就是受控对象 $G(s)$ 的输出,因此在上述校正方式中,输出校正是应用价值较小的一种校正方式。一般来讲,串联校正设计比反馈校正设计简单,也比较容易对信号进行各种变换。本课程中主要介绍串联校正。

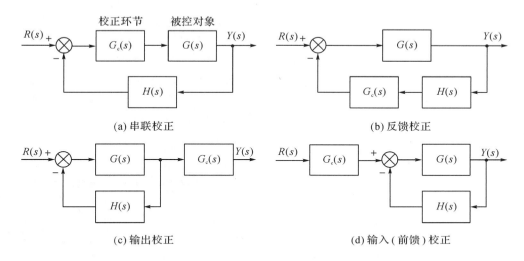

(a) 串联校正　　　　　　　　　　　　　(b) 反馈校正

(c) 输出校正　　　　　　　　　　　　　(d) 输入(前馈)校正

**图 20.1.1　闭环控制系统的常用校正方式**

### 20.1.3　校正环节的基本控制规律

校正环节一般指包含校正装置在内的控制器,常常采用比例 P、积分 I、微分 D 等基本控制规律,或者采用这些基本规律的某种组合,如比例-微分、比例-积分等组合控制规律,以实现对被控对象的有效控制。

采用 PID 控制器的闭环控制系统的结构如图 20.1.2 所示,控制器包含比例、积分和微分三种基本控制规律,其中 $K_P$ 为比例项,$K_D s$ 为微分项,$K_I/s$ 为积分项。

**知识卡 20.1:采用 PID 控制器的闭环控制系统**

$$G_c(s) = \frac{U(s)}{E(s)} = K_P + K_D s + \frac{K_I}{s} \qquad (20.1.1)$$

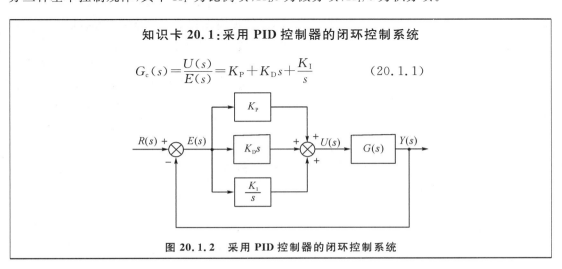

**图 20.1.2　采用 PID 控制器的闭环控制系统**

图 20.1.2 中，PID 控制器的传递函数见式（20.1.1）。下面只介绍最常用的比例、积分和比例-积分控制规律，微分控制规律可参考有关教材。

1）比例（P）控制规律。

具有比例控制规律的控制器，称为比例（P）控制器。比例校正环节的信号关系和传递函数如下式所示，其中 $K_P$ 称为 P 控制器增益。

$$u(t) = K_P e(t) \Rightarrow G_c(s) = \frac{U(s)}{E(s)} = K_P \qquad (20.1.2)$$

P 控制器实质上是一个具有可调增益的放大器。在信号变化过程中，P 控制器只改变信号增益，而不影响其相位。在串联校正中，加大控制器增益 $K_P$，可以提高系统的开环增益，减小稳态误差，从而提高控制精度。同时，提高系统的开环增益，还可减小动态响应的调节时间，但会降低系统的相对稳定性，甚至可能造成闭环系统不稳定。因此，在控制系统校正设计中，很少单独使用比例控制规律。

2）积分（I）控制规律。

具有积分控制规律的控制器，称为积分（I）控制器。积分校正环节的信号关系及传递函数如下式所示，其中 $K_I$ 称为 I 控制器增益。

$$u(t) = K_I \int_0^t e(t) \mathrm{d}t \Rightarrow G_c(s) = \frac{U(s)}{E(s)} = \frac{K_I}{s} \qquad (20.1.3)$$

由于 I 控制器的积分作用，当其输入 $e(t)$ 消失后，输出信号 $u(t)$ 有可能是一个不为零的常量。在串联校正时，采用 I 控制器可以提高系统的型别（无差度），有利于系统稳态性能的提高。但积分控制使系统增加了一个位于原点的开环极点，使信号产生 $90°$ 的相角滞后，对系统的稳定性不利。因此，在控制系统校正设计中，通常不单独使用积分控制规律。

3）比例-积分（PI）控制规律。

具有比例-积分控制规律的控制器，称为比例-积分（PI）控制器。比例-积分校正环节的信号关系及传递函数如下式所示，显然 PI 控制器是 P 控制器和 I 控制器的复合产物。

$$u(t) = K_P e(t) + K_I \int_0^t e(t) \mathrm{d}t \Rightarrow G_c(s) = \frac{U(s)}{E(s)} = K_P + \frac{K_I}{s} \qquad (20.1.4)$$

在串联校正时，PI 控制器相当于在系统中增加了一个位于原点的开环极点，同时也增加了一个位于 $s$ 左半平面的开环零点。位于原点的极点可以提高系统的型别，以消除或减小系统的稳态误差，改善系统的稳态性能。开环零点则用来减小系统的阻尼程度，缓和 PI 控制器极点对系统稳定性及动态过程产生的不利影响。可见，PI 控制器融合了 I 控制器和 P 控制器二者的优点，因而获得了广泛的应用。在控制工程实践中，PI 控制器主要用来改善系统的稳态性能。

### 20.1.4　常用的校正网络

在实际控制系统中，较常用的校正装置是电路网络。一种用运放电路构成的串联校正装置（即控制器）如图 20.1.3 所示，可实现 PI 控制规律。

## 知识卡 20.2：PI 控制器的电路结构

$$G_c(s) = \frac{U_c(s)}{E(s)} = \frac{R_1}{R_0} + \frac{1}{R_0 C}\frac{1}{s} = K_P + \frac{K_I}{s}$$

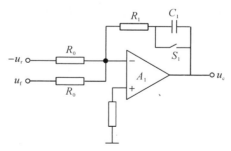

**图 20.1.3　PI 控制器电路结构**

图 20.1.3 中，$u_r$ 为闭环控制的给定电压信号，$u_f$ 为反馈电压信号，$u_c$ 为控制器的输出电压信号。该控制器的信号关系和传递函数如下：

$$i_1(t) = \frac{-u_r(t)}{R_0} + \frac{u_f(t)}{R_0} = \frac{u_f(t) - u_r(t)}{R_0} \Rightarrow I_1(s) = -\frac{1}{R_0}[U_r(s) - U_f(s)] \bigg|$$

$$u_c(t) = -\left[R_1 i_1(t) + \frac{1}{C}\int_0^t i_1(t)\,\mathrm{d}t\right] \Rightarrow U_c(s) = -\left[R_1 I_1(s) + \frac{1}{Cs}I_1(s)\right]$$

$$U_c(s) = \left[\frac{R_1}{R_0} + \frac{1}{R_0 C}\frac{1}{s}\right][U_r(s) - U_f(s)] \Rightarrow G_c(s) = \frac{U_c(s)}{E(s)} = \frac{R_1}{R_0} + \frac{1}{R_0 C}\frac{1}{s} = K_P + \frac{K_I}{s}$$

$$(20.1.5)$$

图 20.1.3 中控制器，通过开关 $S_1$ 以及电阻 $R_1$ 的选取，可以分别实现不同的控制规律：

1）$S_1$ 闭合时，电容被旁路，相当于 $K_I = 0$，此时控制器变化为比例控制器。

2）$S_1$ 断开，且 $R_1 = 0$ 时，相当于 $K_P = 0$，此时控制器变化为积分控制器。

3）$S_1$ 断开，且 $R_1 \neq 0$ 时，$K_P$ 和 $K_I$ 均不为零，此时控制器就是比例-积分控制器。

还有很多其他类型的校正网络，可参考有关教材。

> **Q20.1.1**　图 19.1.1 所示直流电机调速系统，试分析该系统采用了何种校正方式。闭环系统期望的阶跃响应性能指标为：稳态误差 $e_{ss} = 0$，2% 调节时间 $t_s \leqslant 4s$，超调量 $\sigma_p\% \leqslant 5\%$。试分析：控制器应采用哪种校正规律？

**解：**

1）图 19.1.1 中，控制器 $G_c(s)$ 配置在 _____ 通道中，属于 _____ 校正方式，该校正设计比 _____ 校正设计简单，也比较容易对信号进行各种变换。

2）根据阶跃响应性能指标的要求，分析控制器的合理形式。

· 稳态误差 $e_{ss} = 0$，要求控制器中应该包含 _____ 校正环节，以消除稳态误差。如果仅采用该校正环节，为了限制超调量，调节时间将会较长。

· 为了减小调节时间，提高动态响应的快速性，控制器中还应该包含 _____ 校正环节。

综上所述,控制器应采用＿＿＿＿＿校正规律。

△

# 学习活动 20.2　控制系统的稳态误差分析

## 20.2.1　闭环系统稳态误差的定义

前面的专题已涉及稳态误差的问题,本节将系统地研究决定闭环系统稳态误差的主要因素,以及控制器类型与稳态误差的关系。稳态误差是系统误差的稳态值,闭环控制系统的稳态误差一般可表示成以下形式:

$$e_{ss} = \lim_{t \to \infty} e(t) \quad e(t) = r(t) - y(t) \tag{20.2.1}$$

通常利用拉氏变换的终值定理求解系统稳态误差,即

$$e_{ss} = \lim_{s \to 0} sE(s) \quad E(s) = R(s) - Y(s) \tag{20.2.2}$$

下面以图 19.1.1 所示直流电机调速(定位)系统为例,分析不同输入信号作用下系统的稳态误差,进而研究影响闭环系统稳态误差的主要因素。

## 20.2.2　阶跃输入作用下系统的稳态误差

图 19.1.1 所示直流电机调速系统,其简化结构如图 20.2.1 所示。

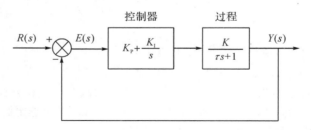

**图 20.2.1　直流电机调速系统的简化结构**

控制器可以有几种变化:

1)当 $K_P \neq 0, K_I = 0$ 时为比例型控制器,采用比例型控制器时闭环系统为典型一阶系统。

2)当 $K_P = 0, K_I \neq 0$ 时为积分型控制器,采用积分型控制器时闭环系统为典型二阶系统。

3)当 $K_P \neq 0, K_I \neq 0$ 时为比例-积分型控制器,此时闭环系统为含有一个零点的二阶系统。

> Q20.2.1　图 20.2.1 所示单位反馈型闭环控制系统,推导该系统稳态误差的表达式;在单位阶跃信号作用下,采用不同类型控制器时,计算该系统的稳态误差,填入表 20.2.1 中。

**解:**

1)推导单位反馈系统稳态误差的表达式。

利用闭环传递函数的计算公式，可以推导出单位反馈系统稳态误差的表达式如下，其中 $G_o(s)$ 是系统的开环传递函数。

$$E(s)=R(s)-Y(s)=R(s)-\frac{G_o(s)}{1+G_o(s)}R(s)=\frac{R(s)}{1+G_o(s)} \tag{20.2.3}$$

2）采用不同类型控制器时，计算该系统的稳态误差。

输入信号为单位阶跃信号时，即 $R(s)=1/s$，推导稳态误差的表达式，填入表 20.2.1。

**表 20.2.1　系统稳态误差与系统结构和参数的关系（单位阶跃输入）**

| 比较项目 | 采用比例控制器 | 采用积分控制器 |
|---|---|---|
| $G_o(s)=G_c(s)G(s)$ | | |
| $E(s)=\dfrac{R(s)}{1+G_o(s)}$ | | |
| $e_{ss}=\lim\limits_{s\to0}sE(s)$ | | |

3）分析影响稳态误差的主要因素。

由表 20.2.1 可见，在单位阶跃信号作用下，采用不同类型控制器时稳态误差的情况不同。

1）采用 _____ 控制器时系统存在稳态误差，增加控制参数 _____ 有利于减小稳态误差，但不可能完全消除稳态误差。

2）采用 _____ 控制器时系统稳态误差为零，且与控制参数 _____ 无关。

⊠课后思考题 AQ20.1：在采用比例-积分控制时，试计算系统的稳态误差。

△

上例中的分析表明：在单位阶跃信号作用下，能否消除稳态误差，主要由开环传递函数的结构决定。比较上表中两种情况下的开环传递函数，可以发现采用积分控制器时开环传递函数中多了 1 个位于原点处的极点，或者说多了一个积分环节。正是这个积分环节在消除稳态误差过程中起到了决定性的作用。下面从两个角度来解释这一推论。

1）根据稳态误差的计算公式，在阶跃信号作用下，可得

$$e_{ss}=\lim_{s\to0}s\cdot\frac{R(s)}{1+G(s)}=\lim_{s\to0}s\cdot\frac{1}{s}\cdot\frac{1}{1+G(s)}=\frac{1}{1+G(0)} \tag{20.2.4}$$

为了使稳态误差为零，则开环传递函数的稳态增益 $G(0)$ 就应当趋向于无穷大。采用比例控制器时，$G(0)\neq0$，则存在稳态误差；而采用积分控制器时，由于开环系统存在一个积分环节，或者说是一个位于原点的极点，则开环传递函数的稳态增益 $G(0)\to\infty$，使得闭环系统的稳态误差为零。

2）从信号传输的角度来看，系统稳态误差为零即表明 $t\to\infty$ 输出信号与输入信号完全一致，或者说输出信号无差别地再现了输入信号。要实现这种无差别的再现，就要求开环系

统的传递函数与输入信号的拉氏表达式具有同质性,即要求二者在原点处的极点数相同。

以图 20.2.2 所示系统为例,输入信号的拉氏表达式 $1/s$ 中包含一个原点处的极点,为了稳态时无差地再现输入信号,要求开环传递函数也需要包含一个原点处的极点,图中这个极点是由积分控制器提供的。

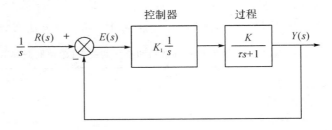

**图 20.2.2　输入信号与系统结构的同质关系**

为了验证上述推论,下面再来分析速度信号(斜坡信号)作用下系统的稳态误差。

### 20.2.3　斜坡输入作用下系统的稳态误差

图 20.2.3 为电机位置控制系统的简化结构,与速度控制系统相比,被控过程的传递函数中多了一个积分环节,其作用是把速度信号变换成位置信号。此外,由于是定位系统,输入信号为位置给定,输出信号为实际位置。

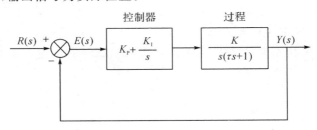

**图 20.2.3　电机定位控制系统**

为了分析方便,将定位控制转化为对执行电机角度的控制。如果当前的控制目标是角度的变化,则输入信号应选择阶跃信号。如果运行的距离较远,在运行过程一般期望电机的角速度保持某一恒定值,则需要选择斜坡输入信号。

斜坡信号如图 20.2.4(a)所示,其函数表达式如下:

$$\theta(t)=\begin{cases} 0 & t<0 \\ Rt & t\geqslant 0 \end{cases} \qquad \theta(s)=\frac{R}{s^2} \tag{20.2.5}$$

如果电机的角度按照图 20.2.4(a)所示的斜坡规律变化,则此时电机的角速度曲线将如图 20.2.4(b)所示,其函数表达式如下:

$$\omega(t)=\dot{\theta}(t)=\begin{cases} 0 & t<0 \\ R & t\geqslant 0 \end{cases} \qquad \omega(s)=\frac{R}{s} \tag{20.2.6}$$

由图 20.2.4 可见,角度的斜坡给定将控制实际角度按照斜坡规律变化,也就是控制实际角速度为恒定值,所以从运动控制的角度,斜坡给定也可称为速度给定。

对于图 20.2.3 所示的定位控制系统,由于过程的传递函数中已包含了一个积分环节,

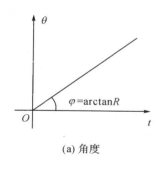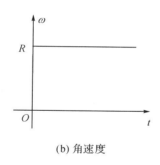

(a) 角度　　　　　　　　　　(b) 角速度

**图 20.2.4　定位系统中角度和角速度信号的关系**

则可知系统在阶跃输入信号作用下稳态误差为零。下面研究该系统在斜坡信号作用下,稳态误差的情况。

> Q20.2.2　图 20.2.3 所示电机定位控制系统,在单位斜坡信号作用下,采用不同类型控制器时,计算该系统的稳态误差填入表 20.2.2 中。

**解:**

1)采用不同类型控制器时,计算该系统的稳态误差。

输入信号为单位斜坡信号时,$R(s)=1/s^2$,推导稳态误差的表达式,填入表 20.2.2。

**表 20.2.2　系统稳态误差与系统结构和参数的关系(单位斜坡输入)**

| 比较项目 | 采用比例控制器 | 采用积分控制器 |
|---|---|---|
| $G_o(s)=G_c(s)G(s)$ | | |
| $E(s)=\dfrac{R(s)}{1+G_o(s)}$ | | |
| $e_{ss}=\lim\limits_{s\to 0}sE(s)$ | | |

2)分析影响稳态误差的主要因素。

由表 20.2.2 可见,在单位斜坡信号作用下,采用不同类型控制器时稳态误差情况不同。

1)采用_____控制器时系统存在稳态误差,增加控制参数_____有利于减小稳态误差,但不可能完全消除稳态误差。

2)采用_____控制器时系统稳态误差为零,且与控制参数_____无关。

⊠课后思考题 AQ20.2:在采用比例-积分控制时,试计算系统的稳态误差。

△

关于稳态误差的原因,前面给出了开环系统的传递函数与输入信号的拉氏表达式具有同质性则无稳态误差的推论。该推论也适合于斜坡信号作用下定位系统稳态误差的分析。

1）采用比例控制器时，开环系统传递函数中只有 1 个位于原点的极点，而斜坡输入信号的拉氏表达式中包含了 2 个位于原点的极点，二者不匹配，所以系统会存在稳态误差。

2）采用积分控制器时，积分环节给系统增加了 1 个极点，则开环系统传递函数中包含 2 个位于原点的极点，与斜坡输入信号的拉氏表达式中包含的极点数相匹配，所以系统稳态误差为零。

通过对调速系统和定位系统在不同情况下稳态误差的分析可知，系统的稳态误差与系统结构以及输入信号类型均有关，下面将给出系统稳态误差的一般性结论。

### 20.2.4　系统稳态误差的一般性结论

由前面的分析可知，控制系统的稳态误差与开环传递函数 $G_\circ(s)$ 的结构以及输入信号 $R(s)$ 的形式密切相关。对于一个稳定的系统，当输入信号形式一定时，系统是否存在稳态误差仅取决于开环传递函数的形式，因此根据开环传递函数的形式进行系统分类是必要的。

单位反馈系统的开环传递函数可以表示为零极点形式：

$$G_\circ(s)=\frac{Y(s)}{E(s)}=\frac{k(s-z_1)(s-z_2)\cdots(s-z_m)}{s^v(s-p_1)(s-p_2)\cdots(s-p_{n-v})} \tag{20.2.7}$$

其中，将位于复平面原点处的多重极点分离出来单独表示，$v$ 为极点的重数。按照 $v$ 的数值可将系统的划分成以下类型：

1）$v=0$，称为零型系统；

2）$v=1$，称为 Ⅰ 型系统；

3）$v=2$，称为 Ⅱ 型系统。

以此类推。

这种以开环系统在复平面原点处的极点数来分类系统的好处是，可以根据已知的输入信号形式，迅速判断出系统是否存在稳态误差及稳态误差的大小。另一方面，在系统设计过程中，能够迅速根据开环系统的固有结构及输入信号的类型，选择控制器的合理结构以消除稳态误差。

常见输入信号的拉氏表达式可以写成极点形式：

$$R(s)=\frac{R}{s^u} \tag{20.2.8}$$

为了与系统类型一致，也根据极点数 $u$ 来划分其类型：

1）$u=1$，为阶跃信号，可定义为 Ⅰ 型信号；

2）$u=2$，为速度信号，可定义为 Ⅱ 型信号；

3）$u=3$，为加速度信号，可定义为 Ⅲ 型信号。

在上述型号定义的基础上，结合前面的分析，可以得到系统稳态误差的一般性结论，如表 20.2.3 所示。详细证明可参考有关教材。

**知识卡 20.3：系统稳态误差与系统类型以及输入信号类型的关系**

**表 20.2.3　系统稳态误差与系统类型以及输入信号类型的关系**

| 输入信号型号与系统型号的关系 | 稳态误差 |
| --- | --- |
| $u \leqslant v$ | 0 |
| $u = v+1$ | 有限 |
| $u > v+1$ | 无穷大 |

其中，关于稳态误差最有指导意义的结论是：

输入信号型号与系统型号相同时系统稳态误差为零。

**Q20.2.3**　图 20.2.1 所示直流电机调速系统，采用图 19.1.1 中系统参数的取值。在单位斜坡信号作用下，要求稳态速度误差不大于 0.2，试选择控制器的类型（在比例和积分之间选择），并确定控制参数的取值范围。

**解：**

1）首先选择控制器的类型并确定开环传递函数的表达式。

• 单位斜坡信号为 ＿＿＿＿＿＿ 型信号，开环系统最低为 ＿＿＿＿＿＿ 型时，才能使稳态误差为有限值。

• 选择 ＿＿＿＿＿＿ 型控制器，可使开环系统的类型满足上述要求。

则采用上述控制器时，系统的开环传递函数的参数表达式为：

$G_o(s) = $ ＿＿＿＿＿＿＿＿＿＿

根据图 19.1.1 中系统参数的取值，确定被控对象的参数取值：

$K = $ ＿＿＿＿＿＿＿＿＿＿，　$\tau = $ ＿＿＿＿＿＿＿＿＿＿

2）根据开环传递函数推导斜坡输入时系统稳态误差的参数表达式

$$E(s) = \frac{R(s)}{1+G_o(s)} = \underline{\quad\quad\quad\quad}$$

$$e_{ss} = \lim_{s \to 0} sE(s) = \underline{\quad\quad\quad\quad}$$

3）根据稳态误差的要求确定控制参数 $K_1$ 的取值范围。

$$e_{ss} = \underline{\quad\quad} \leqslant 0.2 \Rightarrow K_1 \geqslant$$

4）$K_1$ 取最小值时，绘制单位斜坡输入时系统的响应曲线，并观察稳态误差。

• 编写 m 脚本并观察响应曲线。

```
%Q20.2.3，Unit Ramp response of 2nd order system
KI=2；K=2.5；t=[0：0.01：10]；u=t；
syso=tf([KI*K],[1 1 0])；
sysc=feedback(syso,[1])
lsim(sysc,u,t)；grid  % 绘制任意信号 u 作用下系统的动态响应曲线
title('Unit Ramp Response of DC motor speed control system')
```

• 从响应曲线上观察稳态误差。

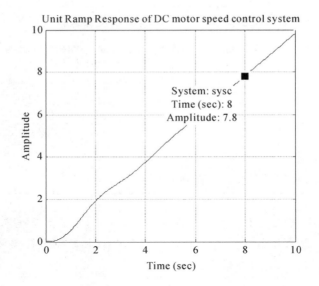

图 20.2.5  单位斜坡输入时系统的响应曲线

当误差不再变化时,可认为系统已进入稳态。

$$e_{ss} = r(8) - y(8) = \underline{\qquad\qquad\qquad}$$

是否满足稳态速度误差不大于 0.2 的要求? _____

$\triangle$

# 学习活动 20.3  控制系统的稳定性分析

## 20.3.1  系统稳定性的定义

稳定性是反馈控制系统极其重要的系统特征。在实际应用中,我们所设计的控制系统都应该是闭环稳定的。许多物理系统原本是开环不稳定的,设计时首先需要引入反馈控制,使不稳定的系统变得稳定,然后才能考虑其他性能指标。对于开环稳定的对象,也可利用反馈来调节闭环性能,以满足指标的要求。

**稳定系统是在有界输入作用下,输出响应也是有界的动态系统。**

以图 20.3.1 中圆锥的稳定性为例来说明稳定的几种情况。

1)稳定:受有限扰动后,仍能恢复到初始平衡位置。

2)临界稳定:受扰动后,会滚动但仍保持侧面朝下状态。

3)不稳定:一旦释放,圆锥会立刻倾倒。

动态系统稳定性的严格定义如下:

仅当脉冲响应 $g(t)$ 绝对值的积分为有限时,如式(20.3.1)所示,线性系统才是稳定的。

$$\int_0^\infty |g(t)| \mathrm{d}t \quad 有界 \qquad\qquad (20.3.1)$$

脉冲响应是系统在脉冲信号 $\delta(t)$ 激励下,系统的输出响应。脉冲信号的函数表达式如下:

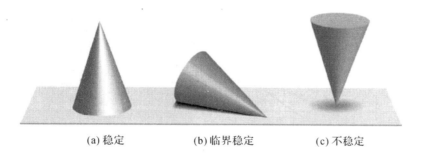

(a) 稳定　　　　(b) 临界稳定　　　　(c) 不稳定

**图 20.3.1　圆锥的稳定性**

$$\delta(t) = \begin{cases} \infty & t = 0 \\ 0 & t \neq 0 \end{cases} \quad \int_{-\infty}^{+\infty} \delta(t)\mathrm{d}t = 1 \qquad (20.3.2)$$

### 20.3.2　开环系统的稳定性

具有稳定性的闭环控制系统,开环时不一定稳定。根据稳定性的不同,开环系统可分为以下三类:

1)开环系统为稳定系统的情况。

前面几个专题中研究了电机的运动控制系统,其中电机的速度控制系统如图 20.3.2 所示。被控过程是一阶系统,极点在左半平面,在阶跃信号激励下动态响应是收敛的。系统可以在开环状态下稳定工作,也可构成反馈控制以改善系统性能,如提高响应速度和抗扰能力等。

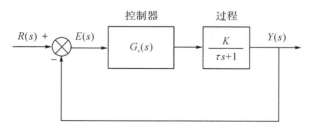

**图 20.3.2　电机的速度控制系统**

2)开环系统为临界稳定系统的情况。

电机的位置控制系统如图 20.3.3 所示。被控过程包含了一个积分环节,为临界稳定系统。在阶跃信号激励下输出会一直增长,但激励信号消除后,输出将收敛。由于被控对象处于临界稳定状态,该系统一般不能工作于开环状态,需要通过反馈控制提高系统的稳定性,使系统输出与输入信号保持一致,实现定位控制的目标。

3)开环系统为不稳定系统的情况。

在更极端的情况下,被控过程是不稳定的。比如机器人自动驾驶摩托车,控制目标是使摩托车保持垂直于地面的姿态,摩托车的动力学模型如式(20.3.3),该传递函数包含一个位于右半平面的极点,为不稳定系统。开环工作状态下,一旦有扰动摩托车就会倾倒。必须通过闭环控制才能使其稳定工作,并满足控制目标的要求。

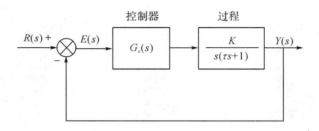

图 20.3.3 电机的位置控制系统

$$G(s) = \frac{Y(s)}{R(s)} = \frac{1}{s^2 - \alpha_1^2} \qquad (20.3.3)$$

### 20.3.3 线性系统稳定的条件

闭环系统极点对系统稳定性的影响,由其在 $s$ 平面上的分布决定,可以分三种情况,如图 20.3.4 所示。

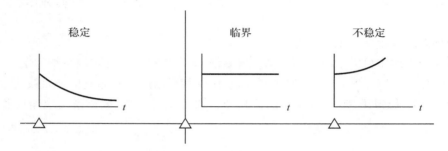

图 20.3.4 $s$ 平面上的稳定性

1)稳定:位于左半平面的极点对干扰信号产生衰减响应。

2)临界稳定:位于虚轴上的极点对干扰信号产生临界响应。

3)不稳定:位于右半平面的极点对干扰信号产生放大响应。

如果闭环系统的极点全部位于左半平面,则系统是稳定的。如果闭环系统既有位于左半平面的极点,也有位于虚轴上的极点,则系统是临界稳定的。如果闭环系统包含位于右半平面的极点,则系统是不稳定的。因此,可以得出如下结论:

**反馈控制系统稳定的充分必要条件为:闭环系统所有极点的实部均为负值。**

由于极点的分布情况决定系统是否稳定,求解闭环极点就成为判断稳定性的关键步骤。对于一阶、二阶系统,求解特征方程很容易。但是对于高阶系统,求解特征方程变得比较麻烦。那么,能否避免求解特征方程,直接利用特征方程的性质直接判断系统的稳定性呢?劳斯-赫尔维茨稳定判据就是这种方法。

### 20.3.4 劳斯-赫尔维茨稳定判据

劳斯-赫尔维茨稳定判据建立了特征方程的系数与稳定性的关系,通过建立一个用特征方程系数组成的阵列,用阵列中第1列数值的符号来判断系统是否稳定。具体计算方法可参考有关教材，下面直接给出运用该判据推导出来的三阶以下系统的稳定性判据。

**表 20.3.1　三阶以下系统的稳定性判据**

| 阶次 $n$ | 特征方程 | 稳定判据 |
|---|---|---|
| 1 | $as+b=0$ | $a,b>0$ |
| 2 | $as^2+bs+c=0$ | $a,b,c>0$ |
| 3 | $as^3+bs^2+cs+d=0$ | $a,b,c,d>0$ 且 $bc>ad$ |

Q20.3.1　图 20.2.3 所示直流电机定位控制系统，采用图 19.1.1 中系统参数的取值。回答下列问题：

1）已知 PI 控制器的一个控制参数 $K_I=2$，为了保证系统稳定，试确定另一个控制参数 $K_P$ 的取值范围。

2）临界稳定时，确定 $K_P$ 的取值，用代数方法求解此时闭环系统的特征方程，并观察特征根的位置。

**解：**

1）求解闭环传递函数，根据稳定性判据确定 $K_P$ 的取值范围。

· 根据图 19.1.1 中系统参数的取值，确定被控对象参数的取值：$K=$ ＿＿＿ ，$\tau=$ ＿＿＿

· 代入已知参数，写出系统开环传递函数的参数表达式：

$$G_o(s)=\underline{\hspace{5cm}}$$

· 推导系统闭环传递函数的参数表达式：

$$\frac{Y(s)}{R(s)}=\underline{\hspace{5cm}}$$

· 写出闭环系统的特征方程，并根据稳定性判据确定 $K_P$ 的取值范围。

闭环系统的特征方程：$D(s)=\underline{\hspace{5cm}}$

保证系统稳定的 $K_P$ 的取值范围：$\underline{\hspace{4cm}}$

2）临界稳定时，用代数方法求解闭环系统的特征方程。

临界稳定时的取值：$K_P=\underline{\hspace{2cm}}$ 。

将特征方程分解为 2 个因式乘积的形式，然后求解特征根：

$$D(s)=\underline{\hspace{4cm}}\Rightarrow p_{1,2}=\underline{\hspace{2cm}}\qquad p_3=\underline{\hspace{2cm}}$$

观察特征根的位置，说明系统是否处于临界稳定状态？

$\underline{\hspace{8cm}}$

3）编写 m 脚本求解步骤2）中特征方程的根。

```
%Q20.3.1  calculate poles of system
Kp=2;
num=[2.5*Kp 5];den=[1 1 2.5*Kp 5];
sys=tf(num,den);
pole(sys)    %求解系统的极点
```

运行上述脚本,记录命令窗口的输出:

ans＝

将特征根的仿真计算值,与步骤2)中的代数计算值相比较,二者是否一致?＿＿＿＿＿

△

## 小　结

控制系统设计的目的是确定期望系统的结构配置、设计规范和关键参数,以满足实际的需求。为了实现预期性能而对控制系统结构进行的修改或调整称为校正。根据校正装置配置方式的不同,闭环控制系统有四种常见的校正方式:串联校正、反馈校正、输出校正和输入校正,其中串联校正设计简单,较为常用。本教程中主要采用串联校正方式进行反馈控制系统的分析和设计。

包含校正装置在内的控制器,常常采用比例、微分、积分等基本控制规律,或者采用这些基本规律的某种组合,以实现对被控对象的有效控制。比例-积分控制器融合了比例控制器和积分控制器二者的优点,因而获得了广泛的应用。

系统的稳态误差与系统结构和输入信号类型均有关。系统型号用开环系统在复平面原点处的极点数来表示,输入信号型号也用原点处的极点数来表示。当输入信号型号不大于系统型号时系统稳态误差为零。在系统设计过程中,可根据开环系统的固有结构及输入信号的类型,选择控制器的合理结构以消除稳态误差。

稳定性是反馈控制系统极其重要的系统特征。在实际应用中,我们所设计的控制系统都应该是闭环稳定的。对于开环不稳定的对象,可通过反馈控制使闭环系统变得稳定。对于开环稳定的对象,可利用反馈来调节闭环性能,以满足指标的要求。稳定系统是在有界输入作用下,输出响应也是有界的动态系统。反馈系统稳定的充分必要条件为:闭环系统所有极点的实部均为负值。劳斯-赫尔维茨稳定判据建立了特征方程的系数与稳定性的关系,不需要求解闭环系统极点就可判断系统的稳定性,是一种简便有效的稳定性判别方法。

本专题的设计任务是:对电机调速(定位)系统进行稳态误差和稳定性分析。

## 测　验

**R20.1**　将反馈控制系统中校正装置的配置方式,与图 R20.1 中的方框图相匹配。

反馈校正(　　　),前馈校正(　　　),串联校正(　　　),输出校正(　　　)

**R20.2**　对于串联校正中常见的三种控制器,下列说法正确的是(　　　)。

A. 采用比例控制器,既可以提高动态响应的快速性,又能够消除稳态误差。

B. 采用积分控制器,有利于消除稳态误差,但对系统的稳定性不利。

C. 比例-积分控制器,融合了比例控制器和积分控制器二者的优点。

D. 在工程实践中,比例-积分控制器只能改善系统的稳态性能,不能改善系统的动态性能。

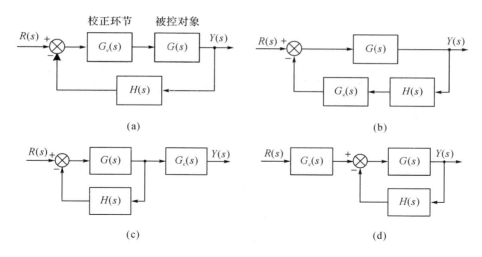

**图 R20.1　反馈控制系统的常用校正方式**

**R20.3**　图 R20.2 所示电机定位控制系统,分析稳态误差的特点。

1)输入为幅值为 $R$ 的阶跃信号时,输入信号的型为(　　),系统的型为(　　);系统的稳态误差为(　　)。

2)输入为斜率为 $R$ 的斜坡信号时,输入信号的型为(　　),系统的型为(　　);系统的稳态误差为(　　)。

A. 0 型

B. Ⅰ 型

C. Ⅱ 型

D. $\dfrac{R}{1+K_{\mathrm{P}}K}$

E. $\dfrac{R}{K_{\mathrm{P}}K}$

F. 0

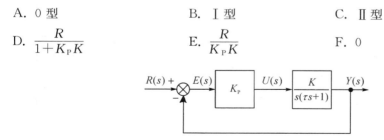

**图 R20.2　电机定位控制系统**

**R20.4**　图 R20.2 所示电机定位控制系统,关于其稳定性下列说法正确的是(　　)。

A. 被控过程可以在开环状态下稳定工作。

B. 被控过程需要通过反馈控制提高系统的稳定性。

C. 开环系统具有一个虚轴上的极点,为不稳定系统。

D. 闭环系统所有极点均在左半平面,为稳定系统。

# 单元 U6 控制系统的
# 频域分析和设计

● 学习目标

掌握系统频率特性的定义,理解其物理意义。

绘制控制系统中典型环节的频率特性伯德图,掌握其主要特点。

了解主要的频域响应指标和频域稳定性的分析方法。

掌握利用开环频率特性伯德图进行系统校正的方法。

● 知识导图

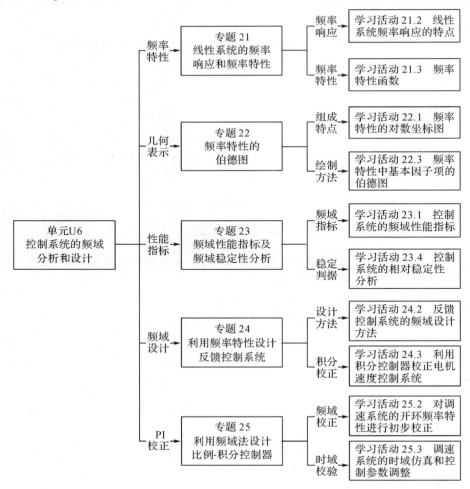

● **基础知识和基本技能**

频率特性的定义及其物理意义。

伯德图的定义及其物理意义。

绘制典型环节的频率特性伯德图的方法。

频域响应指标。

奈奎斯特稳定性判据。

利用开环频率特性伯德图进行系统校正的方法。

● **工作任务**

通过实验获得的频率特性,辨识系统的传递函数,即实验建模。

利用频率特性法对直流电机调速系统进行校正。

# 单元 U6 学习指南

前面学习的时域分析法是通过求解系统的微分方程来研究和分析系统的。当系统是高阶时,系统微分方程的求解是很困难的;另外,系统的时间响应没有明确反映出系统响应与系统结构、参数之间的关系,一旦系统不能满足控制要求,就很难确定如何去调整系统的结构和参数。已知被控对象和控制器的开环传递函数后,运用根轨迹法可以预测闭环系统的动态特性。根轨迹法是一种有效的工程设计方法,但是还存在一些局限性。

根轨迹法依赖于开环传递函数的存在,由它画出根轨迹。假设我们正在设计一个通过定位反应堆中心的控制杆来调节核电站电力输出的控制系统,该控制系统的原理性结构如图 U6.1 所示。其中,被控对象 $G(s)$ 为反应堆,控制杆的位置 $x$ 作为输入,发出的电能作为输出。如果被控对象的传递函数 $G(s)$ 过于复杂而难以确定,或者干脆未知,那么根轨迹法就不能用来确定系统稳定与否及动态特性。

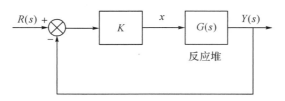

**图 U6.1　核反应堆控制系统**

显然,在这种情况下,闭合反馈回路之前确定系统稳定性是必要的,否则如果控制器不稳定结果将是灾难性的。问题是:在传递函数未知的情况下,能确定系统的稳定性吗?回答是肯定的。假设可以得到被控对象的频率响应,从中提炼出系统的频率特性,就能够根据频率特性判断闭环系统的稳定性。频率特性也是系统的一种数学模型。像反应堆这种情况,可以通过实验的方法将一个小的谐波信号加给 $x$,然后观察输出电能的波动情况,就可以确定反应堆的频率特性。

系统在频率信号作用下的响应称作频率响应,频率响应中表现出来的对输入信号的增益和相移作用称为频率特性。频率特性与传递函数一样都是动态系统的数学模型。以频率特性为工具来研究控制系统的方法称为频域法，与之相对的时域法则以传递函数为研究工具。频域法是经典控制理论中分析和设计系统的主要方法，在一定程度上克服了时域分析法的不足。频域法的主要应用是：

1）根据系统的频率特性，可以直观地分析系统的稳定性。

2）系统的频率特性很容易与系统的结构、参数联系起来，因此可以根据系统频率特性选择系统的结构和参数，使之满足控制要求。

3）系统的频率特性还可以通过实验的方法测得，这对于难以直接建立数学模型的系统具有重要的意义。

单元 U6 将介绍控制系统的频率特性以及频域分析和设计方法。

专题 21 首先介绍系统的频率响应及频率特性。频率特性函数又称为正弦传递函数，是传递函数在正弦输入信号作用下的特殊形式，是关于输入信号频率的复变函数。为了便于理解和应用，频率特性可以用各种几何图形的方式来表达，其中伯德图应用最为广泛。

掌握控制系统中各种典型环节的伯德图是用频域法分析和设计控制系统的重要基础。专题 22 主要介绍伯德图的绘制方法以及典型环节伯德图的特点。

为了描述频率响应的主要特征，需要定义频域响应指标。这些指标与时域响应指标间存在着对应关系，应用频域法进行系统设计时，往往需要先将时域指标转换成频域指标。专题 23 主要介绍频域性能指标以及利用伯德图判断系统稳定性的方法。

通过对开环系统频率特性的研究，发现开环频率特性可以用来预测闭环系统的稳定程度及响应速度，因此可以利用开环频率特性伯德图进行系统校正。这种方法称为频域校正方法，是控制工程中最广泛应用的一种设计方法。专题 24 主要介绍利用开环频率特性进行系统校正的基本原理，并以调速系统为例介绍用积分控制器进行系统校正的步骤。

专题 25 仍以直流电机调速系统为例，介绍应用频域法设计 PI 控制器的步骤。

单元 U6 由专题 21 至专题 25 等 5 个专题组成，各专题的学习目标详见知识导图。

# 专题 21　线性系统的频率响应和频率特性

● **承上启下**

已知被控对象和控制器的开环传递函数后,运用前面学习过的时域分析方法(如典型系统法、根轨迹法等),可以计算或预测闭环系统的动态特性,从而合理地选择控制器并确定控制参数。显然了解被控对象的数学模型,是系统分析和设计的重要前提。在被控对象传递函数未知的情况下,需要首先建立其传递函数模型。对于比较复杂,难于用机理分析法建立数学模型的情况,需要采用实验的方法来建模。

将一个小的谐波信号加在系统的输入端,然后观察系统输出的情况,这样可以得到该系统的频率特性。频率特性也是系统的一种数学模型。单元 U6 的研究对象是系统的频率特性,本专题作为该单元的基础,将首先介绍线性系统的频率响应和频率特性的一般特点。

● **学习目标**

线性系统频率响应的定义及其特点。

线性系统频率特性函数的表达式及其物理意义。

频率特性的常用几何表示方法。

● **知识导图**

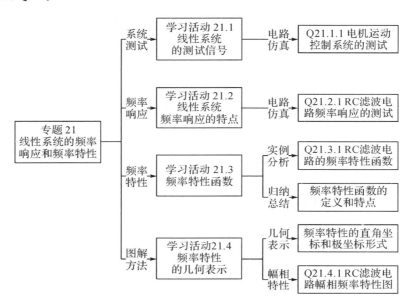

● **基础知识和基本技能**

线性系统频率响应的定义。

线性系统频率特性函数的表达式。

复数的几何表示方式。

绘制频率特性奈奎斯特图的基本方法。

● **工作任务**

通过仿真实验观察一阶环节(RC 滤波电路)的频率响应,并分析其特点。

# 学习活动 21.1　线性系统的测试信号

在控制系统中,对于较复杂的、无法采用机理法建模的动态环节(一般是被控对象),可通过实验的方法建立其数学模型。所谓实验建模,就是将特定的测试信号加在系统输入端,通过观察系统的输出情况(系统响应),以辨识系统数学模型的实验方法。那么在实验建模过程中,采用何种测试信号较为合适呢?

我们最熟悉的输入信号是阶跃信号,阶跃信号形式比较简单,适合于测试系统的动态响应特性。在专题 14 的例题 Q14.3.1 中,利用阶跃信号作为测试信号,通过实验得到系统的阶跃响应曲线,结合典型二阶系统阶跃响应的特点,可以辨识出被测系统的传递函数。

采用阶跃信号作为实验建模的测试信号虽然比较简单,但存在一些局限性。在上例中,被测对象为典型二阶环节,属于稳定系统,其阶跃响应收敛于某一稳态值。但是,对于不稳定系统,其阶跃响应不收敛,则不能采用阶跃信号来测试系统。

下面以单元 U3 中直流电机和负载为被控对象,研究实验建模时测试信号的特点。

---

Q21.1.1　单元 U3 中直流电机运动控制系统,当系统输出为旋转角度时,其广义被控对象的原理性方框图如图 21.1.1 所示。建立该对象的 PSIM 仿真模型,并测试其动态响应。

广义被控对象

图 21.1.1　广义被控对象的原理性方框图

---

**解:**

1)建立广义被控对象的 PSIM 仿真模型。

在单元 U3 中直流电机和负载的仿真模型基础上,将速度传感器 T 改为角度传感器 AE(绝对式编码器),即得到输出变量为电机旋转角度(degree)时,广义被控对象的 PSIM 仿真模型,如图 21.1.2 所示。

图中,AE 为绝对式编码器(Absolute encoder),输出为电机旋转角度,范围为 $0 \sim 360°$。参数设置如图 21.1.3 所示。初始位置设置为 $180°$,分辨率为 16 位。

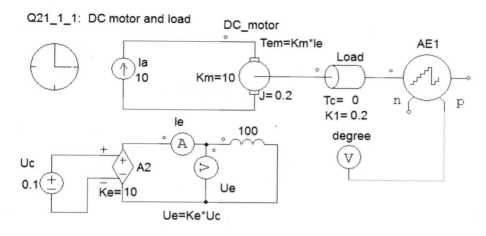

图 21.1.2　广义被控对象的 PSIM 仿真模型

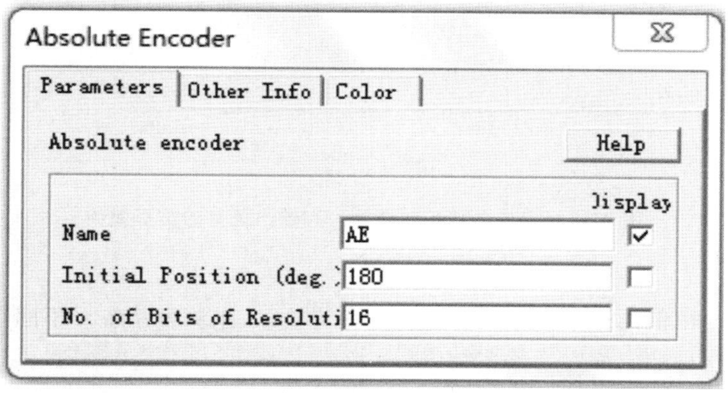

图 21.1.3　绝对式编码器 AE 的参数设置

2）以阶跃信号作为测试信号，观测广义被控对象的动态响应。

输入信号的幅值为 0.1 时，广义被控对象输出信号（角度增量）的仿真曲线如图 21.1.4 所示。

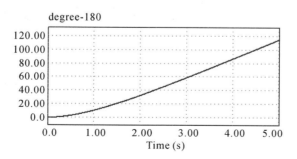

图 21.1.4　广义被控对象输出信号（角度增量）的仿真曲线

可见,在阶跃信号作用下,系统的输出是发散的,不存在稳态,不利于进行系统测试。在这种情况下,用阶跃信号来测试系统显然是不适合的。对于这样的不稳定系统,一般采用平均值为零的交流小信号进行测试,可以避免输出发散,使测试工作更加安全、可靠。

3)以正弦信号作为测试信号,观测广义被控对象的动态响应。

将输入信号源 Uc,由直流电压源(DC)换为正弦电压源(Sine)。正弦电压源的参数设置为:Peak Amplitude=0.1,Frequency=1/6.28,Phase Angle=90。

广义被控对象输入和输出信号的仿真曲线如图 21.1.5 所示。由图可见,在正弦输入信号作用下,系统的稳态输出是同频率的正弦信号,便于进行系统测试。这说明,可以用小幅值的正弦信号对不稳定系统进行测试。

至于如何通过输出信号的特征来辨识系统的数学模型,将在以后的专题中继续介绍。

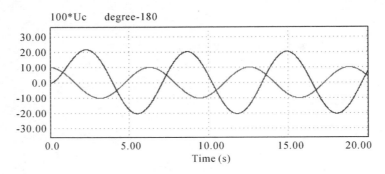

图 21.1.5　广义被控对象输入和输出信号的仿真曲线

△

上例中,用小幅值的正弦信号(交流信号)作为输入,来测量系统对不同频率正弦输入信号的稳态响应,这种响应称之为频率响应。

对线性系统而言,输入为正弦信号时,系统的输出为同频率正弦信号,只是幅值和相位会发生变化,这种变化可以反映系统动态模型的关键特征,是实验建模的重要依据。

综上所述,出于实验建模和系统稳定性分析等目的,一般采用正弦信号作为系统的测试信号,此时系统的稳态响应称之为频率响应。下一节将分析频率响应的特点。

# 学习活动 21.2　线性系统频率响应的特点

**正弦输入信号作用下系统的稳态响应被称为频率响应。**

在控制工程领域,频率响应法是一种重要的实验建模方法。下面以典型的一阶环节(RC 滤波电路)为例,通过电路仿真观察线性系统频率响应的一般特点。

Q21.2.1　图 21.2.1 为 RC 滤波电路的 PSIM 仿真模型，输入信号为正弦电压 $r(t)=\sin \omega t$，输出信号为电容电压 $y(t)$。电路参数为：$R=100\text{k}\Omega$，$C=10\mu\text{F}$。输入信号频率 $\omega=0.1$，1，10 时，观察滤波电路的频率响应曲线，并分析稳态响应的特点。

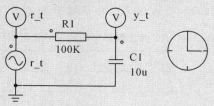

Q21_2_1 frequency response of RC circuit

**图 21.2.1　RC 滤波电路**

**解：**

1）建立 RC 滤波电路的 PSIM 仿真模型。

建立图 21.2.1 所示的仿真模型，输入端接正弦电源 r_t。

正弦电源（Sine）参数为：Peak amplitude＝1，Frequency 按下式计算，Phase Angle＝90。

$$f=\frac{\omega}{2\pi} \tag{21.2.1}$$

2）输入信号角频率 $\omega=1$ 时，观测稳态响应的特点。

· 观察稳态时输出信号与输入信号的关系。

当 $\omega=1$ 时，在同一个图中画出输入信号和输出信号的波形，如图 21.2.2 所示，并观察二者的关系。

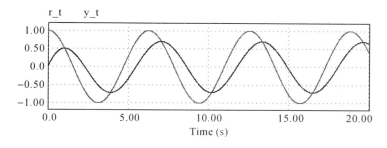

r_t　　y_t

**图 21.2.2　$\omega=1$ 时 RC 滤波电路输入和输出信号波形**

· 测试输出信号的稳态峰值，并计算此时的幅值增益。

输出信号的稳态峰值：＿＿＿＿＿＿＿＿

幅值增益定义为输出信号与输入信号之间的幅值比：

$$A=\frac{Y}{R}=\underline{\qquad\qquad\qquad} \tag{21.2.2}$$

· 测试输出信号与输入信号之间的相位差（相移）。

输出信号的相移（用电角度表示）：

$$\varphi=\frac{\Delta t}{T}\times 360°=\frac{\Delta t \cdot \omega}{2\pi}\times 360°=\underline{\qquad\qquad\qquad} \tag{21.2.3}$$

注：$t_1$ 为 $r(t)$ 第 3 个峰值的时间，$t_2$ 为 $y(t)$ 第 3 个峰值的时间，通过时间差 $\Delta t$ 可以换算出相位差。要求在稳态波形上测量，所以选取了第 3 个周期的峰值时间。

$$\Delta t = t_1 - t_2 = \underline{\hspace{5cm}}$$

3）同理，改变输入信号的频率，观测不同频率时稳态响应的特点。

· 观测输入信号频率变化时，输出信号的幅值增益和相移，填入表 21.2.1。

**表 21.2.1　RC 滤波电路频率响应的仿真观测值**

| 频率 | $\omega=0.1$ | $\omega=1$ | $\omega=10$ |
|---|---|---|---|
| 幅值增益 | | | |
| 相移 | | | |

· 根据上述仿真实验数据，归纳 RC 滤波电路频率响应的特点。

稳态时输出信号为与输入信号 \underline{\hspace{2cm}} 频率的正弦信号，这符合线性系统的特点。

随着输入信号频率的增加，稳态输出信号的幅值 \underline{\hspace{2cm}} 更大、相位 \underline{\hspace{2cm}} 更多，这正是 RC 串联电路的低通滤波特性。

△

从上例可以发现，线性系统频率响应的特点表现为：正弦输入信号频率变化时，系统的稳态输出与输入之间，幅值增益和相位差会随之发生变化。频率响应的上述特点称之为频率特性，下一节将介绍线性系统频率特性的数学表达方式——频率特性函数。

# 学习活动 21.3　频率特性函数

为了定量描述频率响应的特性，定义系统的输入、输出信号表达式分别如下：

$$r(t) = R \cdot \sin \omega t \tag{21.3.1}$$

$$y(t) = Y \cdot \sin(\omega t + \varphi) \tag{21.3.2}$$

式中，$Y/R$ 表示系统的增益，$\varphi$ 表示系统的相移（正表示超前，负表示滞后），即输出信号与输入信号之间的相位差。

这两个表征频率响应特性（频率特性）的关键参数与系统的数学模型以及输入信号的频率有关，将增益（$Y/R$）和相移（$\varphi$）与频率 $\omega$ 之间的函数关系定义为频率特性函数。

下面仍以上节中研究的 RC 滤波电路为例，推导其频率特性函数的数学表达式。

> Q21.3.1　针对例题 Q21.2.1 中 RC 滤波电路，建立描述其输入输出关系的微分方程，推导该系统传递函数。设输入信号 $r(t) = R\sin\omega t$，推导该系统频率特性函数的表达式。

**解：**

1）建立 RC 滤波电路的传递函数。

根据电路定律，建立描述系统输出和输入关系的微分方程。

$$\left. \begin{aligned} r(t) &= R \cdot i(t) + y(t) \\ i(t) &= C\dot{y}(t) \end{aligned} \right\} \Rightarrow \underline{\hspace{4cm}} \tag{21.3.3}$$

上式是输出变量 $y(t)$ 的一阶微分方程,所以其描述的动态系统是一阶系统。

在零初始条件下,该系统的传递函数为:

$$G(s) = \frac{Y(s)}{R(s)} = \underline{\hspace{3cm}} \qquad \tau = RC \qquad (21.3.4)$$

2)推导 RC 滤波电路的频率特性函数。

为了便于计算,采用复数表示法(指数形式)描述正弦信号,定义系统的输入信号为:

$$r(t) = R \cdot e^{j\omega t} \qquad (21.3.5)$$

系统的稳态响应为:

$$y(t) = Y \cdot e^{j(\omega t + \varphi)} \qquad (21.3.6)$$

RC 滤波电路的微分方程为:

$$\tau \dot{y}(t) + y(t) = r(t) \qquad (21.3.7)$$

将(21.3.5)和(21.3.6)式代入(21.3.7)式,可得:

$$\Rightarrow \frac{Y}{R} \cdot e^{j\varphi} = \underline{\hspace{3cm}} \qquad (21.3.8)$$

式(21.3.8)为 RC 滤波电路(一阶环节)的频率特性函数,它以复数的形式表达了系统的增益 $Y/R$ 和相移 $\varphi$,与输入信号频率 $\omega$ 以及系统参数 $\tau$ 之间的函数关系。

3)观察频率特性函数与传递函数的关系。

与式(21.3.4)中 RC 滤波电路的传递函数表达式相比较,不难发现二者的关系可表述为:

$$\frac{Y}{R} \cdot e^{j\varphi} = \frac{1}{1 + j\omega\tau} = G(s)\,|_{s=j\omega} = G(j\omega) \qquad (21.3.9)$$

△

将上例的分析结果推广到一般系统,可以得到如下推论:

---

### 知识卡 21.1:系统的频率特性函数

已知系统传递函数为 $G(s)$,令 $s = j\omega$,可以得到系统的频率特性函数 $G(j\omega)$。

为了明确频率特性函数(复变函数)的物理意义,可将频率特性函数分解为:

$$\frac{Y}{R} = |G(j\omega)|, \qquad \varphi = \angle G(j\omega) \qquad (21.3.10)$$

式中,$G(j\omega)$ 的模 $|G(j\omega)|$ 表示系统的稳态增益;

$G(j\omega)$ 的相角 $\angle G(j\omega)$ 表示稳态时输出信号的相移。

---

综上所述,频率特性(函数)的性质如下:

频率特性函数 $G(j\omega)$ 以复数的形式表达了系统在不同频率正弦信号输入下,稳态时输出与输入信号之间的幅值和相位关系。

频率特性(函数)具有以下特点:

1)频率特性函数 $G(j\omega)$,是在正弦输入信号下系统传递函数 $G(s)$ 的特殊表达形式,也可称为正弦传递函数。

2)频率特性表达了系统对不同频率正弦输入信号的衰减和相移作用。

3）频率特性函数与传递函数一样，包含了系统的全部结构特性和参数，也是描述系统动态特性的数学模型。

频率特性（函数）的主要应用如下：

1）频率响应法是系统辨识的重要方法，通过测试系统的频率响应可以估计出系统的频率特性函数，从而得到系统的数学模型。

2）更重要的是，频率特性揭示了系统频率响应的特点，在此基础上建立了基于频域的控制系统分析和设计方法。

# 学习活动 21.4  频率特性的几何表示

几何表达方式又称图解法，是用几何图形的方式表达函数关系，它将解析表达式形象化，更容易理解、更适合于工程应用。频率特性函数，本质上是复数，复数的几何表示方式有：

1）直角坐标形式。

系统的频率特性函数可以从传递函数直接得到，并表达为复平面内的直角坐标形式：

$$G(j\omega) = G(s)|_{s=j\omega} = R(\omega) + jX(\omega)$$
$$R(\omega) = \text{Re}[G(j\omega)], X(\omega) = \text{Im}[G(j\omega)] \tag{21.4.1}$$

式中，$R(\omega)$为实部，$X(\omega)$为虚部。

2）极坐标形式。

频率特性函数还可以表示为复平面内的极坐标形式，即增益和相移的形式：

$$G(j\omega) = |G(j\omega)|e^{j\varphi(\omega)} = |G(j\omega)| \angle \varphi(\omega)$$
$$|G(j\omega)| = \sqrt{R(\omega)^2 + X(\omega)^2}, \varphi(\omega) = \arctan\frac{X(\omega)}{R(\omega)} \tag{21.4.2}$$

式中，$|G(j\omega)|$为极径（表示增益），$\varphi(\omega)$为极角（表示相移）。

上述两种表示方式的几何表示如图 21.4.1 所示。

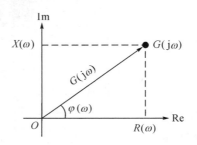

**图 21.4.1  频率特性函数的几何表达方式**

采用哪种表达形式与复数运算的类型有关：对于式（21.4.3）所示的复数 $c$ 和 $d$，加减运算时采用直角坐标形式比较方便，而乘除运算时采用极坐标形式比较方便。计算法则如式（21.4.4）至（21.4.6）所示。

$$c = a_1 + jb_1 = r_1e^{j\varphi_1}, \quad d = a_2 + jb_2 = r_2e^{j\varphi_2} \tag{21.4.3}$$

$$c+d=\underline{\hspace{4cm}} \tag{21.4.4}$$

$$c \cdot d=\underline{\hspace{4cm}} \tag{21.4.5}$$

$$c/d=\underline{\hspace{4cm}} \tag{21.4.6}$$

接下来,仍以 RC 滤波电路为例,利用上面介绍的复数的计算法则,计算该环节在特定频率处的频率响应,并画出频率特性函数 $G(j\omega)$ 在复平面上几何位置的运动轨迹。

Q21.4.1　例题 Q21.2.1 中 RC 滤波电路,输入信号频率 $\omega=0.1,1,10$ 时,利用频率特性函数计算频率响应的幅值增益和相移,并与表 21.2.1 中的仿真数据相比较。

**解:**

1)将频率特性函数分解为增益和相移的形式。

将例题 Q21.2.1 中电路参数的取值代入式(21.3.9),可以写出 RC 滤波电路的频率特性表达式如下。由于要将频率特性函数分解为增益和相移的形式,所以将分子和分母都<u>化为极坐标的形式</u>,以便于计算。

$$G(j\omega)=\frac{Y}{R} \cdot e^{j\varphi}=\frac{1}{j\omega \cdot \tau+1}=\frac{c}{d}=\frac{r_1 e^{j\varphi_1}}{r_2 e^{j\varphi_2}}=\frac{r_1}{r_2}e^{j(\varphi_1-\varphi_2)} \qquad \tau=RC=1 \tag{21.4.7}$$

式中,

$$r_1=\underline{\hspace{2cm}} \qquad \varphi_1=\underline{\hspace{2cm}}$$

$$r_2=\underline{\hspace{2cm}} \qquad \varphi_2=\underline{\hspace{2cm}}$$

可推导出频率特性的<u>幅值增益</u>和<u>相移</u>的表达式为:

$$|G(j\omega)|=\frac{Y}{R}=\frac{r_1}{r_2}=\underline{\hspace{3cm}} \tag{21.4.8}$$

$$\varphi(\omega)=\varphi_1-\varphi_2=\underline{\hspace{3cm}} \tag{21.4.9}$$

2)计算 RC 滤波电路频率响应的幅值增益和相移。

⊠课后思考题 AQ21.1:$\omega=0.1,1,10$ 时,利用式(21.4.8)和式(21.4.9)计算 RC 滤波电路频率响应的<u>幅值增益</u>和<u>相移</u>,填入表 21.4.1 中,并与表 21.2.1 中的仿真数据相比较。

表 21.4.1　RC 滤波电路频率响应的理论计算值

| 频率 $\omega$ | $\omega=0.1$ | $\omega=1$ | $\omega=10$ |
|---|---|---|---|
| 幅值增益 $|G(j\omega)|$ | | | |
| 相移 $\varphi(\omega)$ | | | |

3)随着 $\omega$ 的变化,画出频率特性函数 $G(j\omega)$ 在复平面上几何位置的运动轨迹。

以 $\omega$ 为参量,$|G(j\omega)|$ 为极径,$\varphi(\omega)$ 为极角,可以画出频率特性函数 $G(j\omega)$ 在复平面上几何位置的运动轨迹,也称幅相频率特性图。RC 滤波电路的幅相频率特性如图 21.4.2 所示。

由图 21.4.2 可见,RC 滤波电路(一阶环节)的幅相频率特性为:以 $(0.5,j0)$ 为圆心,半径为 0.5 的半圆。随着 $\omega$ 的变化,频率特性函数 $G(j\omega)$ 在复平面上的几何位置沿着上述半圆形的轨迹运动。

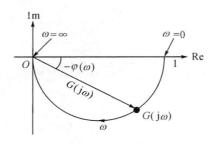

**图 21.4.2 RC 滤波电路的幅相频率特性图**

△

> **Q21.4.2** 例题 Q21.2.1 中 RC 滤波电路,输入信号频率 $\omega = 0.1, 1, 10$ 时,计算频率特性函数的实部与虚部,在复平面上绘制该频率特性几何位置的运动轨迹。

**解:**

1)将式(21.4.7)所示频率特性函数分解成实部和虚部的形式。

$$G(j\omega) = \frac{Y}{R} \cdot e^{j\varphi} = \frac{1}{j\omega + 1} = \frac{1 - j\omega}{1 + \omega^2} = R(\omega) + j \cdot X(\omega) \qquad (21.4.10)$$

$$R(\omega) \underline{\hspace{2cm}} \qquad X(\omega) = \underline{\hspace{2cm}}$$

2)计算 RC 滤波电路频率特性的实部和虚部。

☒课后思考题 AQ21.2:$\omega = 0.1, 1, 10$ 时,利用式(21.4.10)计算 RC 滤波电路频率特性的实部和虚部,填入表 21.4.2 中。

**表 21.4.2 RC 滤波电路频率特性的特征点**

| 频率 $\omega$ | $\omega = 0.1$ | $\omega = 1$ | $\omega = 10$ |
|---|---|---|---|
| 实部 $R(\omega)$ | | | |
| 虚部 $X(\omega)$ | | | |

3)随着 $\omega$ 的变化,画出频率特性函数 $G(j\omega)$ 在复平面上几何位置的运动轨迹。

在复平面的直角坐标系内,以 $\omega$ 为参量,$R(\omega)$ 为横坐标,$X(\omega)$ 为纵坐标,可以绘制出频率特性在复平面内的运动轨迹,称为频率特性的奈奎斯特图。由于描述的都是 RC 滤波电路的频率特性在复平面内的运动轨迹,所以该环节频率特性的奈奎斯特图与图 21.4.2 所示的幅相频率特性图相同。

△

根据控制系统分析和设计的需要,频率特性的图解方法主要有奈奎斯特图(Nyquist)、伯德图(Bode)和尼柯尔斯图(Nichols)等。原则上,这三种图都可以用来对系统进行分析和设计,但各有优缺点。

根据频率特性的直角坐标形式,在复平面的直角坐标系内,以 $\omega$ 为参量,$R(\omega)$ 为横坐标,$X(\omega)$ 为纵坐标,可以绘制出频率特性的奈奎斯特图。也可根据频率特性的极坐标形式,在复平面上以极坐标的方式来绘制奈奎斯特图,也称幅相频率特性图。

奈奎斯特图将频率特性的幅值和相位随频率的变化关系同时反映在极坐标图中,所以也被称为幅相频率特性图。在奈奎斯特图上容易分析系统的稳定性,但由于难以精确地绘制奈奎斯特图,所以利用它分析系统的动态性能指标和进行系统设计是不合适的。

为了便于理解和表述,将频率特性的幅值与频率关系(即幅频特性),以及相位与频率关系(即相频特性)分别画在两个图中,这样就组成了伯德图。两者都按频率的对数分度绘制,故伯德图常也称为对数坐标图。

伯德图能够比较精确地绘制,利用伯德图进行系统的分析和设计比较方便。伯德图在控制系统设计中应用较为广泛,下一专题将介绍频率特性的伯德图。

## 小　结

正弦输入信号作用下系统的稳态响应被称为频率响应。

线性系统频率响应的特点(频率特性)为:正弦输入信号频率变化时,系统的稳态输出与输入之间,幅值增益和相位差(相移)会随之发生变化。将增益、相移与频率 $\omega$ 之间的函数关系定义为频率特性函数。

1)频率特性函数与传递函数的关系。

已知系统传递函数为 $G(s)$,令 $s=j\omega$,可以得到系统的频率特性函数 $G(j\omega)$。

为了明确频率特性函数(复变函数)的物理意义,可将其分解为稳态增益和相移的形式,如式(21.3.10)。

2)频率特性(函数)的性质。

频率特性函数 $G(j\omega)$ 以复数的形式表达了系统在不同频率正弦信号输入下,稳态时输出与输入信号之间的幅值和相位关系。

频率特性函数与传递函数一样,包含了系统的全部结构特性和参数,也是描述系统动态特性的数学模型。

3)频率特性的几何表示。

根据控制系统分析和设计的需要,频率特性的图解方法主要有奈奎斯特图(Nyquist)、伯德图(Bode)和尼柯尔斯图(Nichols)等。

奈奎斯特图将频率特性的幅值和相位随频率的变化关系同时反映在极坐标图中,也被称为幅相频率特性图。

伯德图将频率特性的幅值与频率关系(即幅频特性),以及相位与频率关系(即相频特性)分别画在两个图中,伯德图在控制系统设计中应用较为广泛。

本专题的设计任务是:通过仿真实验研究一阶环节频率响应的特点。下一专题将介绍频率特性的伯德图。

## 测　验

图 R21.1 为某线性系统的输入信号 $r(t)$ 和输出信号 $c(t)$,结合该图思考下列问题:

**R21.1**(　　)输入信号作用下系统的(　　)响应被称为频率响应。

A. 阶跃　　　　　　B. 正弦　　　　　　C. 暂态　　　　　　D. 稳态

**R21.2**　关于实验建模正确的说法是(　　)。

A. 对于任何系统都可以测试其阶跃响应。

B. 对于不稳定系统只能测试其频率响应。

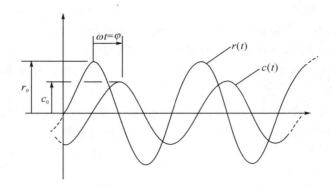

**图 R21.1　某线性系统的输入信号和输出信号**

　　C. 对于典型一阶和二阶系统,可以利用阶跃响应辨识被测对象的数学模型。

　　D. 对于任意稳定的线性系统,可以利用频率响应辨识被测对象的数学模型。

**R21.3**　线性系统在正弦输入信号作用下,其稳态输出与输入的(　　)和(　　)与输入信号(　　)之间的函数关系定义为(　　)。

　　A. 频率　　　　　　　B. 频率特性　　　　　C. 幅值比　　　　　　D. 相位差

**R21.4**　图 R21.1 中系统的频率特性 $G(j\omega)$ 可表达为:

　　增益: $|G(j\omega)| = (\quad)$　　　　相移: $\angle G(j\omega) = (\quad)$

　　A. $\dfrac{R_0}{C_0}$　　　　　　　B. $\dfrac{C_0}{R_0}$　　　　　　　C. $\varphi$　　　　　　　D. $-\varphi$

**R21.5**　已知一阶环节的传递函数 $G(s) = \dfrac{K}{s+1}$,其频率特性函数可表达为:(　　)

　　A. $G(j\omega) = \dfrac{K}{j\omega+1}$

　　B. $G(j\omega) = \dfrac{K}{\sqrt{1+\omega^2}}$

　　C. $|G(j\omega)| = \dfrac{K}{\sqrt{1+\omega^2}}$　　$\angle G(j\omega) = -\arctan\omega$

　　D. $|G(j\omega)| = \dfrac{K}{\sqrt{1+\omega^2}}$　　$\angle G(j\omega) = \arctan\omega$

**R21.6**　关于频率特性正确的说法是(　　)。

　　A. 可以通过频率响应实验来测试系统的频率特性。

　　B. 如果已知系统的传递函数,可直接得到该系统的频率特性函数。

　　C. 如果已知系统的频率特性函数,可直接得到该系统的传递函数。

　　D. 频率特性函数与传递函数一样,也是描述系统动态特性的数学模型。

**R21.7**　关于频率特性的图示法,不正确的说法是(　　)。

　　A. 奈奎斯特图是频率特性的直角坐标形式。

　　B. 幅相频率特性图是频率特性的极坐标形式。

　　C. 频率特性函数的奈奎斯特图与幅相频率特性图是不同的。

　　D. 伯德图也是将频率特性的幅值与频率关系以及相位与频率关系画在一个图中。

**R21.8**  以下关于频率特性函数的说法正确的是(　　)。

  A. 频率特性函数以复数的形式表达了系统在不同频率正弦信号输入下的输出特性。

  B. 频率特性函数是在正弦信号输入下,系统传递函数的特殊表达形式。

  C. 频率特性只表达了系统对不同频率正弦输入信号的衰减作用。

  D. 频率特性函数包含了系统的全部结构特性和参数。

# 专题 22　频率特性的伯德图

● **承上启下**

　　上一个专题介绍了什么是频率特性。线性系统在正弦输入信号作用下,其稳态输出与输入的幅值比(增益)和相位差(相移)与输入信号频率之间的函数关系,称之为系统的频率特性。为了形象地观察系统的频率特性,可以随着频率 $\omega$ 的变化,画出频率特性函数 $G(j\omega)$ 在复平面上几何位置的运动轨迹,即奈奎斯特图。奈奎斯特图将频率特性的幅值和相位随频率的变化关系同时反映在极坐标图中,所以也被称为幅相频率特性图,其主要缺点是难以精确地绘制。

　　本专题将介绍频率特性的另外一种图形表示方式。为了便于理解和表述,将幅频特性和相频特性分别画在两个图中,这样就组成了伯德图。伯德图物理意义明确,渐近线绘制方法简单,在系统分析和设计中取得了广泛的应用。

● **学习目标**

　　了解频率特性伯德图的特点。

　　掌握绘制频率特性伯德图的方法。

● **知识导图**

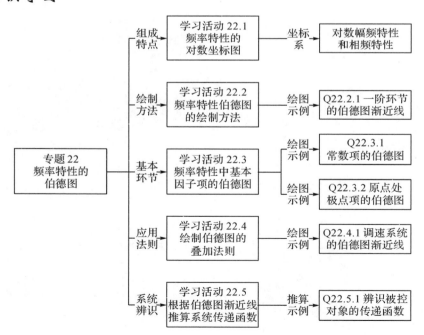

● **基础知识和基本技能**

频率特性伯德图的组成。

绘制一阶环节伯德图渐近线的方法。

基本因子项伯德图渐近线的特点。

绘制伯德图渐近线的叠加法则。

● **工作任务**

利用叠加法则绘制复杂系统频率特性伯德图的渐近线。

根据频率特性渐近线推算系统的传递函数。

# 学习活动 22.1　频率特性的对数坐标图

为了便于理解和表述,将频率特性的幅值增益(简称幅值)与频率关系定义为幅频特性,将频率特性的相移(也称相角)与频率关系定义为相频特性。将幅频特性与相频特性分别画在两个图中,这样就组成了伯德图。两者都按频率的对数分度绘制,故伯德图常也称为对数坐标图。

伯德图是由贝尔实验室的荷兰裔科学家伯德(Bode H. W.)在 1940 年提出的。伯德发明了一种简单但准确的方法绘制增益及相位的图,后来被称为伯德图(Bode Plots)。

首先结合控制系统分析和设计的特点,说明在分析频率特性时采用对数化处理的好处。

## 22.1.1　频率特性的对数运算

图 22.1.1 所示为一个典型的反馈控制系统。

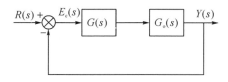

**图 22.1.1　典型的反馈控制系统**

其中被控对象的传递函数为 $G_o(s)$,控制器的传递函数为 $G_c(s)$,设这两个环节的频率特性分别如下:

$$G_c(j\omega) = r_1(\omega) \cdot e^{j\varphi_1(\omega)}, \quad G_o(j\omega) = r_2(\omega) \cdot e^{j\varphi_2(\omega)} \tag{22.1.1}$$

根据复数的运算法则,可以推导出总的开环频率特性为:

$$G_c(j\omega) \cdot G_o(j\omega) = r_1(\omega)r_2(\omega) \cdot e^{j[\varphi_1(\omega)+\varphi_2(\omega)]} = r(\omega) \cdot e^{j\varphi(\omega)} \tag{22.1.2}$$

上式表达了总的开环频率特性与前向通道各环节频率特性之间的关系,搞清这个关系往往是系统校正的关键。

系统校正的任务是:已知被控对象的频率特性 $G_o(j\omega)$,当它不能满足闭环系统性能指标时,加入串联校正环节(控制器)$G_c(j\omega)$,使校正后总的开环频率特性满足闭环系统的控制要求。所以,从设计的角度希望寻找一种有效的图解方法,能够简明地反映系统中各个环节对总的开环频率特性的影响。

从式(22.1.2)易见,系统中两个环节 $G_c(s)$ 和 $G_o(s)$ 的相角,对总的开环频率特性相角的贡献是相加的关系,即:

$$\varphi(\omega) = \varphi_1(\omega) + \varphi_2(\omega) \qquad (22.1.3)$$

相角的这种线性叠加关系,无论是解析计算还是图解表达都很方便。但是幅值的关系就比较麻烦了,它是乘积的关系,即:

$$r(\omega) = r_1(\omega) \cdot r_2(\omega) \qquad (22.1.4)$$

如果能通过某种变换把乘积的运算变为求和的运算,则既可以简化运算,又便于图解表达。能够将乘积转变为求和的变换就是对数变换,对式(22.1.4)等号两边同时进行以 10 为底的对数变换:

$$\lg[r(\omega)] = \lg[r_1(\omega) \cdot r_2(\omega)] = \lg[r_1(\omega)] + \lg[r_2(\omega)] \qquad (22.1.5)$$

如果频率特性的幅值采用对数形式来表达,则各串联环节频率特性的对数幅值与总的开环频率特性对数幅值之间就变成线性叠加的关系,将大大简化计算和分析。这是采用对数形式来表达幅值的主要原因之一。

### 22.1.2　频率特性增益的分贝值

频率特性幅值的物理意义是系统对输入正弦信号的幅值增益,这里采用电子技术中放大器增益的常用单位分贝(dB)来定义对数幅值增益,即 $20\lg|G(j\omega)|$。使用分贝做单位主要有三大好处:

1)数值变小,读写方便:对于上千、上万的放大倍数,用分贝表示时先取对数,数值就小得多。

2)运算方便:如多级放大器的总放大倍数为各级放大倍数相乘,用分贝(对数运算)表示则可改用相加。

3)符合听感,估算方便:人听到声音的响度是与功率的相对增长呈正相关的。分贝与增益的相对增长成正比。

### 22.1.3　伯德图的坐标系

伯德图由幅频特性和相频特性两幅图组成,其坐标系比较特殊,说明如下。

1)幅频特性图。

横坐标是 $\omega$,但是以对数分度,即按照 $\lg\omega$ 来线性分度,但仍按照 $\omega$ 来标注刻度。

纵坐标是频率特性增益的分贝值,即 $20\lg|G(j\omega)|$,表明了对数增益与频率的关系。

幅频特性坐标系如图 22.1.2(a)所示。

2)相频特性图。

横坐标是 $\omega$,也是按照对数分度。

纵坐标是频率特性的相角值,即 $\angle G(j\omega)$,按照线性分度,表明了相移与频率的关系。

相频特性坐标系如图 22.1.2(b)所示。

伯德图的横坐标 $\omega$ 采取对数分度的特点如下:

1)横坐标采取对数分度,能够将 $\omega = 0 \to \infty$ 紧凑地表示在一张图上,能够清楚地表明各个重要频段的频率特性。

2)横坐标采取对数分度后,幅频特性图即转化为对数增益与对数频率的关系,使得幅频

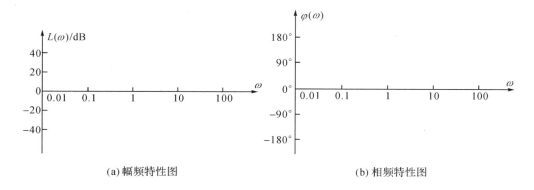

(a) 幅频特性图　　　　　　　　　　　　(b) 相频特性图

**图 22.1.2　伯德图的坐标系**

特性曲线能够用一些直线来近似(详见后文),从而大大简化了伯德图的绘制。

在横坐标 $\omega$ 的对数分度中,频率每变化 10 倍,横坐标的间隔距离增加一个单位长度,称为一个十倍频程,用 dec 表示。每个十倍频程中,$\omega$ 与 $\lg\omega$ 的关系见表 22.1.1,相应的坐标刻度如图 22.1.3 所示。

**表 22.1.1　对数分度表**

| $\omega$ | 1 | 2 | 3 | 4 | 5 | 6 | 7 | 8 | 9 | 10 |
|---|---|---|---|---|---|---|---|---|---|---|
| $\lg\omega$ | 0 | 0.301 | 0.477 | 0.602 | 0.699 | 0.778 | 0.845 | 0.903 | 0.954 | 1 |

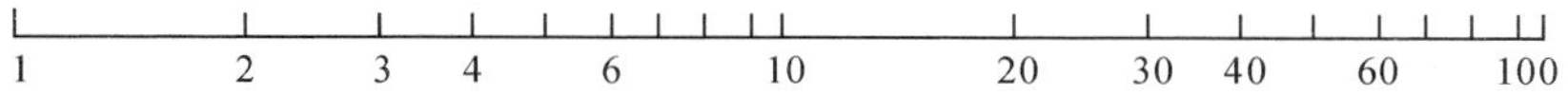

**图 22.1.3　对数坐标刻度**

# 学习活动 22.2　频率特性伯德图的绘制方法

伯德图是进行系统频域分析的重要手段。利用频率特性的伯德图可以看出在不同频率下,系统增益和相移及其随频率变化的趋势,还可以对系统稳定性进行判断。频率特性的伯德图可以用电脑软件(如 MATLAB)或仪器绘制,也可以手工绘制。

1)利用 MATLAB 绘制频率特性伯德图。已知系统的传递函数为 sys,可利用如下 m 指令绘制其频率特性伯德图。

$$\text{bode(sys)} \tag{22.2.1}$$

2)手工绘制频率特性伯德图。将频率特性函数近似处理后,可以采用手工的方法绘制伯德图的近似曲线(即渐进线)。伯德图的形状和系统的增益,极点、零点的个数及位置有关,只要知道相关的资料,配合简单的计算就可以画出近似的伯德图,这是使用伯德图的好处。

下面以一阶系统为例,说明手工绘制伯德图渐进线的方法。

Q22.2.1 绘制例题 Q21.2.1 中 RC 滤波电路(典型一阶环节)的伯德图。

**解:**

1)RC 滤波电路为典型一阶环节,首先将其传递函数化为频率特性函数

$$G(s) = \frac{1}{\tau s + 1} \Rightarrow G(j\omega) = \frac{1}{1 + j\omega\tau} \tag{22.2.2}$$

2)计算频率特性的对数幅值增益。

$$20\lg|G(\omega)| = \underline{\hspace{5cm}} \tag{22.2.3}$$

根据 $\omega\tau$ 的取值可对上式近似处理,以便于手工绘制幅频特性的近似曲线,也称渐近线。

$$20\lg|G(\omega)| \approx \begin{cases} \underline{\hspace{3cm}} & \omega\tau \leqslant 0.1 \\ \underline{\hspace{3cm}} & \omega\tau \geqslant 10 \end{cases} \tag{22.2.4}$$

根据式(22.2.4)可在图 22.2.1 所示伯德图坐标系中,绘制该系统幅频特性的渐近线。中频段的渐近线,用低频段($\omega\tau \leqslant 0.1$)和高频段($\omega\tau \geqslant 10$)的渐近线的延长线来表示。

3)计算频率特性的相角值。

$$\angle G(j\omega) = \varphi(\omega) = \underline{\hspace{4cm}} \tag{22.2.5}$$

根据 $\omega\tau$ 的取值可对上式近似处理,以便于手工绘制相频特性的渐近线。

$$\angle G(j\omega) \approx \begin{cases} \underline{\hspace{3cm}} & \omega\tau \leqslant 0.1 \\ \underline{\hspace{3cm}} & \omega\tau = 1 \\ \underline{\hspace{3cm}} & \omega\tau \geqslant 10 \end{cases} \tag{22.2.6}$$

根据式(22.2.6)可在图 22.2.1 所示伯德图坐标系中,绘制该系统相频特性的渐近线。中频段的渐近线,用连接两个端点的线段来表示。

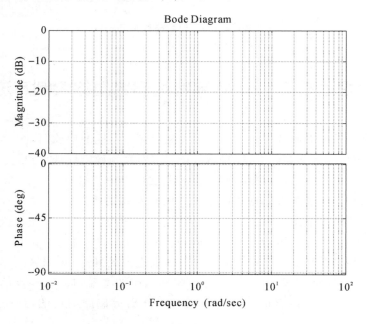

**图 22.2.1 一阶环节的伯德图渐近线($\tau = 1$ 时)**

4)考察伯德图渐近线与准确曲线之间的误差

绘制一阶环节伯德图的m 脚本如下：

```
%Q22_2_1,Bode diagram of 1st order system
num=[1]; den=[1 1]; sys=tf(num,den);
bode(sys);
```

运行结果如图 22.2.2 所示。

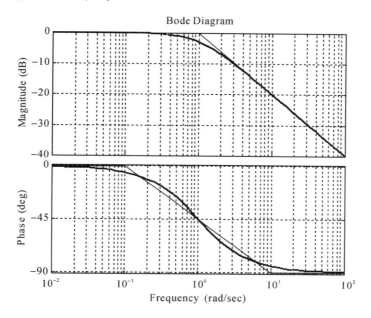

**图 22.2.2　一阶环节的伯德图和渐近线($\tau=1$ 时)**

其中曲线为准确的特性曲线，折线为渐近线。伯德图的渐近线与准确曲线之间虽然存在误差，但是基本上反映了频率特性的大致形状。伯德图的渐近线很容易绘制，可用作对系统频率特性的定性分析。这是使用伯德图的主要好处。

△

伯德图直观地反映了系统对输入信号的衰减和相移作用，具有明确的物理意义，在信号处理、系统校正等领域有着广泛应用。

Q22.2.2　例题 Q22.2.1 中绘制了典型一阶环节的伯德图，试分析其渐近线的特点，并结合 RC 滤波电路说明其物理意义。

**解：**

一阶环节的伯德图如图 22.2.2 所示，从中可以观察到频率特性的特点和物理意义。

1)转折频率。

对数幅频特性渐近线交点处的频率定义为转折频率，用 $\omega_1$ 表示。

对于一阶环节而言，转折频率与时间常数的关系如下：

$$\omega_1 = \frac{1}{\tau} \tag{22.2.7}$$

利用这个关系,在实测的伯德图上绘制渐近线,找到交点处的转折频率后就能估计出时间常数 $\tau$ 的值,从而达到系统辨识的目的。

典型一阶环节幅频特性渐近线如图 22.2.1 所示,根据转折频率的定义,渐近线特点为:

• 转折频率之前,对数幅值增益为 _____ dB;

• 转折频率之后,渐近线的斜率为 _____ dB/dec。注:dec 表示十倍频程。

2)幅频特性的物理意义。

典型一阶环节的准确幅频特性如图 22.2.2 所示,以 RC 滤波电路为例,其物理意义为:

• 在 $\omega < 0.1\omega_1$ 的低频段,对数幅频特性的幅值约为 0dB,对应的频率特性增益约为 1。表明低频的输入信号通过系统后,幅值没有变化。

• 在 $\omega > 10\omega_1$ 的高频段,对数幅频特性的斜率约为 $-20$dB/dec($-20$ 分贝/十倍频程),即频率每增加十倍,对数增益衰减 20dB(增益衰减 10 倍)。这表明高频的输入信号通过系统后,幅值会被衰减。

可见一阶环节具有通低频、阻高频的低通滤波特性,所以 RC 串联电路也称 RC 低通滤波电路。

3)相频特性的特点。

典型一阶环节的准确相频特性如图 22.2.2 所示,其特点和物理意义为:

• 在 $\omega < 0.1\omega_1$ 的低频段,相频特性的相角大致为 $0°$,表明低频的输入信号通过系统后,相位变化不明显。

• 在 $\omega > 10\omega_1$ 的高频段,相频特性的相角大致为 $90°$,表明高频的输入信号通过系统后,相位会发生 $90°$ 的滞后。

• $0.1\omega_1 \leqslant \omega \leqslant 10\omega_1$ 的中频段,相频特性的渐近线为一条斜率为 $-45°$/dec 的直线。

可见一阶系统具有相位滞后的作用,滞后相角的范围是 $0° \sim 90°$。

△

# 学习活动 22.3　频率特性中基本因子项的伯德图

为了便于分析,一般可将系统的传递函数写成零极点形式。例如,专题 19 的例题 Q19.1.1 中,采用 PI 控制器时直流电机调速系统的开环传递函数为:

$$G(s) = \frac{\omega_m(s)}{E(s)} = \frac{2.5(s - z_1)}{s(s - p_1)} \quad z_1 = -\frac{K_I}{K_P} \quad p_1 = -1 \tag{22.3.1}$$

其中有 1 个实轴上的零点 $z_1$,1 个原点处的极点,1 个实轴上的极点。在进行频域分析时,其对应的频率特性函数可写成如下形式。

$$G(j\omega) = \frac{K_b(1 + j\omega\tau_i)}{j\omega(1 + j\omega\tau_m)} \tag{22.3.2}$$

可见,在上述频率特性函数中,共包含 4 种基本因子项:

1)常数增益项: $K_b$

2)原点处的极点项: $1/j\omega$

3)实轴上的极点项:$1/(1+j\omega\tau_m)$

4)实轴上的零点项:$1+j\omega\tau_i$

其中,实轴上的极点项和零点项写成时间常数形式,以便于绘制伯德图渐近线。

推而广之,任意系统的频率特性都可以分解为某些基本因子项,掌握了这些基本因子项的对数幅值增益曲线和相频特性曲线之后,就可以通过叠加的方法,得到任意形式频率特性所对应的伯德图。伯德图叠加的方法将在下一节中介绍。

下面参照例题 Q22.2.1 的步骤和方法,绘制常数增益项和原点处极点项的伯德图渐近线,观察其特点,并与系统仿真得到的精确曲线相比照。实轴上的零点项伯德图渐近线的绘制,留作课后习题。此外,其他基本因子项(如共轭复极点项)的分析可参考有关教材。

---

**Q22.3.1　绘制常数项 $K_b$ 的伯德图。**

**解:**

1)写出常数项的频率特性。

• 频率特性的表达式:

$$G(j\omega) = K_b \tag{22.3.3}$$

• 对数幅值增益为:$20\lg|G(j\omega)| = $ _____

2)在图22.3.1 中绘制常数项 $K_b$ 的伯德图(取 $K_b = 0.1$,10)。

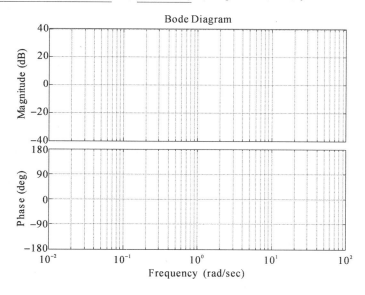

图 22.3.1　常数项 $K_b = 0.1$,10 的伯德图

3)分析常数项 $K_b$ 伯德图的特点。

• 幅频特性曲线是幅值为 _____ 的水平线。

• 相频特性曲线是恒等于 _____ 的水平线。

4)常数项(即比例环节)对频率信号的作用。

仅改变 _____,而不改变 _____。

Q22.3.2　绘制原点处极点项 $1/\mathrm{j}\omega$ 的伯德图。

**解:**

1)写出原点处极点项的频率特性。

· 频率特性的表达式:

$$G(\mathrm{j}\omega)=\frac{1}{\mathrm{j}\omega} \tag{22.3.4}$$

· 对数幅值增益为:$20\lg|G(\mathrm{j}\omega)|=$ _____

· 相角为:$\varphi(\omega)=$ _____

2)在图22.3.2中绘制原点处极点项 $1/\mathrm{j}\omega$ 的伯德图。

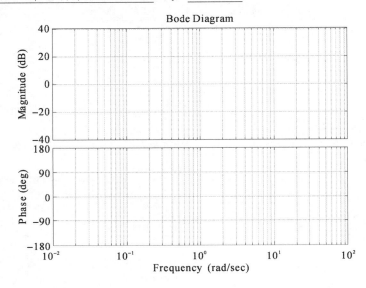

**图 22.3.2　原点处极点项 $1/\mathrm{j}\omega$ 的伯德图**

3)分析原点处极点项 $1/\mathrm{j}\omega$ 伯德图的特点。

· 幅频特性曲线是斜率为 _____ dB/dec 的直线。

· 相频特性曲线是恒等于 _____ 的水平线。

4)原点处极点项(即积分环节),对频率信号的作用。

随着频率的增加,输出信号的幅值将不断 _____,相角滞后恒为 _____。

# 学习活动 22.4　绘制伯德图的叠加法则

　　伯德图中由于引入了对数幅值增益,则在幅频特性中频率特性各因子项的对数幅值增益线性叠加之后可得到总的对数幅值增益;根据复数运算法则,在相频特性中频率特性各因子项的相角线性叠加之后可得到总的相角。因而可运用叠加法则绘制复杂系统的伯德图。具体方法如下:

---

**知识卡 22.1：运用叠加法则绘制频率特性伯德图的步骤**

1）首先将系统的传递函数转化为频率特性函数，并分解成基本因子项。其中，实轴上的极点项（零极点）要化成尾 1 形式（时间常数形式），以便于绘制渐近线。

2）写出频率特性的对数幅值增益和相角的表达式，并分解成由基本因子项叠加的形式。

3）画出各基本因子项的幅频特性并叠加在一起，就得到总的幅频特性曲线。

4）画出各基本因子项的相频特性并叠加在一起，就得到总的相频特性曲线。

---

下面通过一个例题来说明运用叠加法则绘制复杂系统伯德图的方法。

---

**Q22.4.1**　采用积分控制时直流电机调速系统的开环传递函数如下，试运用叠加法则绘制其频率特性伯德图的渐近线。

$$G(s) = \frac{2.5}{s(s+0.5)} \tag{22.4.1}$$

---

**解：**

1）首先将系统的传递函数转化为频率特性函数，并分解为因子项的形式。

$$G(s) = \frac{2.5}{s(s+0.5)} = \frac{5}{s \cdot (1+2s)} \Rightarrow G(j\omega) = G_1(j\omega)G_2(j\omega) = \frac{5}{j\omega} \cdot \frac{1}{(1+j\omega \cdot 2)} \tag{22.4.2}$$

将频率特性分解为两个因子项：原点处极点项和常数项用 $G_1(j\omega)$ 表示，实轴上的极点项用 $G_2(j\omega)$ 表示。注：为了简化分析，可将原点处极点项与常数项合并在一起。

2）写出对数幅值增益和相角的表达式，并分解成因子项叠加的形式。

$$20\lg|G(j\omega)| = 20\lg|G_1(j\omega)| + 20\lg|G_2(j\omega)| = 20\lg\left|\frac{5}{\omega}\right| + 20\lg\left|\frac{1}{(1+j\omega \cdot 2)}\right| \tag{22.4.3}$$

$$\angle G(j\omega) = \angle G_1(j\omega) + \angle G_2(j\omega) = -90° - \arctan(\omega \cdot 2) \tag{22.4.4}$$

3）在图 22.4.1 中画出各因子项的幅频特性，然后进行叠加。

首先分析各因子项幅频特性渐近线的表达式：

• 对于第 1 个因子项 $5/(j\omega)$，当 $\omega=5$ 时其幅值增益为 1，对应的对数幅值增益为 0dB。

根据原点处极点项的特点，该因子项的对数幅值增益曲线为：经过点 $(5,0)$，斜率为 $-20$dB/dec 的直线。将其画在图 22.4.1 中。

• 对于第 2 个因子项 $1/(1+j\omega \cdot 2)$，其转折频率为 $\omega_1 = 1/\tau = 1/2$。

根据实轴上极点项的特点，该因子项对数幅值增益的渐近线为：转折频率 $\omega_1 = 0.5$ 之前为 0dB 水平线，转折频率之后为斜率为 $-20$dB/dec 的直线。将其也画在图 22.4.1 中。

最后根据式（22.4.3），将上述两个因子项的对数幅值增益曲线叠加在一起即得到总的幅频特性曲线。

4）在图 22.4.1 中画出各因子项的相频特性，然后进行叠加。

首先分析各因子项相频特性渐近线的表达式：

• 对于第 1 个因子项 $5/(j\omega)$，作为原点处极点项，其相角为 $-90°$，将其画在图 22.4.1 中。

• 对于第 2 个因子项 $1/(1+j\omega \cdot 2)$，其转折频率为 $\omega_1 = 1/2$。作为实轴上的极点项，其相角渐近线为：$\omega < 0.1\omega_1$ 时为 $0°$，$\omega > 10\omega_1$ 时为 $-90°$，$0.1\omega_1 \leqslant \omega \leqslant 10\omega_1$ 时为斜率为 $-45°/\text{dec}$ 的直线。将其画在图 22.4.1 中。

最后根据式（22.4.4），将上述两个因子项的相角曲线叠加在一起，即得到总的相频特性曲线。

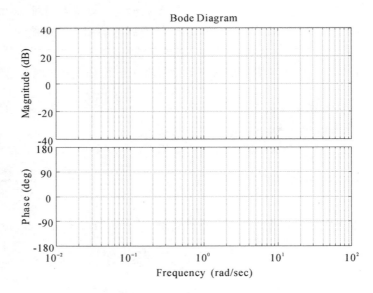

**图 22.4.1　伯德图渐近线的叠加**

5）利用系统仿真画出该系统精确的频率特性伯德图。

绘制该系统频率特性伯德图的 m 脚本如下：

```
%Q22_4_1,Bode diagram
num=[2.5]; den=[1 0.5 0]; sys=tf(num,den);
bode(sys);
```

运行结果如图 22.4.2 所示，其渐近线与图 22.4.1 基本一致。

△

分析图 22.4.1 中幅频特性的渐近线可以发现：幅频特性渐近线由若干线段组成，线段的转折点即为基本因子项的转折频率，而线段的斜率则根据该因子项所叠加的斜率而改变。相频特性的渐进线也具有相似的特征。

综上所述，可以总结出绘制伯德图渐近线的简便方法：

1）按转折频率递增顺序排列基本因子项。

2）幅频特性绘制时，根据基本因子项的特点，在转折频率处依次改变渐近线的斜率。在所有转折频率之前，低频段的幅频特性曲线由常数项和原点处极点项决定。

3）相频特性绘制时，根据基本因子项的特点，在 0.1 倍和 10 倍转折频率处依次改变渐近线的斜率。在所有转折频率之前，低频段的相频特性曲线由原点处极点项决定。

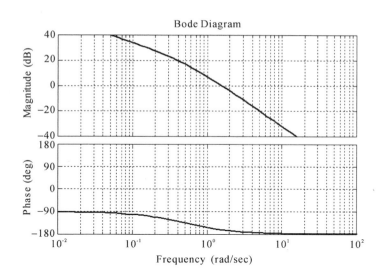

**图 22.4.2　精确的伯德图**

# 学习活动 22.5　根据伯德图渐近线推算系统传递函数

绘制伯德图渐近线的叠加法则，还可以逆向应用。如果已知某对象频率特性伯德图的渐近线，可以推算出该对象的传递函数。由于幅频特性和相频特性存在对应的关系，且幅频特性渐近线的转折点与系统参数的关系较为明确，所以推算系统的传递函数时，只研究对象的幅频特性即可。

> **Q22.5.1**　例题 Q21.1.1 所示电机运动控制系统，通过实验测得广义被控对象的对数幅频特性如图 22.5.1 所示，试推算该对象的传递函数。

**解：**

1）画出对数幅频特性的渐近线，确定频率特性的参数表达式。

根据图中曲线的形状，画出其渐近线，并标出特征点 B 和 C。

其中，B 为两条线段的交点，即转折点，转折频率为 $\omega_B = 1$。

C 为低频段渐近线延长线与 0dB 的交点，交点处频率为 $\omega_C = 5$。

2）根据渐近线的形状确定频率特性的参数表达式。

根据上节给出的绘制伯德图渐近线的简便方法，可知：如果按转折频率递增顺序排列基本因子项，低频段的幅频特性曲线由原点处的极点项和常数项决定，在转折频率处根据基本因子项的形式将依次改变渐近线的斜率。根据上述原理，可以根据已知幅频特性曲线的形状，逆向推出基本因子项的组成情况。

在所有转折频率之前，低频段渐近线的斜率大致为 −20dB/dec，说明对象中存在 1 个原点处的极点项和一个常数项，将频率特性中的第一个基本因子项定义为 $G_1(j\omega)$。

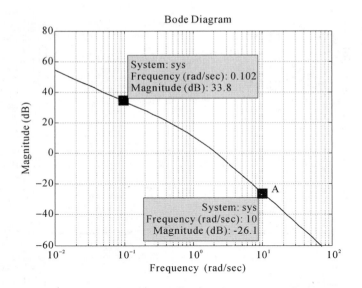

**图 22.5.1　电机运动控制系统中广义被控对象的对数幅频特性**

$$G_1(\mathrm{j}\omega) = \frac{K_\mathrm{b}}{\mathrm{j}\omega} \tag{22.5.1}$$

转折点之后,渐近线的斜率大致为 $-40\mathrm{dB/dec}$,说明对象中存在 1 个实轴上的极点项,在转折频率之后叠加了 $-20\mathrm{dB/dec}$ 的斜率,使得总的斜率变为 $-40\mathrm{dB/dec}$。将频率特性中的第二个基本因子项定义为 $G_2(\mathrm{j}\omega)$。

$$G_2(\mathrm{j}\omega) = \frac{1}{1+\mathrm{j}\omega\tau_1} \tag{22.5.2}$$

根据上述分析,该对象频率特性由两个基本因子项组成,其总的参数表达式为:

$$G(\mathrm{j}\omega) = G_1(\mathrm{j}\omega)G_2(\mathrm{j}\omega) = \frac{K_\mathrm{b}}{\mathrm{j}\omega} \cdot \frac{1}{(1+\mathrm{j}\omega\tau_1)} \tag{22.5.3}$$

3)根据渐近线的特征点推算系统参数。

• 低频段的幅频特性渐近线由第一个基本因子项决定,且经过交点 C 点,则下式成立:

$$20\lg\left|G_1(\mathrm{j}\omega)\right| = 20\lg\left|\frac{K_\mathrm{b}}{\mathrm{j}\omega_\mathrm{C}}\right| = 0 \Rightarrow \frac{K_\mathrm{b}}{\omega_\mathrm{C}} = 1 \Rightarrow K_\mathrm{b} = \underline{\hspace{2cm}} \tag{22.5.4}$$

• 转折点 B 的频率,就是第二个基本因子项的转折频率,则下式成立:

$$\omega_\mathrm{B} = \frac{1}{\tau_1} \Rightarrow \tau_1 = \underline{\hspace{2cm}} \tag{22.5.5}$$

• 将上述结果代入式(22.5.3),则推算出该对象的频率特性和传递函数分别为:

$$G(\mathrm{j}\omega) = \underline{\hspace{2cm}} \tag{22.5.6}$$

$$G(s) = \underline{\hspace{2cm}} \tag{22.5.7}$$

4)验证分析结果的正确性。

• 根据推算出来的传递函数,用 MATLAB 绘制其伯德图,并与图 22.5.1 相比较。如二者一致,则说明推算的结果正确。

• 将图 22.5.1 中 A 点的频率值 $\omega_\mathrm{A}=10$,代入推算出来的频率特性表达式(22.5.6),计算其对数幅值增益。如果计算结果与 A 点的幅值(Magnitude)相同,则说明推算的结果正确。

$$20\lg\left|G(\mathrm{j}\omega_{\mathrm{A}})\right|= \underline{\hspace{5cm}} \tag{22.5.8}$$

⊠课后思考题 AQ22.1：按照上述步骤，完成本例题。

△

## 小　结

频率特性 $G(\mathrm{j}\omega)$ 的伯德图由幅频特性与相频特性两个图组成，两者都按频率 $\omega$ 的对数分度绘制，故伯德图常也称为对数坐标图。其中，幅频特性的纵坐标是频率特性增益的分贝值，即 $20\lg\left|G(\mathrm{j}\omega)\right|$；相频特性的纵坐标是频率特性的相角值，即 $\angle G(\mathrm{j}\omega)$。

伯德图的优点之一是绘制方便，配合简单的计算就可以画出伯德图的近似曲线（渐近线），并将其用于对系统频率特性的定性分析。更为简便的方法是利用 MATLAB 指令绘制系统的频率特性伯德图。

任意系统的频率特性都可以分解为某些基本因子项，主要包括常数项、原点处的极点项、实轴上的极点项和实轴上的零点项等。绘制出这些基本因子项的对数幅值增益曲线和相频特性曲线之后，再将这些基本因子项的特性曲线进行叠加，就可以得该系统的频率特性伯德图。

叠加法则是绘制复杂系统频率特性伯德图的简便方法。如果已知某对象频率特性伯德图的渐近线，根据绘制伯德图的叠加法则，还可以推算出对象的传递函数。

本专题的设计任务是：利用叠加法则绘制直流电机调速系统频率特性伯德图的渐近线。

## 测　验

**R22.1**　图 R22.1 和图 R22.2 分别为对象 1 和 2 的对数幅频特性，则对象 1 和 2 的频率特性函数分别为（　　）。

A. $G(\mathrm{j}\omega)=1$　　　　B. $G(\mathrm{j}\omega)=10$　　　　C. $G(\mathrm{j}\omega)=\dfrac{1}{\mathrm{j}\omega}$　　　　D. $G(\mathrm{j}\omega)=\dfrac{10}{\mathrm{j}\omega}$

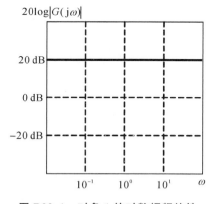

图 R22.1　对象 1 的对数幅频特性

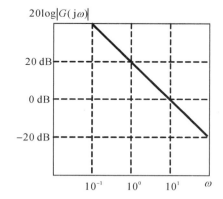

图 R22.2　对象 2 的对数幅频特性

**R22.2**　图 R22.3 和图 R22.4 分别为对象 3 和 4 的对数幅频特性，则对象 3 和 4 的频率特性函数分别为（　　）。

A. $G(\mathrm{j}\omega)=\dfrac{1}{1+\mathrm{j}\omega\tau}$　　　　　　　　B. $G(\mathrm{j}\omega)=\dfrac{10}{1+\mathrm{j}\omega\tau}$

C. $G(j\omega) = 1 + j\omega\tau$        D. $G(j\omega) = \dfrac{1 + j\omega\tau}{10}$

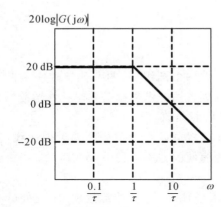

图 R22.3   $1/(1+j\omega\tau)$ 的对数幅频特性

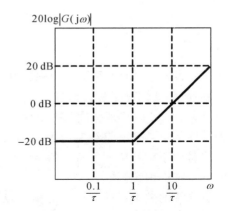

图 R22.4   $1+j\omega\tau$ 的对数幅频特性

**R22.3**   绘制伯德图渐近线时,在所有转折频率之前,低频段的幅频特性曲线由( )因子项决定。低频段的相频特性曲线由( )因子项决定。

A. 常数                        B. 原点处的极点

C. 实轴上的极点项          D. 实轴上的零点项

**R22.4**   绘制幅频特性时,如果按转折频率( )顺序排列基本因子项,根据基本因子项的特点,在转折频率处将依次改变渐近线的( )。

A. 递增           B. 递减           C. 幅值           D. 斜率

# 专题 23　频域性能指标及频域稳定性分析

● **承上启下**

　　本单元的前面 2 个专题介绍了系统的频率特性及其常用的图形表示方式,即伯德图。频率特性从各方面反映了系统的性能,因此在反馈控制系统的分析和设计中,频域性能指标也得到广泛的应用。本专题将介绍频域性能指标以及频域稳定性判据,作为频域设计的基础。

● **学习目标**

　　了解控制系统的频域性能指标。

　　掌握控制系统的频域稳定性分析方法。

● **知识导图**

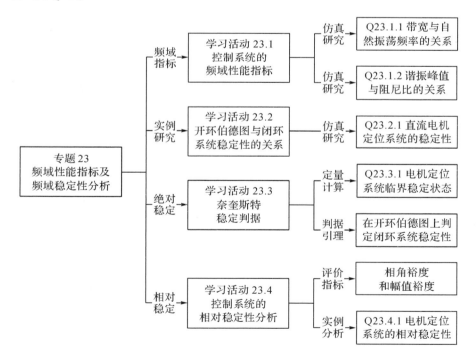

● **基础知识和基本技能**

控制系统的频域性能指标及其与时域性能指标的关系。

奈奎斯特稳定判据及系统的相对稳定性判据。

● **工作任务**

通过仿真手段研究频域性能指标与时域性能指标的关系。

通过仿真手段研究开环伯德图与闭环系统稳定性的关系。

# 学习活动 23.1　控制系统的频域性能指标

### 23.1.1　频域性能指标

定量分析频率特性时需要定义频率响应的性能指标,即频域性能指标。频率响应特性从各方面反映了系统的性能,因此在反馈控制系统的分析和设计中,频域性能指标也得到广泛的应用。

一般以典型二阶系统为例来定义频域性能指标。式(23.1.1)为典型二阶系统的传递函数,式(23.1.2)为该系统的频率特性函数。

$$G(s) = \frac{\omega_n^2}{s^2 + 2\zeta\omega_n s + \omega_n^2} \tag{23.1.1}$$

$$G(j\omega) = \frac{1}{1 + (2\zeta/\omega_n)j\omega + (j\omega/\omega_n)^2} \tag{23.1.2}$$

典型二阶系统的对数幅频特性如图 23.1.1 所示。

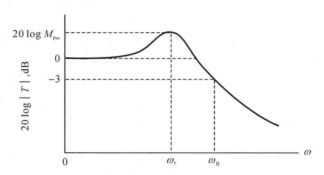

**图 23.1.1　典型二阶系统的对数幅频特性**

图中标识出如下频域性能指标:

1)谐振峰值 $M_{p\omega}$。

谐振峰值定义为频率响应的最大值,即频率特性增益 $|G(j\omega)|$ 的最大值,它出现在谐振频率 $\omega_r$ 处。谐振峰值反映了系统出现超调的情况。

2)带宽 $\omega_B$。

带宽定义为对数幅值增益从低频值下降到 3dB 时所对应的频率。带宽衡量了系统复现输入信号的能力。对数幅值增益下降 3dB 相当于幅值增益衰减 $\sqrt{1/2}$ 倍。

$$20\lg M - 20\lg(A \cdot M) = -3\text{dB} \Rightarrow A = 10^{-3/20} = 0.707 \tag{23.1.3}$$

控制系统设计时通常给定时域的设计要求(时域指标),那么在应用频率响应的方法进行系统校正时,就需要将时域的设计要求转化为频域设计要求(频域指标)。

1)当系统为简单的二阶系统时,可以建立时域指标和频域指标之间的明确关系。

2)对于任意系统,当共轭复极点能够主导系统的频率响应时,就可以将其近似为二阶系统,并采用典型二阶系统时域与频域指标之间的关系来指导系统的分析和设计。

下面通过系统仿真来研究典型二阶系统时域指标和频域指标之间的联系。

### 23.1.2　带宽与无阻尼自然振荡频率的关系

首先研究典型二阶系统带宽(频域指标)与时域指标之间的关系。

> Q23.1.1　通过系统仿真绘制典型二阶系统的伯德图。在阻尼比 $\zeta$ 不变时,研究频域指标带宽 $\omega_B$ 与系统特征参数无阻尼自然振荡频率 $\omega_n$ 的关系。进而说明频域指标带宽 $\omega_B$ 与时域指标调节时间 $t_s$ 的关系。

**解:**

1)$\zeta=0.5$,$\omega_n=1$ 时,编写绘制典型二阶系统伯德图的 m 脚本。

```
%Q23_1_1, Bode diagram of 2nd order system
omega_n=1; zeta=0.5;
num=[omega_n^2]; den=[1  2*zeta*omega_n  omega_n^2]; sys=tf(num,den);
bode(sys);
```

2)在频率特性伯德图上观察系统的带宽。

执行上述 m 脚本所绘制的频率特性伯德图(幅频特性)如图 23.1.2 所示。图中,将数据点移动到对数幅值增益为 $-3$dB 处,对应的频率值 1.27rad/sec 即为该系统的带宽。

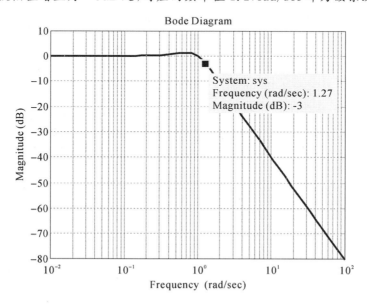

**图 23.1.2　典型二阶系统的对数幅频特性及其带宽**

3)$\zeta$ 保持不变,改变 $\omega_n$ 的取值,在幅频特性上观测 $\omega_B$ 的值,填入表 23.1.1 中。

**表 23.1.1** $\omega_n$ 变化时典型二阶系统的带宽 $\omega_B$

| $\omega_n$ | 1 | 2 | 4 | 8 |
|---|---|---|---|---|
| $\omega_B$ | | | | |

4)当 $\zeta$ 不变时,分析表 23.1.1 中的数据,推断以下关系:

- 带宽 $\omega_B$ 与无阻尼自然振荡频率 $\omega_n$ 的定性关系为:＿＿＿＿＿＿＿

已知二阶系统 2% 调节时间与系统参数的关系为:

$$t_s = \frac{4}{\zeta \omega_n} \tag{23.1.4}$$

进一步,可以推断出:

- 频域指标带宽 $\omega_B$ 与时域指标调节时间 $t_s$ 的定性关系为:＿＿＿＿＿＿＿

$\triangle$

进一步分析可以得到系统带宽 $\omega_B$ 与无阻尼自然振荡频率 $\omega_n$ 的近似关系式为:

$$\omega_B/\omega_n \approx -1.19\zeta + 1.85 \quad 0.3 < \zeta < 0.8 \tag{23.1.5}$$

综上所述,带宽反映了动态响应的快速性。系统带宽越大,无阻尼自然振荡频率 $\omega_n$ 越高,动态响应速度越快,调节时间越短。

### 23.1.3 谐振峰值与阻尼比的关系

接着研究典型二阶系统谐振峰值(频域指标)与时域指标之间的关系。

> **Q23.1.2** 通过系统仿真绘制典型二阶系统的伯德图。研究谐振峰值 $M_{p\omega}$ 与阻尼比 $\zeta$ 的关系,进而说明频域指标谐振峰值 $M_{p\omega}$ 与时域指标超调量 $\sigma_p$% 的关系。

**解:**

1)$\zeta = 0.5$,$\omega_n = 1$ 时,利用上例中的 m 脚本绘制典型二阶系统的伯德图。

伯德图的幅频特性曲线如图 23.1.3 所示。观察曲线的峰值响应特征"peak response",可显示出系统的对数谐振峰值 $20\log M_{p\omega} = 1.24$dB。

2)改变 $\zeta$ 的取值,在幅频特性上观测对数谐振峰值,填入表23.1.2。

**表 23.1.2** $\zeta$ 变化时典型二阶系统的对数谐振峰值 $20\log M_{p\omega}$

| $\zeta$ | 0.1 | 0.3 | 0.5 | 0.7 |
|---|---|---|---|---|
| $20\log M_{p\omega}$ | | | | |

3)分析表 23.1.2 中数据,推断以下关系:

- 谐振峰值 $M_{p\omega}$ 与阻尼比 $\zeta$ 的定性关系为:＿＿＿＿＿＿＿

已知二阶系统超调量与阻尼比的关系为:

$$\sigma_p\% = e^{-\frac{\zeta\pi}{\sqrt{1-\zeta^2}}} \times 100\% \tag{23.1.6}$$

进一步,可以推断出:

- 谐振峰值 $M_{p\omega}$ 与时域指标超调量 $\sigma_p$% 的定性关系为:＿＿＿＿＿＿＿

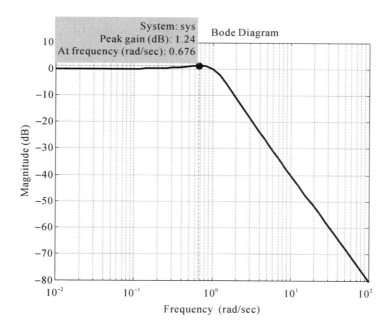

**图 23.1.3　典型二阶系统的对数幅频特性及谐振峰值**

进一步分析可以得到谐振峰值 $M_{p\omega}$ 与阻尼比 $\zeta$ 的近似关系式为：

$$M_{p\omega} \approx \left( 2\zeta \sqrt{1-\zeta^2} \right)^{-1} \quad \zeta < 0.707 \tag{23.1.7}$$

综上所述,谐振峰值反映了动态响应的超调量。谐振峰值越高,对应的阻尼比越小,则动态响应的超调量越大。

### 23.1.4　系统时域性能指标与频域性能指标的对照

下面将典型环节的阶跃响应性能指标,与对应的频率响应的性能指标进行对照,见表 23.1.3 和表 23.1.4。

**表 23.1.3　典型一阶环节阶跃响应与频率响应性能指标的比较**

| 性能指标 | 阶跃响应 | 频率响应 |
|---|---|---|
| 输入信号 | $r(t) = R \cdot 1(t)$ | $r(t) = R \cdot \sin\omega t \quad \omega \in (0 \sim \infty)$ |
| 快速性 | $t_s = \dfrac{4}{\tau}$ | $\omega_B = \dfrac{1}{\tau}$ |
| 稳定性 | 无 | 无 |
| 准确性 | $e_{ss} = R[1 - G(s)|_{s=0}]$ | $e_{ss} = R[1 - |G(j\omega)|_{\omega=0}]$ |

注：$G(s)$ 为典型一阶环节的传递函数,$\tau$ 为时间常数。

表 23.1.4　典型二阶环节阶跃响应与频率响应性能指标的比较

| 性能指标 | 阶跃响应 | 频率响应 |
|---|---|---|
| 输入信号 | $r(t) = R \cdot 1(t)$ | $r(t) = R \cdot \sin\omega t \quad \omega(0 \sim \infty)$ |
| 快速性 | $t_s = \dfrac{4}{\zeta\omega_n}$ | $\omega_B \approx (-1.19\zeta + 1.85)\omega_n$ |
| 稳定性 | $\sigma_P \% = e^{-\frac{\zeta\pi}{\sqrt{1-\zeta^2}}} \times 100\%$ | $M_{p\omega} \approx (2\zeta\sqrt{1-\zeta^2})^{-1}$ |
| 准确性 | $e_{ss} = R[1 - G(s)\vert_{s=0}]$ | $e_{ss} = R[1 - \vert G(j\omega)\vert_{\omega=0}]$ |

注:$G(s)$为典型二阶环节的传递函数,$\zeta$为阻尼比,$\omega_n$为无阻尼自然振荡频率。

### 23.1.5　对闭环系统频域性能指标的一般要求

通常情况下,对闭环系统频域性能指标的要求如下:

1)谐振峰值相对较小,以抑制较大的超调量。一般要求 $20\log M_{p\omega} < 1.5\text{dB}$,对应典型二阶系统的超调量小于 $20\%$。

2)系统带宽相对较大,以获得较快的动态响应。

此外,系统的稳态误差与闭环频率特性低频段对数幅值增益有关。对于阶跃输入,闭环系统低频段对数幅值增益为 0dB 时,对应系统的稳态增益为 1,则系统的稳态误差为零。

> **Q23.1.3** 通过实验测得某二阶系统的频率响应指标如下,试估算该系统阶跃响应的超调量和 $2\%$ 调节时间,并仿真验证。
>
> 谐振峰值:$20\log M_{p\omega} \approx 5\text{dB}$,带宽:$\omega_B \approx 15\text{rad/s}$

**解:**

1)根据谐振峰值估计超调量。

由表 23.1.2 <u>查得</u>:$20\log M_{p\omega} \approx 5\text{dB} \Rightarrow \zeta \approx$ _____

由表 14.2.2 <u>查得</u>:$\zeta = 0.3 \Rightarrow \sigma_p \% =$ _____

则超调量大致为:_____

2)根据带宽估计调节时间。

由式(23.1.5)<u>计算得到</u>:

$\omega_B / \omega_n \approx (-1.19\zeta + 1.85)_{\zeta=0.3} \approx$ _____ $\Rightarrow \omega_n \approx$ _____

则 $2\%$ 调节时间约为:$t_s = 4/(\zeta\omega_n) \approx$ _____

3)最后通过系统仿真验证上述分析。

画出 $\zeta = 0.3$,$\omega_n = 10$ 时典型二阶系统的伯德图,观测其频域指标,并记录如下:

谐振峰值:$20\log M_{p\omega} \approx$ _____,带宽:$\omega_B \approx$ _____

将仿真观测值与给定条件相比较,判断:<u>二者是否一致?</u> _____

## 学习活动 23.2 开环伯德图与闭环系统稳定性的关系

在工程中,可以用实验的方法得到控制系统中各环节的频率特性,频率特性直观地反映出各个环节在传递频率信号过程中对信号幅值和相位的影响。与微分方程和传递函数等动态系统的数学模型相比,频率特性具有更清晰的物理意义,所以工程技术人员更希望直接用系统的频率特性等实验数据来分析和设计系统。

回顾图 U6.1 中核反应堆控制系统的例子,通过实验可以获得该系统的开环频率特性,在闭合反馈回路之前确定系统稳定性是必要的,否则如果控制器不稳定结果将是灾难性的。这就提出了一个问题:在已知系统开环频率特性的情况下,能否确定系统的稳定性?这就是频域稳定性的判别问题。

1932 年,美国贝尔实验室的奈奎斯特提出了根据开环频率特性判别闭环控制系统稳定性的方法,称为奈奎斯特稳定判据。本节首先通过系统仿真实验,观察开环伯德图与闭环系统稳定性的关系。在此基础上,下一节将归纳出基于伯德图的奈奎斯特稳定判据。

> **Q23.2.1** 以直流电机定位控制系统为例(参见单元 U3 中电机速度控制系统),研究开环频率特性和系统稳定性的关系。

**解:**

1)画出电机定位控制系统的传递函数方框图

典型反馈控制系统的传递函数方框图如图 23.2.1 所示。结合直流电机定位控制系统,则图中的输入为角位移给定 $R(s)$,输出为直流电机的实际角位移 $Y(s)$。

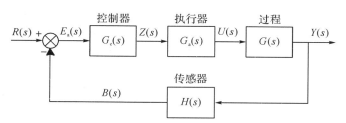

**图 23.2.1 典型反馈控制系统的传递函数方框图**

假设采用比例控制器,其传递函数为:

$$G_c(s) = K_P \tag{23.2.1}$$

电机定位系统中的执行器包括驱动电源和直流电机,输入信号为控制器输出的控制电压 $Z(s)$,输出信号为电机的电磁转矩 $U(s)$,其传递函数为:

$$G_a(s) = \frac{K_1}{\tau_1 s + 1} \tag{23.2.2}$$

被控对象(过程)为等效负载,运动过程为在电磁转矩 $U(s)$ 作用下,克服负载转矩和黏滞摩擦后使电机转动并输出角位移 $Y(s)$,忽略负载转矩,其传递函数为:

285

$$G(s) = \frac{K_2}{s(\tau_2 s + 1)} \tag{23.2.3}$$

假设系统为单位反馈控制系统,即 $H(s) = 1$,则系统的开环传递函数如下:

$$\frac{Y(s)}{E(s)} = \frac{K_P K_1 K_2}{s(\tau_1 s + 1)(\tau_2 s + 1)} = \frac{K}{s(\tau_1 s + 1)(\tau_2 s + 1)} \tag{23.2.4}$$

可以将系统的开环传递函数看作是由 1 个积分环节、2 个一阶惯性环节和 1 个比例环节组成。假定系统参数为:$K_1 = 0.1, \tau_1 = 0.5, K_2 = 10, \tau_2 = 2$,下面来研究控制参数 $K_P$ 的取值和闭环系统稳定性的关系。

2)用劳斯判据确定使系统稳定的 $K_P$ 的取值范围。

系统的开环传递函数为:

$$\frac{Y(s)}{E(s)} = \frac{K}{s(0.5s + 1)(2s + 1)} \tag{23.2.5}$$

系统的闭环传递函数:

$$\frac{Y(s)}{R(s)} = \frac{K}{s(0.5s + 1)(2s + 1) + K} = \frac{K}{s^3 + 2.5s^2 + s + K} \tag{23.2.6}$$

根据劳斯稳定性判据,系统稳定的充要条件是:

$$K = K_1 K_2 K_P < 2.5 \Rightarrow K_P < 2.5 \tag{23.2.7}$$

可以推断出 $K_P = 2.5$ 时,闭环系统处于临界稳定状态。

3)绘制根轨迹图和开环伯德图。

以 $K$(即 $K_P$)为参数的系统特征方程为:

$$1 + K G_1(s) = 0 \qquad G_1(s) = \frac{1}{s(0.5s + 1)(2s + 1)} \tag{23.2.8}$$

以 $K$ 为参数绘制系统根轨迹,当 $K = 2.5$ 时绘制系统开环伯德图的 m 脚本如下:

```
%Q23_2_1, Stability of 3rd order system
num=[1]; den=[1 2.5 1 0]; sys1=tf(num,den); rlocus(sys1); figure;
K=2.5; sys2=tf(K*num,den); bode(sys2);
```

执行结果如图 23.2.2 和图 23.2.3 所示。

分析画出的根轨迹图和频率特性图,可得出以下结论:

• 根轨迹图如图 23.2.2 所示。在根轨迹图上,当闭环共轭极点恰好处于虚轴上时,闭环系统处于临界稳定状态,此时根轨迹放大系数 $K = 2.5$(即 $K_P = 2.5$),与应用劳斯稳定性判据所确定的临界稳定时 $K_P$ 的取值一致。

• 开环伯德图如图 23.2.3 所示。观察对数幅频特性曲线和相频特性曲线,可以发现在临界稳定状态下开环伯德图有以下特点:对数幅频特性穿越 0dB 处对应的相角为 $-180°$。这种幅值增益与相角的关系,揭示了临界稳定状态下开环系统频率特性的重要特点。

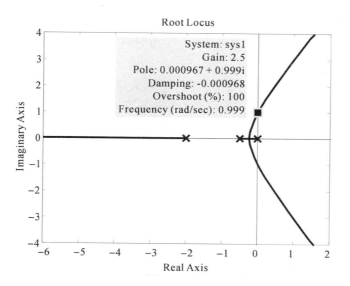

图 23.2.2　电梯定位控制系统的根轨迹图

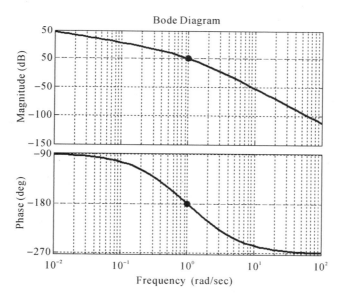

图 23.2.3　电梯定位控制系统的开环频率特性伯德图($K=2.5$)

# 学习活动 23.3　奈奎斯特稳定判据

## 23.3.1　临界稳定时开环频率特性的特点

在上一节的基础上,本节将继续研究闭环系统临界稳定时开环频率特性的特点,以归纳出根据开环频率特性判别闭环控制系统稳定性的方法。

继续分析例题 Q23.2.1,为了研究临界稳定状态下系统中各环节对于闭环系统稳定性所起的作用,分别计算此时各环节的频率特性。

临界稳定状态下幅频特性恰好穿越 0dB 线,定义穿越频率为:

对数幅频特性穿越 0dB 处的频率定义为穿越频率 $\omega_c$。

电梯定位控制系统在临界稳定状态下,控制器增益 $K_P = 2.5$,开环频率特性如图 23.2.3 所示,对数幅频特性的穿越频率为 $\omega_c = 1$。

> **Q23.3.1** 继续分析例题 Q23.2.1,计算临界稳定状态下,当谐波输入信号的频率为穿越频率时,计算前向通道各环节对该谐波信号的影响。

**解:**

在特定频率下,控制环路中的各个环节将分别对其所传递的信号产生一定的增益和相移的作用。在临界稳定状态下,对数幅频特性的穿越频率为 $\omega_c = 1$,令 $\omega = \omega_c = 1$,计算各环节对该频率输入信号产生的影响。

1)控制器的频率响应。

根据式(23.2.1),控制器的频率特性可表示如下:

$$G_c(j\omega) = K_P = 2.5 \tag{23.3.1}$$

$\omega = \omega_c = 1$ 时,其对数幅值增益和相角分别为:

$$20\lg|G_c(j\omega_c)| = 20\lg 2.5 = 8\text{dB} \tag{23.3.2}$$

$$\angle G_c(j\omega_c) = 0° \tag{23.3.3}$$

则该环节对 $\omega = 1$ 的谐波输入信号的影响是:对数幅值增加 _____,相角 _____。

2)执行器的频率响应。

根据式(23.2.2),执行器的频率特性可表示如下:

$$G_a(j\omega) = \frac{K_1}{1 + j\omega \cdot \tau_1} = \frac{0.1}{1 + j\omega \cdot 0.5} \tag{23.3.4}$$

$\omega = \omega_c = 1$ 时,其对数幅值增益和相角分别为:

$$20\lg|G_a(j\omega_c)| = \underline{\hspace{4cm}} \tag{23.3.5}$$

$$\angle G_a(j\omega) = \underline{\hspace{4cm}} \tag{23.3.6}$$

则该环节对 $\omega = 1$ 的谐波输入信号的影响是:对数幅值减小 _____,相角滞后 _____。

3)被控对象的频率响应。

根据式(23.2.3),被控对象的频率特性可表示如下:

$$G(j\omega) = \frac{K_2}{j\omega(1 + j\omega \cdot \tau_2)} = \frac{10}{j\omega(1 + j\omega \cdot 2)} \tag{23.3.7}$$

$\omega = \omega_c = 1$ 时,其对数幅值增益和相角分别为:

$$20\lg|G(j\omega_c)| = \underline{\hspace{4cm}} \tag{23.3.8}$$

$$\angle G(j\omega_c) = \underline{\hspace{4cm}} \tag{23.3.9}$$

则该环节对 $\omega = 1$ 的谐波信号的影响是:对数幅值增加 _____,相角滞后 _____。

4)分析总的开环频率响应

将上述计算结果标注在控制系统的方框图中,如图 23.3.1 所示。

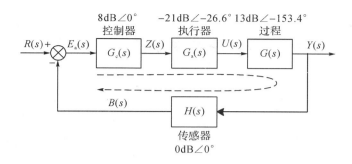

**图 23.3.1　控制系统中各环节的对数幅值增益和相移(穿越频率处)**

图中,根据叠加定理,在穿越频率处,总的开环对数幅值增益和相角分别如下。

$$20\log|G_o(s)|=20\lg[G_c(s)G_a(s)G(s)H(s)]$$
$$=20\log G_c(s)+20\log G_a(s)+20\log G(s)+20\log H(s)=\underline{\qquad\qquad} \tag{23.3.10}$$

$$\angle G_o(s)=\angle[G_c(s)G_a(s)G(s)H(s)]$$
$$=\angle G_c(s)+\angle G_a(s)+\angle G(s)+\angle H(s)=\underline{\qquad\qquad} \tag{23.3.11}$$

上式直观地说明:在临界稳定状态下,谐波输入信号的频率等于穿越频率 $\omega_c$ 时,控制环路中的各个环节总的开环对数幅值增益为 0dB(对应幅值增益为 1),总的开环相角为 $-180°$。即在临界稳定状态下,在穿越频率 $\omega_c$ 处,开环系统的频率特性为:

$$G_o(j\omega_c)=1\angle-180°=-1 \tag{23.3.12}$$

△

### 23.3.2　奈奎斯特稳定判据的引理

继续对 Q23.3.1 进行分析,临界稳定状态下,穿越频率处闭环系统的频率特性为:

$$\frac{Y(j\omega)}{R(j\omega)}=\frac{G_c(j\omega)G_a(j\omega)G(j\omega)}{1+G_c(j\omega)G_a(j\omega)G(j\omega)H(j\omega)}=\frac{G_cG_aG}{1+G_o(j\omega)}\bigg|_{\omega=\omega_c}=\frac{G_cG_aG}{1-1}=\frac{G_cG_aG}{0}\to\infty$$
$$\tag{23.3.13}$$

上式表明:临界稳定状态下,谐波输入信号的频率等于穿越频率 $\omega_c$ 时,经过整个开环回路后,反馈信号与给定信号之间的相移恰好为 $-180°$。相当于反馈信号的极性发生了改变,这样负反馈就变成了正反馈,会导致系统不稳定;同时,如果在穿越频率 $\omega_c$ 处,开环回路的幅值增益恰好为 1,则将导致闭环频率特性的分母恰好为 0,系统的闭环增益趋于无穷大,系统将处于临界稳定的等幅振荡状态。

根据开环频率特性判别闭环控制系统稳定性的方法,称为奈奎斯特稳定判据。该判据通过严格的理论证明,给出了在频率特性的奈奎斯特图(幅相图)上判断闭环系统的稳定性方法。根据奈奎斯特图与伯德图的对应关系,可以推导出在开环伯德图上判定闭环系统稳定性的判据如下:

**在开环系统频率特性的伯德图上,当相角为 $-180°$ 时,如果对数幅值增益大于 0dB,则闭环系统是不稳定的。**

# 学习活动 23.4　控制系统的相对稳定性分析

前面介绍的奈奎斯特判据用于分析闭环系统是否稳定,称为绝对稳定性分析。对于实际的控制系统,不仅要求稳定,而且要求有一定的稳定裕度。确定系统的稳定裕度,称为相对稳定性分析。在奈奎斯特图上,或是在伯德图上都可以分析系统的相对稳定性,并确定系统的稳定裕度。下面只介绍在伯德图上分析相对稳定性的方法。

分析相对稳定性的基本原理就是看开环频率特性中的关键点距离临界稳定状态的距离,距离越远则相对稳定度越高。所以下面要定义与临界稳定状态相关的特征频率:

1) **相位穿越频率 $\omega_g$**:使开环频率特性的相角为 $-180°$ 的频率。即

$$\angle G_o(j\omega_g) = -180° \tag{23.4.1}$$

2) **增益穿越频率 $\omega_c$**:使开环频率特性的幅值为 1 或者 0dB 的频率,也称截止频率。即

$$|G_o(j\omega_c)| = 1 \quad 或 \quad 20\lg|G_o(j\omega_c)| = 0 \tag{23.4.2}$$

在伯德图上,可以从相角和幅值两个角度来衡量开环频率特性的关键点与临界稳定状态的距离,以此来确定系统的稳定裕度。

---

**知识卡 23.1:系统的稳定裕度**

1) 相角裕度 $\gamma$。在增益穿越频率 $\omega_c$ 处,如果滞后相角大于 $-180°$,则闭环系统是稳定的。滞后相角与 $-180°$ 的距离可以用来衡量系统的相对稳定程度,将其定义为相角裕度,如下式所示:

$$\gamma = 180° + \angle G_o(j\omega_c) \tag{23.4.3}$$

2) 幅值裕度 $K_g$ 或 $h$。在相位穿越频率 $\omega_g$ 处,如果幅值增益小于 1 或对数幅值增益小于 0dB,则闭环系统是稳定的。幅值增益与 1 的距离或对数幅值增益与 0dB 的距离,可以用来衡量系统的相对稳定程度,将其定义为幅值裕度,如下式所示:

$$K_g = 1/|G_o(j\omega_g)| \quad 或 \quad h = 20\lg K_g = -20\lg|G_o(j\omega_g)| \tag{23.4.4}$$

---

用 m 脚本绘制开环系统伯德图后,在伯德图的属性中选择"All Stability Margins",则可显示幅值裕度和相位裕度。

> **Q23.4.1**　继续研究例题 Q23.2.1 中的电梯定位控制系统,设系统的开环传递函数如式 (23.2.5)所示,当 $K_P = 0.5$ 时,通过系统仿真分析闭环系统的相对稳定性。

**解:**

1) 利用仿真代码 Q23_2_1,将 K 改为 0.5 时,画出开环系统的伯德图如图 23.4.1 所示,并显示幅值裕度和相角裕度。

图中,幅值裕度(Gain Margin)为 14dB,相角裕度(Phase Margin)为 41.2°。

2) 开环系统的伯德图如图 23.4.1 所示,根据相对稳定性的定义,手工测量此时系统相位裕度和幅值裕度。

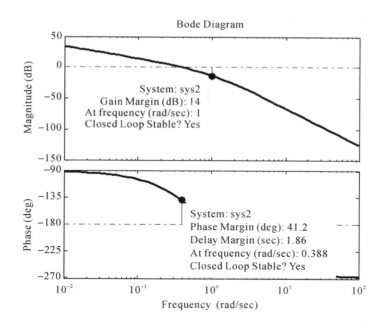

**图 23.4.1 电机定位控制系统的开环伯德图($K = 0.5$)**

- 增益穿越频率 $\omega_c = $ _____
  相位裕度 $\gamma = 180° + \angle G_o(j\omega_c) = $ _____
- 相位穿越频率 $\omega_g = $ _____
  幅值裕度 $h = -20\lg |G_o(j\omega_g)|$ _____

△

## 小　结

本专题首先介绍了闭环控制系统常用的频域性能指标,及其与时域指标的关系。

1) 谐振峰值 $M_{p\omega}$。

谐振峰值定义为频率响应的最大值。谐振峰值反映了动态响应的超调量。对于典型二阶系统,谐振峰值越高,对应的阻尼比越小,则动态响应的超调量越大。

2) 带宽 $\omega_B$。

带宽定义为对数幅值增益从低频值下降到 3dB 时所对应的频率,带宽衡量了系统复现输入信号的能力。对于典型二阶系统,阻尼比不变时,系统带宽越大,无阻尼自然振荡频率 $\omega_n$ 越高,动态响应速度越快,调节时间越短。

本专题还介绍了根据开环频率特性判别闭环控制系统稳定性的方法,即奈奎斯特稳定判据。在开环伯德图上判定闭环系统绝对稳定性的判据如下:在开环系统频率特性的伯德图上,当相角为 $-180°$ 时,如果对数幅值增益大于 0dB,则闭环系统是不稳定的。

此外,在伯德图上还可以分析系统的相对稳定性,并确定系统的稳定裕度,包括幅值裕度和相角裕度。对于开环频率特性,在增益穿越频率 $\omega_c$ 处,滞后相角与 $-180°$ 的距离可以用来衡量系统的相对稳定程度,将其定义为相角裕度,如式(23.4.3)所示。

本专题的设计任务是:通过系统仿真分析电机定位控制系统的相对稳定性。下个专题将进一步介绍如何根据开环频率特性和稳定裕度来进行闭环系统设计。

## 测　验

**R23.1**　以下关于频域性能指标的说法正确的是(　　　)。

　　A. $M_{p\omega}$ 反映了系统出现超调的情况。

　　B. $\omega_B$ 定义为对数幅值增益从低频值下降到 0dB 时所对应的频率。

　　C. 带宽衡量了系统复现输入信号的能力。

　　D. 频域性能指标与时域指标都可以作为系统设计的依据。

**R23.2**　某对于典型二阶系统,频率性能指标与阶跃响应指标的对应关系是(　　　)。

　　A. 带宽越大,调节时间越长。　　　　　　B. 带宽越大,调节时间越短。

　　C. 谐振峰值越高,超调量越大。　　　　　D. 谐振峰值越高,超调量越小。

**R23.3**　在开环系统频率特性的伯德图上,判断闭环系统稳定性的正确说法是(　　　)。

　　A. 当相角为 $-180°$ 时,如果对数幅值增益大于 0dB,则闭环系统是稳定的。

　　B. 当相角为 $-180°$ 时,如果对数幅值增益小于 0dB,则闭环系统是稳定的。

　　C. 当对数幅值增益为 0dB 时,如果相角大于 $-180°$,则闭环系统是稳定的。

　　D. 当对数幅值增益为 0dB 时,如果相角小于 $-180°$,则闭环系统是稳定的。

**R23.4**　图 R23.1 为某系统的开环频率特性,增益穿越频率是(　　　),相角裕度是(　　　),
相位穿越频率是(　　　),幅值裕度是(　　　)

　　A. 18.1　　　　　　　　B. 0.816　　　　　　　　C. 9.12　　　　　　　　D. 1.41

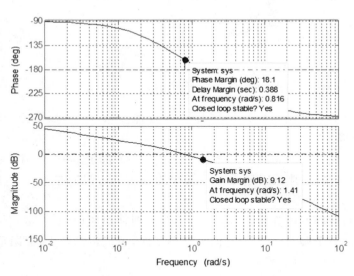

图 R23.1　某系统的开环频率特性伯德图

# 专题 24　利用频率特性设计 反馈控制系统

● **承上启下**

专题 23 介绍了利用开环频率特性分析系统相对稳定性的方法。本专题将进一步分析相对稳定性指标与闭环系统动态响应性能指标的关系，利用这种关系，可以建立一种利用伯德图进行控制系统设计的方法，即频域法。本专题将以采用积分控制的电机速度控制系统为例，介绍控制系统的频域设计方法。

● **学习目标**

了解时域设计方法和频域设计方法的联系和区别。

掌握利用开环频率特性设计反馈控制系统的方法。

● **知识导图**

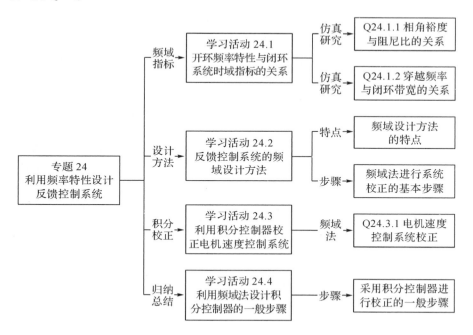

● **基础知识和基本技能**

频域设计方法的主要特点。

应用频域法进行系统校正的基本步骤。

## ● 工作任务

利用积分控制器校正电机速度控制系统(采用频域法)。

# 学习活动 24.1 开环频率特性与闭环系统时域指标的关系

开环伯德图反映了系统的开环频率特性,比较容易绘制。如果能建立起开环伯德图与闭环系统稳定性及动态响应性能指标的关系,则将提供一种有力的反馈控制系统设计方法。频域法就是基于上述原理进行系统设计的,下面以典型二阶系统为例,研究开环频率特性与闭环系统时域指标的关系,以建立频域指标与时域指标的联系。

### 24.1.1 二阶欠阻尼系统相角裕度与阻尼比的关系

从系统相对稳定性的角度,可以这样解释闭环系统阶跃响应的超调量:即系统的相对稳定性越高,则阶跃响应的超调量越小。随着相对稳定性的降低,超调量会逐渐增加,当系统达到临界稳定状态时,系统的阶跃响应为等幅振荡。

下面以典型二阶系统为例,通过仿真实验来观察相对稳定性(用相角裕度来度量)与超调量(由阻尼比决定)的关系,上述关系也可转化为相角裕度与阻尼比的关系。

Q24.1.1 图 24.1.1 所示为典型的二阶反馈控制系统,编写 m 脚本研究欠阻尼状态下,相角裕度与阻尼比的关系。

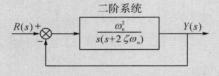

二阶系统

图 24.1.1 典型的二阶反馈控制系统

**解:**

1)编写 m 代码,令 $\omega_n = 1$,在 $\zeta$ 变化时分别绘制系统的开环频率特性伯德图。观测 $\zeta$ 变化时的相角裕度 $\gamma$,填入表 24.1.1 中。

```
%Q24_1_1, Open Loop Bode plot of 2rd order system
Omega_n=1; Zeta=0.1;
num=[Omega_n^2]; den=[1 2*Zeta*Omega_n  0]; syso=tf(num,den);
bode(syso);
```

表 24.1.1 典型二阶系统阻尼比与超调量及相角裕度 $\gamma$ 的关系

| $\zeta$ | 0.1 | 0.2 | 0.3 | 0.4 | 0.5 | 0.6 | 0.7 |
|---|---|---|---|---|---|---|---|
| $\sigma_P \%$ | 72.9 | 52.7 | 37.3 | 25.4 | 16.3 | 9.47 | 4.6 |
| $\gamma$ | | | | | | | |

2)从表 24.1.1 中,分析阻尼比 $\zeta$ 与相角裕度 $\gamma$ 之间的近似关系,并可用下式来表达:

$$\zeta \approx \underline{\hspace{4cm}} \qquad \zeta \leqslant 0.7 \qquad (24.1.1)$$

式(24.1.1)所描述的相角裕度与阻尼比的近似关系式,建立起时域响应的超调量与开环频率特性之间的定量关系:**相角裕度越大,系统的相对稳定性越高,则阶跃响应的超调量越小。**这个关系不仅适用于典型二阶系统,对于具有一对共轭主导极点的高阶系统也同样适用。

△

表 24.1.1 描述了时域指标与频域指标的一种对应关系,是频域法设计的重要基础。在应用频域法进行系统设计时,需要首先将时域指标转化为对应的频域指标。例如:已知闭环系统的期望时域指标,如超调量后,通过表 24.1.1 可以查到对应的相角裕度的值,作为期望的频域设计指标。

### 24.1.2　开环频率特性穿越频率与闭环系统带宽的关系

下面通过系统仿真来研究与调节时间相对应的频域指标。

> **Q24.1.2**　图 24.1.1 所示为典型的二阶反馈控制系统,利用例题 Q24.1.1 中的 m 脚本,研究欠阻尼状态下,增益穿越频率 $\omega_c$ 与闭环系统带宽 $\omega_B$ 的关系。

**解:**

1)令 $\zeta=0.5$,利用上例中 m 脚本,在 $\omega_n$ 变化时分别绘制系统的开环频率特性伯德图。观测增益穿越频率 $\omega_c$,填入表 24.1.2 中。其中闭环系统带宽 $\omega_B$ 来源于表 23.1.1。

**表 24.1.2**　无阻尼自然频率与增益穿越频率 $\omega_c$ 及闭环系统带宽 $\omega_B$ 的关系($\zeta=0.5$ 时)

| $\omega_n$ | 1 | 2 | 4 | 8 |
|---|---|---|---|---|
| $\omega_c$ | | | | |
| $\omega_B$ | 1.27 | 2.53 | 5.07 | 10.1 |

2)从上表数据中,分析无阻尼自然频率 $\omega_n$ 与增益穿越频率 $\omega_c$ 及闭环系统带宽 $\omega_B$ 的关系。

表 24.1.2 所描述的无阻尼自然频率 $\omega_n$ 与增益穿越频率 $\omega_c$ 及闭环系统带宽 $\omega_B$ 的准确数量关系与阻尼比的选取有关,不易归纳成类似于是(24.1.1)这样严格的数学关系。但是,它们之间的定性关系是基本明确的:即三者大体上是正比的关系,其数值也基本上在同一个数量级上。其中最重要的关系是:

**增益穿越频率 $\omega_c$ 越大,则闭环系统的带宽 $\omega_B$ 越大,系统的动态响应速度越快。**

这样就建立起时域响应的快速性与开环频率特性之间的定性关系。这个关系不仅适用于典型二阶系统,对于具有一对共轭主导极点的高阶系统也同样适用。

△

表 24.1.2 描述了时域指标与频域指标的另一种重要关系。在应用频域法进行系统设计时,可将时域指标中的快速性指标,如调节时间,转化为对应的频域指标,如增益穿越频率。

# 学习活动 24.2　反馈控制系统的频域设计方法

## 24.2.1　时域设计法和频域设计法

前面介绍了系统校正的概念,校正就是为弥补系统不足而进行的结构调整,反馈控制系统的设计过程往往也被称作系统校正。系统的校正可以在时域内进行,称为时域设计方法;也可以在频域内进行,称为频域设计方法。

1)时域设计方法。

主要依据闭环特征根与系统时域响应的直接对应关系,利用根轨迹等设计手段,合理选择校正装置的形式和参数,最终将闭环主导极点配置在期望的复平面区域内,以满足系统性能指标的要求。

2)频域设计方法。

主要依据开环频率特性与系统时域响应的间接对应关系,利用伯德图等设计手段,合理选择校正装置的形式和参数,最终将开环频率特性校正为期望特性,以满足系统性能指标的要求。

一般来说,用频域法进行校正时操作步骤和计算方法比较明确,因而易于遵循;而应用根轨迹法进行校正时经常需要进行试凑,操作步骤有一定的灵活性,不易掌握。

但频域法的设计指标是间接指标,所以频域法虽然简单,却只是一种间接方法,有一定的局限性。时域指标与频域指标可以相互转换,对于简单二阶系统存在简单的关系,对于高阶系统也存在近似关系。

## 24.2.2　应用频域法进行系统校正的基本步骤

开环伯德图反映了系统的开环频率特性,比较容易绘制。如果能建立起开环伯德图与闭环系统稳定性及动态响应性能指标的关系,则将提供一种有力的反馈控制系统设计方法。频域法就是基于上述原理进行系统设计的。

**基于系统的开环频率特性与闭环系统动态响应性能指标的关系,可以建立一种利用伯德图进行控制系统设计(校正)的方法,称为频域法。**

应用频域法进行系统校正时,首先需要将系统的期望时域性能指标,转化为开环频率特性伯德图上的期望频域指标。常用的性能指标如下:

· 对于稳态误差的要求,即对开环传递函数型数或增益的要求,可以转化为开环频率特性中对积分环节个数的要求,或伯德图上对低频段增益的要求。

· 对于阶跃响应超调量的要求,即对典型二阶系统阻尼比的要求,可以根据式(24.1.1)或表24.1.1转化为开环频率特性伯德图上对相角裕度 $\gamma$ 的要求。

· 对于阶跃响应调节时间的要求,即对典型二阶系统参数的要求,可以根据具体情况转化为对闭环带宽的要求,或开环频率特性伯德图上对增益穿越频率 $\omega_c$ 的要求。

在此基础上,应用频域法进行系统校正的基本步骤如下:

---

**知识卡 24.1：应用频域法进行系统校正的基本步骤**

1）首先将控制系统的期望时域性能指标转化为开环频率特性伯德图上的期望频域指标。

2）画出开环系统固有部分的频率特性伯德图，与上述期望的频域指标（或期望频率特性）相比较，找出存在的差距。

3）针对固有频率特性与期望频域指标的差距，根据伯德图的叠加法则，加入适当的校正环节，使校正后的频率特性满足期望的频域设计指标。

4）对校正后的开环传递函数，进行闭环系统动态仿真，考察各项动态响应指标是否达到要求，如达到要求，设计过程结束。如未达到要求，回到第 1 步，进行反复的迭代设计，直至满足控制要求。

---

下面以采用积分控制器的直流电机速度控制系统为例，说明应用频域法进行系统校正的基本步骤。

# 学习活动 24.3　利用积分控制器校正电机速度控制系统

图 24.3.1 所示为直流电机速度控制系统的传递函数方框图，参见单元 U3。

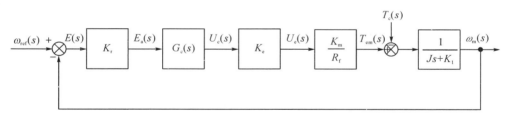

$$K_r=0.5, G_c(s)=\quad, K_e=10, K_m=10, R_f=100, J=0.2, K_1=0.2$$

**图 24.3.1　直流电机速度控制系统的传递函数方框图（仿真模型的参数取值）**

为了满足阶跃响应时无稳态误差的要求，先采用最简单的积分控制器进行系统校正。

---

Q24.3.1　图 24.3.1 所示电机速度控制系统，期望性能指标为：稳态误差为零，阶跃响应超调量 $\sigma_p\%\leqslant5\%$。采用积分控制器时，应用频域法进行系统校正，并根据期望的性能指标合理选取控制参数。

---

**解：**

1）将期望的时域设计指标转换为期望的频域设计指标。

• 由于积分控制器具有消除稳态误差的作用，所以稳态误差为零的设计指标自然满足。

• 阶跃响应超调量 $\sigma_p\%\leqslant5\%$，查阅表 24.1.1 可知，对应的典型二阶系统的阻尼比约为 $\zeta\geqslant0.7$，相角裕度约为 $\gamma\geqslant65°$。为了提高响应速度，应选取较小的阻尼比，选取 $\zeta=0.7$，则期望的频域设计指标为：

$$\gamma_{ref}=65° \tag{24.3.1}$$

2)写出开环频率特性函数。

采用积分控制器时,控制器的传递函数为:

$$G_c(s) = \frac{K_I}{s} \tag{24.3.2}$$

代入仿真模型的参数取值后,得到开环传递函数 $G_o(s)$ 的表达式如式(24.3.3)。

$$G_o(s) = \frac{\omega_m(s)}{E(s)} = \frac{K_I}{s} \frac{K_r K_e K_m}{R_e(Js+K_1)} = \frac{2.5K_I}{s(s+1)} \tag{24.3.3}$$

则开环系统的频率特性如式(24.3.4)。为了校正方便,将常数项与原点处极点项合并在一起作为一个因子项,实轴上极点项作为另一个因子项,则将开环频率特性写成这两个因子项乘积的形式,以便于分析。

$$G_o(j\omega) = \frac{2.5K_I}{j\omega(1+j\omega)} = \frac{2.5K_I}{j\omega} \cdot \frac{1}{(1+j\omega)} \tag{24.3.4}$$

3)编写 m 脚本绘制开环频率特性伯德图。

采用积分控制器时,只有一个待定的控制参数 $K_I$。为了观察频率特性伯德图的特点,以及 $K_I$ 变化时对伯德图的影响,可以编写 m 脚本将 $K_I$ 变化时的一组开环频率特性绘制在一个图中,以利于比较和分析。

• 编写 m 脚本,当 $K_I = 0.04, 0.4, 4$ 时绘制一组开环频率特性伯德图。

```
%Q24_3_1, Bode diagram of G(s)=2.5Ki/s(s+1)
Ki=0.04; num=[2.5*Ki]; den=[1 1 0]; sys1=tf(num,den);
Ki=0.4; num=[2.5*Ki]; den=[1 1 0]; sys1=tf(num,den);
Ki=4; num=[2.5*Ki]; den=[1 1 0]; sys1=tf(num,den);
bode(sys1,sys2,sys3); grid;
```

• 执行上述代码,将三种情况下开环频率特性绘制在一个图中,如图 24.3.2 所示。

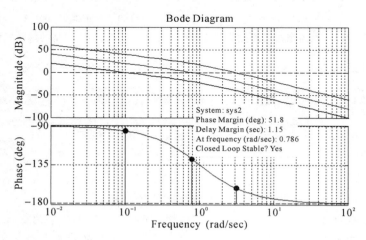

图 24.3.2　$2.5K_I/[s(s+1)]$ 的伯德图($K_I = 0.04, 0.4, 4$)

4)分析开环频率特性伯德图的特点。

分析图 24.3.2 可知,采用积分校正时开环频率特性伯德图有以下特点:

• 相频特性与 $K_I$ 无关,三种情况相频特性曲线相同,随着频率的增加相角从 $-90°$ 变化到 $-180°$。式(24.3.4)所示开环频率特性函数包含了 2 个因子项,其中积分项产生 $-90°$ 的相角,实轴上的极点项产生 $0°$ 至 $-90°$ 的相角,两部分相角叠加在可知开环频率特性的总相角为从 $-90°$ 变化到 $-180°$。

• 对数幅频特性与 $K_I$ 有关,根据叠加原理,$K_I$ 越大幅频特性的幅值越高,幅频特性曲线穿越 0dB 时的幅值穿越频率也越大。所以三条幅频特性曲线,从下到上,依次对应于 $K_I = 0.04, 0.4, 4$。

将幅值穿越频率附近的频段定义为中频段,之前的频段为低频段,之后的频段为高频段。一般情况下,开环频率特性的中频段的特点将决定闭环系统动态响应的特点,低频段的特点将决定闭环系统的稳态误差。

• 本例中,低频段的斜率是 $-20$dB/dec,频率越低时增益越高。当 $\omega \rightarrow 0$ 时,开环频率特性的稳态增益 $|G_o(j\omega)|_{\omega \rightarrow 0} \rightarrow \infty$,则意味着当稳态输出为有限值时,$e \rightarrow 0$。所以采用积分控制器时,调速系统在阶跃响应时的稳态误差为零。根据上述分析,一般希望开环频率特性低频段的增益较高,以减小稳态误差。

• 中频段的特点是幅频特性曲线将穿越 0dB。穿越频率越高则无衰减地通过各环节的谐波信号的频带越宽,闭环系统的动态响应速度越快。一般要求开环频率特性有足够高的穿越频率,以满足系统动态响应快速性的要求。

同时,在穿越频率处,从相频特性上可以读出系统的相角裕度,相角裕度越大则系统的相对稳定性越高。一般要求有足够大的相角裕度,以满足动态响应稳定性的要求。

本例中开环频率特性中频段的特点是:$K_I$ 越小,则穿越频率越低,相角裕度越大。

• 本例中,高频段的斜率是 $-40$dB/dec,频率越高时增益越小。为了有效地衰减高频干扰信号,一般要求高频段的增益较低,以满足抗扰性能的要求。

根据上述分析和设计要求,可以确定本例中系统校正的思路:为了满足相角裕度的要求,需要选取较小的 $K_I$,以获得较低的穿越频率 $\omega_c$ 和足够的相角裕度 $\gamma$。

5)根据上述校正思路确定 $K_I$ 的合理取值。

• 继续观察图 24.3.2,将 $K_I$ 变化时系统的相角裕度填入表 24.3.1。

**表 24.3.1　$K_I$ 变化时调速系统的相角裕度**

| $K_I$ 的取值 | 0.04 | 0.4 | 4 |
|---|---|---|---|
| 相角裕度 $\gamma$ | | | |

• 根据上表中 $K_I$ 与 $\gamma$ 的定量关系,为了满足式(24.3.1)中期望的相角裕度 $\gamma_{ref}$,试确定 $K_I$ 的选取范围:

_____

• 在上述的范围内,用试凑法调节 $K_I$ 的取值,并观测系统的相角裕度。当实测的相角裕度与期望值近似相等时,则可确定 $K_I$ 的合理取值为:

$$K_I = \underline{\qquad\qquad} \tag{24.3.5}$$

6)采用式(24.3.5)中确定的 $K_I$ 绘制闭环系统阶跃响应曲线,考察时域指标是否满足要求。

- 编写 m 代码，绘制闭环系统的阶跃响应。

%Q24_3_2, step response of close loop system
Ki=0.5；num=[2.5 * Ki]；den=[1 1 0]；syso=tf(num,den)；
sysc=feedback(syso,[1])；step(sysc)；grid；

- 执行上述代码，得到的闭环系统阶跃响应如图 24.3.3 所示。

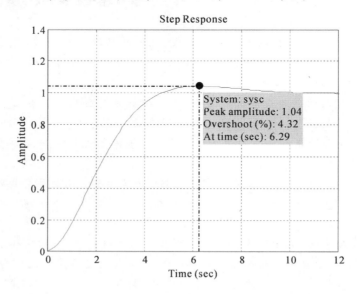

**图 24.3.3　闭环系统的阶跃响应**

- 观测校正后闭环系统阶跃响应的主要指标，判断是否满足设计指标的要求。

稳态误差 $e_{ss}=$ _____，超调量 $\sigma_P\%=$ _____，2%调节时间 $t_s=$ _____。

7)将性能指标的期望值与仿真测量值填入表24.3.3，判断各项指标是否满足要求。

**表 24.3.3　性能指标期望值与仿真测量值的比较**

| 指标类型 | | 指标名称 | 期望值 | 仿真测量值 | 是否满足要求 |
|---|---|---|---|---|---|
| 稳定性 | 时域 | 超调量 | $\sigma_P\%\leqslant5\%$ | | |
| | 频域 | 相角裕度 | $\gamma\geqslant65°$ | | |

△

Q24.3.2　例题 Q24.3.1 中通过绘图的方法估计变量 $K_1$ 的取值，其他条件不变，试通过计算的方法推算变量 $K_1$ 的合理取值。

**解：**

1)根据期望的相角裕度推算开环频率特性的穿越频率。

开环频率特性函数如式(24.3.4)所示，可以推导出相角裕度的参数表达式为：

$$\gamma = 180° + \angle G_o(j\omega_c) = 180° + \underline{\hspace{3cm}} \tag{24.3.6}$$

结合期望相角裕度 $\gamma_{ref} = 65°$ 的要求,可以推算出<u>期望穿越频率</u>的取值为:

$$\gamma_{ref} = 65° \Rightarrow \underline{\hspace{5cm}} \tag{24.3.7}$$

2)根据期望的穿越频率推算控制参数 $K_I$ 的取值。

开环频率特性函数如式(24.3.4)所示,为了使实际的穿越频率与期望的穿越频率一致,则要求在期望的穿越频率处,开环频率特性的幅值增益为 1。根据这个关系可以推算<u>控制参数 $K_I$</u> 的合理取值。

$$\left| G_o(j\omega_{c\_ref}) \right| = 1 \Rightarrow \underline{\hspace{5cm}} \tag{24.3.8}$$

与式(24.3.5)中确定的 $K_I$ 相比较,判断:<u>两者是否一致</u>?

☒ 课后思考题 AQ24.1:根据上述步骤,完成本例题。

△

# 学习活动 24.4　利用频域法设计积分控制器的一般步骤

图 24.4.1 为典型反馈控制系统,$G(s)$ 为被控对象传递函数,$G_c(s)$ 为校正装置的传递函数,校正后的开环传递函数为 $G_o(s)$。

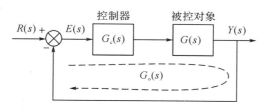

**图 24.4.1　反馈控制系统的典型结构**

为了消除稳态误差,控制器中应包含积分控制规律。当仅采用积分控制规律进行系统校正时,可按照如下步骤,利用频域法确定积分控制器的控制参数。

1)以典型二阶系统为参照,将期望的时域性能指标转化为相应的频域指标。

仅采用积分控制时,一般可满足稳定性指标的要求。时域的稳定性指标是超调量,以典型二阶系统为参照,通过中介变量阻尼比,可将其转化为频域的稳定性指标,即相角裕度。指标的转换过程如表 24.4.1 所示,具体数量关系可查阅表 24.1.1。

**表 24.4.1　时域指标和频域指标的转换关系**

| 指标类型 | 时域指标 | 二阶系统参数 | 频域指标 |
|---|---|---|---|
| 稳定性指标 | 超调量:$\sigma_P \%$ | $\zeta$ | $\gamma_{ref}$ |

2)采用积分控制器时,根据开环频率特性,确定进行校正的思路。

$$G_o(j\omega) = G_c(j\omega)G(j\omega) = \frac{K_I}{j\omega} \cdot G(j\omega) \tag{24.4.1}$$

校正的思路是利用 m 脚本绘制开环频率特性伯德图,观察相角裕度。根据期望的频域设计指标,调节控制参数 $K_1$,使校正后系统的相角裕度满足设计要求,则此时的 $K_1$ 即为控制参数的合理取值。

3)对设计指标进行校验,如不满足要求则对参数进行调整。

根据上面确定的控制参数 $K_1$,画出闭环系统阶跃响应曲线,考察超调量是否满足要求。如不满足要求需合理调节控制参数,并再次校验;如此迭代,直到满足所有设计指标的要求。

采用积分控制器时,开环频率特性伯德图如图 24.3.2 所示。校正后的开环频率特性具有以下特点:低频段的增益很高,从而可以减小或消除稳态误差;中频段穿越频率较低,使得相角裕度满足设计要求;高频段增益很小,可以有效地抑制高频干扰。

在校正过程中,为了满足相角裕度的要求,往往需要减小 $K_1$,使开环频率特性伯德图中幅频特性曲线整体下移,以降低穿越频率的值,获取较大的相角裕度。穿越频率的降低将会导致闭环系统的带宽的减小、动态响应速度变慢。可见,采用积分控制时,系统带宽和相角裕度是一对相互矛盾的指标,本例中以牺牲带宽为代价来满足相角裕度的要求。

那么,系统校正时能否兼顾系统带宽和相角裕度这两个指标呢?再来观察图 24.3.2,如果要提高穿越频率,进而增加系统带宽,可以通过加大 $K_1$ 的取值,进而提高幅频特性曲线来实现。但是穿越频率提高后,将会导致相角裕度变小,相对稳定性下降。此时,如果能够引入比例-微分环节以提供超前相角,就能提高总的相角裕度,以满足频域指标的要求。在积分环节基础上,再引入比例-微分环节,则构成了比例-积分控制器。下一个专题将研究应用频域法设计比例-积分控制器的步骤。

## 小　结

本专题通过仿真研究,观察到开环频率特性伯德图与闭环系统时域响应性能指标之间存在如下关系:

1)相角裕度越大,系统的相对稳定性越高,则阶跃响应的超调量越小。

2)增益穿越频率越大,则闭环系统的带宽越大,系统的动态响应速度越快。

基于上述关系,可以建立一种利用开环频率特性伯德图进行控制系统设计(校正)的方法,称为频域法。与超调量和调节时间等时域设计指标相对应,主要的频域设计指标包括相角裕度和增益穿越频率。

应用频域法进行系统校正的基本步骤如下:

1)首先将控制系统的期望时域性能指标转化为开环频率特性伯德图上的期望频域指标。

2)画出开环系统固有部分的频率特性伯德图,与上述的期望频域指标(或期望频率特性)相比较,找出存在的差距。

3)根据与期望频域指标的差距,按照伯德图的叠加法则,加入适当的校正环节,使校正后的频率特性与期望频率特性一致。

4)对校正后的开环传递函数进行闭环系统动态仿真,考察各项动态响应指标是否达到要求,如达到要求,设计过程结束。如未达到要求,回到第 1 步,进行反复的迭代设计,直至满足控制要求。

作为频域法的应用示例,本专题结合直流电机调速系统,介绍了采用频域法设计积分控制器的步骤以及积分校正的特点:

1）积分控制的主要优点是：通过积分作用可以消除稳态误差，调高系统的稳态控制精度。

2）采用积分控制器进行系统校正时，一般是通过调节控制参数 $K_1$，使校正后系统的相角裕度满足设计要求，从而满足稳定性（超调量）的要求。

3）采用积分控制时，系统带宽和相角裕度是一对相互矛盾的指标。

为了兼顾这两个指标需要采用比例-积分控制器，下一个专题将研究应用频域法设计比例-积分控制器的步骤。

本专题的设计任务是：利用积分控制器校正电机速度控制系统（采用频域法）。

## 测　验

**R24. 1**　采用频域法校正系统时，期望的穿越频率由时域设计指标中的（　　）决定，期望的相角裕度由时域设计指标中的（　　）决定。闭环系统的稳态误差由开环频率特性伯德图中（　　）增益决定。

A. 超调量　　　　　　B. 调节时间　　　　C. 低频段　　　　　D. 高频段

**R24. 2**　采用积分控制器进行系统校正时，下列说法正确的是：（　　）。

A. 积分控制可以消除稳态误差。

B. 积分控制可以同时满足稳定性和快速性的要求。

C. 调节控制参数可使相角裕度满足设计要求，从而满足超调量的要求。

D. 采用积分控制时，系统带宽和相角裕度是一对相互矛盾的指标。

**R24. 3**　对于典型二阶系统，开环频率特性幅值穿越频率降低将会导致闭环系统（　　）。

A. 带宽增加　　　　　　　　　　B. 带宽减小

C. 动态响应速度变快　　　　　　D. 动态响应速度变慢

**R24. 4**　对于典型二阶系统，相角裕度降低将会导致闭环系统（　　）。

A. 超调量增加　　　　　　　　　B. 超调量减小

C. 相对稳定性增加　　　　　　　D. 相对稳定性降低

**R24. 5**　以下关于频率特性与频域分析的说法中，正确的是（　　）。

A. 对于典型二阶系统，从开环频率特性上观察到的相角裕度越大，说明系统的相对稳定性越高，则闭环系统频率特性的谐振峰值越高。

B. 对于典型二阶系统，从开环频率特性上观察到的相角裕度越小，说明系统的相对稳定越低，则闭环系统频率特性的谐振峰值越高。

C. 对于典型二阶系统，从开环频率特性上观察到的增益穿越频率越大，则闭环系统频率特性的带宽越大，系统阶跃响应的调节时间越短。

D. 对于典型二阶系统，从开环频率特性上观察到的增益穿越频率越小，则闭环系统频率特性的带宽越小，系统阶跃响应的调节时间越短。

# 专题 25 利用频域法设计比例 -积分控制器

## ● 承上启下

专题 24 介绍了根据系统的开环频率特性进行控制系统设计的方法,即频域法。并以直流电机调速系统为例,介绍了运用频域法设计积分控制器的步骤。采用积分控制时,系统带宽和相角裕度是一对相互矛盾的指标。为了兼顾这两个指标需要采用比例-积分控制器,本专题将介绍应用频域法设计比例-积分控制器的步骤。本专题首先介绍采用比例-积分控制器进行系统校正的基本思路,然后根据该思路对开环频率特性进行初步校正和分析,最后利用初步校正的结果进行时域仿真并对控制参数进行调整。

## ● 学习目标

掌握应用频域法设计比例-积分控制器的步骤。

## ● 知识导图

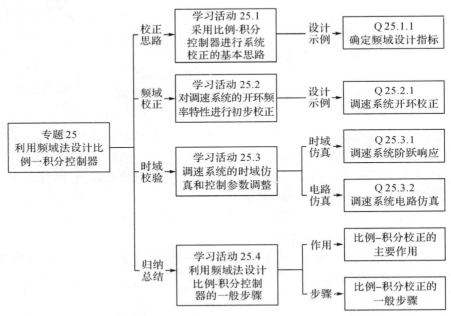

## ● 基础知识和基本技能

积分校正的作用、比例微分校正的作用。

零点对系统动态响应的影响。

● **工作任务**

研究比例-积分校正的基本思路。

以直流电机调速系统为例,运用频域法设计比例-积分控制器。

# 学习活动 25.1　采用比例-积分控制器进行系统校正的基本思路

专题 24 中采用积分控制器对系统进行校正,积分控制可以消除稳态误差,但却使闭环系统的动态响应速度变慢。比例-积分控制既可消除稳态误差,又能取得较好的动态响应性能。本专题将采用比例-积分控制器,并应用频域法对系统进行校正。

图 25.1.1 为直流电机速度控制系统的传递函数方框图,参见单元 U3。下面结合该调速系统,研究采用比例-积分控制器进行系统校正的基本思路。

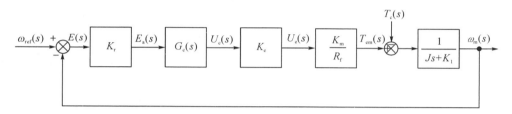

$$K_r = 0.5, G_c(s) = ?, K_e = 10, K_m = 10, R_f = 100, J = 0.2, K_1 = 0.2$$

**图 25.1.1　直流电机速度控制系统的传递函数方框图**

Q25.1.1　图 25.1.1 所示电机速度控制系统,设计要求为:稳态误差 $e_{ss} = 0$,阶跃响应超调量 $\sigma_p\% \leqslant 5\%$,$2\%$ 调节时间 $t_s \leqslant 4s$。要求采用比例-积分(PI)控制器,应用频域法进行系统校正。试确定对应的频域设计指标以及利用开环频率特性进行校正的基本思路。

**解:**

1)将期望的时域设计指标转换为对应的频域设计指标。

• 闭环系统阶跃响应的稳态误差 $e_{ss} = 0$,则要求开环频率特性的稳态增益趋近于无穷大,则第 1 个期望的频域设计指标为:

$$|G_o(j\omega)|\big|_{\omega \to 0} \to \infty \tag{25.1.1}$$

由于比例-积分控制器中包含积分项,积分项的稳态增益趋近于无穷大,使得校正后开环频率特性的稳态增益也趋近于无穷大,自然满足式(25.1.1)的频域设计指标。所以采用比例-积分控制器时,稳态误差为零的设计指标自然满足。

• 阶跃响应超调量 $\sigma_P\% \leqslant 5\%$,查阅表 24.1.1 可知,对应的典型二阶系统的阻尼比约为 $\zeta \geqslant 0.7$,相角裕度约为 $\gamma \geqslant 65°$。为了提高响应速度,应选取较大的阻尼比,选取 $\zeta = 0.7$,则第 2 个期望的频域设计指标为:

$$\gamma_{ref} = 65° \tag{25.1.2}$$

• $2\%$ 调节时间 $t_s \leqslant 4s$,根据典型二阶系统调节时间与参数的关系,即 $t_s = 4/\zeta\omega_n$,可计算出对应的无阻尼自然振荡频率的取值,即:

$$\omega_n = \frac{4}{\zeta \cdot t_s} = \frac{4}{0.7 \cdot t_s} \geqslant \frac{4}{0.7 \cdot 4} \approx 1.4 \tag{25.1.3}$$

为了减小控制增益，避免出现饱和，$\omega_n$ 应选取较小的值，选取 $\omega_n = 1.4$。根据开环频率特性穿越频率与闭环系统带宽以及无阻尼自然振荡频率的关系，可初步将期望的穿越频率 $\omega_c$ 定为与 $\omega_n$ 相同，则第 3 个期望的频域设计指标为：

$$\omega_{c\_ref} = 1.4 \text{rad/s} \tag{25.1.4}$$

综上所述，将时域设计指标对应的典型二阶系统特征参数以及频域设计指标填入表 25.1.1 中。

**表 25.1.1　时域设计指标和频域设计指标的对应关系**

| 指标类型 | 时域设计指标 | 典型二阶系统特征参数 | 频域设计指标 |
|---|---|---|---|
| 准确性指标 | 稳态误差：$e_{ss} = 0$ | | 开环稳态增益：$|G_o(j\omega)|_{\omega \to 0}$ |
| 稳定性指标 | 超调量：$\sigma_P\% \leqslant 5\%$ | $\zeta =$ | 相角裕度：$\gamma_{ref} =$ |
| 快速性指标 | 调节时间：$t_s \leqslant 4\text{s}$ | $\omega_n =$ | 穿越频率：$\omega_{c\_ref} =$ |

☒课后思考题 AQ25.1：如果设计要求改为：稳态误差 $e_{ss} = 0$，阶跃响应超调量 $\sigma_p\% \leqslant 10\%$，2% 调节时间 $t_s \leqslant 6\text{s}$。试重新确定对应的典型二阶系统特征参数，以及频域设计指标，并填入表 25.1.2 中。

**表 25.1.2　时域设计指标和频域设计指标的对应关系**

| 指标类型 | 时域设计指标 | 典型二阶系统特征参数 | 频域设计指标 |
|---|---|---|---|
| 准确性指标 | 稳态误差：$e_{ss} = 0$ | | 开环稳态增益：$|G_o(j\omega)|_{\omega \to 0}$ |
| 稳定性指标 | 超调量：$\sigma_P\% \leqslant 10\%$ | $\zeta =$ | 相角裕度：$\gamma_{ref} =$ |
| 快速性指标 | 调节时间：$t_s \leqslant 6\text{s}$ | $\omega_n =$ | 穿越频率：$\omega_{c\_ref} =$ |

2）采用比例-积分控制器时，写出调速系统的开环频率特性函数。

采用比例-积分控制器时，控制器的传递函数为：

$$G_c(s) = K_P + \frac{K_I}{s} \tag{25.1.5}$$

系统的开环传递函数如下，相关参数代入仿真模型的参数取值后，得到开环传递函数 $G_o(s)$ 的表达式如下：

$$G_o(s) = \frac{\omega_m(s)}{E(s)} = \frac{K_P s + K_I}{s} \frac{K_r K_e K_m}{R_e(Js + K_1)} = \frac{2.5(K_P s + K_I)}{s(s+1)} \tag{25.1.6}$$

于是得到开环系统的频率特性如式（25.1.7）。为了校正方便，将 PI 控制器引入的实零点项变换成尾 1 的标准形式，并将开环频率特性分解为三个因子项：实零点项 $1 + j\omega\tau$，积分项 $K_I/s$ 和被控对象的固有特性项 $G(j\omega)$。

$$G_o(j\omega) = \frac{2.5(K_I + j\omega \cdot K_P)}{j\omega(1 + j\omega)} = (1 + j\omega\tau) \cdot \frac{K_I}{j\omega} \cdot G(j\omega) \quad \tau = \frac{K_P}{K_I} \quad G(j\omega) = \frac{2.5}{1 + j\omega}$$

$$\tag{25.1.7}$$

为了便于分析，将开环频率特性 $G_o(j\omega)$ 的对数幅频特性和相频特性分解为如下形式：

$$20\lg|G_{\circ}(j\omega)|=20\lg|1+j\omega\cdot\tau|+20\lg\cdot\left|\frac{K_1}{j\omega}\cdot G(j\omega)\right| \tag{25.1.8}$$

$$\angle G_{\circ}(j\omega)=\angle(1+j\omega\cdot\tau)+\angle\left[\frac{K_1}{j\omega}\cdot G(j\omega)\right] \tag{25.1.9}$$

3）初步确定对开环频率特性进行校正的基本思路。

•首先合理选择积分项 $K_1/j\omega$ 的参数，对固有特性 $G(j\omega)$ 的频率特性进行积分校正，使 $(K_1/s)\cdot G(j\omega)$ 项的穿越频率 $\omega_{c1}$ 满足式（25.1.4）的要求。积分校正时开环频率特性的特点参见例题 Q24.3.1。

确定积分项参数 $K_1$ 的方法是：用试凑法调节 $K_1$ 的取值，并观测开环频率特性的穿越频率。当实测的穿越频率 $\omega_{c1}$ 基本满足式（25.1.4）的要求时，将此时 $K_1$ 的值作为该参数为合理取值。

•然后观测积分校正后 $(K_1/j\omega)\cdot G(j\omega)$ 项的实际相角裕度，如果不满足要求，引入实零点项以提供超前相角。确定实零点项 $1+j\omega\tau$ 的参数，使总的开环频率特性 $G_{\circ}(j\omega)$ 的相角裕度满足式（25.1.2）的要求。

•最后观察校正后系统的阶跃响应，如果部分指标不满足要求，需要对相关的控制参数进行微调。

4）实零点项的作用以及确定实零点项参数 $\tau$ 的方法。

实零点项 $1+j\omega\tau$ 的伯德图如图 25.1.2 所示。实零点项可以提供 $0°\sim90°$ 的超前相角，根据伯德图的叠加原理，参见式（25.1.9），引入该校正环节后，可提高被校正系统的相角裕度。图 25.1.2 中，在转折频率 $\omega_1=1/\tau$ 之前，$1+j\omega\tau$ 项的对数幅值增益不超过 3dB。因此，根据伯德图的叠加原理，参见式（25.1.8），引入该校正环节后，在转折频率之前，对被校正系统开环频率特性的幅值增益影响不大，可以只需考虑该环节对相角的影响。

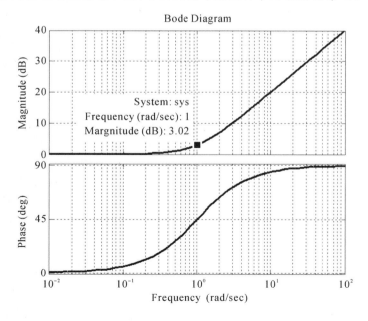

图 25.1.2　$1+j\omega\tau$ 的伯德图（$\tau=1$ 时）

• 在转折频率 $\omega_1 = 1/\tau$ 处，实零点项 $1 + j\omega\tau$ 的相角为 $45°$。选择实零点项的参数时，可将转折频率 $\omega_1$ 选取在穿越频率 $\omega_{c1}$ 附近，即可根据如下公式初步确定 $\tau$ 的初值。

$$\tau = \tau_{s1} = \frac{1}{\omega_1} = \frac{1}{\omega_{c\_1}} \tag{25.1.10}$$

引入实零点项后新的穿越频率 $\omega_{c2}$ 比之前的穿越频率 $\omega_{c1}$ 略有增加，在校正后新的穿越频率 $\omega_{c2}$ 处可获得 $45°$ 左右的超前相角，以增加校正后系统的相角裕度。

• 绘制引入实零点项后的开环频率特性伯德图，适当调节 $\tau$，使校正后系统的相角裕度基本满足期望要求，此时零点项参数的取值调整为 $\tau = \tau_{s2}$。

⊠课后思考题 AQ25.2：如果引入实零点项的目的是在穿越频率 $\omega_{c1} = 1$ 处，获得 $30°$ 左右的超前相角，试计算实零点项参数 $\tau$ 的取值。

△

# 学习活动 25.2　对调速系统的开环频率特性进行初步校正

下面根据例题 Q25.1.1 中确定的频域设计指标以及校正思路，对图 25.1.1 所示调速系统的开环频率特性进行初步校正和分析。

**Q25.2.1**　在例题 Q25.1.1 基础上，采用比例-积分控制器，对调速系统的开环频率特性进行初步校正和分析。

**解：**

1）首先进行积分校正，使校正后开环频率特性的穿越频率满足要求。

• 仅采用积分校正时，开环频率特性的表达式为：

$$G_{o1}(j\omega) = \frac{K_1}{j\omega} \cdot G(j\omega) \quad G(j\omega) = \frac{2.5}{1 + j\omega} \tag{25.2.1}$$

• 编写 m 脚本，绘制式（25.2.1）所示频率特性的伯德图，如图 25.2.1 所示。

```
%Q25_2_1, Bode diagram of G(s)=2.5*Ki/[s(s+1)]
Ki=1; num=[2.5*Ki]; den=[1 1 0]; syso1=tf(num,den);
bode(syso1); grid;
```

• 用试凑法调节 $K_1$ 的取值，并观测开环频率特性的穿越频率。当实测的穿越频率 $\omega_{c1}$ 基本满足式（25.1.4）的要求时，则可初步确定控制参数 $K_1$ 的合理取值为：

$$K_1 = \underline{\qquad\qquad} \tag{25.2.2}$$

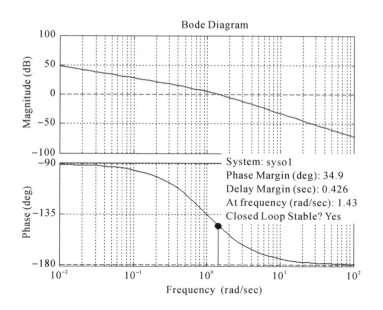

**图 25.2.1  $(K_1/\mathrm{j}\omega)\cdot G(\mathrm{j}\omega)$ 的伯德图**

⊠课后思考题 AQ25.3：参考例题 Q24.3.2，用计算法确定步骤 1）中<u>控制参数</u> $K_1$ 的合理取值，并判断与式（25.2.2）中的取值是否一致。

提示：$\omega=\omega_{c\_ref}$ 时，令 $\left|G_{o1}(\mathrm{j}\omega)\right|=1$，可推算出 $K_1$ 的值。

- 观测积分校正后各项频域指标是否满足要求。

积分校正后的开环频率特性如图 25.2.1 所示，各项频域指标如下：

穿越频率 $\omega_{c1}=1.43\mathrm{rad/s}$，满足期望穿越频率 $\omega_{c\_ref}=1.4\mathrm{rad/s}$ 的要求。

相角裕度 $\gamma_1=34.9°$，与期望值 $\gamma_{ref}=65°$ 相比少了 $65°-34.9°\approx30.1°$，不满足期望相角裕度的要求。

下一步校正要引入比例-微分环节（实轴上的零点项），提供 30° 左右的超前相角，以满足期望相角裕度的要求。

2）加入比例-微分校正，观察校正后开环频率特性的特点。

- 加入比例-微分校正（即引入实零点项）后，开环频率特性的表达式如式（25.1.7）。
- 根据式（25.1.10）选取实零点项参数 $\tau$ 的初值。

$$\tau=\tau_{s1}=\frac{1}{\omega_1}=\frac{1}{\omega_{c\_1}}=\frac{1}{1.43}=0.7 \tag{25.2.3}$$

- <u>编写 m 脚本</u>，绘制式（25.1.7）所示频率特性的伯德图，如图 25.2.2 所示。

注:积分项参数 $K_1$ 的取值如式(25.2.2),实零点项参数 $\tau$ 的初值如式(25.2.3)。

```
%Q25_1_2,Bode diagram of G(s)=(Ts+1)*2.5*Ki/[s(s+1)]
T=0.7;Ki=1;num=[T*2.5*Ki  2.5*Ki];den=[1 1 0];syso2=tf(num,den);
bode(syso2);grid;
```

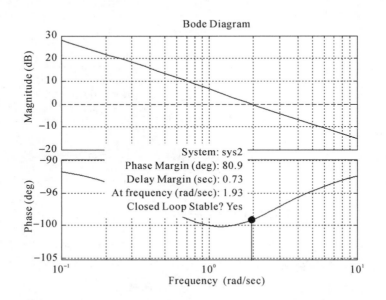

**图 25.2.2 校正后总的开环频率特性 $G_0(j\omega)$ 伯德图**

• 观察引入实零点后开环频率特性的特点。

加入实零点项后,总的开环频率特性伯德图如图 25.2.2 所示,穿越频率 $\omega_{c2}=1.93$rad/s,相角裕度 $\gamma_2=80.9°$。在转折频率 $\omega_1=1/\tau$ 处,$1+j\omega\tau$ 项的对数幅值增益为 3dB,超前相角为 $45°$。因此 $1+j\omega\tau$ 项的伯德图(与图 25.1.2 类似)与 $G_{o1}(j\omega)$ 的伯德图(如图 25.2.1)叠加后,中频段的总幅值增益会略为增加,导致新的穿越频率 $\omega_{c2}$ 与期望的穿越频率 $\omega_{c1}$ 相比略为增加;在新的穿越频率处,总的相角裕度 $\gamma_2$ 与期望的相角裕度 $\gamma_{2\_ref}=34.9°+45°=79.9°$ 相比也会略为增加。

在本步骤中,根据式(25.1.10)选取实零点项参数 $\tau$ 的初值时,总的相角裕度80.9°超出期望的相角裕度65°较多,下面需要对参数 $\tau$ 的取值进行微调,以减小总的相角裕度。

3)用试凑法调节 $\tau$ 的取值,使校正后系统的相角裕度满足要求。

在步骤2)的基础上,用试凑法调节 $\tau$ 的取值,并观测校正后系统的相角裕度。当实测的相角裕度 $\gamma_2$ 基本满足式(25.1.2)的要求时,则可初步确定实零点项参数 $\tau$ 的合理取值为

$$\tau=\tau_{s2}=\underline{\hspace{3cm}} \tag{25.2.4}$$

此时的穿越频率为 $\omega_{c2}=1.58$rad/s,满足期望穿越频率的要求。

至此,通过积分校正和比例微分校正,校正后的开环频率特性基本满足了期望频域设计指标的要求,至此对开环频率特性的初步校正基本完成。

4)将前面各步骤中校正的方法和结果填入表25.2.1,并对频域设计指标进行校验。

表 25.2.1　采用比例-积分控制器校正开环频率特性的步骤

| 校正步骤 | 校正目标和校正方法 | 控制参数取值 | 穿越频率 | | 相角裕度 | |
|---|---|---|---|---|---|---|
| | | | 校正前的期望值 | 校正后的观测值 | 校正前的期望值 | 校正后的观测值 |
| 1 | 引入积分项使穿越频率满足要求 | | | | | |
| 2 | 引入实零点项提高相角裕度 | | | | | |
| 3 | 调整参数 $\tau$ 满足相角裕度要求 | | | | | |

完成第 3 步校正后,穿越频率和相角裕度的仿真观测值均满足频域设计指标的要求。

⊠课后思考题 AQ25.4:采用思考题 AQ25.1 中给定的设计指标,按照本例中步骤,对调速系统的开环频率特性重新进行校正和分析。将各步骤中校正的方法和结果填入表 25.2.2,并对频域设计指标进行校验。

表 25.2.2　采用比例-积分控制器校正开环频率特性的步骤

| 校正步骤 | 校正目标和校正方法 | 控制参数取值 | 穿越频率 | | 相角裕度 | |
|---|---|---|---|---|---|---|
| | | | 校正前的期望值 | 校正后的观测值 | 校正前的期望值 | 校正后的观测值 |
| 1 | 引入积分项使穿越频率满足要求 | | | | | |
| 2 | 引入实零点项提高相角裕度 | | | | | |
| 3 | 调整参数 $\tau$ 满足相角裕度要求 | | | | | |

完成第 3 步校正后,＿＿＿＿＿＿和＿＿＿＿＿＿的仿真观测值均满足频域设计指标的要求。

△

# 学习活动 25.3　调速系统的时域仿真和控制参数调整

频域法设计的重要依据是典型二阶系统开环频率特性与闭环系统时域指标的对应关系,详见 24.1 节。如果校正后的控制系统不是典型二阶系统,则时域设计指标和频域设计指标的对应关系会发生变化。所以在完成对开环频率特性的校正之后,需要对闭环控制系统进行时域仿真,观察各项时域指标是否满足要求,如不满足要求则需要对控制参数进行调整。

Q25.3.1　例题 Q25.2.1 中对开环频率特性进行了初步的校正,确定了满足频域设计指标要求的比例-积分控制器的参数。采用这些控制参数,对闭环调速系统进行时域仿真,观察阶跃响应的各项指标是否满足设计要求,如不满足要求则继续对控制参数进行调整。

**解:**

1)绘制校正后闭环系统的阶跃响应曲线,并校验各项时域指标是否满足要求。

编写 m 代码,绘制闭环系统的阶跃响应。

```
%Q25_3_1,Step Response of Close Loop System
T=0.4;Ki=1;num=[Ki*2.5*T Ki*2.5];den=[1 1 0];syso=tf(num,den);
sysc=feedback(syso,[1]);step(sysc);grid;
```

• 执行上述代码,得到的闭环系统阶跃响应如图 25.3.1 所示。

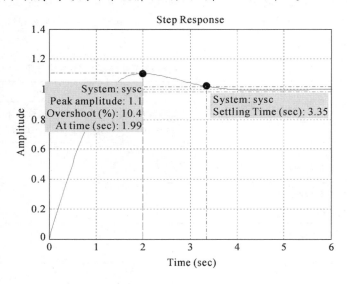

**图 25.3.1　校正后闭环调速系统的阶跃响应**

观测校正后闭环系统阶跃响应的主要指标,填入表 25.3.1,判断是否满足设计指标的要求。注:时域设计指标见例题 Q25.1.1。

**表 25.3.1　闭环系统阶跃响应的主要指标($\tau=0.4$)**

| 指标类型 | 时域设计指标 | 闭环系统阶跃响应<br>仿真观测值 | 是否满足<br>设计要求 |
|---|---|---|---|
| 稳态误差 | $e_{ss}=0$ | $e_{ss}=$ | |
| 超调量 | $\sigma_P \% \leqslant 5\%$ | $\sigma_P \% =$ | |
| 2% 调节时间 | $t_s \leqslant 4s$ | $t_s =$ | |

2)如果时域指标不满足要求,分析原因并合理调整相关控制参数。

如表 25.3.1 所示,闭环调速系统的其他时域指标都满足要求,只有超调量不满足要求。

原因在于：比例积分控制器在系统中引入了一个零点，与典型二阶系统相比，零点的存在会减小阻尼、增加超调，所以阶跃响应的超调量会高于期望值。

为抵消零点的作用，开环频率特性的相角裕度应选取得比期望值大一些。参数调整如下：

· 回到例题 Q25.2.1 的第 3)步，调整实零点项的参数 $\tau$，适当增加 $\tau$ 的取值以获得更大的相角裕度。

· $\tau$ 调整后，再回本例的第 1)步，重新绘制闭环系统阶跃响应，并判断超调量是否满足设计指标。

按照上述步骤，用试凑法调整参数 $\tau$ 的取值，直到超调量满足设计指标的要求，则可最终确定实零点项参数 $\tau$ 的合理取值为：

$$\tau = \tau_{s3} = \underline{\qquad\qquad} \tag{25.3.1}$$

· 观测参数调整后闭环系统阶跃响应的主要指标，填入表 25.3.2，判断是否满足设计指标的要求。

表 25.3.2　闭环系统阶跃响应的主要指标（$\tau = 0.6$）

| 指标类型 | 时域设计指标 | 闭环系统阶跃响应仿真观测值 | 是否满足设计要求 |
|---|---|---|---|
| 稳态误差 | $e_{ss} = 0$ | $e_{ss} =$ | |
| 超调量 | $\sigma_P \% \leqslant 5\%$ | $\sigma_P \% =$ | |
| 2% 调节时间 | $t_s \leqslant 4\,\mathrm{s}$ | $t_s =$ | |

如表 25.3.2 所示，闭环调速系统的所有时域指标均满足要求，设计流程结束。

3) 确定比例-积分控制器参数。

至此，系统校正结束，最后选定的比例-积分控制器参数如下：

$$G_c(s) = K_P + \frac{K_I}{s} = \tau K_I + \frac{K_I}{s} = \underline{\qquad\qquad} \qquad \tau = \frac{K_P}{K_I} \tag{25.3.2}$$

4) 采用 3)中确定的控制参数进行系统仿真，将仿真观测值填入表 25.3.3，校验各项指标是否满足要求。

表 25.3.3　性能指标期望值与仿真测量值的比较

| 指标类型 | | 指标名称 | 期望值 | 仿真测量值 | 是否满足要求 |
|---|---|---|---|---|---|
| 准确性 | 时域 | 稳态误差 | $e_{ss} = 0$ | | |
| | 频域 | 开环稳态增益 | $\left. \lvert G_o(j\omega) \rvert \right|_{\omega \to 0} \to \infty$ | | |
| 快速性 | 时域 | 调节时间 | $t_s \leqslant 4\,\mathrm{s}$ | | |
| | 频域 | 穿越频率 | $\omega_{e\_ref} = 1.4\,\mathrm{rad/s}$ | | |
| 稳定性 | 时域 | 超调量 | $\sigma_P \% \leqslant 5\%$ | | |
| | 频域 | 相角裕度 | $\gamma_{ref} = 65°$ | | |

⊠课后思考题 AQ25.5：在思考题 AQ25.4 的基础上，按照本例中步骤，对闭环调速系统进行时域仿真，观察阶跃响应的各项指标是否满足设计要求，如不满足要求则继续对控制参数

进行调整。

· 根据表 25.2.2 中开环频率特性的校正结果,对闭环调速系统进行时域仿真。观测校正后闭环系统阶跃响应的<u>主要指标</u>,填入表 25.3.4,判断是否满足设计指标的要求。

表 25.3.4　闭环系统阶跃响应的主要指标

| 指标类型 | 时域设计指标 | 闭环系统阶跃响应<br>仿真观测值 | 是否满足<br>设计要求 |
|---|---|---|---|
| 稳态误差 | $e_{ss}=0$ | $e_{ss}=$ | |
| 超调量 | $\sigma_P \% \leqslant 10\%$ | $\sigma_P \% =$ | |
| 2%调节时间 | $t_s \leqslant 6s$ | $t_s =$ | |

· 若超调量不满足要求,用试凑法调整参数 $\tau$ 的取值,直到超调量满足设计指标的要求,则可最终确定实零点项参数 $\tau$ 的合理取值为:

$$\tau = \tau_{s3} = \underline{\qquad\qquad} \tag{25.3.3}$$

· 最后选定的比例-积分控制器参数如下:

$$G_c(s) = K_P + \frac{K_I}{s} = \tau K_I + \frac{K_I}{s} = \underline{\qquad\qquad\qquad} \qquad \tau = \frac{K_P}{K_I} \tag{25.3.4}$$

· 将仿真观测值填入表 25.3.5,校验各项指标是否满足要求。

表 25.3.5　性能指标期望值与仿真测量值的比较

| 指标类型 | | 指标名称 | 期望值 | 仿真测量值 | 是否满足要求 |
|---|---|---|---|---|---|
| 准确性 | 时域 | 稳态误差 | $e_{ss}=0$ | | |
| | 频域 | 开环稳态增益 | $\|G_o(j\omega)\|_{\omega \to 0} \to \infty$ | | |
| 快速性 | 时域 | 调节时间 | $t_s \leqslant 6s$ | | |
| | 频域 | 穿越频率 | $\omega_{e\_ref}=1.1rad/s$ | | |
| 稳定性 | 时域 | 超调量 | $\sigma_P \% \leqslant 10\%$ | | |
| | 频域 | 相角裕度 | $\gamma_{ref}=59°$ | | |

△

**Q25.3.2**　采用例题 Q25.3.1 确定的控制器参数,对闭环调速系统进行电路仿真,观察阶跃响应的各项指标是否满足设计要求。

**解:**

· 根据图 17.1.3 所示电气结构,建立采用比例-积分控制器的闭环调速系统的 PSIM 仿真模型。可利用例题 Q13.2.1 中建立的电路仿真模型 Q13_2_1,将控制器由积分改为比例-积分,即在电容 C1 的支路中串入电阻 R1 即可。

根据 17.1 节中建立的 PI 控制电路传递函数的参数表达式,代入式(25.3.2)中确定的控制器参数:$K_P=0.6$,$K_I=1$,可以计算出 PI 控制电路中相关器件的取值:

$$G_c(s) = K_P + \frac{K_I}{s} = \frac{R_1}{R_0} + \frac{1}{R_0 C} \frac{1}{s} \Rightarrow R_1 = \underline{\qquad\qquad}, \ C = \underline{\qquad\qquad} \tag{25.3.5}$$

· 当 A=10rad/s,B=0 时,进行电路仿真,得到 $u_c$ 和 $\omega_m$ 的阶跃响应曲线如图 25.3.2 所示。

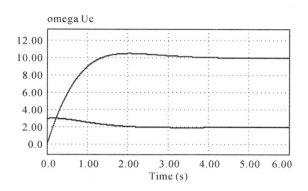

**图 25.3.2　采用 PI 控制器的闭环调速系统的阶跃响应曲线**

- 根据上述阶跃响应曲线,观测和计算该系统阶跃响应的性能指标。

$$\sigma_P \% = \frac{y_{\max} - y(\infty)}{y(\infty)} = \underline{\hspace{3cm}} \tag{25.3.6}$$

$$y(t_s) = 10(1+2\%) = 10.2 \Rightarrow t_s = \underline{\hspace{3cm}} \tag{25.3.7}$$

上述性能指标均满足设计要求,说明例题 Q25.3.1 确定的控制器参数是合理的。

⊠课后思考题 AQ25.6:在思考题 AQ25.5 的基础上,按照本例中步骤,对闭环调速系统进行电路仿真,观察阶跃响应的各项指标是否满足设计要求。

根据 17.1 节中建立的 PI 控制电路传递函数的参数表达式,代入式(25.3.4)中确定的控制器参数,可以计算出 PI 控制电路中相关器件的取值:

$$G_c(s) = K_P + \frac{K_I}{s} = \frac{R_1}{R_0} + \frac{1}{R_0 C} \frac{1}{s} \Rightarrow R_1 = \underline{\hspace{3cm}},\ C = \underline{\hspace{3cm}}$$

当 A=10rad/s,B=0 时,进行电路仿真,观测和计算该系统阶跃响应的性能指标。

$$\sigma_P \% = \frac{y_{\max} - y(\infty)}{y(\infty)} = \underline{\hspace{3cm}}$$

$$y(t_s) = 10(1+2\%) = 10.2 \Rightarrow t_s = \underline{\hspace{3cm}}$$

判断:上述性能指标是否满足设计要求? _____

△

# 学习活动 25.4　利用频域法设计比例-积分控制器的一般步骤

图 25.4.1 为典型反馈控制系统,$G(s)$ 为被控对象传递函数,$G_c(s)$ 为校正装置的传递函数,校正后的开环传递函数为 $G_o(s)$。

采用频域法校正系统时,比例-积分控制器的频率特性如式(25.4.1),对系统的开环频率特性进行比例-积分校正的主要作用是:

- 通过引入积分和增益项 $K_I/j\omega$,以消除稳态误差并调整穿越频率;
- 通过引入实零点项 $(1+j\omega \cdot \tau)$,在穿越频率处提供超前相角,改善相角裕度。

$$G_c(j\omega) = K_P + \frac{K_I}{j\omega} = (1+j\omega \cdot \tau) \cdot \frac{K_I}{j\omega} \quad \tau = \frac{K_P}{K_I} \tag{25.4.1}$$

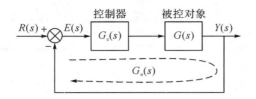

**图 25.4.1　反馈控制系统的典型结构**

当采用比例-积分控制器进行系统校正时,可按照如下步骤,利用频域法确定比例-积分控制器的控制参数。

1)将期望的时域设计指标转化为相应的频域设计指标。

以典型二阶系统为参照,时域设计指标和频域设计指标的基本关系如下。

**表 25.4.1　时域指标和频域指标的转换关系**

| 指标类型 | 时域设计指标 | 典型二阶系统参数 | 频域设计指标 |
|---|---|---|---|
| 准确性指标 | 稳态误差: $e_{ss}=0$ | | 开环稳态增益: $\vert G_o(j\omega)\vert\mid_{\omega\to0}\to0$ |
| 稳定性指标 | 超调量: $\sigma_P\%$ | $\zeta$ | 相角裕度: $\gamma_{ref}$<br>注:三者关系参见表 24.1.1 |
| 快速性指标 | 2%调节时间: $t_s$ | $\omega_n=\dfrac{4}{\zeta\cdot t_s}$ | 开环频率特性幅值穿越频率:<br>$\omega_{c\_ref}\approx\omega_n$ |

2)根据频域设计指标和开环频率特性的形式,确定校正的基本思路。

采用比例-积分控制器时,写出系统的开环传递函数并转化为开环频率特性。

$$G_c(s)G(s)=\left[K_P+\frac{K_I}{s}\right]G(s)=(1+\tau s)\cdot\frac{K_I}{s}\cdot G(s) \tag{25.4.2}$$

$$G_o(j\omega)=(1+j\omega\cdot\tau)\cdot G_{o1}(j\omega)\quad\tau=\frac{K_P}{K_I}\quad G_{o1}(j\omega)=\frac{K_I}{j\omega}\cdot G(j\omega) \tag{25.4.3}$$

校正的思路:首先引用积分校正,确定控制参数 $K_I$ 的取值,使开环频率特性 $G_{o1}(j\omega)$ 的穿越频率满足要求;然后引入比例-微分校正,确定实零点项 $(1+j\omega\tau)$ 中参数 $\tau$ 的取值,使校正后系统的相角裕度满足要求。

3)首先引用积分校正。

通过仿真绘制开环频率特性 $G_{o1}(j\omega)$ 的伯德图,观测穿越频率 $\omega_{c1}$。用试凑法确定控制参数 $K_I$ 的取值,使 $\omega_{c1}$ 与期望穿越频率 $\omega_{c\_ref}$ 基本一致。

4)然后引用比例-微分校正。

观测积分校正后系统的实际相角裕度 $\gamma_1$,如果不满足要求,引入实零点项 $(1+j\omega\tau)$ 以提供超前相角。通过仿真绘制开环频率特性 $G_o(j\omega)$ 的伯德图,观测相角裕度 $\gamma_2$。用试凑法确定实零点项的参数 $\tau$,使 $G_o(j\omega)$ 的相角裕度 $\gamma_2$ 与期望相角裕度 $\gamma_{ref}$ 基本一致。

5)对设计指标进行校验,如不满足要求则对参数进行调整。

根据上面确定的控制参数 $K_I$ 和 $\tau$,通过仿真画出校正后的开环频率特性 $G_o(j\omega)$ 的伯德图,考察各项频域指标是否满足要求。

还需画出闭环系统的阶跃响应曲线,考察各项时域指标是否满足要求。如不满足要求需合理调节相关控制参数,并再次校验;如此迭代,直到满足所有设计指标的要求。

6)最后根据调整后的控制参数,写出比例-积分控制器的传递函数:

$$G_c(s) = K_P + \frac{K_I}{s} = \tau K_I + \frac{K_I}{s} \tag{25.4.4}$$

## 小　结

控制系统校正时常用的控制器为比例-积分控制器(PI 控制器)。作为频域法的另一个应用示例,本专题结合直流电机调速系统,介绍了采用比例-积分控制器校正开环频率特性的基本原理和主要步骤。

采用频域法校正系统时,比例-积分控制器的主要作用是:通过引入积分和增益项以消除稳态误差并调整穿越频率,从而使闭环控制系统具有较快的响应速度;通过引入实零点项,在穿越频率处提供超前相角,改善相角裕度,从而使闭环控制系统具有较小的超调量和较高的稳定性。

利用频域法设计比例-积分控制器的主要步骤是:首先引用积分校正,确定控制参数 $K_I$ 的取值,使开环频率特性 $G_{o1}(j\omega)$ 的穿越频率满足要求;然后引入比例-微分校正,确定实零点项 $(1+j\omega\tau)$ 中参数 $\tau$ 的取值,使校正后系统的相角裕度满足要求。最后对设计指标进行校验,如不满足要求则对参数进行调整。

本专题的设计任务是:利用比例-积分控制器校正电机速度控制系统(采用频域法)。

## 测　验

**R25.1**　采用比例-积分控制器进行系统校正时,下列说法正确的是(　　)。

A. 通过引入积分项以消除稳态误差。

B. 通过调节增益项以减小稳态误差。

C. 通过调节增益项以调整穿越频率,满足动态响应快速性的要求。

D. 通过调节增益项以调整穿越频率,满足动态响应相对稳定性的要求。

E. 通过引入实零点项,在穿越频率处提供超前相角,改善相角裕度,满足动态响应快速性的要求。

F. 通过引入实零点项,在穿越频率处提供超前相角,改善相角裕度,满足动态响应相对稳定性的要求。

**R25.2**　利用频域法设计比例-积分控制器的正确顺序是(　　)。

A. 引用积分校正,使开环频率特性 $G_{o1}(j\omega)$ 的穿越频率满足要求。

B. 将期望的时域设计指标转化为相应的频域设计指标。

C. 对设计指标进行校验,如不满足要求则对参数进行调整。

D. 然后引入比例-微分校正,使校正后系统的相角裕度满足要求。

# 参考文献

［1］杨叔子.机械工程控制基础.6 版.武汉：华中科技大学出版社,2011.

［2］王万良.自动控制原理.北京：高等教育出版社,2008.

［3］胡寿松.自动控制原理.5 版.北京：科学出版社,2007.

［4］（美）Dorf R C.现代控制系统.11 版.北京：电子工业出版社,2011.

［5］（美）Driels M.线性控制系统工程（中译本）.北京：清华大学出版社,2005.

［6］（美）万科特,等.工程教学指南.北京：高等教育出版社,2012.

［7］（美）威金斯,等.理解力培养与课程设计.北京：中国轻工出版社,2003.

［8］姜大源.职业教育学研究新论.北京：教育科学出版社,2007.

［9］赵志群,等.职业教育教师教学手册.北京：北京师范大学出版社,2013.

# 附 录

## 附录 1 控制系统分析的基础知识

**1. 控制系统的测试信号**

研究动态系统时,一般要采用几种典型的输入信号对系统进行激励,并运用几种常用的时域性能指标对系统的动态和稳态响应进行定量的评价。

系统的输出响应与输入信号有关,比较各种信号下的系统响应是不可能的,也是不必要的。在控制理论中,往往选择一些典型的信号,比如阶跃信号、正弦信号等,作为系统的输入信号,以此作为系统分析的基础。一般用阶跃信号来测试系统的时域响应,用正弦信号来测试系统的频率响应。

阶跃信号是一种最常用的典型输入信号,其波形和函数表达式如图 A1.1 所示。当 $R=1$ 时,称为单位阶跃信号,记作 $1(t)$。

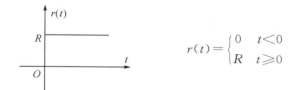

$$r(t) = \begin{cases} 0 & t < 0 \\ R & t \geq 0 \end{cases}$$

图 A1.1　阶跃信号的波形和函数表达式

**2. 控制系统的时间响应**

在典型输入信号的作用下,任何一个控制系统的时间(时域)响应都由动态过程和稳态过程两部分组成。

1)动态过程。

动态过程又称过渡过程或瞬态过程,指系统在典型输入信号作用下,系统输出量从初始状态到最终状态的响应过程。

由于实际系统具有惯性、摩擦,以及其他一些原因,系统输出量不可能完全复现输入量的变化。根据系统结构和参数选择的情况,动态过程表现为衰减、发散或等幅振荡形式。显然,一个稳定的系统其动态过程必须是衰减的。动态过程除了提供系统稳定性的信息外,还可反映响应速度及阻尼情况等信息,这些信息用动态性能指标来描述。

2)稳态过程。

稳态过程又称稳态响应,指系统在典型输入信号作用下,当时间 $t$ 趋于无穷时,系统输出量的表现方式。

稳态过程表征系统输出量复现输入量的程度,提供系统有关稳态误差的信息,用稳态性能指标来描述。

**3. 控制系统的动态性能指标**

控制系统在典型输入信号作用下,其输出性能通常由动态性能和稳态性能两部分组成。

稳定是控制系统能够运行的首要条件,因此只有当动态过程收敛时,研究系统的动态性能才有意义。通常在阶跃函数作用下,测定或计算系统的动态性能。

稳定的系统在阶跃函数作用下,动态过程随 $t$ 的变化状况的指标称为动态性能指标。

为了便于分析和比较,假定系统在单位阶跃输入信号作用前处于零初始状态。对于图 A1.2 所示某系统的单位阶跃响应 $h(t)$,其动态性能指标的定义通常如表 A1.1 所示。

其中,常用动态性能指标的计算方法如下:

• 5% 调节时间 $t_s$,可通过式(A1.1)来求解:

$$|h(t)-h(\infty)|\leqslant 5\%h(\infty) \quad t\geqslant t_s \tag{A1.1}$$

• 超调量 $\sigma\%$,可通过式(A1.2)来求解:

$$\sigma\%=\frac{h(t_p)-h(\infty)}{h(\infty)}\times 100\% \tag{A1.2}$$

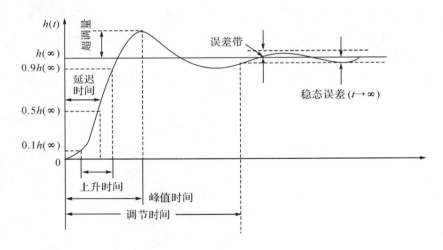

**图 A1.2 典型的单位阶跃响应**

**表 A1.1 常用的动态性能指标**

| 名称 | 符号 | 定义 |
|---|---|---|
| 延迟时间 | $t_d$ | 响应曲线第一次到达其终值一半所需时间 |
| 上升时间 | $t_r$ | 响应曲线从终值 10% 上升到终值 90% 所需时间 |
| 峰值时间 | $t_p$ | 响应曲线超过其终值到达第一个峰值所需的时间 |
| 调节时间 | $t_s$ | 响应到达并保持在终值 ±5%(或 ±2%)内所需的最短时间 |
| 超调量 | $\sigma\%$ | 响应的最大偏离量与终值的差与终值比的百分数 |

表 A1.1 中的五个指标基本上可以体现系统动态过程的特征。

在实际应用中,常用的动态性能指标多为上升时间、调节时间和超调量。

1)通常,用上升时间评价系统的响应速度。

2)用超调量评价系统的阻尼程度。

3)而调节时间同时反映响应速度和阻尼程度的综合性指标。

对于简单的系统,可以精确计算这些动态指标的解析表达式,以研究系统参数与动态指标之间的数量关系。对于复杂的系统,可通过系统仿真进行实验研究。

**4. 控制系统的稳态性能指标**

稳态误差是描述系统稳态性能的一种指标,通常是在阶跃函数、斜坡函数或加速度函数作用下进行测定或计算。稳态误差是描述系统控制精度或抗扰能力的一种度量。

稳态误差定义为系统误差的稳态值,即

$$e_{ss} = \lim_{t \to \infty} e(t) \tag{A1.3}$$

稳态误差也可利用拉氏变换的终值定理求解,即

$$e_{ss} = \lim_{s \to 0} sE(s) \tag{A1.4}$$

定义系统误差有两种方法,一种是从输出端定义,一种是从输入端定义。

1)从输出端定义。如图 A1.3 所示,系统的期望输出量与实际输出量之差定义为系统误差,即

$$e(t) = y_r(t) - y(t) \tag{A1.5}$$

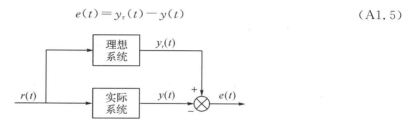

**图 A1.3　从输出端定义误差**

2)从输入端定义。如图 A1.4 所示,系统的输入信号与反馈信号之差定义为系统误差,即

$$e(t) = r(t) - b(t) \tag{A1.6}$$

对于单位反馈系统,系统误差可表示为:

$$e(t) = r(t) - y(t) \tag{A1.7}$$

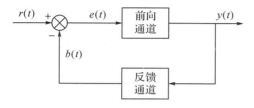

**图 A1.4　从输入端定义误差**

**5. 控制系统时间响应的研究方法**

研究系统的时域响应的特点,可采用两种方法:

1) 采用理论计算的方法, 根据系统的传递函数模型, 计算系统输出的函数表达式, 然后根据表达式定量地分析系统输出响应的特点。

2) 运用系统仿真的方法, 根据系统模型, 利用仿真软件直接画出输出响应的函数曲线, 然后根据响应曲线直接观察系统输出响应的特点。

理论计算的方法更加科学, 但是比较抽象; 系统仿真的方法比较直观, 但缺乏深度。根据研究的目的可将二者有机地结合起来, 以提高分析的效率和理解的深度。

**6. 控制系统的设计要求**

控制系统在典型输入信号作用下, 其性能指标通常由动态性能和稳态性能两部分组成。调节时间和稳态误差是反映系统阶跃响应性能的最常用指标, 描述了系统动态响应的快速性和稳态时的控制精度。系统设计时, 首先要提出期望的性能指标, 然后通过合理地设计反馈控制系统的结构, 以及整定控制参数来达到设计要求。

控制系统设计的主要内容是选择控制系统结构和确定控制器参数。当反馈控制系统结构基本确定之后, 设计的主要任务将是合理选择控制器形式, 并确定参数, 以满足如下设计指标的要求。

1) 动态指标。主要指调节时间(反映响应的快速性)和超调量(反映响应的稳定性)。

2) 稳态指标。主要指稳态误差, 反映了系统对给定输入的跟踪精度, 以及对干扰输入的抑制能力。

控制系统设计的一般要求: 稳态误差为零或足够小, 以满足控制精度的要求; 调节时间足够小, 以满足响应的快速性要求; 超调量足够小, 以满足系统稳定性的要求。

# 附录2  控制系统的传递函数模型

**1. 建立控制系统数学模型的方法**

建立控制系统数学模型的方法有分析法和实验法。

1) 分析法是对系统各部分的运动机理进行分析, 根据它们所依据的物理规律或化学规律分别列写相应的运动方程, 简称分析建模。

2) 实验法是人为地给系统施加某种测试信号, 记录其输出响应, 并用适当的数学模型去逼近, 简称实验建模, 这种方法也称为系统辨识。

本课程主要介绍分析建模的方法, 系统辨识一般在控制类的研究生课程中讲授。

在控制工程领域, 数学模型有多种形式, 例如: 时域中有微分方程、差分方程和状态方程; 复数域有传递函数、结构图; 频域中有频率特性等。本课程主要介绍控制系统的传递函数模型。传递函数模型只适合于线性定常系统, 非线性系统建模问题请参考相关书籍。此外, 差分方程属于离散系统控制理论, 状态方程属于现代控制理论, 不在本课程中学习。

**2. 传递函数的一般形式**

传递函数最常用的形式是有理分式形式, 如下所示:

$$G(s) = \frac{Y(s)}{R(s)} = \frac{b_m s^m + b_{m-1} s^{m-1} + \cdots + b_1 s + b_0}{a_n s^n + a_{n-1} s^{n-1} + \cdots + a_1 s + a_0} = \frac{N(s)}{D(s)} \tag{A2.1}$$

传递函数的分母多项式 $D(s)$ 称为系统的特征多项式, 则系统特征方程的定义如下:

$$D(s)=0 \qquad (A2.2)$$

式(A2.2)的根称为系统的特征根或极点,因为极点的分布决定了系统动态响应的形式,代表了系统的动态特征,所以求取极点的方程称为系统的特征方程。

传递函数的分母多项式 $D(s)$ 的阶次 $n$ 定义为系统的阶次。对于实际的物理系统而言,多项式 $D(s)$、$N(s)$ 的所有系数为实数,且分母多项式 $D(s)$ 的阶次 $n$ 一般高于分子多项式 $N(s)$ 的阶次 $m$。

**3. 传递函数的零极点形式**

为了更方便(直观)地分析系统的特性,往往将传递函数表示为零极点形式,即将传递函数的分子、分母多项式进行因式分解,得

$$G(s)=\frac{k(s-z_1)(s-z_2)\cdots(s-z_m)}{(s-p_1)(s-p_2)\cdots(s-p_n)} \qquad (A2.3)$$

$G(s)$ 的零点定义为使其分子为零的 $s$ 值,式中 $z_1,z_2,\cdots,z_m$ 为系统的 $m$ 个零点。

$G(s)$ 的极点定义为使其分母为零的 $s$ 值,式中 $p_1,p_2,\cdots,p_n$ 为系统的 $n$ 个极点。

系统的零极点分布决定了系统的特性,因此可以画出传递函数的零极点分布图,直观地分析系统的特性。在零极点分布图上,用"×"表示极点,用"○"表示零点。由于零、极点可能是复数,习惯上在复平面或 $s$ 平面上绘制零极点分布图。在 $s$ 平面上横轴为实轴,纵轴为虚轴(用 j 表示)。

**4. 零极点分布与系统响应的关系**

式(A2.3)所示系统单位阶跃响应的拉氏表达式为:

$$Y(s)=G(s)R(s)=\frac{k(s-z_1)(s-z_2)\cdots(s-z_m)}{(s-p_1)(s-p_2)\cdots(s-p_n)}\cdot\frac{1}{s} \qquad (A2.4)$$

如果 $Y(s)$ 只包含不同的极点,则 $Y(s)$ 可以展开成如下简单的部分分式形式。注:当 $Y(s)$ 包含多重极点时,展开形式不同,可参考有关教材。

$$Y(s)=\frac{c_0}{s}+\frac{c_1}{s-p_1}+\frac{c_2}{s-p_2}+\cdots+\frac{c_n}{s-p_n} \qquad (A2.5)$$

通过拉氏逆变换,可以得到输出的时域表达式:

$$y(t)=c_0+c_1e^{p_1 t}+c_2e^{p_2 t}+\cdots+c_ne^{p_n t} \qquad (A2.6)$$

观察上述的求解过程,可以发现零极点分布与系统响应之间存在如下关系:

1)系统极点决定了传递函数分母多项式的因式分解形式。

2)传递函数分母多项式的因式分解形式决定了部分分式展开的形式。

3)部分分式展开式决定了时域响应解析式的形式。

4)部分分式展开式的系数与传递函数的分子和分母均有关,也就是说传递函数的零点将会影响部分分式展开式的系数,进而影响到时域响应解析式中对应各项的系数。

综上所述,零极点分布与系统动态响应的关系为:

传递函数极点的分布决定了系统动态响应的形式,传递函数的零点将影响到动态响应解析式中各项的权重。

# 附录3 重要术语解释

**B**

| | |
|---|---|
| 闭环控制系统 | 闭环控制系统也称反馈控制系统,它的特点是:将实际输出与预期输出进行比较,用误差值来控制系统的输出。 |
| 比例控制器 | 输出与输入之间为比例关系的控制器,简称 P 控制器。 |
| 比例-积分控制器 | 具有比例-积分控制规律的控制器,简称 PI 控制器。 |
| 伯德图 | 将频率特性的幅值与频率关系(即幅频特性),以及相位与频率关系(即相频特性)分别画在两个图中,这样就组成了伯德图。 |

**C**

| | |
|---|---|
| 超调量 | 响应的最大偏离量与终值的差与终值比的百分数。 |
| 传递函数 | 线性定常系统的传递函数定义为:零初始条件下,系统输出量的拉氏变换与输入量的拉氏变换之比。 |
| 传递函数方框图 | 如果方框图中各环节的信号变换关系用传递函数来表示,则称之为传递函数方框图。 |

**D**

| | |
|---|---|
| 带宽 | 带宽定义为对数幅值增益从低频值下降到 3dB 时所对应的频率。 |
| 典型一阶环节 | 稳态增益为 1 的一阶环节。 |
| 典型二阶环节 | 稳态增益为 1 的二阶环节。 |
| 典型系统法 | 根据典型系统的特征参数与系统性能指标的关系,根据期望的性能指标,确定特征参数的取值,进而确定控制参数的设计方法。 |
| 动态模型 | 用于描述系统各变量之间随时间变化而变化的规律的数学表达式,一般用微分方程或差分方程来表示。 |
| 动态过程 | 动态过程又称过渡过程或瞬态过程,指系统在典型输入信号作用下,系统输出量从初始状态到最终状态的响应过程。 |
| 动态性能指标 | 稳定的系统在阶跃函数作用下,动态过程随 $t$ 的变化状况的指标称为动态性能指标。 |

**E**

| | |
|---|---|
| 二阶系统 | 二阶系统是指用二阶微分方程描述的动态系统,用传递函数描述时,传递函数的分母是关于 $s$ 的二次多项式。 |

**F**

| | |
|---|---|
| 反馈控制 | 控制装置获取被控量的反馈信息,用来不断修正被控量与设定量之间的偏差,从而使被控量与设定量保持一致的控制形式。 |
| 方框图 | 方框图是一种用于描述系统中各变量间的因果关系和运算关系的图示化模型。 |
| 幅值裕度 | 开环频率特性幅值增益与 1 的距离或对数幅值增益与 0dB 的距离,可以用来衡量系统的相对稳定程度,将其定义为幅值裕度。 |

**G**

| | |
|---|---|
| 根轨迹 | 控制系统的闭环极点在复平面上随系统参数变化的轨迹称为根轨迹。 |

| 根轨迹法 | 已知控制系统闭环极点的期望分布,可借助根轨迹图来确定控制参数的取值,这种设计方法就是根轨迹法。 |

**J**

| 积分控制器 | 输出与输入之间为积分关系的控制器,简称 I 控制器。 |
| 静态模型 | 所描述的系统各变量之间的关系是不随时间的变化而变化的,一般都用代数方程来表达。 |
| 阶跃信号 | $t<0$ 时为 $0$,$t>0$ 时幅值为 $R$ 的测试信号。 |
| 阶跃响应 | 在阶跃信号激励下,系统的输出响应。 |
| 校正装置(网络) | 为了改善响应而在反馈结构中新加入的元件或装置通常称为校正装置,也就是系统的控制器。在实际控制系统中,常见的校正装置是电路网络,因此有时校正装置又称为校正网络。 |
| 绝对稳定性分析 | 分析闭环系统是否稳定,称为绝对稳定性分析。 |

**K**

| 开环传递函数 | 一般将前向通道的总传递函数定义为开环传递函数,习惯上用 $G_o(s)$ 表示。 |
| 开环控制系统 | 开环控制系统是最简单的一种控制系统。它的特点是:控制量与输出量之间仅有前向通路,而没有反馈通路。 |
| 开环稳态增益 | 将控制系统开环传递函数的稳态增益定义为开环系统稳态增益,习惯上用 $K_s$ 表示。 |
| 控制系统 | 为了达到预期目标而设计制造的,由相互关联的元件组成的系统。 |

**L**

| 拉普拉斯变换 | 拉普拉斯变换是一种把信号从时域变换到频域(复数域)的积分变换方法。 |
| 零状态响应 | 是指零初始条件下,仅由系统输入引起的响应。 |

**M**

| m 脚本 | 用文本编辑器建立的包含一组 MATLAB 交互指令的 m 文件。 |
| MATLAB | 最常用的科学计算软件,可用于建立基于数学模型的仿真模型。 |

**N**

| 奈奎斯特图 | 频率特性函数在复平面上几何位置的运动轨迹,称之为频率特性的奈奎斯特图,也称为幅相频率特性图。 |
| 奈奎斯特稳定判据 | 根据开环频率特性判别闭环控制系统稳定性的方法,称为奈奎斯特稳定判据。 |

**P**

| 频率响应 | 正弦输入信号作用下系统的稳态响应被称为频率响应。 |
| 频率特性函数 | 正弦输入信号作用下,系统增益、相移与频率之间的函数关系定义为频率特性函数。 |
| PID 控制器 | 含有比例、积分和微分三种基本控制规律的控制器。 |
| PSIM | 一种面向功率电路的仿真软件,可以搭建电机调速系统的电路仿真模型。 |

**S**

| 时域响应 | 是指系统在输入信号的激励下,输出信号的动态响应。 |
| 时域方法 | 针对系统的时域响应特性进行系统分析和设计的方法,简称时域方法。 |
| 顺序流程图(SFC) | 顺序控制过程的描述语言,通过步骤、迁移、连接等要素来表示。 |
| 顺序控制 | 按预先设定好的顺序使控制动作逐次进行的控制形式。 |

| 数学模型 | 根据系统运动过程的科学规律,所建立的描述系统运动规律、特性和输出与输入关系的数学表达式。 |
| --- | --- |

**T**

| 调节时间 | 响应到达并保持在终值±5%(或±2%)内所需的最短时间。 |
| --- | --- |

**W**

| 稳定系统 | 稳定系统是在有界输入作用下,输出响应也是有界的动态系统。 |
| --- | --- |
| 稳态过程 | 稳态过程又称稳态响应,指系统在典型输入信号作用下,当时间 $t$ 趋于无穷时,系统输出量的表现方式。 |
| 稳态误差 | 稳态误差定义为系统误差的稳态值。 |
| 微分方程模型 | 系统输出量及其各阶导数和系统输入量及各阶导数之间的关系式,称为系统的微分方程模型。 |
| 无阻尼自然振荡频率 | 无阻尼状态下,阶跃响应的振荡频率定义为无阻尼自然振荡频率,用 $\omega_n$ 表示。 |

**X**

| 系统仿真 | 利用计算机软件来模拟(仿真)实际系统的研究方法。 |
| --- | --- |
| 系统校正 | 为了实现预期性能而对控制系统结构进行的修改或调整称为校正。 |
| 谐振峰值 | 谐振峰值定义为频率响应的最大值,即频率特性增益 $|G(j\omega)|$ 的最大值。 |
| 相对稳定性分析 | 确定系统的稳定裕度,称为相对稳定性分析。 |
| 相位穿越频率 | 使开环频率特性的相角为 $-180°$ 的频率。 |
| 相角裕度 | 开环频率特性滞后相角与 $-180°$ 的距离可以用来衡量系统的相对稳定程度,将其定义为相角裕度。 |

**Y**

| 一阶系统 | 一阶系统是指用一阶微分方程描述的动态系统。 |
| --- | --- |

**Z**

| 增益穿越频率 | 使开环频率特性的幅值为 1 或者 0dB 的频率,也称截止频率。 |
| --- | --- |
| 自动控制 | 自动控制是指在没有人直接参与的情况下,利用外加的设备或装置,使机器、设备或生产过程的某个状态或参数自动地按照预定的规律运行。 |
| 阻尼比 | 阻尼比定义为系统实际阻尼与临界阻尼的比值,用 $\zeta$ 表示。 |
| 主导极点 | 在复平面上,最接近虚轴的闭环极点在动态响应中起主导作用,称为主导极点。 |
| 主导极点法 | 化简复杂系统时,可以只保留最接近虚轴的主导极点,而忽略那些远离虚轴的极点,这种方法称为主导极点法。 |
| 转折频率 | 对数幅频特性渐近线交点处的频率定义为转折频率。 |

# 附录4　PSIM 仿真模型中用到的元件

**附表 4.1　PSIM 仿真模型中用到的元件**

| 元件种类 | 库元件描述 | 图形符号 | 主要参数 |
|---|---|---|---|
| 绝对式编码器 | Absolute encoder | | |
| 与门 | AND Gate | | |
| 电容 | Capacitor | | Capacitance：电容量，单位 F |
| 常数 | Constant | | Value：常数的数值 |
| 比较器 | Comparator | | |
| 电流源 | DC current source | | Amplitude：电压幅值 |
| 直流电机 | DC Machine | | 直流电机 |
| 直流电压源 | DC voltage source | | Amplitude：电压幅值 |
| 接地 | Ground | | |
| 积分器 | Integrator | | Time Constant：时间常数 |
| 标号 | 菜单 Edit/Label | | |
| 机械负载 | Mechanical Load (general) | | Tc：恒定转矩<br>K1：黏滞摩擦系数 |
| 外部设置的机械负载 | Mechanical Load-ext. controlled | | |

续表

| 元件种类 | 库元件描述 | 图形符号 | 主要参数 |
|---|---|---|---|
| 非门 | NOT Gate | | |
| 运算放大器 | Op. Amp | | Voltage Vs＋：正电源电压<br>Voltage Vs－：负电源电压 |
| 3 输入或门 | OR Gate3 | | |
| 比例变换环节 | Proportional block | K | Gain：增益 |
| 按钮 | Push button switch | | Switch Position：开关位置 |
| 电阻 | Resistor | | Resistance：阻值 |
| 电位器 | Rheostat | | Total Resistance：总电阻<br>Tap Position（0 to 1）：滑动端位置 |
| 测速传感器 | Speed Sensor | | Gain：增益 |
| 仿真控制器 | 菜单 simulate/Simulation control | | Time Step：仿真步长<br>Total Time：总仿真时间<br>Print Time：输出仿真结果的开始时间 |
| 阶跃电压源 | Step voltage source | | Vstep：阶跃信号幅值<br>Tstep：阶跃发生时间 |
| 延时器 | Time Delay | | Delay Time：延迟时间 |
| 单端电压表 | Voltage Prob | V | |
| 可控电压源 | Voltage-controlled voltage source | | Gain：增益 |

# 附录 5　MATLAB 仿真脚本中用到的指令

附表 5.1　**MATLAB 仿真脚本中用到的指令**

| m 指令 | 指令功能 |
| --- | --- |
| bode(sys) | 绘制系统的频率特性伯德图,sys 为系统的传递函数 |
| sysc＝feedback(syso,[H]) | 计算闭环传递函 sysc,syso 为前向通道传递函数,H 为反馈通道传递函数 |
| figure | 生成一个新的绘图窗口 |
| grid on | 为图形增加网格线 |
| gtext("text") | 在鼠标点击的位置添加标注"text" |
| lsim(sysc,u,t) | 计算系统在输入信号 u 作用下的响应并绘制动态响应曲线,sysc 为系统的闭环传递函数,t 为时间向量 |
| plot(x, y) | 绘制 x-y 曲线图 |
| plot(t, y1,t,y2) | 绘制向量 y1 和 y2 的对时间向量 t 的曲线 |
| pole(sys) | 求解系统的特征根,sys 为系统的传递函数 |
| pzmap(sys) | 根据传递函数 sys 绘制系统的零极点分布图 |
| syso＝series(sys1,sys2) | sys1 和 sys2 为两个串联环节各自的传递函数,通过 series 指令可计算出合并后的传递函数 syso |
| step(sysc) | 计算系统 sysc 的单位阶跃响应,并绘制动态响应曲线 |
| step(sysc1, sysc2) | 绘制系统 sysc1 和 sus2 的单位阶跃响应曲线 |
| y＝ step(sysc,t); | 计算系统的单位阶跃响应向量 y,sysc 为系统的闭环传递函数,t 为时间向量 |
| text(x,y,"text"); | 在指定坐标位置(x,y),添加标注"text" |
| title("text") | 为绘图添加标题"text" |
| t＝[0:0.01:10] | 生成时间向量 t:0～10s,间隔 0.01 |
| rlocus(sys,K) | 随着增益 K 的变化,绘制单位反馈系统闭环极点的运动轨迹,其中 sys 为开环传递函数中的固定部分 |
| rlofind(sys) | 在 rlocus 指令后,可利用 rlofind 指令计算根轨迹上某个闭环极点所对应的增益 K 的值 |
| sys＝tf(num,den) | 生成传递函数 sys,向量 num 为分子多项式的系数,向量 den 为分母多项式的系数 |
| xlable("text") | 为 x 轴添加标注"text" |
| ylable("text") | 为 y 轴添加标注"text" |
| zero(sys) | 根据传递函数 sys 计算系统的零点 |

# 附录6　知识卡索引

# 附录 7　贯穿课程的设计实例索引

**设计实例 1：直流电机调速系统的设计**

| 直流电机调速系统的结构 | | 页码 |
|---|---|---|
| 学习活动 9.1 | 直流电机调速系统的电气结构 | |
| 例题 Q9.2.1 | 广义被控对象的 PSIM 仿真模型 | 90 |
| 例题 Q9.3.1 | 广义被控对象的传递函数模型 | 94 |
| **采用比例控制器的直流电机调速系统设计（典型系统法）** | | |
| 学习活动 10.1 | 直流电机开环调速系统的结构 | |
| 例题 Q10.1.1 | 广义控制器的传递函数模型 | 100 |
| 例题 Q10.2.1 | 广义控制器的 PSIM 仿真模型 | 101 |
| 例题 Q10.3.1 | 开环调速系统的动态性能 | 104 |
| 例题 Q10.4.1 | 开环调速系统的稳态性能 | 106 |
| 学习活动 11.1 | 直流电机闭环调速系统的结构 | |
| 例题 Q11.1.1 | 角速度测量装置和广义控制器的传递函数模型 | 112 |
| 例题 Q11.2.1 | 角速度测量装置和广义控制器的 PSIM 仿真模型 | 114 |
| 例题 Q11.3.1 | 闭环调速系统的动态性能 | 117 |
| 例题 Q11.4.1 | 闭环调速系统的稳态性能 | 119 |
| **采用积分控制器的直流电机调速系统设计（典型系统法）** | | |
| 学习活动 13.1 | 采用积分控制器的直流电机调速系统的结构 | |
| 例题 Q13.1.1 | 积分控制器的传递函数模型 | 142 |
| 例题 Q13.2.1 | 采用积分控制器的闭环调速系统的 PSIM 仿真模型 | 143 |
| 学习活动 14.4 | 采用积分型控制器的直流电机调速系统设计 | |
| 例题 Q14.4.1 | 采用积分控制器的闭环调速系统的分析与设计 | 159 |
| **用根轨迹法确定直流电机调速系统的控制参数** | | |
| 学习活动 17.1 | 采用比例-积分控制器的闭环调速系统 | |
| 例题 Q17.1.1 | 比例积分控制器的传递函数模型 | 193 |
| 学习活动 17.5 | 直流电机调速系统的简化分析 | |
| 例题 Q17.5.1 | 采用 PI 控制器的闭环调速系统的简化分析 | 201 |
| 学习活动 18.2 | 用 MATLAB 绘制一阶系统的根轨迹 | |
| 例题 Q18.2.1 | 用根轨迹法确定闭环调速系统的控制参数（比例控制） | 207 |
| 学习活动 18.3 | 用 MATLAB 绘制二阶系统的根轨迹 | |
| 例题 Q18.3.1 | 用根轨迹法确定闭环调速系统的控制参数（积分控制） | 210 |
| 学习活动 19.2 | 利用根轨迹法初步确定 PI 控制器参数 | |

**设计实例 2:车速控制系统的设计**

| 专题 19 习题 | 利用根轨迹法设计 PI 控制器 | |
| --- | --- | --- |
| 习题 P19.4 | 用根轨迹法确定车速控制系统的控制参数（PI 控制） | |
| 专题 20 习题 | 反馈控制系统的时域分析总结 | |
| 习题 P20.2 | 车速控制系统校正规律的选择 | |
| **用频域法确定车速控制系统的控制参数** | | |
| 专题 24 习题 | 利用频率特性设计反馈控制系统 | |
| 习题 P24.1 | 用频率特性法确定车速控制系统的控制参数（积分控制） | |
| 专题 25 习题 | 利用频域法设计比例-积分控制器 | |
| 习题 P25.2 | 用频率特性法确定车速控制系统的控制参数（PI 控制） | |

# 附录 8　重要主题比较表

表 A8.1　机理建模和实验建模比较表（以 RC 滤波环节为例）

| 比较项目 | 机理建模 | 实验建模 |
| --- | --- | --- |
| 被测对象 | | |
| 建模过程 | 列出描述输入输出关系的微分方程 | 加入谐波信号测试频率特性，得到伯德图后，画出对数幅频特性的渐近线 |
| 建模结果 | 推导传递函数模型 | 根据渐近线特征辨识频率特性模型，然后转换为传递函数模型 |

表 A8.2　开环控制和闭环控制比较表(以比例控制的一阶对象为例)

| 比较项目 | 开环控制系统 | 闭环控制系统 |
|---|---|---|
| 传递函数方框图 | | |
| 传递函数 | $\dfrac{Y(s)}{R(s)} =$ | $\dfrac{Y(s)}{R(s)} =$ |
| 稳态误差 | 设输入为幅值为 $A$ 的阶跃信号 $e_{ss} =$ | 设输入为幅值为 $A$ 的阶跃信号 $e_{ss} =$ |
| 5% 调节时间 | $t_s =$ | $t_s =$ |
| 确定控制器增益的原则 | | |
| 控制器增益的计算公式 | | |
| 优点 | | |
| 缺点 | | |

注:从控制系统结构的复杂程度、阶跃响应的稳态误差和调节时间等方面比较二者的优缺点。

**表 A8.3　一阶环节和二阶环节比较表**

| 比较项目 | 典型一阶系统 | 典型二阶系统 |
|---|---|---|
| 传递函数方框图 | $R(s) \rightarrow \boxed{\dfrac{1}{\tau s+1}} \rightarrow Y(s)$ | 典型二阶系统<br>$R(s) + \bigotimes \rightarrow \boxed{\dfrac{\omega_n^2}{s(s+2\zeta\omega_n)}} \rightarrow Y(s)$ |
| 极点分布图 | | 欠阻尼状态(下同) |
| 单位阶跃响应曲线 | | |
| 时域性能指标与系统特征参数的关系 | 2%调节时间:$t_s \approx$ | 2%调节时间:$t_s \approx$<br>超调量:$\sigma_P \% =$ |
| 频率特性伯德图 | 对数幅频特性的渐近线 | 开环频率特性对数幅频特性的渐近线 |
| 频率性能指标与系统参数的关系 | 转折频率:$\omega_1 =$ | 穿越频率:$\omega_c =$<br>相角裕度:$\gamma =$ |

表 A8.4 比例、积分、比例-积分控制比较表

| 控制规律 | 控制器电路图和传递函数 | 控制性能 |
|---|---|---|
| 比例 | $R_{01}=R_{02}$ $R_{01}$ $R_1$ $-u_r$ $u_f$ $R_{02}$ $\mathrm{A_1}$ $u_c$ $e_a=u_r-u_f$ $$\frac{U_c(s)}{E_a(s)}=\frac{R_1}{R_0}=K_P$$ | |
| 积分 | | |
| 比例-积分 | | |

注:从阶跃响应的快速性、稳态误差和稳定性等角度对系统的控制性能进行比较。

表 A8.5　时域设计法和频域设计法比较表（以 PI 控制的一阶对象为例）

| 比较项目 | 时域设计法 | 频域设计法 |
|---|---|---|
| 传递函数方框图 | | |
| 设计指标 | 时域设计指标（举例）<br>稳态误差：$e_{ss}=0$<br>2％调节时间：$t_s<5\mathrm{s}$<br>超调量：$\sigma_P\%<10\%$ | 对应的频域设计指标（举例） |
| 校正基本原理 | | |
| 校正具体步骤 | | |